高等学校公共基础课系列教材

大学物理学（下册）

（第三版）

主　编　朱长军　翟学军

副主编　马保科　王安祥

参　编　高　宾　周光茜　常红芳　尹纪欣

张晓娟　王晓娟　张晓军　王　晶

余花娃　张崇辉　赵旭梅　陈爱民

西安电子科技大学出版社

内容简介

本书涵盖了教育部高等学校物理基础课程教学指导分委员会制定的《非物理类理工学科大学物理课程教学基本要求》中所有的核心内容，并在此基础上选取了相关的扩展内容．本书体系完整、结构合理、深度广度适当，同时加强经典与前沿、传统与现代、继承与创新的联系，突出了相关物理学进展以及高新科学技术在实际中的应用．

本书分为上、下两册，上册包括力学和电磁学，下册包括热力学基础、气体动理论、机械振动、机械波和电磁波、波动光学、狭义相对论基础、量子物理基础等．书中的典型例题附有视频讲解，读者可通过手机扫描二维码学习相关知识。

本书可作为应用型高等学校理工科非物理类专业的教材，也可供其他院校相关专业选用．

图书在版编目(CIP)数据

大学物理学．下册/朱长军，翟学军主编．--3版．--西安：西安电子科技大学出版社，2024.1

ISBN 978-7-5606-7008-9

Ⅰ．①大… Ⅱ．①朱… ②翟… Ⅲ．①物理学—高等学校—教材 Ⅳ．①O4

中国国家版本馆CIP数据核字(2024)第008008号

策　　划　戚文艳
责任编辑　赵婧丽
出版发行　西安电子科技大学出版社(西安市太白南路2号)
电　　话　(029)88202421　88201467　　邮　　编　710071
网　　址　www.xduph.com　　电子邮箱　xdupfxb001@163.com
经　　销　新华书店
印刷单位　咸阳华盛印务有限责任公司
版　　次　2024年1月第3版　2024年1月第1次印刷
开　　本　787毫米×1092毫米　1/16　印　张　18.75
字　　数　443千字
定　　价　48.00元
ISBN 978-7-5606-7008-9/O

XDUP 7310003-1

前　言

本书第一版于2012年2月由西安电子科技大学出版社出版，得到了广大师生的厚爱，被许多高校选为本科生“大学物理”课程的教材或参考书. 本书再版于2017年12月，再版期间许多读者以各种方式表达了对本书内容体系、章节结构以及撰写风格的肯定，同时提出了宝贵的意见和建议.

通过与读者多角度、多层次的交流与探讨，结合近年教学的新趋势、新特点，我们修订、编写了本书的第三版. 这一版在前两版体系和结构的基础上进行了如下修改和补充：第一，对部分章节内容进行了修改，增删了部分习题和例题；第二，针对典型例题，精心录制了相应的视频，便于读者通过多种终端设备进行自主学习；第三，增加了本章小结，帮助读者把握重要知识点及其相互联系；第四，更新了部分阅读材料.

全书由朱长军、翟学军统稿并担任主编，马保科、王安祥担任副主编. 参加本书编写工作的还有高宾、周光茜、常红芳、尹纪欣、张晓娟、王晓娟、张晓军、王晶、余花娃、张崇辉、赵旭梅、陈爱民等.

由于编者水平有限，虽对本书进行了多次修改与补充，不足之处仍在所难免. 在此，衷心感谢广大读者对本书的热情关注，殷切期望读者和同行专家给予批评和指正.

编　者

2023年4月

目 录
CONTENTS

第 9 章　热力学基础

热力学是研究热现象的宏观理论，这一宏观理论的主要内容是根据实验总结出来的热力学定律，采用严密的逻辑推理的方法，从能量转换的角度来研究宏观物体的热力学性质及其变化规律.

本章的主要内容包括热力学第一定律和热力学第二定律. 热力学第一定律是能量守恒定律在热力学领域的具体表现形式，我们将应用这条定律讨论理想气体在各种等值准静态过程中功、热转化和系统宏观状态变化的规律，并且从这条定律出发研究循环过程. 热力学第二定律讨论热功转换的条件和热力学过程的方向性问题，在此基础上引入卡诺定理并讨论热力学系统的熵变.

9.1　平衡态　态参量　热力学第零定律

9.1.1　平衡态　态参量

热力学系统简称**系统**或**体系**，是指在给定的范围内，由大量的微观粒子所组成的宏观物体. 与热力学系统发生相互作用的其他物体，称为**外界**或**环境**. 根据能量与质量传递的不同，可以把系统分为开放系统、孤立系统和封闭系统. 与外界既有能量交换又有物质交换的热力学系统称为开放系统，简称**开系**；与外界没有任何相互作用的热力学系统称为孤立系统，简称**孤立系**，它是一个理想的极限概念，当热力学系统与外界的相互作用十分微弱，以致其相互作用能量远小于系统本身的能量时，可以近似地认为是孤立系；与外界有能量交换，但没有物质交换的热力学系统称为封闭系统，简称**闭系**.

热力学研究的一项重要内容是系统的宏观状态及其变化规律. 本章及第 10 章我们主要讨论系统一种特殊情况的宏观状态——平衡态. **平衡态**是指热力学系统内部没有定向宏观粒子流动和能量流动的状态，这时系统内部各处的各种宏观性质相同且不随时间变化. 由于定向宏观的粒子流动或能量流动是由系统的状态变化或系统受到外界的影响而造成的，因此平衡态也可以定义为：一个孤立系统，经过足够长的时间后，系统必将达到的宏观性质不随时间变化的状态.

应该注意到，当系统内部存在定向宏观的粒子流动或能量流动时，例如一根两端分别与冰水混合物和沸水接触的铜棒，经过足够长时间后，系统也可以达到一个宏观性质不再随时间变化的状态，这种状态称为**定常态**(稳态). 定常态并不是平衡态，而是一种非平衡态. 还应该注意到，即使在平衡态下，组成系统的微观粒子仍处在不停的无规则运动之中，只是它们的统计平均效果不变而已. 因此，通常我们也把这种动态的热力学平衡称为**热动平衡**.

为了描述一个热力学系统的平衡态，我们需要引入若干宏观参量，这些量能用仪器直接测量，称作**宏观量**，例如，系统的体积、压强、温度等. 在平衡态下，虽然热力学系统的各种宏观量都具有确定的值，但各宏观量之间可能存在互相联系. 我们把可以独立改变、并足以确定宏观热力学系统平衡态的一组物理量称作**状态参量**，简称**态参量**. 系统的其他宏观量则可表示为态参量的函数，称作**态函数**.

在热力学中，常用的态参量有四类：第一类是**几何参量**，如气体的体积、固体的应变等；第二类是**力学参量**，如气体的压强、固体的应力等；第三类是**化学参量**，如各化学组分的质量和物质的量等；第四类是**电磁参量**，如电场强度和磁感应强度等. 在实际问题中，有时只需上述几类态参量中的少数几个就能确定系统的平衡态. 例如，若研究的问题不涉及电磁性质，就不必引入电磁参量；若系统中无化学反应发生，且不必考虑与化学成分有关的性质，则无须引入化学参量.

只有在平衡态下，系统的宏观性质才可以用一组确定的态参量来描述. 因此，态参量实际上是描述系统平衡态的参量. 对于一定量的气体(质量 M)的状态，一般可用三个气体态参量来表征：气体所占的体积(V)、压强(p)、温度(T). 这三个态参量之中只有两个是独立的，第三个与它们之间有一定的函数关系. 一组态参量值表示气体的某一平衡态，而另一组态参量值则表示气体的另一平衡态. 因此，气体系统的一个平衡态可以用 $p-V$ 图上的一个点来表示，如图 9.1.1 所示.

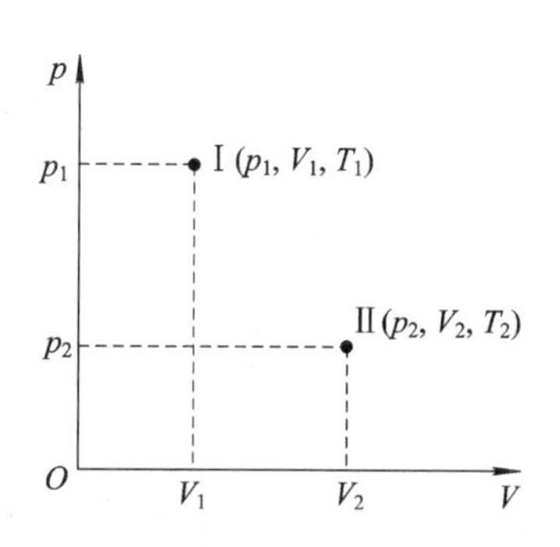

图 9.1.1 平衡态的 $p-V$ 图

点Ⅰ(p_1，V_1，T_1)表示一个平衡态，点Ⅱ(p_2，V_2，T_2)表示另外一个平衡态. 因此点Ⅰ和点Ⅱ也称为平衡态Ⅰ和平衡态Ⅱ. 平衡态Ⅰ用 p_1、V_1、T_1 这三个态参量来表示，平衡态Ⅱ用 p_2、V_2、T_2 这三个态参量来表示. 但这三个态参量不是独立的，其中任意一个态参量都可以用另外两个态参量表示出来，例如，$V=V(p, T)$，$T=T(V, p)$，$p=p(V, T)$，这三个态参量的关系在理想气体中就是理想气体的状态方程.

如果系统的宏观性质随时间而变化，则它所处的状态称为**非平衡态**. 在非平衡态下，系统内各部分的性质一般说来可能各不相同，并且在不断地变化，所以就不能用统一的参量来描述系统的状态. 在下面的讨论中，除非特别说明，所涉及的状态一般都指平衡态.

9.1.2 热力学第零定律 温度

1. 热力学第零定律

首先介绍热交换(热量交换或热接触)、绝热壁和导热壁概念. **热交换**就是由于温差而引起的两个系统或同一系统各部分之间的热量传递过程. 热交换一般通过热传导、热对流和热辐射三种方式来完成. **绝热壁**是指用它隔开的两个热力学系统之间没有热量交换. **导热壁**是指用它隔开的两个热力学系统之间可以进行热量交换. 如图 9.1.2 所示，先把两个热力学系统 A、B 用绝热壁隔开，如图 9.1.2(a)所示，两个热力学系统 A、B 之间没有热交换. 之后让两个热力学系统 A、B 通过导热壁同时与处于确定状态的热力学系统 C 进行热交换，热力学系统 A、B 与热力学系统 C 之间可以进行热交换，如图 9.1.2(a)所示. 当热力学系统 A、B 与热力学系统 C 达到热平衡(即热力学系统 A、B 与热力学系统 C 之间不再有热交换)后，使热力学系统 A、B 与热力学系统 C 用绝热壁隔开，热力学系统 A、B 用导热壁隔开，如图 9.1.2(b)所示. 热力学系统 A、B 与热力学系统 C 之间不能进行热交换，而热力学系统 A 与热力学系统 B 通过导热壁可以进行热交换. 实验发现，热力学系统 A 与热力学系统 B 热接触后观察不到任何状态变化，即热力学系统 A 与热力学系统 B 在相互接触前已经达到了热平衡状态. 上述结果表明，如果两个系统同时与处于确定状态的第三个系统达到热平衡，则这两个系统彼此间也处于热平衡状态，这一结论称为**热力学第零定律**.

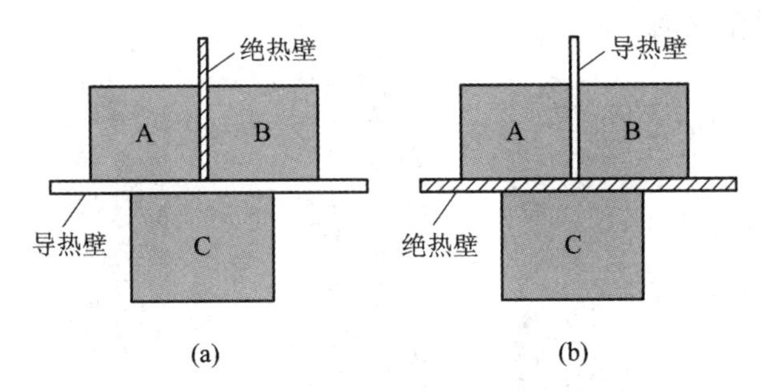

图 9.1.2 热力学第零定律图解

2. 温度

热力学第零定律的重要性在于它给出了温度的定义和温度的测量方法，它为建立温度概念提供了实验基础.

这个定律反映了同一热平衡状态的所有热力学系统都具有一个共同的宏观特征，这一特征是由这些互为热平衡系统的状态所决定的一个数值相等的状态函数，这个状态函数被定义为**温度**，而温度相等是热平衡必要的条件.

测量温度的仪器称为**温度计**，温度计利用固体、液体、气体受温度的影响而热胀冷缩的现象为设计的依据. 根据热力学第零定律，我们可以选择适当的系统作为温度计，使它和被测的系统达到热平衡，以确定被测系统的温度. 温度计的温度则通过它的某一物理性质所对应的态参量显示出来. 原则上讲，任意物质(称为**测温物质**)的某一物理量(称为**测温性质**)具有随冷热显著而单调变化的性质，这一物理量所对应的态参量，都可以用来定量显示温度. 温度只能通过物体随温度变化的某些特性来间接测量，而用来量度物体温度数值的标尺称为**温标**. 它规定了温度的读数起点(零点)和测量温度的基本单位，国际单位为热力学温标(K). 目前国际上用得较多的其他温标有摄氏温标(℃)、华氏温标(℉)和绝对温标等，三种温标的对比如图 9.1.3 所示. 由于各种物质的某种测温性质随温度的变化不可能完全一致，因此用不同的测温物质. 同一物质的不同测温性质所建立起来的温标常常是不一致的.

华氏温标规定在标准大气压下，冰的熔点为 32℉，水的沸点为 212℉，中间有 180 等份，每等份为华氏 1 度，记作 1℉. **摄氏温标**规定在标准大气压下，水的冰点为 0℃，水的沸点规定为 100℃. 根据水这两个固定温度点来对玻璃水银温度计进行分度，两点间共分 100 等份，每一份称为 1 摄氏度，记作 1℃. 通常，在热力学中采用一种不依赖于任何物质特性的热力学温标，称为**绝对温标**. 由该温标确定的温度，称为**热力学温度或绝对温度**，用 T 表示. 1960 年以来，国际上规定，热力学温度是基本的物理量，在国际单位制中其单位是开(K). **绝对温标**规定水的三相点(水的固、液、汽三相平衡的状态点)的温度为 273.15 K. 绝对温标与摄氏温标的每刻度的大小是相等的，但绝对温标的 0 K 是摄氏温标的 −273.15℃，绝对温标用 K 作为单位符号，用 T 作为物理量符号.

人们在生活和技术中常用摄氏温标，用 t 表示(单位是度，记为℃). 摄氏温度与热力学温度之间的关系为

$$t = T - 273.15 \tag{9.1.1}$$

在宏观上，常用温度表示物质的冷热程度，并规定较热的物体有较高的温度. 摄氏温标、华氏温标和绝对温标的对比如图 9.1.3 所示.

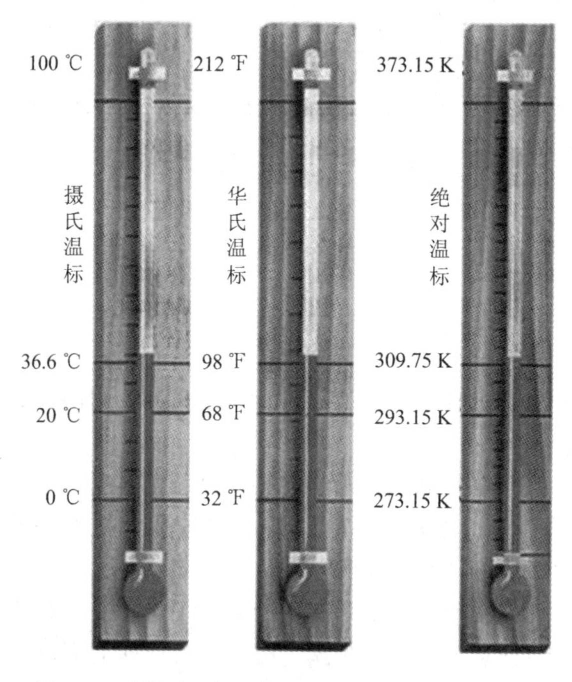

图 9.1.3　摄氏温标、华氏温标和绝对温标的对比

9.1.3　理想气体状态方程

对于处在平衡态的系统，热力学态参量(如压强、温度、体积等)就已确定，而用于描述这些热力学态参量之间关系的函数方程就称为热力学系统的**状态方程或物态方程**，可以表示为

$$f(p, V, T) = 0 \tag{9.1.2}$$

热力学系统的状态方程是半经验公式，这些半经验公式是由理论和实践相结合的方法给出的. 根据热力学系统的状态方程，可以由已知态参量求得未知态参量，本章主要研究

理想气体的状态方程.

对于处于平衡态的一定量气体，其状态可以用温度、压强和体积来描述. 这三个量并不是独立的，它们之间满足一定的关系，其中任意一个参量可以用其他两个参量来表示，即其中一个参量是其他两个参量的函数. 例如，压强可以由温度和体积两个态参量来表示，即可以表示为

$$p = p(T, V) \tag{9.1.3}$$

式(9.1.3)就是一定量气体处于平衡态时的**气体状态方程**. 一般来说，物态方程是很复杂的，这里我们只讨论理想气体的物态方程.

理想气体的状态方程，又称为理想气体定律(或普适气体定律)，是描述理想气体在处于平衡态时，压强、体积、物质的量、温度间关系的状态方程，它是建立在玻意耳-马略特定律、查理定律、盖·吕萨克定律等经验定律的基础之上的.

这里复习几个实验定律，**玻意耳-马略特定律**即一定质量的气体，在温度保持不变时，它的压强和体积成反比，数学表示为

$$pV = 常数(T\ 不变) \tag{9.1.4}$$

盖·吕萨克定律即一定质量的气体，在压强保持不变时，它的体积和温度成正比，数学表示为

$$\frac{V}{T} = 常数(p\ 不变) \tag{9.1.5}$$

查理定律即一定质量的气体，当气体的体积保持不变时，它的压强与其绝对温度成正比，数学表示为

$$\frac{p}{T} = 常数(V\ 不变)$$

玻意耳-马略特定律、盖·吕萨克定律和查理定律都是在温度不太低(与室温相比，室温取25℃，有时也取300K)、压强不太大(与大气压强相比，1个大气压为1.013×10^5 Pa，等于760 mmHg)的实验条件下总结出来的实验定律. 1811年，意大利物理学家阿伏加德罗提出，在相同的温度和压强下，相同体积的气体含有相同数量的分子，这就是**阿伏加德罗定律**. 我们把遵守玻意耳-马略特定律、盖·吕萨克定律、查理定律和阿伏伽德罗定律的气体称作**理想气体**. 因此，一般气体在温度不太低、压强不太大时都可以近似认为是理想气体.

在平衡态下，对于一定质量的理想气体(设质量为M，摩尔质量为M_{mol}，则物质的量$\nu=M/M_{mol}$)，可以用压强p、体积V和温度T三个参量中的任意两个来确定其宏观状态. 按照玻意耳-马略特定律、盖·吕萨克定律和查理定律，pV/T是个恒量，所以

$$\frac{pV}{T} = \frac{p_0V_0}{T_0} \tag{9.1.6}$$

式中，p_0、V_0、T_0是标准状态下的相应量，其中$p_0=1.013\times10^5$ Pa，$T_0=273.15$ K，$V_0=\nu V_{m,0}$，其中，$V_{m,0}$是标准状态下1 mol理想气体的体积，$V_{m,0}=22.4$ L. 根据阿伏加德罗定律，在相同温度和压强下，1 mol任意理想气体的分子数相同，因而体积相同. 将上述各量代入式(9.1.6)，可得到

$$pV = \frac{M}{M_{mol}}RT \quad 或 \quad pV = \nu RT \tag{9.1.7}$$

式(9.1.7)就是**理想气体状态方程**. 式中,R 是**摩尔气体常量**,且

$$R=\frac{p_0 V_{m,0}}{T_0}=8.31\ \mathrm{J\cdot mol^{-1}\cdot K^{-1}}$$

在常压和温度不太低时,各种实际气体都近似遵守这个状态方程,压强越低,近似程度越高.

例 9.1.1 一氧气瓶的容积为 V,充了气,未使用时压强为 p_1,温度为 T_1;使用后瓶内氧气的质量减少为原来的一半,其压强降为 p_2,试求此时瓶内氧气的温度 T_2.

解 根据题意,可确定研究对象为氧气,这里氧气可看成理想气体,因此满足理想气体状态方程,使用前后氧气瓶的容积都为 V. 设使用前氧气的质量为 M,氧气的摩尔质量为 M_{mol},使用后氧气的质量为 $M/2$,因此有:

使用前的理想气体状态方程:

$$p_1 V=\frac{M}{M_{mol}}RT_1$$

例 9.1.1

使用后的理想气体状态方程:

$$p_2 V=\frac{1}{2}\frac{M}{M_{mol}}RT_2$$

根据这两个方程可以求出使用后瓶内氧气的温度 T_2 为

$$T_2=\frac{2p_2}{p_1}T_1$$

例 9.1.2 一容器内储有氧气,其压强为 1.01×10^5 Pa,温度为 27℃,试求氧气的质量密度.

解 根据理想气体状态方程得

$$\frac{pV}{T}=\frac{M}{M_{mol}}R$$

根据质量密度的定义式可得

$$\rho=\frac{M}{V}=\frac{pM_{mol}}{RT}=\frac{1.01\times10^5\times32\times10^{-3}}{8.31\times(273+27)}\approx1.30\ \mathrm{kg\cdot m^{-3}}$$

9.2 准静态过程 功 热量

9.2.1 准静态过程

热力学的主要研究对象之一是系统从某一平衡态变化到另一平衡态的转变过程,即系统的状态随时间变化的过程,称为**热力学过程**,简称**过程**. 对过程的分类基本有如下几种:根据研究对象与外界的关系,可分为自发过程、非自发过程;根据过程本身的特点,可分为等体过程、等压过程、等温过程、绝热过程;根据过程所经历的中间状态的性质,可分为准静态过程(理想过程)、非静态过程(实际过程).

如果系统开始时处于平衡态，当系统的状态随时间变化时，原有的平衡态就会被打破. 在系统状态发生变化的过程中，如果系统经历的中间状态是一(系列的)非平衡态，则这种过程称为非静态过程. 如图9.2.1所示，活塞静止在位置Ⅰ时，容器内气体处于平衡态Ⅰ. 当将活塞迅速上提到位置Ⅱ时，经过一定时间后，系统到达平衡态Ⅱ. 在活塞上提过程中，气体内部各处密度不均匀，压强、温度也不均匀，气体每一时刻都处于非平衡状态，因而过程是非静态过程.

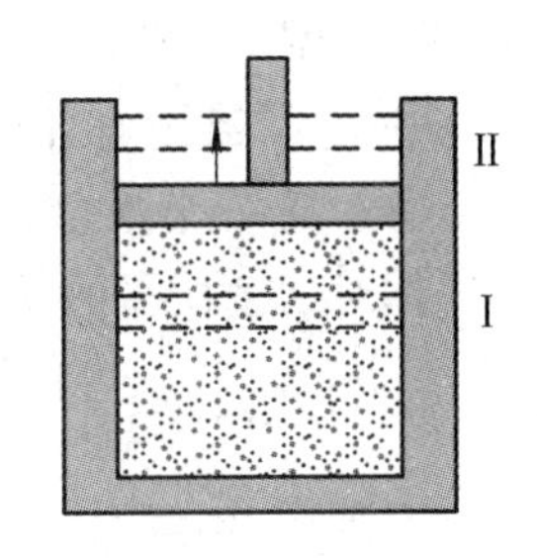

图9.2.1 热力学过程

但是，如果系统在初末两平衡态之间经历的所有中间态都无限接近于平衡态，则此过程称为**准静态过程**. 显然，这种过程只有在过程无限缓慢进行的条件下才可能实现. 因此，准静态过程是一个理想过程，作为准静态过程中间状态的平衡态，具有确定的状态参量.

准静态过程是一种理想过程. 究竟什么样的实际过程可以当作准静态过程来处理呢? 如果热力学系统从一个平衡态经历一个微小变化所需的时间很长，则在过程进行中的任何时刻，系统实际上都已接近平衡态，这样的过程就可以当作准静态过程处理. 实际过程进行得越缓慢，各时刻系统的状态就越接近平衡态. 例如，气缸中的气体从被压缩后的非平衡态过渡到平衡态，所需的时间大约为10^{-3}秒，如果它经过的这一压缩过程所需的时间远远大于10^{-3}秒，那么该压缩过程可以当成准静态过程处理.

对于准静态过程，由于每个时刻系统都处在平衡态，准静态过程就可通过各个时刻系统所处的平衡态描述. 由于平衡态可以用参量空间的一个点表示，因而一个准静态过程就可用参量空间中的一条连续实曲线描述，这样的曲线称为**过程曲线**.

对于理想气体系统，可用$p-V$图上的一点来表示这一平衡态. 系统的准静态变化过程可用$p-V$图上的一条实曲线表示. 图9.2.2中的曲线表示系统从平衡态Ⅰ经历一个准静态过程到达平衡态Ⅱ.

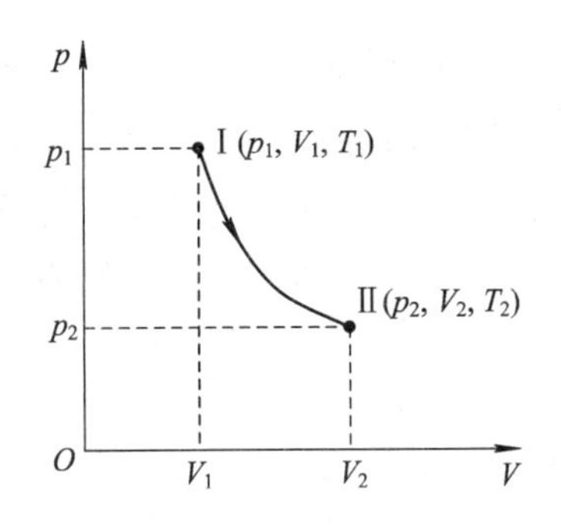

图9.2.2 过程曲线

9.2.2 功

系统的状态可以通过与外界交换能量而发生变化，能量交换有做功和热传导两种方式. 本节则讨论有关功的问题.

热力学系统体积改变时对外界所做的机械功称为**体积功**. 如图9.2.3所示，假设气缸中的气体作准静态膨胀，用S表示活塞的面积，p表示气体的压强. 于是，在活塞发生微元位移$\mathrm{d}l$的过程中，气体对活塞所做的元功为

$$\mathrm{d}W = pS\cdot\mathrm{d}l = p\cdot\mathrm{d}V \qquad (9.2.1)$$

式中，$\mathrm{d}V=S\cdot\mathrm{d}l$为气体体积的改变量. 式(9.2.1)是通过图9.2.3的特例导出的，但它适合于任何准静态过

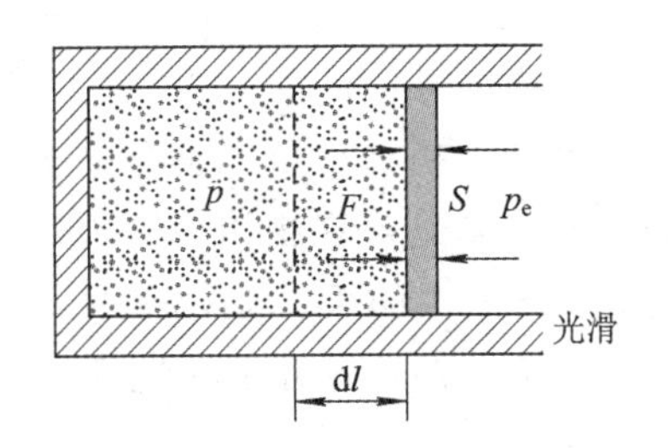

图9.2.3 体积功

程. 显然，当 $dV>0$ 时，气体体积膨胀，$dW>0$，系统对外界做正功；当 $dV<0$ 时，气体体积缩小，$dW<0$，系统对外界做负功.

当系统经历一个准静态过程，体积从 V_1 变到 V_2 时，气体对活塞所做的功为

$$W=\int_{V_1}^{V_2} p\cdot dV \tag{9.2.2}$$

在 $p-V$ 图(如图 9.2.4 所示)上，元功 dW 的数值大小等于 $p-V$ 图中过程曲线和 V 轴围成的面积，即图 9.2.4 中系统体积在 $V\to V+dV$ 间阴影窄条的面积. 从 $V_1\to V_2$ 系统对外界做的总功 W 的数值大小等于 $p-V$ 图中过程曲线 ⅠaⅡ 和 V 轴从 $V_1\to V_2$ 围成的面积.

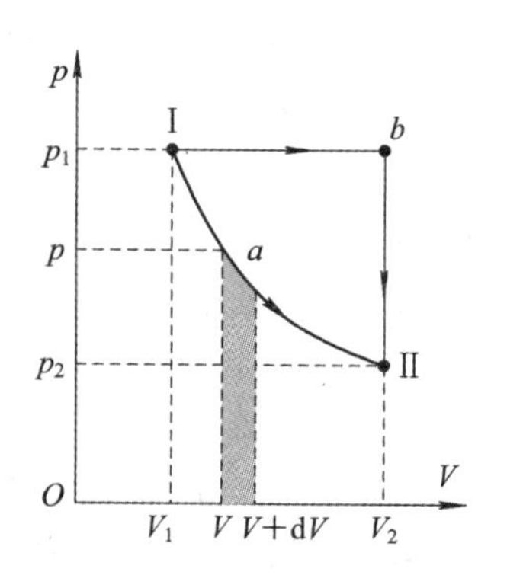

图 9.2.4　过程曲线和功

系统从同一初态 Ⅰ 出发，经过两个不同的准静态过程 ⅠaⅡ 和 ⅠbⅡ，到达同一末态 Ⅱ，两过程曲线下的面积不同，这表明在这两个不同的过程中，系统对外界做的功不同，准静态过程 ⅠbⅡ 比准静态过程 ⅠaⅡ 做的功数值上大，两个准静态过程功的差值就是闭合曲线 ⅠbⅡaⅠ 围成的面积，如图 9.2.4 所示. 由上例可以知道，做功的多少与具体的过程有关，不同的过程，所做功的大小不同. 所以，功是一个与过程有关的量，称为**过程量**.

9.2.3　热量

大量实验表明，系统和外界进行相互作用时，其状态发生变化. 一种方式是通过系统对外界做功，另外一种方式是外界向系统传递热量，或者两种方式同时存在. 两种方式的本质不同，但对于系统状态的改变是等效的. 例如，将一杯水放在电炉上，可以通电加热，用传递热量的方式使水温从某一温度升高到另一温度；也可以通过搅拌做功的方式，使水温从某一相同的温度升高到同一温度. 第一种方式是通过外界对系统传递热量(能量转移)来完成的，第二种方式是通过外界对系统做功(能量转换)来完成的，二者方式不同，却都可以使系统状态发生相同的变化，这表明，就系统状态的变化而言，热传递和做功是等效的.

系统和外界由于温度不同而进行交换或传递的能量称为**热量**. 热量是两个温度不同的物体相互接触所发生的能量转移或传递的量度，它用来表示在热传递这种特定过程中传递能量的多少. 大量实验结果表明，在一般情况下，对于给定的初态和末态，在不同的过程中，传递的能量不同，因而，热量和功一样是过程量而非状态量. 因此，我们不能说系统处于某一状态时具有多少热量.

但是做功和热量传递在本质上是有区别的，做功是通过物体作宏观位移来完成的. 做功的结果是宏观物体的有规则运动，通过分子间的碰撞，改变系统内部分子的无规则运动，将宏观的机械运动能量转换为分子的热运动能量. 热量传递是指通过分子之间的相互碰撞，将外界分子无规则运动的能量传递给系统内分子，使系统分子热运动能量发生改变.

9.3 内能 热力学第一定律

自然界中的一切物质(实物和场)都具有能量，能量有各种不同的形式. 大量实验结果表明，能量既不能创造，也不能消灭，它只能由一种形式转化为另一种形式，或由一个物体转移到另一个物体. 对孤立系统而言，能量在转化和转移的过程中，其总量是保持不变的. 这一规律称为**能量守恒定律**，它是自然界中最基本的定律之一. 把能量守恒定律用于热力学系统，就能得到功、热量和内能改变量三者之间的关系，这一关系是能量守恒定律在一切涉及热现象的宏观过程中的具体表现.

9.3.1 内能

焦耳的热功当量实验结果表明，在绝热条件下通过各种方式对系统做功，只要系统的初态和末态是一定的，不管通过哪种方式做功，所需做的功都是一样的. 这说明系统通过绝热过程从一个状态过渡到另一个状态，做功只与系统的初、末状态有关，而与具体的做功过程和方式无关. 由此可引进一个由系统状态决定的物理量 E，使得

$$E_2-E_1=-W_a$$

式中，$-W_a$ 表示绝热过程中外界对系统所做的功. 满足上述关系的物理量 E 称为系统的**内能**.

内能可表示为系统状态参量的函数，对一般的气体系统，可表示为 $E=E(p, V, T)$. 而 p、V、T 三个状态参量中只有两个是独立的，所以实际上内能只是其中任意两个独立的状态参量的函数. 对于理想气体，焦耳-汤姆逊实验表明，内能只是温度的单值函数.

实验表明，把一杯水从温度 T_1 升高到 T_2，不论搅拌或加热，外界向系统传递的能量都是相同的. 这表明热力学系统初、末两态有一定的能量差，换句话说，系统处在一定的状态就具有一定的能量，这个能量就是系统的内能.

内能是由系统状态决定的，并随状态的改变而改变. 一个确定的状态，就对应一个确定的能量值，所以内能是**状态量**，而且是状态的单值函数.

9.3.2 热力学第一定律

假设一个系统经历一个热力学过程，从一个状态过渡到另一个状态. 在这个过程中系统从外界吸收热量 Q，对外界做功 W，系统内能从初态的 E_1 变化为末态的 E_2，则 Q、W 与内能改变量($\Delta E=E_2-E_1$)三者存在如下关系：

$$Q=E_2-E_1+W=\Delta E+W \tag{9.3.1}$$

式(9.3.1)就是**热力学第一定律**，它表明在任何热力学过程中，系统从外界吸收的热量等于系统内能的增加与系统对外界做的功之和. 式中 Q 和 W 分别表示过程中系统从外界吸收的热量和对外界所做的功，ΔE 表示初、末状态系统内能的改变量. Q、W 和 ΔE 可正可负. 其中，$Q>0$ 表示系统吸热，$Q<0$ 表示系统放热；$W>0$ 表示系统对外界做正功，$W<0$ 表示外界对系统做正功；$\Delta E>0$ 表示系统内能增大，$\Delta E<0$ 表示系统内能减小. 若系统经历一微小的变化过程，在此过程中吸热、做功和内能改变量分别为 $\mathrm{d}Q$、$\mathrm{d}W$ 和 $\mathrm{d}E$，则式(9.3.1)可以写成

$$dQ = dE + dW \tag{9.3.2}$$

式中，dQ 是过程中外界向系统传递的热量；dW 是系统对外界做的功；dE 是系统内能的改变量.

热力学第一定律式(9.3.1)可以改写为 $\Delta E = Q - W$，它将过程量和状态量联系在一起，并且表明热量传递和做功在热力学过程中的地位相当，功和热都是与过程有关的量，本质上都可作为系统内能改变的度量. 热力学第一定律的本质是关于热现象的能量转化和守恒定律，是能量转化和能量守恒定律在热现象中的具体化. 能量有不同的形式，并且可以由一种形式转化为另一种形式，由一个系统传递给另一个系统，但总能量保持不变. 历史上曾有很多人企图研制一种装置，这种装置不要动力和燃料，但可以不断对外做功，这种装置被称为**第一类永动机**. 根据热力学第一定律，制造这种机器的想法是不可能实现的. 所以热力学第一定律又可表述为第一类永动机是不可能制成的.

9.3.3 热容量

1. 热容量

使某一物质的温度升高(或降低)1 K 时系统从外界吸收(或放出)的热量，称为该物质的**热容量**，用符号 C' 表示，在国际单位制中其单位是 $\mathrm{J \cdot K^{-1}}$. 如果某一物质的质量为 M，组成该物体的物质的比热为 c，则该物体的热容量为

$$C' = Mc \tag{9.3.3}$$

使 1 mol 的某物质温度升高(或降低)1 K 时系统从外界吸收(或放出)的热量，称为该物质的**摩尔热容量**，用符号 C 表示，在国际单位制中其单位是 $\mathrm{J \cdot mol^{-1} \cdot K^{-1}}$. 如果该物质的摩尔质量为 M_{mol}，比热为 c，则该物质的摩尔热容量为

$$C = M_{\mathrm{mol}} c \tag{9.3.4}$$

以上是对液体或固体而言的. 对于气体，由于给定系统的初态、末态，它们之间可发生的过程有无数多种，在不同的过程中，系统从外界吸收的热量一般是不相等的，因而热容量对不同的过程也是不相同的. 这表明热容量不仅取决于系统的结构，而且也取决于具体的过程，是过程的函数. 对于一个热力学系统，在给定的过程中，当温度升高 ΔT，系统从外界吸收的热量为 ΔQ 时，系统在给定的该过程中的热容量定义为

$$C' = \lim_{\Delta T \to 0} \frac{\Delta Q}{\Delta T} = \frac{dQ}{dT} \tag{9.3.5}$$

式(9.3.5)是热容量的一般定义式，此式对于任意过程都成立，对于一些具体的过程，可以由该式给出具体的计算公式. 下面介绍理想气体等体过程中的定容热容量及等压过程中的定压热容量.

2. 定容热容量

对于质量为 M 的某种理想气体，在体积 V 保持一定($\Delta V = 0$)的条件下，由热力学第一定律可得 $(\Delta Q)_V = \Delta E$，根据热容量的一般定义式，得

$$C'_V = \lim_{\Delta T \to 0} \frac{(\Delta Q)_V}{\Delta T} = \left(\frac{dQ}{dT}\right)_V \tag{9.3.6}$$

式(9.3.6)可以进一步写为

$$C'_V = \left(\frac{dQ}{dT}\right)_V = \frac{dE}{dT} \tag{9.3.7}$$

即

$$dE = C_V' \, dT \tag{9.3.8}$$

对一个有限过程，温度从 T_0 变化到 T，有

$$\int_{E_0}^{E} dE = \int_{T_0}^{T} C_V' \, dT \tag{9.3.9}$$

C_V' 是常数，与过程无关，积分得

$$E = E_0 + C_V'(T - T_0) \tag{9.3.10}$$

由式(9.3.10)可以看出，一定量的理想气体的内能增量 ΔE 仅与温度的增量 ΔT 有关. 因此一定量的理想气体无论经过怎样的变化过程，只要温度增量相同，内能的增量就相同. 换言之，理想气体内能的改变只与初、末态的温度改变有关，而与状态变化的过程无关. 这说明，理想气体的内能 E 只是温度 T 的单值函数.

1 mol 物质的定容热容量，称为**定容摩尔热容量**，记作 C_V，即

$$C_V = \frac{1}{\nu} C_V' = \frac{1}{\nu}\left(\frac{dQ}{dT}\right)_V \tag{9.3.11}$$

3. 定压热容量

对于质量为 M 的某种理想气体，在压强 p 保持一定($\Delta p = 0$)的条件下，由热力学第一定律可得 $(\Delta Q)_p = \Delta E + p\Delta V$，根据热容量的一般定义式，得

$$C_p' = \lim_{\Delta T \to 0} \frac{(\Delta Q)_p}{\Delta T} \tag{9.3.12}$$

理想气体的内能只是温度 T 的单值函数，所以有

$$C_p' = \frac{dE}{dT} + p\frac{dV}{dT} \tag{9.3.13}$$

1 mol 物质的定压热容量，称为**定压摩尔热容量**，记为 C_p，显然：

$$C_p = \frac{1}{\nu} C_p' = \frac{1}{\nu}\left(\frac{dQ}{dT}\right)_p \tag{9.3.14}$$

4. 定容热容量与定压热容量的关系

对于 1 mol 的理想气体，由式(9.3.13)和理想气体状态方程 $pV = RT$ 可得

$$C_p = C_V + R \tag{9.3.15}$$

式(9.3.15)称为**迈耶公式**. 迈耶公式表明，理想气体的定压摩尔热容量比定容摩尔热容量要大 R. 这是因为升高相同的温度，等容过程中吸收的热量全部转化为内能的增量，而等压过程中吸收的热量，除了转化为与等容过程增量相同的内能外，还需要对外做功.

对理想气体，定容摩尔热容量为

$$C_V = \frac{i}{2} R \tag{9.3.16}$$

式中，i 为理想气体的自由度. 对于单原子分子理想气体，$i = 3$；对于刚性双原子分子理想气体，$i = 5$；对于非刚性双原子分子理想气体，$i = 7$，这一点将在下一章详细阐述. 理想气体的定压摩尔热容量为

$$C_p = C_V + R = \frac{i+2}{2} R \tag{9.3.17}$$

定义定压摩尔热容量与定容摩尔热容量之比为**比热容比**，用 γ 表示：

$$\gamma = \frac{C_p}{C_V} = \frac{i+2}{i} \tag{9.3.18}$$

表 9.3.1 列出了一些气体摩尔热容量和比热容比的理论值和实验值.

表 9.3.1 气体摩尔热容量(T=300 K)

分子种类	气　体	理论值			实验值		
		C_V/R	C_p/R	γ	C_V/R	C_p/R	γ
单原子	He Ar	1.5	2.5	1.67	1.5	2.5	1.67
双原子	H_2 N_2 CO	2.5	3.5	1.4	2.45 2.49 2.53	3.46 3.50 3.53	1.41 1.41 1.40
多原子	CO_2 H_2O CH_4	3	4	1.33	3.42 3.25 3.26	4.44 4.26 4.27	1.30 1.31 1.31

从表 9.3.1 可看出，对单原子分子、双原子分子气体，理论值与实验值符合较好，而对多原子分子气体，理论值与实验值差别较大. 这种差别表明，理想气体模型只能近似地模拟简单分子(原子)构成的气体.

虽然经典理论给出的定压热容量、定容热容量都和温度无关，但实验测得的热容量是随温度变化的. 图 9.3.1 给出的是氢气的定压摩尔热容量与温度的关系，定压摩尔热容量随温度的变化明显地表现出三个台阶，这反映了经典理论的缺陷. 按照量子理论，分子转动能量和振动能量都是量子化的，并且这些自由度只有在较高的温度下才被显著激发，对热容量才有贡献. 在低温情况下，这些自由度是被“冻结”的. 另外，上述经典理论完全不能解释金属的比热问题，所有这些结果只能用量子理论解释.

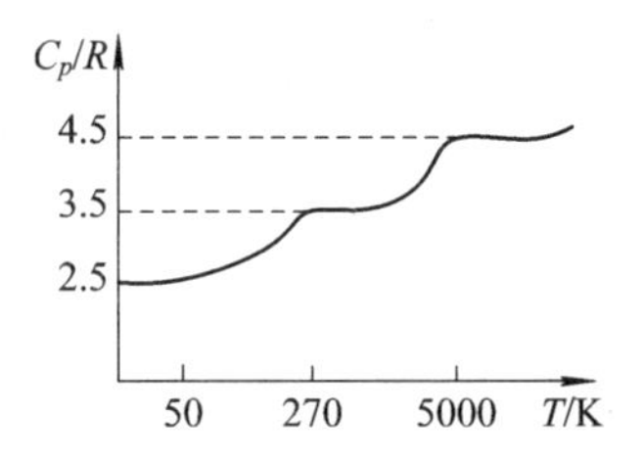

图 9.3.1　氢气的定压摩尔热容量与温度的关系

9.4 热力学第一定律的应用

热力学第一定律阐明了热力学系统在状态变化过程中内能的增量、功和热量之间的相互关系. 下面我们结合理想气体状态方程将热力学第一定律应用到理想气体的准静态等值过程中.

所谓**等值过程**，是指在热力学系统的状态变化过程中，四个状态参量 V、p、T、S(绝热过程)中一个保持不变的过程，例如体积 V 保持不变的过程称为**等体过程**(也称为**等容过

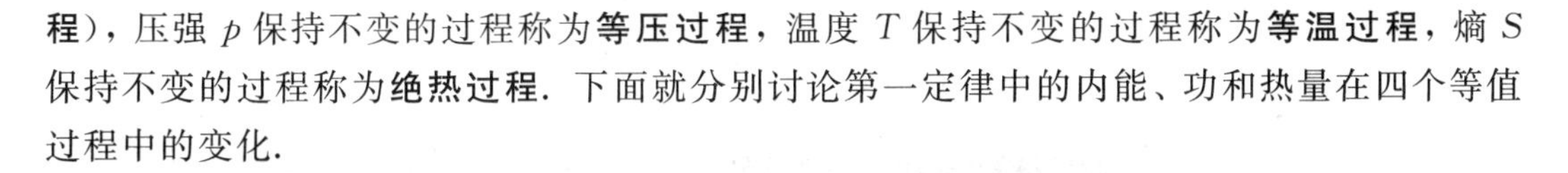

程)，压强 p 保持不变的过程称为**等压过程**，温度 T 保持不变的过程称为**等温过程**，熵 S 保持不变的过程称为**绝热过程**. 下面就分别讨论第一定律中的内能、功和热量在四个等值过程中的变化.

9.4.1 等体过程

等体过程是系统体积保持不变的过程. 设有一气缸，内装有一定量的理想气体，物质的量为 ν. 保持活塞固定不动，使气缸连续地与一系列温度差无限小的恒温热源相接触，气体经一准静态等体过程从状态 $1(p_1, V, T_1)$ 过渡到状态 $2(p_2, V, T_2)$，如图 9.4.1 所示. 由于过程中体积始终保持不变，该过程对应的 $p-V$ 曲线是一条平行于 p 轴的线段，叫作**等体线**，如图 9.4.2 所示，过程中任一状态参量(p, V, T)均满足过程方程

$$V = C_1 \quad 或 \quad \frac{p}{T} = C_2 \tag{9.4.1}$$

式中，C_1 和 C_2 为两个常量，可由过程中某一已知状态参量确定.

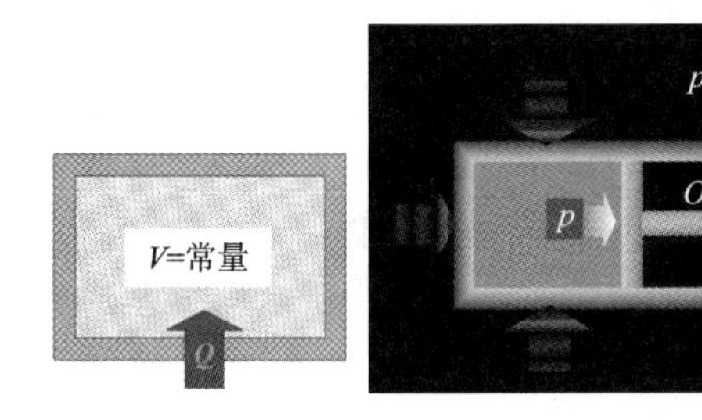

图 9.4.1 等体过程

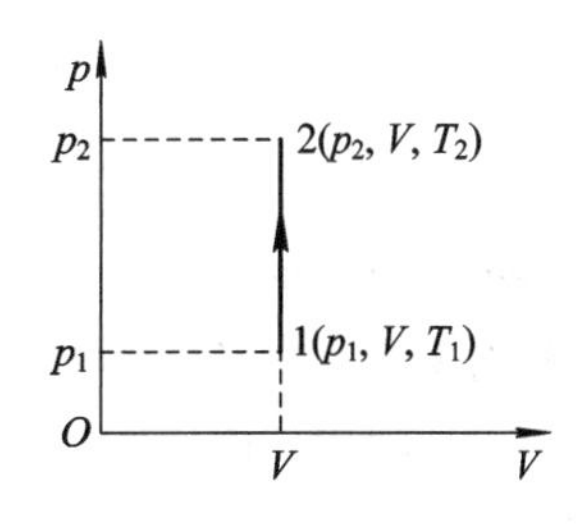

图 9.4.2 等体线

在等体过程中，系统做功 $W_V=0$，所以系统所吸收的热量等于内能的增量. 假设系统的定容摩尔热容量 C_V 为常量，则可得

$$Q_V = \Delta E = \nu C_V (T_2 - T_1) = \frac{i}{2}\nu R (T_2 - T_1) \tag{9.4.2}$$

系统从外界吸收的热量全部转化为系统的内能.

9.4.2 等压过程

等压过程是系统压强保持不变的过程. 设有一气缸，内装有一定量的理想气体，物质的量为 ν. 气缸连续地与一系列温差无限小的恒温热源相接触，同时活塞上所加的外力保持不变，使气缸内的理想气体经一准静态等压过程从状态 $1(p, V_1, T_1)$ 过渡到状态 $2(p, V_2, T_2)$，如图 9.4.3 所示. 等压过程的 $p-V$ 线是一条平行于 V 轴的线段，称为**等压线**，如图 9.4.4 所示，对应的过程方程为

$$p = C_1 \quad 或 \quad \frac{V}{T} = C_2 \tag{9.4.3}$$

在等压过程中，$p=$常量，所以系统所做的功为

$$W_p = \int_{V_1}^{V_2} p \cdot \mathrm{d}V = p(V_2 - V_1) = \nu R (T_2 - T_1) \tag{9.4.4}$$

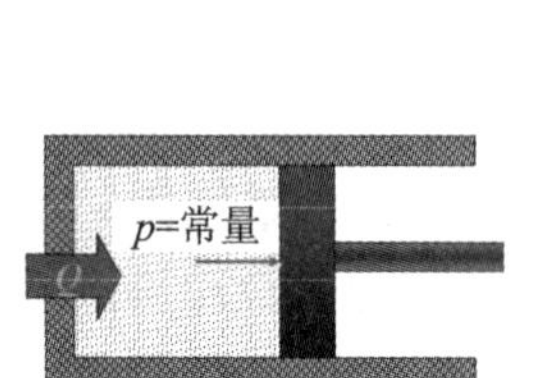

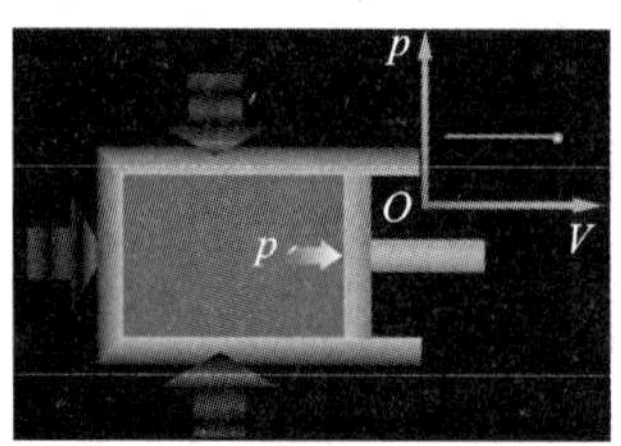

图 9.4.3　等压过程

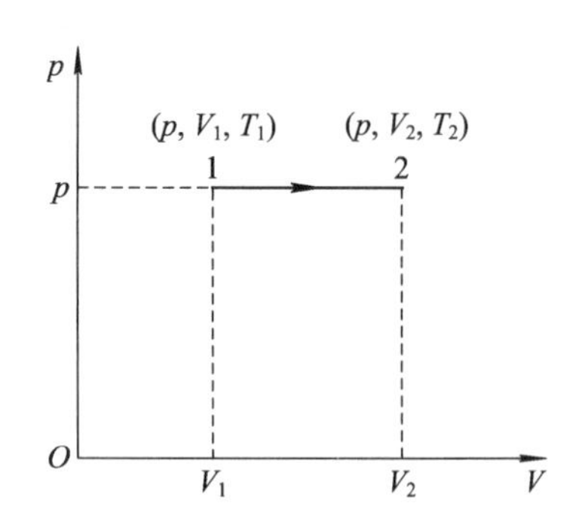

图 9.4.4　等压线

由于内能是状态量，且理想气体的内能只是温度的函数，因此等压过程内能的增量也可表示为

$$\Delta E = \nu C_V (T_2 - T_1) = \frac{i}{2}\nu R (T_2 - T_1) \tag{9.4.5}$$

根据热力学第一定律可得过程中系统吸收的热量为

$$Q_p = W_p + \Delta E = \nu C_p (T_2 - T_1) = \frac{i+2}{2}\nu R (T_2 - T_1) \tag{9.4.6}$$

系统从外界吸收的热量，一部分转化为系统的内能，另一部分则用来对外界做功.

例 9.4.1　一定量的理想气体，从 A 态出发，经例 9.4.1 图中所示的过程到达 B 态，试求在这过程中，该气体吸收的热量.

解　由图可得，A 态到 C 态和 D 态到 B 态是等压过程，C 态到 D 态是等体过程，由图可得状态参量有

$$p_A = p_C = 4\times 10^5\ \text{Pa}$$

$$p_D = p_B = 1\times 10^5\ \text{Pa}$$

$$V_C = V_D = 5\ \text{m}^3$$

$$V_A = 2\ \text{m}^3,\ V_B = 8\ \text{m}^3$$

例 9.4.1 图

因此，对于 A 态有

$$p_A V_A = 8\times 10^5\ \text{J}$$

对于 B 态有

$$p_B V_B = 8\times 10^5\ \text{J}$$

因为 $p_A V_A = p_B V_B$，根据理想气体状态方程 $pV = \nu RT$，可知

$$T_A = T_B,\qquad \Delta E = 0$$

根据热力学第一定律 $Q = \Delta E + W$ 得

$$Q = W = p_A(V_C - V_A) + p_B(V_B - V_D) = 1.5\times 10^6\ \text{J}$$

例 9.4.2　1 mol 单原子理想气体从 300 K 加热到 350 K.

(1) 体积保持不变；

(2) 压强保持不变.

问：在这两个过程中各吸收了多少热量？增加了多少内能？对外做了多少功？

例 9.4.2

解 (1) 体积保持不变，即为等体过程，等体过程中内能的增量为

$$\Delta E=C_V\Delta T=\frac{3}{2}R\Delta T=\frac{3}{2}\times 8.31\times 50\approx 623\ \mathrm{J}$$

在等体过程中，系统做功为

$$W_V=0$$

在等体过程中，热量等于内能的增量，即

$$Q_V=\Delta E=623\ \mathrm{J}$$

(2) 压强保持不变，即为等压过程，等压过程中内能的增量为

$$\Delta E=C_V\Delta T=\frac{3}{2}R\Delta T=\frac{3}{2}\times 8.31\times 50\approx 623\ \mathrm{J}$$

等压过程中，系统做功为

$$W_p=\int_{V_1}^{V_2}p\mathrm{d}V=\int_{T_1}^{T_2}R\mathrm{d}T=R\Delta T=8.31\times 50\approx 416\ \mathrm{J}$$

根据热力学第一定律可得等压过程中系统吸收的热量为

$$Q_p=W_p+\Delta E=1039\ \mathrm{J}$$

9.4.3 等温过程

等温过程是系统温度保持不变的过程. 设一气缸内装有一定量的理想气体，物质的量为 ν. 气缸壁保持与一恒温热源相接触，使气缸活塞上的外界压强无限缓慢地减小(或增大)，缸内气体经历一准静态等温过程从状态 $1(p_1, V_1, T)$ 过渡到状态 $2(p_2, V_2, T)$，如图 9.4.5 所示. 由于温度保持不变，由理想气体状态方程可知等温过程的 $p-V$ 曲线是一条双曲线，称为**等温线**，如图 9.4.6 所示. 等温线把 $p-V$ 图分为两个区域，等温线 T 以上区域气体的温度大于 T，等温线以下的区域气体的温度小于 T. 其过程方程为

$$T=C_1 \quad 或 \quad pV=C_2 \tag{9.4.7}$$

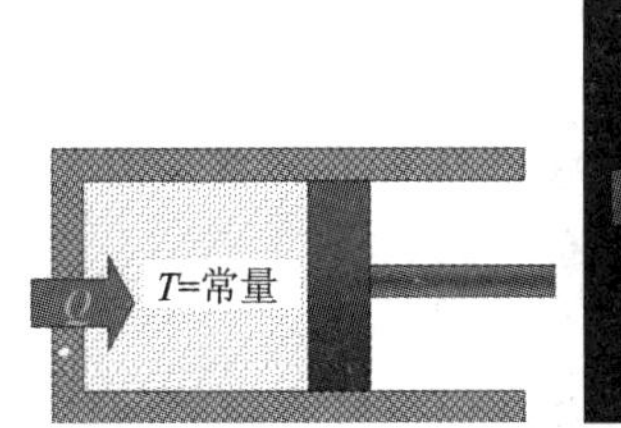

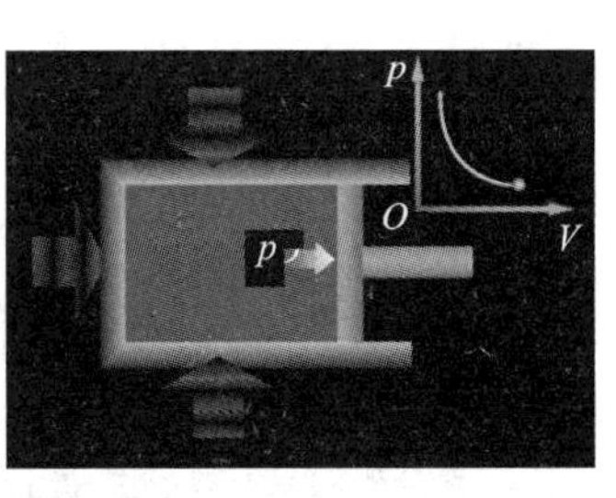

图 9.4.5 等温过程

图 9.4.6 等温线

理想气体的内能只与温度有关，所以内能的增量 $\Delta E=0$. 根据过程方程，有

$$p=\frac{C_2}{V}=\frac{\nu RT}{V}$$

所以等温过程系统所做的功为

$$W_T=\int_{V_1}^{V_2}p\cdot\mathrm{d}V=\int_{V_1}^{V_2}\frac{\nu RT}{V}\mathrm{d}V=\nu RT\ln\frac{V_2}{V_1}=\nu RT\ln\frac{p_1}{p_2} \tag{9.4.8}$$

根据热力学第一定律，系统吸收的热量为

$$Q_T = W_T = \nu RT \ln\frac{V_2}{V_1} = \nu RT\ln\frac{p_1}{p_2} \tag{9.4.9}$$

在等温过程中，系统从外界吸收的热量全部用来对外界做功.

例 9.4.3 2 mol 氢气(视为理想气体)开始时处于标准状态，后经等温过程从外界吸取了 400 J 的热量，达到末态. 求末态的压强(普适气体常量 $R=8.31\ \mathrm{J \cdot mol^{-2} \cdot K^{-1}}$).

解 标准状态是指温度为 0 ℃ (273.15K)，压强为 1 atm (1.013×10^5 Pa). 在等温过程中，$\Delta T=0$，等温过程中热量的表达式为

$$Q_T=W_T=\nu RT\ \ln\frac{V_2}{V_1}$$

得

$$\ln\frac{V_2}{V_1}=\frac{Q_T}{\nu RT}=0.0882$$

即

$$\frac{V_2}{V_1}=1.09$$

根据等温过程方程 $T=C_1$ 或 $pV=C_2$，可得末态的压强为

$$p_2=\frac{V_1}{V_2}p_1=9.3\times10^4\ \mathrm{Pa}$$

9.4.4 绝热过程

绝热过程是系统与外界无热量交换的过程. 用绝热材料与外界隔开的系统，其内部进行的热力学过程就可近似地认为是绝热过程. 实际过程虽然不能完全绝热，但若过程进行得很快，系统来不及与外界进行显著的热量交换，过程就已完成，这样的过程也可近似看作是绝热过程. 根据过程所经历的状态的性质，绝热过程可分为准静态绝热过程和非准静态绝热过程.

1. 准静态绝热过程

准静态绝热过程如图 9.4.7 所示.

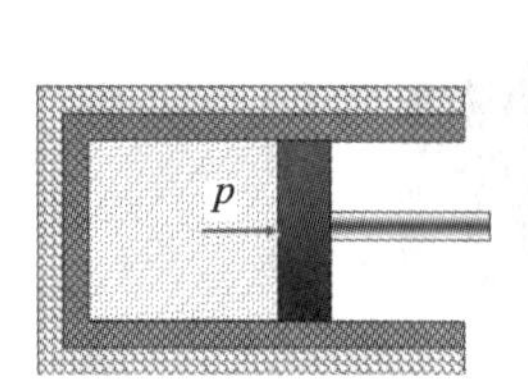

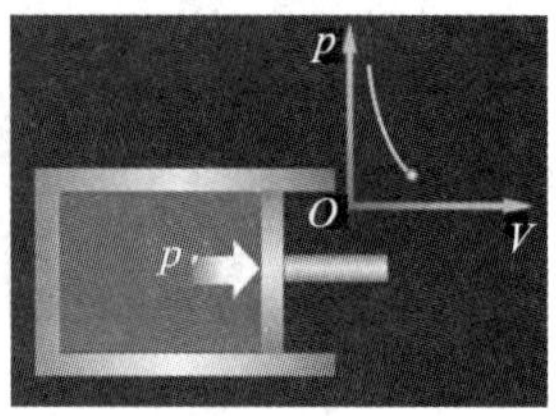

图 9.4.7 准静态绝热过程

对于准静态绝热过程，$\mathrm{d}Q=0$，应用热力学第一定律有

$$\mathrm{d}E + p\ \mathrm{d}V = 0 \tag{9.4.10}$$

表明在准静态绝热过程中，外界对系统做的功完全转化为系统的内能. 对于理想气体

$$\mathrm{d}E = \nu C_V\ \mathrm{d}T$$

代入式(9.4.10)，可得到

$$\nu C_V \, \mathrm{d}T + p \, \mathrm{d}V = 0 \tag{9.4.11}$$

此外，在准静态过程中的任意时刻，理想气体都满足状态方程

$$pV = \nu RT \tag{9.4.12}$$

对式(9.4.12)两边求微分，可得

$$p \, \mathrm{d}V + V \, \mathrm{d}p = \nu R \, \mathrm{d}T \tag{9.4.13}$$

联立式(9.4.11)和式(9.4.13)，消去 $\mathrm{d}T$，得

$$(C_V + R)p \, \mathrm{d}V + C_V V \, \mathrm{d}p = 0 \tag{9.4.14}$$

式(9.4.14)两边同时除以 $C_V pV$，并利用迈耶公式和 γ 的定义，可得

$$\frac{\mathrm{d}p}{p} + \gamma \frac{\mathrm{d}V}{V} = 0 \tag{9.4.15}$$

这是理想气体准静态绝热过程中状态参量满足的微分方程. 对式(9.4.15)两边积分得

$$\ln p + \gamma \ln V = C \tag{9.4.16}$$

式中，C 为积分常数. 式(9.4.16)常写为

$$pV^{\gamma} = C_1 \tag{9.4.17}$$

式中，$C_1 = \mathrm{e}^C$，为一常量. 利用理想气体状态方程和式(9.4.17)，还可导出准静态绝热过程中 T 与 V 的关系及 p 与 T 的关系

$$TV^{\gamma-1} = C_2 \tag{9.4.18}$$

$$p^{\gamma-1}T^{-\gamma} = C_3 \tag{9.4.19}$$

式中，C_2 和 C_3 是另外两个常量. 式(9.4.17)、式(9.4.18)和式(9.4.19)都是理想气体准静态绝热过程方程.

根据绝热过程方程，可在 $p-V$ 图上画出绝热过程曲线，简称**绝热线**，如图 9.4.8 所示.

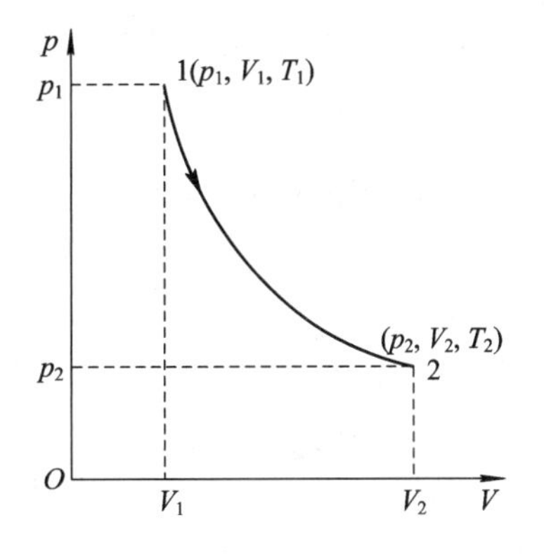

图 9.4.8 绝热线

设绝热过程初末两状态的状态参量分别为(p_1, V_1, T_1)和(p_2, V_2, T_2)，一定质量理想气体内能改变量为

$$\Delta E = E_2 - E_1 = \frac{i}{2}\nu R(T_2 - T_1) \tag{9.4.20}$$

系统对外界所做的功为

$$W = \int_{V_1}^{V_2} p \cdot \mathrm{d}V = -\Delta E = -\frac{i}{2}\nu R(T_2 - T_1) \tag{9.4.21}$$

根据式(9.2.2)和绝热过程方程式(9.4.17)，绝热过程中系统对外界做的功还可写为

$$W = \int_{V_1}^{V_2} p \cdot \mathrm{d}V = \frac{p_1 V_1 - p_2 V_2}{\gamma - 1} \tag{9.4.22}$$

图 9.4.9 中同时画出了质量一定的某种理想气体准静态等温过程和绝热过程的曲线. 设等温线与绝热线相交于点 A，根据等温过程和绝热过程的过程方程，可求得等温线和绝热线在相交点的斜率分别为

$$\left(\frac{\mathrm{d}p}{\mathrm{d}V}\right)_T = -\frac{p_A}{V_A} \tag{9.4.23}$$

$$\left(\frac{\mathrm{d}p}{\mathrm{d}V}\right)_Q = -\gamma \frac{p_A}{V_A} \tag{9.4.24}$$

由于 $\gamma>1$，交点处绝热线的斜率的绝对值大于等温线的斜率的绝对值，即绝热线较等温线陡.

从图 9.4.9 中可以看出，绝热线比等温线更陡，表明质量一定的理想气体，随着体积减小，绝热过程压强比等温过程压强增加更快. 对等温过程，假设从交点 A 起作等温压缩，气体的温度不变，但体积减小，气体密度增加，导致气体的压强增大. 对绝热过程，假设从交点 A 起作绝热压缩，随着体积的减小，不仅气体分子数的密度增大，而且外界做功也增加了气体的内能(因而增加了温度)，这两种效应都会导致压强增大.

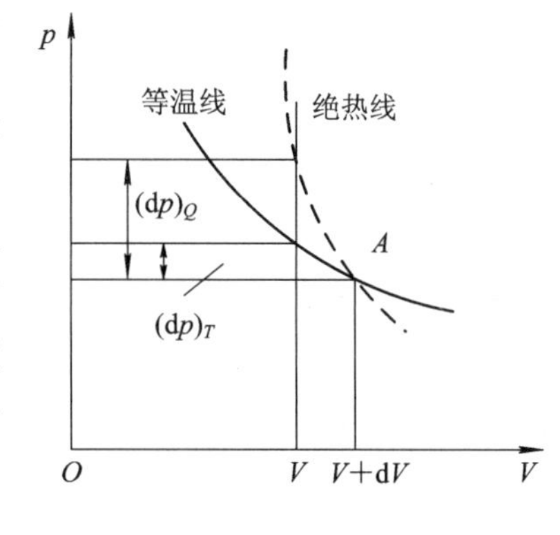

图 9.4.9 等温线和绝热线

例 9.4.4 有 1 mol 刚性多原子分子的理想气体，原来的压强为 1 atm，温度为 27℃，若经过一绝热过程，使其压强增加到 16 atm，试求：

(1) 气体内能的增量；

(2) 在该过程中气体所做的功.

解 (1) 因为气体是刚性多原子分子，所以有

$$i=6,\ \gamma=\frac{i+2}{i}=\frac{4}{3}$$

根据绝热过程方程 $p^{\gamma-1}T^{-\gamma}=C_3$，有

$$T_2=T_1(p_2/p_1)^{\frac{\gamma-1}{\gamma}}=600\ \text{K}$$

$$\Delta E=(M/M_{\text{mol}})\frac{1}{2}iR(T_2-T_1)=7.48\times10^3\ \text{J}$$

(2) 在该过程中气体所做的功为

$$W=-\Delta E=-7.48\times10^3\ \text{J}\quad(\text{外界对气体做功})$$

例 9.4.5 温度为 25℃、压强为 1 atm 的 1 mol 刚性双原子分子理想气体，经等温过程体积膨胀至原来的 3 倍(普适气体常量 $R=8.31\ \text{J}\cdot\text{mol}^{-1}\cdot\text{K}^{-1}$，$\ln3=1.0986$).

(1) 计算这个过程中气体对外所做的功；

(2) 假若气体经绝热过程体积膨胀为原来的 3 倍，那么气体对外做的功又是多少？

解 (1) 等温过程气体对外做功为

$$W=\int_{V_0}^{3V_0}p\mathrm{d}V=\int_{V_0}^{3V_0}\frac{RT}{V}\mathrm{d}V=RT\ln3=8.31\times298\times1.0986\ \text{J}\approx2.72\times10^3\ \text{J}$$

(2) 绝热过程气体对外做功为

$$W=\int_{V_0}^{3V_0}p\mathrm{d}V=p_0V_0^\gamma\int_{V_0}^{3V_0}V^{-\gamma}\,\mathrm{d}V=\frac{3^{1-\gamma}-1}{1-\gamma}p_0V_0\approx\frac{1-3^{1-\gamma}}{\gamma-1}RT\approx2.20\times10^3\ \text{J}$$

2. 非准静态绝热过程

这里以绝热自由膨胀过程为例进行讨论. 设一绝热容器内用隔板分为 V_1 和 V_2 两部分，如图 9.4.10(a)所示. 设想左部 V_1 中充以理想气体，处于平衡态；右部 V_2 是真空. 若抽去隔板，则气体将迅速冲入右

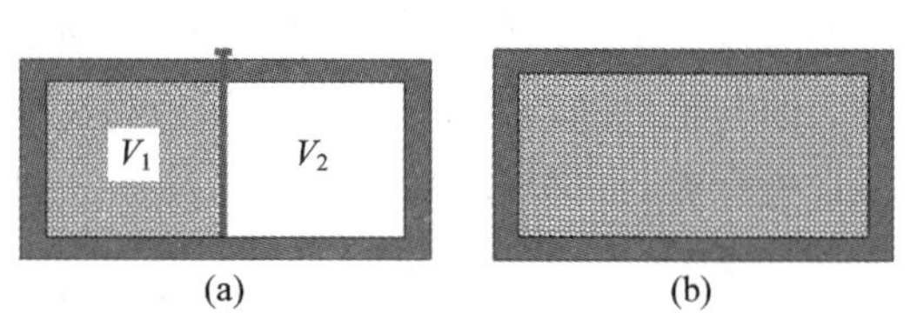

图 9.4.10 绝热自由膨胀过程

部，最后整个气体达到平衡态，如图9.4.10(b)所示，这一过程称为**绝热自由膨胀**．绝热自由膨胀不是准静态过程，因为在此过程中气体处在非平衡态．

下面，我们来求初、末两平衡态状态参量之间的关系．考虑到过程是绝热的，$Q=0$，由热力学第一定律

$$E_2-E_1+W=\Delta E+W=0 \tag{9.4.25}$$

又由于气体是向真空膨胀，气体不会受到阻力的作用，气体做功 $W=0$，于是有

$$E_1=E_2 \tag{9.4.26}$$

即初、末两平衡态的内能是相等的．由于理想气体的内能 $E=\nu iRT/2$，而在膨胀过程中物质的量 ν 不变，因此初、末两平衡态的温度相等，即 $T_1=T_2$．

由于绝热自由膨胀过程不是准静态过程，因此不存在过程曲线．但仍可以对初、末两平衡态应用理想气体状态方程，得 $p_1V_1=\nu RT_1$，$p_2(V_1+V_2)=\nu RT_2$．利用 $T_1=T_2$，联立以上两式得自由膨胀过程初、末两态压强之间的关系为

$$\frac{p_1}{p_2}=\frac{V_1+V_2}{V_1} \tag{9.4.27}$$

这里要指出的是，虽然对初、末两态来讲，自由膨胀的体积和压强之间的关系与准静态等温过程的相同，但不能认为自由膨胀过程就是等温过程，因为在过程进行中的每一时刻系统并不处在平衡态，而且，准静态绝热过程方程在这里也不适用．

例 9.4.6　一定量的某单原子分子理想气体装在封闭的汽缸里．此汽缸有可活动的活塞(活塞与气缸壁之间无摩擦且无漏气)．已知气体的初压强 $p_1=1$ atm，体积 $V_1=1$ L，现将该气体在等压下加热直到体积为原来的两倍，随后在等体积下加热直到压强为原来的2倍，最后作绝热膨胀，直到温度下降到初温为止．

(1) 在 $p-V$ 图上将整个过程表示出来；

(2) 试求在整个过程中气体内能的改变；

(3) 试求在整个过程中气体所吸收的热量($1\ \text{atm}=1.013\times10^5$ Pa)；

(4) 试求在整个过程中气体所做的功．

解　(1) 根据题意可得整个过程的 $p-V$ 图如例9.4.6图所示．

(2) 在整个过程中气体内能的改变与过程无关，初态和末态的内能变化量即是整个过程中气体内能的改变量，由图可得初态1和末态4在一条等温线上，因此有

$$T_4=T_1$$

故整个过程中气体内能的改变量为

$$\Delta E=0$$

(3) 从态3到态4为绝热过程，没有热量变化，因此在整个过程中气体所吸收的热量包括从态1到态2的等压过程中吸收的热量和从态2到态3的等体过程中吸收的热量之和，即

$$\begin{aligned}Q&=\frac{M}{M_{\text{mol}}}C_p(T_2-T_1)+\frac{M}{M_{\text{mol}}}C_V(T_3-T_2)\\&=\frac{5}{2}p_1(2V_1-V_1)+\frac{3}{2}[2V_1(2p_1-p_1)]\\&\approx5.6\times10^2\ \text{J}\end{aligned}$$

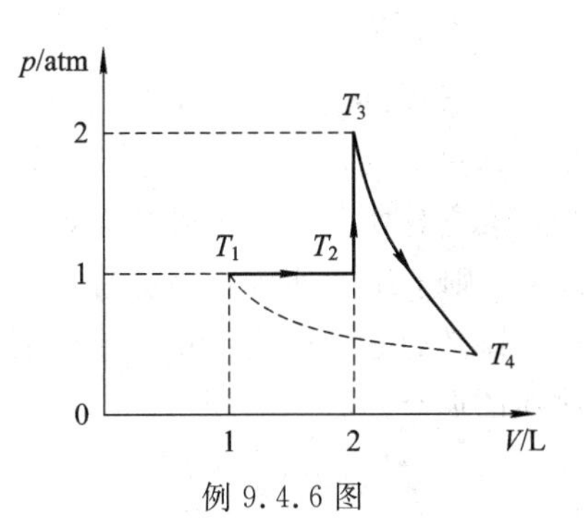

例9.4.6图

（4）由于在整个过程中气体内能的改变量为0，根据热力学第一定律可得整个过程中气体所做的功为

$$W=Q=5.6\times10^{2}\ \mathrm{J}$$

9.5 循环过程 卡诺循环

热力学第一定律告诉我们，在热力学过程中，系统可以从外界吸收热量，增加系统的内能，同时系统又消耗自己的内能而对外界做功，通过这些过程将热能转化为机械能.

9.5.1 循环过程

在生产实践中需要持续不断地把热量转化为功，但是依靠一个单一的热力学过程不能实现持续不断的能量转化这一目的. 例如，气缸中气体作等温膨胀时，它从热源吸热对外做功，它所吸收的热量全部用来对外做功. 由于气缸长度总是有限的，这个过程不能无限地进行下去，因此，仅仅依靠一次气体等温膨胀所做的功是有限的. 为了持续不断地把热量转化为功，必须利用许多次过程. 系统从某一状态出发，经过一系列状态变化过程以后，又回到原来出发时的状态，这样的过程称为**循环过程**，简称**循环**. 参与上述过程的物质称为**工作物质**，简称**工质**. 由于工质的内能是状态的单值函数，工质经历一个循环过程回到初始状态时，内能没有改变，因此循环过程的重要特征是 $\Delta E=0$，即循环过程中系统对外界所做净功等于系统吸收的净热量. 如果工质所经历的循环过程中各个分过程都是准静态过程，那么整个过程就是准静态循环过程，在 $p-V$ 图上能够表示为一条闭合曲线. 图9.5.1和图9.5.2中曲线 $AcBdA$ 就表示准静态循环过程，系统所做的净功等于 $p-V$ 图上循环过程曲线所包围的面积.

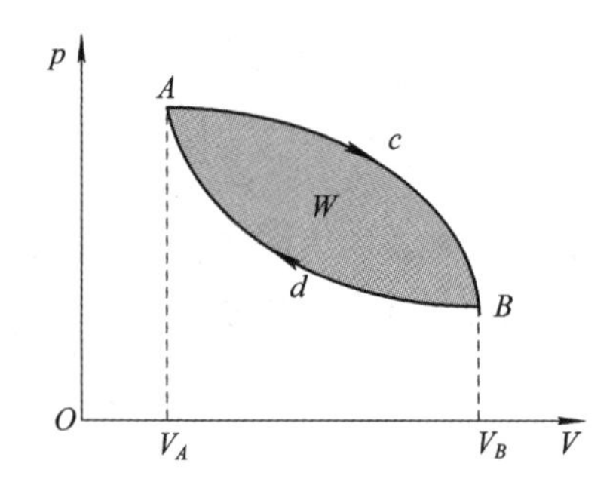

图9.5.1 正循环过程曲线

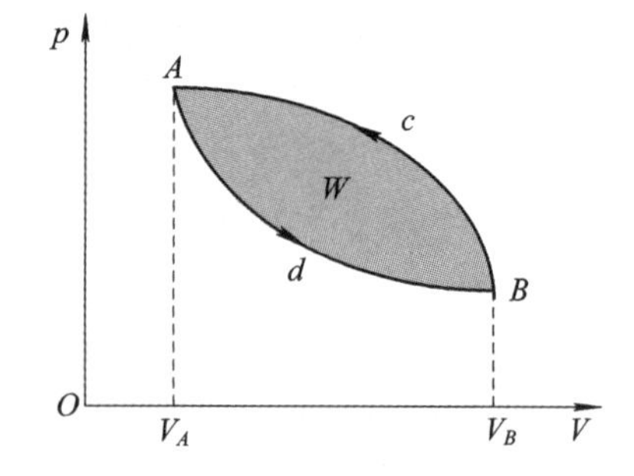

图9.5.2 逆循环过程曲线

如果循环过程沿顺时针方向进行，如图9.5.1所示，那么该循环为**正循环**；反之，如果循环过程沿逆时针方向进行，如图9.5.2所示，那么该循环为**逆循环**. 在一个循环过程中，系统对外界所做净功的绝对值等于 $p-V$ 图上循环过程曲线所包围的面积. 如果是正循环，则系统对外所做净功为正；如果是负循环，则系统对外所做净功为负.

循环过程在热力学中具有重要的地位，因为所有的热机和制冷机的运转都是通过工作物质的循环过程来实现的.

9.5.2 热机 热机效率

工作物质做正循环的机器称为**热机**. 图 9.5.3 为一蒸汽机工作简图. 水泵将水注入锅炉中，水在锅炉中加热，水吸收热量 Q_1 变成高温高压的蒸汽，通过管道进入气缸中并在气缸中膨胀，推动活塞对外做功. 当气缸中的压强减小到无法继续做功时，经一压缩过程使气缸中的废气进入冷却器，在冷却器中放出热量 Q_2 而凝结成水，形成一个循环.

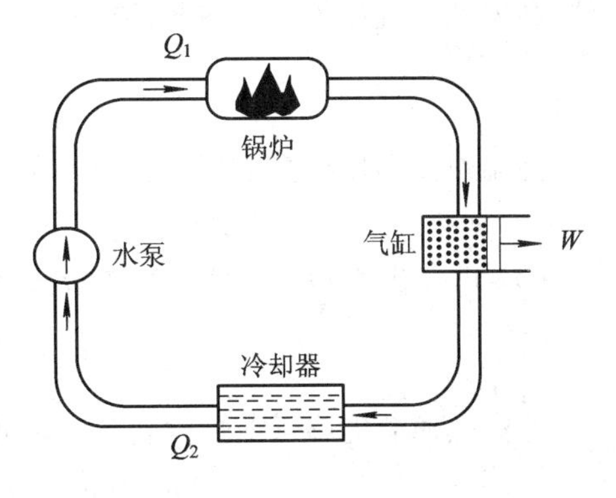

图 9.5.3 蒸汽机工作简图

图 9.5.4(a)中的正循环可以看成是由准静态膨胀过程 $a \to b \to c$ 和准静态压缩过程 $c \to d \to a$ 构成的. 在 $a \to b \to c$ 过程中，系统膨胀，对外做功 W_1，其大小等于 $abcV_2V_1a$ 围成的面积；在 $c \to d \to a$ 过程中，系统被压缩，外界对系统做功 W_2(即系统对外界做负功$-W_2$)，其大小等于 $cdaV_1V_2c$ 围成的面积. 于是，在一次正循环中，系统对外做的净功 $W=W_1-W_2$，其大小等于正循环过程曲线 $abcda$ 包围的面积(图中的阴影区域面积). 由于 $S_{abcV_2V_1a}>S_{cdaV_1V_2c}$，因此在一次正循环中，系统对外做的净功 $W>0$. 图 9.5.4(b)工作物质完成一个循环后，其内能不变，根据热力学第一定律，在一个循环中系统对外做的净功为

$$W = Q_1 - Q_2 \tag{9.5.1}$$

式中，Q_1 是在一次循环中工作物质从高温热源吸收的热量；Q_2 是向低温热源放出的热量.

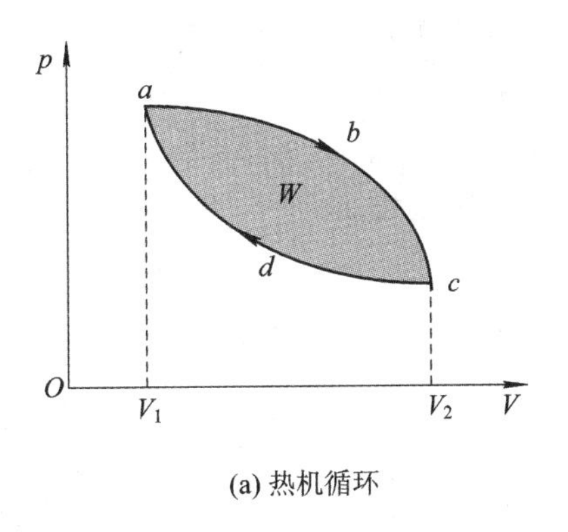

(a) 热机循环

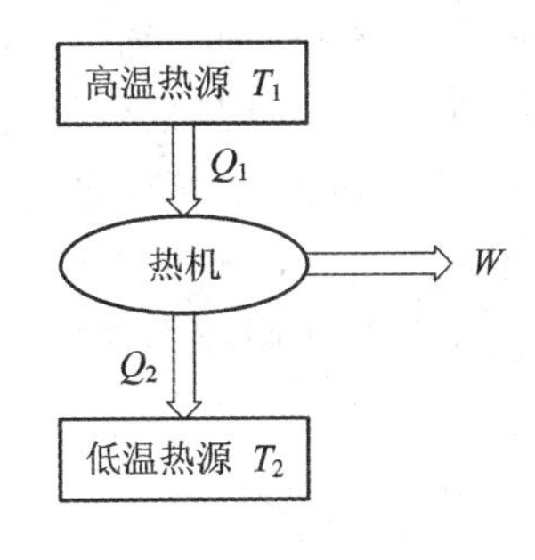

(b) 热机能流示意图

图 9.5.4 热机循环

标志热机效能的一个重要指标是热机的效率. **热机效率**定义为在一个循环过程中，热机对外做的净功与它从高温热源吸收的热量的比值，表示为

$$\eta = \frac{W}{Q_1} = \frac{Q_1 - Q_2}{Q_1} = 1 - \frac{Q_2}{Q_1} \tag{9.5.2}$$

例 9.5.1 一热机在 1000 K 和 300 K 的两热源之间工作. 如果：

(1) 高温热源提高到 1100 K；

(2) 低温热源降到 200 K；

求理论上的热机效率各增加多少？为了提高热机效率哪一种方案更好？

解 （1）由热机效率可得，在 1000 K 和 300 K 的两热源之间工作的热机的效率为

$$\eta = 1 - \frac{T_2}{T_1} = 1 - \frac{300}{1000} = 70\%$$

高温热源温度提高后热机的效率为

$$\eta' = 1 - \frac{T_2}{T_1} = 1 - \frac{300}{1100} = 72.7\%$$

高温热源温度提高前后热机效率的增加为

$$\Delta\eta' = \eta' - \eta = 72.7\% - 70\% = 2.7\%$$

（2）由热机效率可得低温热源温度降低后热机的效率为

$$\eta'' = 1 - \frac{T_2}{T_1} = 1 - \frac{200}{1000} = 80\%$$

低温热源温度降低前后热机效率的增加为

$$\Delta\eta'' = \eta'' - \eta = 80\% - 70\% = 10\%$$

比较第(1)种和第(2)种方案热机效率的增加，显然低温热源温度降低后热机的效率增加的大，因此若要提高热机效率，第(2)种方案更好.

例 9.5.2 一定量的理想气体经历如例 9.5.2 图所示的循环过程，$A\to B$ 和 $C\to D$ 是等压过程，$B\to C$ 和 $D\to A$ 是绝热过程. 已知：$T_C=300$ K，$T_B=400$ K. 试求：此循环的效率（提示热机效率的定义式 $\eta=1-Q_2/Q_1$，Q_1 为循环中气体吸收的热量，Q_2 为循环中气体放出的热量）.

解 由热机效率的定义式可得

$$\eta=1-\frac{Q_2}{Q_1}$$

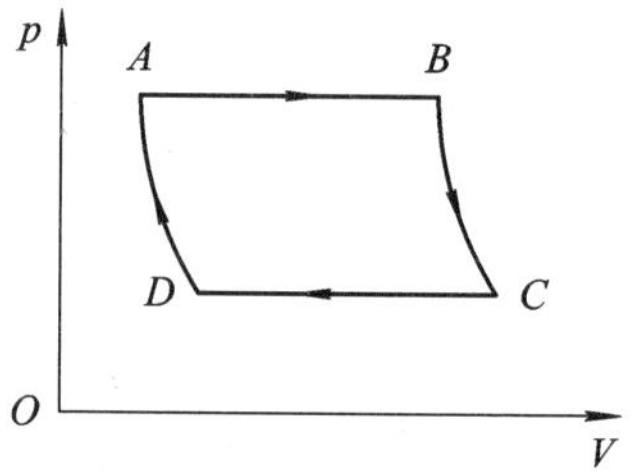

例 9.5.2 图

由于 $B\to C$ 和 $D\to A$ 是绝热过程，因此在 $B\to C$ 和 $D\to A$ 过程中没有热量变化，热量变化发生在 $A\to B$ 和 $C\to D$ 的等压过程中，$A\to B$ 是等压膨胀过程，气体吸收热量 Q_1，$C\to D$ 是等压压缩过程，气体放出热量 Q_2，根据等压过程热量的计算可得，循环中吸收的热量为

$$Q_1=\nu C_p(T_B-T_A)$$

循环中放出的热量为

$$Q_2=\nu C_p(T_C-T_D)$$

循环中放出的热量和吸收的热量之比为

$$\frac{Q_2}{Q_1}=\frac{T_C-T_D}{T_B-T_A}=\frac{T_C\left(1-\dfrac{T_D}{T_C}\right)}{T_B\left(1-\dfrac{T_A}{T_B}\right)}$$

例 9.5.2

由于 $B\to C$ 和 $D\to A$ 是绝热过程，根据绝热过程方程得到

$$p_A^{\gamma-1}T_A^{-\gamma}=p_D^{\gamma-1}T_D^{-\gamma}$$

和

$$p_B^{\gamma-1}T_B^{-\gamma}=p_C^{\gamma-1}T_C^{-\gamma}$$

又由于 $A\to B$ 和 $C\to D$ 是等压过程，所以有 $p_A=p_B$ 和 $p_C=p_D$，由以上方程可得

$$\frac{T_A}{T_B}=\frac{T_D}{T_C}$$

故热机效率为

$$\eta=1-\frac{Q_2}{Q_1}=1-\frac{T_C}{T_B}=25\%$$

9.5.3 制冷机　制冷系数

工作物质作逆循环的机器称作**制冷机**. 图 9.5.5 为制冷机的原理图. 经压缩机压缩的氨蒸气，在热交换器中放出热量 Q_1 而被冷却凝结为液氨，再经节流阀降压降温，经管道流入冷库，液氨在冷库中吸收热量 Q_2 后蒸发为气体，最后经管道进入压缩机，形成一个循环.

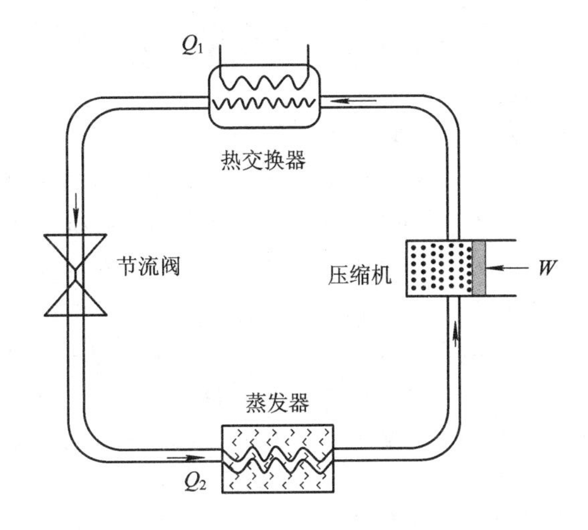

图 9.5.5　制冷机的原理图

图 9.5.6(a)中的逆循环由准静态膨胀过程 $a'\to b'\to c'$ 和准静态压缩过程 $c'\to d'\to a'$ 构成. 在 $a'\to b'\to c'$ 过程中，系统膨胀，对外做功 W_1，其大小等于 $a'b'c'V_2V_1a'$ 围成的面积；在 $c'\to d'\to a'$ 过程中，系统被压缩，外界对系统做功 W_2，即系统对外界做负功 $-W_2$，其大小等于 $c'd'a'V_1V_2c'$ 围成的面积. 于是，在一次逆循环中，系统对外做的净功 $W=W_1-$

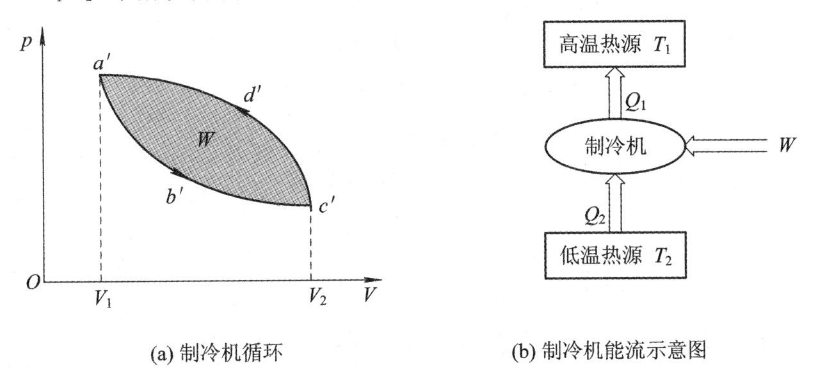

(a) 制冷机循环　　(b) 制冷机能流示意图

图 9.5.6　制冷机逆循环

W_2，其大小等于逆循环曲线 $a'b'c'd'a'$ 包围的面积(图中的阴影区域)．由于 $S_{a'b'c'V_2V_1a'}<S_{c'd'a'V_1V_2c'}$，因此在一次逆循环中，系统对外做的净功 $W<0$，根据式(9.5.1)可知，系统向外界放出热量.

如图 9.5.6 所示，在制冷机的一次循环中，外界对工质做净功 W，工质从低温热源(如冰箱内的蒸发器)吸热 Q_2，向高温热源(如冰箱外的冷凝器)放热 Q_1．根据热力学第一定律有

$$Q_1 = Q_2 + W \tag{9.5.3}$$

对制冷机，工质从低温热源取走热量 Q_2 是其工作目的，外界对工质做功 W 是必须付出的代价．制冷机工作的效能常用制冷系数表示．**制冷系数**定义为在一次循环中工作物质从低温热源吸收的热量与外界对它做的功的比值，表示为

$$w = \frac{Q_2}{W} = \frac{Q_2}{Q_1 - Q_2} \tag{9.5.4}$$

9.5.4 卡诺循环

萨迪·卡诺(Sadi Carnot，1796—1832)，法国工程师，热力学创始人之一，是第一个把热和动力联系起来的人．他出色地、创造性地用“理想实验”的思维方法，提出了最简单、但有重要理论意义的热机循环——卡诺循环，并假定该循环在准静态条件下是可逆的，与工质无关，创造了一部理想的热机(卡诺热机)．卡诺的目标是揭示热产生动力真正的、独立的过程和普遍的规律．1824 年，卡诺提出了对热机设计具有普遍指导意义的卡诺定理，指出了提高热机效率的有效途径，揭示了热力学的不可逆性，被后人认为是热力学第二定律的先驱.

1824 年，卡诺提出了一种理想循环，该循环过程中工质只与两个恒温热源交换热量，循环由两个准静态等温过程、两个准静态绝热过程构成，这样的循环称为**卡诺循环**．按照卡诺正循环工作的机器称为**卡诺热机**，按照卡诺逆循环工作的机器称为**卡诺制冷机**.

1. 卡诺热机

下面我们分析以理想气体为工质的卡诺正循环，并求出其效率．卡诺循环在 $p-V$ 图上是分别由温度为 T_1 和 T_2 的两条等温线和两条绝热线组成的封闭曲线，卡诺正循环如图 9.5.7 所示，其各个分过程如下：

1→2：气体与温度为 T_1 的高温热源接触作等温膨胀，体积由 V_1 增大到 V_2．它从高温热源吸收的热量为

$$Q_1 = \frac{M}{M_{\text{mol}}} RT_1 \ln \frac{V_2}{V_1} \tag{9.5.5}$$

2→3：气体与高温热源分开，作绝热膨胀，温度降到 T_2，体积增大到 V_3．过程中无热量交换，但对外界做功.

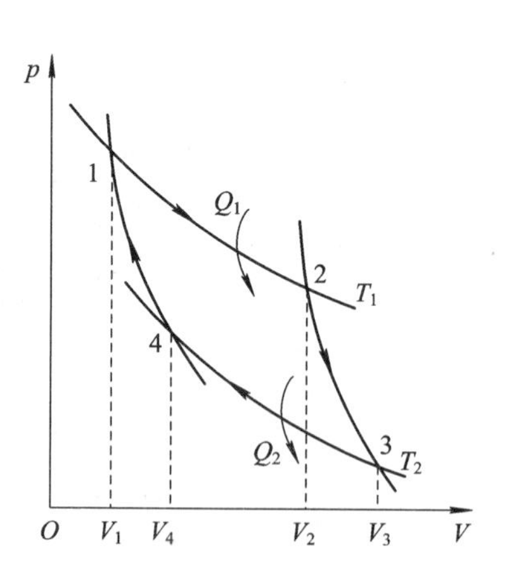

图 9.5.7 卡诺正循环

3→4：气体与低温热源 T_2 接触作等温压缩，体积缩小到 V_4，使状态4和状态1位于同一条绝热线上. 过程中外界对气体做功，气体向温度为 T_2 的低温热源放热 Q_2，其大小为

$$Q_2 = \frac{M}{M_{\text{mol}}} RT_2 \ln \frac{V_3}{V_4} \tag{9.5.6}$$

4→1：气体与低温热源分开，经绝热压缩，回到初始状态1，完成一次循环. 过程中无热量交换，外界对气体做功.

根据热机效率的定义，可得理想气体为工质的卡诺热机循环效率为

$$\eta_{\text{卡}} = 1 - \frac{Q_2}{Q_1} = 1 - \frac{T_2 \ln \frac{V_3}{V_4}}{T_1 \ln \frac{V_2}{V_1}} \tag{9.5.7}$$

对绝热过程2→3和4→1分别应用绝热方程(9.4.18)，有

$$\begin{cases} T_1 V_2^{\gamma-1} = T_2 V_3^{\gamma-1} \\ T_1 V_1^{\gamma-1} = T_2 V_4^{\gamma-1} \end{cases} \tag{9.5.8}$$

两式相比，则有

$$\frac{V_2}{V_1} = \frac{V_3}{V_4} \tag{9.5.9}$$

代入式(9.5.7)，得

$$\eta_{\text{卡}} = 1 - \frac{T_2}{T_1} = \frac{T_1 - T_2}{T_1} \tag{9.5.10}$$

式(9.5.10)表明，要完成一次卡诺循环必须有温度一定的高温和低温两个热源(也称为温度一定的热源和冷源)；卡诺循环的效率只与两个热源温度有关，高温热源温度越高，低温热源温度越低，卡诺循环的效率越高. 由于不能实现 $T_1 = \infty$ 或 $T_2 = 0$(热力学第三定律)，因此，卡诺循环的效率总是小于1.

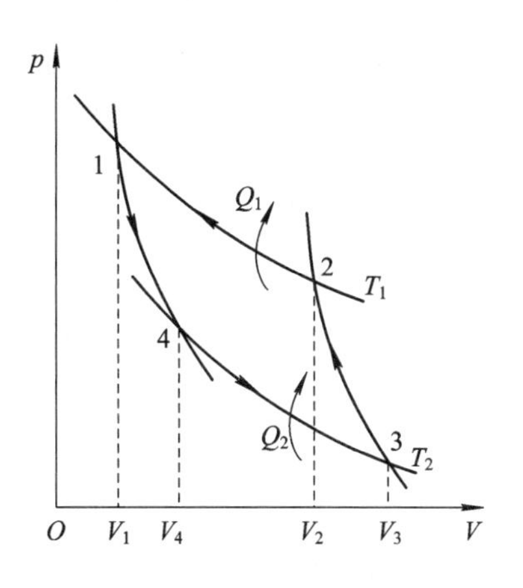

图9.5.8 卡诺逆循环

2. 卡诺制冷机

下面我们分析以理想气体为工质的卡诺逆循环，并求出其制冷系数. 若卡诺循环按逆时针方向进行，则构成卡诺制冷机，其 $p-V$ 图如图9.5.8所示.

气体与低温热源接触，从低温热源中吸取的热量

$$Q_2 = \frac{M}{M_{\text{mol}}} RT_2 \ln \frac{V_3}{V_4} \tag{9.5.11}$$

气体向高温热源放出的热量

$$Q_1 = \frac{M}{M_{\text{mol}}} RT_1 \ln \frac{V_2}{V_1} \tag{9.5.12}$$

一次循环中的净功

$$W = Q_1 - Q_2 \tag{9.5.13}$$

所以卡诺制冷机的制冷系数为

$$w_{卡}=\frac{Q_2}{|W|}=\frac{\dfrac{M}{M_{mol}}RT_2\ln\dfrac{V_3}{V_4}}{\dfrac{M}{M_{mol}}RT_1\ln\dfrac{V_2}{V_1}-\dfrac{M}{M_{mol}}RT_2\ln\dfrac{V_3}{V_4}} \tag{9.5.14}$$

由理想气体绝热方程(9.4.18)，可得

$$\begin{cases}T_1V_2^{\gamma-1}=T_2V_3^{\gamma-1}\\ T_1V_1^{\gamma-1}=T_2V_4^{\gamma-1}\end{cases}$$

上两式相除，得

$$\frac{V_2}{V_1}=\frac{V_3}{V_4}$$

将上式代入式(9.5.14)得卡诺制冷机的制冷系数为

$$w_{卡}=\frac{Q_2}{|W|}=\frac{T_2}{T_1-T_2} \tag{9.5.15}$$

可见，卡诺制冷机的制冷系数也只与两个热源的温度有关. 与热机的效率不同的是，高温热源温度越高，低温热源温度越低，则制冷系数越小，意味着从温度越低的冷源中吸取相同的热量，外界需要消耗更多的功. 制冷系数可以大于 1.

例 9.5.3 一卡诺热机(可逆的)，当高温热源的温度为 127℃，低温热源温度为 27℃时，其每次循环对外做净功 8000 J. 今维持低温热源的温度不变，提高高温热源温度，使其每次循环对外做净功 10 000 J. 若两个卡诺循环都工作在相同的两条绝热线之间，试求：

(1) 第二个循环的热机效率；

(2) 第二个循环的高温热源的温度.

解 (1) 根据热机效率得

$$\eta=\frac{W}{Q_1}=\frac{Q_1-Q_2}{Q_1}=\frac{T_1-T_2}{T_1}$$

由上式可得

$$Q_1=W\frac{T_1}{T_1-T_2}$$

和

$$\frac{Q_2}{Q_1}=\frac{T_2}{T_1}$$

因此可得

$$Q_2=Q_1\frac{T_2}{T_1}$$

即

$$Q_2=W\frac{T_1}{T_1-T_2}\cdot\frac{T_2}{T_1}=W\frac{T_2}{T_1-T_2}=24\ 000\text{J}$$

由于第二个循环吸热，因为 $Q_2'=Q_2$，可得

$$Q_1'=W'+Q_2'=W'+Q_2$$

所以第二个循环的热机效率为

$$\eta'=\frac{W'}{Q_1'}\approx 29.4\%$$

(2) 由热机效率得第二个循环的高温热源的温度为

$$T_1'=\frac{T_2}{1-\eta'}\approx 425\ \text{K}$$

9.6 热力学第二定律

开尔文(William Thomson Kelvin, 1824—1907), 英国物理学家, 原名W.汤姆逊. 英国政府1866年封他为爵士, 1892年又封他为开尔文男爵, 以后他改名为开尔文. 开尔文的科学活动是多方面的, 其主要贡献包括: 电磁学、热力学、海底电缆、电工仪器、波动和涡流、以太学说. 开尔文在物理学的各个方面都有建树, 而且多被应用于实际.

热力学第一定律指出, 在一切热力学过程中能量守恒. 那么, 是否满足热力学第一定律的过程就一定能发生呢? 实践表明, 自然界的宏观自发过程具有一定的方向性, 即自发的热力学过程只能沿着一定的方向进行. 本节我们给出热力学第二定律, 考察自然界中一些典型宏观自发过程进行的方向, 并介绍卡诺定理.

9.6.1 热力学第二定律概述

1. 热力学第二定律的表述

19世纪初, 蒸汽机已在许多领域得到了广泛应用. 因此, 如何提高热机的效率就成为当时的一个研究热点. 对热机而言, 是否能使其效率达到100%, 即在一个循环中它是否能够把从单一热源吸收的热量全部用来做功? 1851年, 开尔文在研究热机的工作原理和功热转化时, 发现了功热转化的不可逆性. 他的这个发现可表述为: 在一个循环中系统不可能从单一热源吸取热量, 使之完全变为有用功, 而不产生其他影响. 这个表述被称为**热力学第二定律的开尔文表述**.

开尔文表述回答了上述关于热机效率的问题, 即热机的效率不可能达到100%. 因为如果效率达到100%, 就意味着在一次循环中, $W=Q_1$, $Q_2=0$, 即一次循环的唯一效果是热完全转化为功. 我们将效率为100%的热机, 或者说可从单一热源吸取热量使之完全变为有用功, 而不产生其他影响的热机称为**第二类永动机**. 热力学第二定律的开尔文表述也可以表述为: 第二类永动机是不可能制成的.

同样, 对制冷机而言, 是否能使其制冷系数达到无限大, 即在一个循环中它是否能够不需要外界对系统做功就把热量从低温热源传递到高温热源? 历史上热传导的不可逆性是克劳修斯于1850年在研究制冷机的工作原理时发现并明确提出的, 它被表述为: 热量不能自动地从低温物体传向高温物体. 这个表述被称为热力学第二定律的**克劳修斯表述**.

克劳修斯表述回答了上述关于制冷机的制冷系数的问题, 即制冷机的制冷系数不可能达到无限大.

2. 两种表述的等效性

热力学第二定律的克劳修斯表述和开尔文表述从表面上看各自表述内容不同, 但实质上它们都表述了自然界宏观过程的不可逆性，两者是等效的. 关于这两种表述的等效性，我们可用反证法证明.

首先，假设克劳修斯表述不成立，即热量可以自动地从低温物体传向高温物体. 把 Q_2 的热量从低温源自动传向高温源，如图 9.6.1(a)所示；再利用卡诺热机，使它从高温热源 T_1 吸取热量 Q_1，对外做功 W，向低温热源 T_2 放热 Q_2，$Q_2=Q_1-W$，如图 9.6.1(b)所示；总效果就相当于热机从高温热源吸热 Q_1-Q_2，并将它全部变成了功，如图 9.6.1(c)所示. 于是开尔文表述也不成立.

其次，假设开尔文表述不成立. 于是，我们可设计一台热机，使之在一次循环中，将工质从高温热源 T_1 处吸收的热量 Q 全部转变为功，即 $Q=W$，如图 9.6.2(a)所示；用此功去驱动一台工作在低温热源 T_2 和高温热源 T_1 之间的卡诺制冷机，使之通过做功令 $W=Q$，在一次循环中从低温热源 T_2 处吸热 Q_2，在高温热源 T_1 处放热 $Q_1=W+Q_2=Q+Q_2$，如图 9.6.2(b)所示；这两个循环可看作一个联合循环，其总的效果是在一次循环中无须外界做功，就有热量 Q_2 自动地从低温热源 T_2 传向了高温热源 T_1，如图 9.6.2(c)所示. 因而，克劳修斯表述不成立.

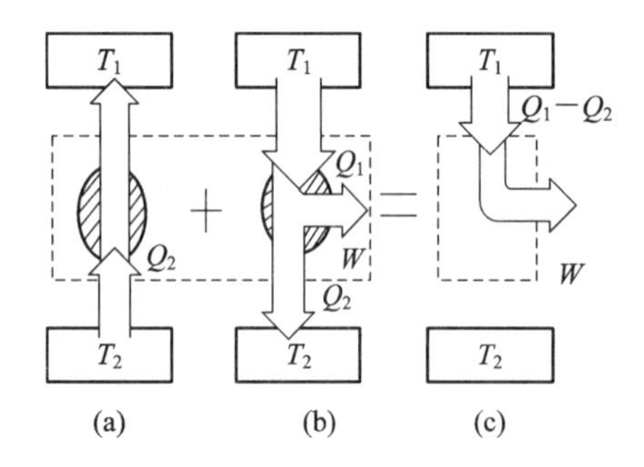

图 9.6.1　假设克劳修斯表述不成立

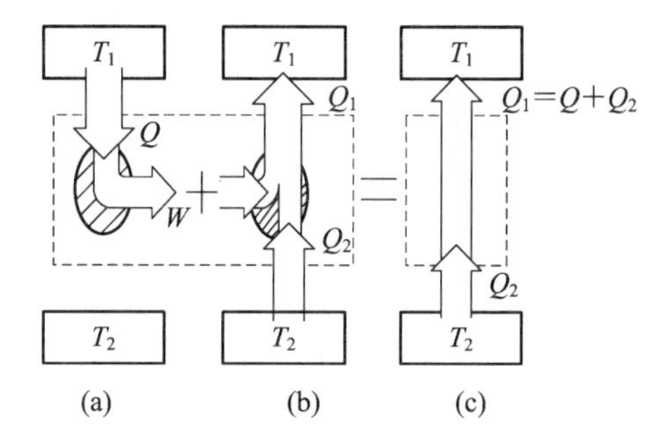

图 9.6.2　假设开尔文表述不成立

热力学第二定律表明自然界中自发的宏观过程具有方向性或不可逆性. 开尔文表述与克劳修斯表述的等效性表明，自然界中功热转化过程的不可逆性与热传导过程的不可逆性是相互依存的，或者说是互相联系的，即一种自然宏观过程的不可逆性是另一种自然宏观过程不可逆性的保证，反之亦然. 或者说，若一种自然宏观过程的不可逆性消失了，那么其他自然宏观过程的不可逆性也会随之消失.

由于自然界中各种实际宏观过程的不可逆性是相互联系的，因此，我们可以选取任何一个反映实际宏观过程的不可逆性作为热力学第二定律的表述，但由于历史的原因，人们常常选用开尔文表述或克劳修斯表述作为热力学第二定律的表述.

9.6.2　可逆过程　不可逆过程

定义：在热力学系统状态变化过程中，如果逆过程能重复正过程的每一个状态，并且不引起其他变化，那么这样的过程称为**可逆过程**. 只有一些理想过程，如无摩擦(或无机械能、电能转化为内能)的准静态过程——准静态等容、等温、等压、绝热过程等，才是可逆过程. 实现可逆过程的条件是：系统状态变化过程是无限缓慢的准静态过程，同时在过程进行当中没有摩擦力、黏滞力或其他耗散力做功，即没有能量耗散效应.

如果在不引起其他变化的条件下，逆过程不能重复正过程的每一个状态，或逆过程能重复正过程的每一个状态但同时引起其他变化，那么这样的过程称为**不可逆过程**. 自然界中的实际宏观自发过程都是不可逆过程，即自然界中实际宏观自发过程的演化具有方向性，尽管这些过程不违背热力学第一定律. 例如，自然界中的自发热传导具有方向性，热量会自动地从高温物体传向低温物体；而相反的过程，即热量自动地从低温物体传向高温物体，从来就没有被观察到过. 自然界中的功热转化具有方向性，功可以自动地转化为热. 例如，转动的电风扇突然停电，电风扇的转叶克服空气阻力做功，机械能转化为叶片和空气的内能，即功自动地变成了热；而相反的过程，即叶片、空气自动地冷却，将其部分内能转化为叶片的机械能，使叶片重新转动起来，即热自动地变为功，也从来没有被观察到过. 类似地，绝热自由膨胀具有方向性. 如图 9.6.3(a)所示，一个中间用隔板隔开的绝热容器，左边装有气体，右边是真空. 当抽去中间隔板时，如图 9.6.3(b)所示，左边气体会自动地迅速膨胀，充满整个容器，而相反的过程，即充满容器的气体自动地收缩到只占原体积的一半，另一半还原为真空的过程同样从来没有被观察到过.

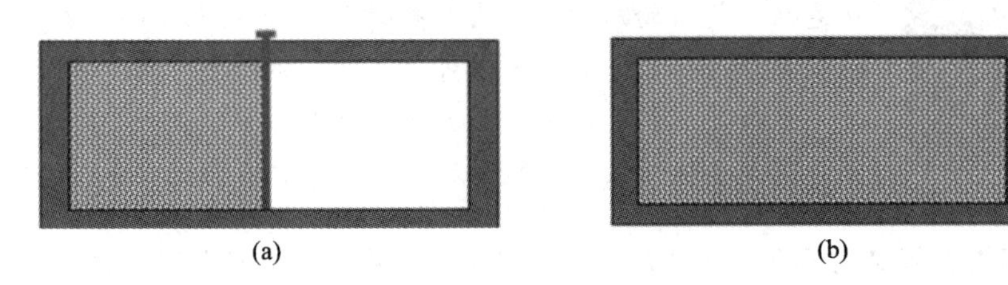

图 9.6.3 绝热自由膨胀

当我们把高温物体和低温物体看作是一个热力学系统时，自发热传导可以看作是系统从非平衡态向平衡态过渡的过程；同样，如果把上述绝热容器看成一个系统，那么绝热自由膨胀也是系统从非平衡态向平衡态过渡的过程. 自发热传导、绝热自由膨胀的方向性表明，系统可以自发地从非平衡态过渡到平衡态，相反地，从平衡态到非平衡态的过渡不会自动发生.

自然界中实际的宏观自发过程都具有方向性. 自然界宏观自发过程的这种方向性就是其过程的不可逆性. 热力学第二定律从本质上阐明了自然界宏观自发过程的不可逆性，即方向性.

9.6.3 卡诺定理

卡诺在研究热机循环效率时，得到一个在热机理论中非常重要的定理——卡诺定理，其内容是：

(1) 在相同的高温热源与相同的低温热源之间工作的一切可逆热机，其效率相等，与工作物质无关.

(2) 在相同的高温热源与相同的低温热源之间工作的一切不可逆热机，其效率不可能大于可逆热机的效率.

这里所谓的**可逆热机**，是指工作物质的循环是由可逆过程构成的，而**不可逆热机**则是指其工作物质的循环中包含不可逆过程.

如果我们在可逆热机中选取一个以理想气体为工作物质的卡诺机，那么由卡诺定理(1)可得

$$\eta = 1 - \frac{Q_2}{Q_1} = 1 - \frac{T_2}{T_1} \tag{9.6.1}$$

同样，若以 η' 表示不可逆热机的效率，那么由卡诺定理(2)可得

$$\eta' \leqslant 1-\frac{T_2}{T_1} \tag{9.6.2}$$

式中，等号适用于可逆热机，小于号适用于不可逆热机.

卡诺定理指出了提高热机效率的途径，即为了提高热机效率，应当使实际的不可逆热机尽量接近可逆热机.

9.7 熵 熵增原理

克劳修斯(Ruelolf Clausius，1822—1888)，德国物理学家，分子运动理论的创始人之一. 他提出统计概念，并利用统计概念推导出了气体压强公式. 他还提出了比范德瓦尔斯气态方程更具普遍性的气体物态方程. 他是热力学的奠基人之一，以善于构思物理概念著称，为了说明不可逆过程，他引进了一个新的状态函数——熵 S，并得出孤立系统的熵增原理，使热力学第二定律以定量形式表述出来，其影响和作用遍于各个方面.

本节我们先引入熵的概念，给热力学第二定律以定量表述；然后通过讨论熵来进一步理解宏观自发热力学过程的方向性.

9.7.1 熵

根据热力学第二定律，假设热力学系统可以从状态 A 经过自发的热力学过程过渡到状态 B，那么相反的过程，即从状态 B 回到状态 A 却不能自发进行，这表明状态 A 和状态 B 必定有某种本质上的差别. 这种差别就是熵值不同.

熵的定义有两种，用宏观量热量和温度来定义的熵称作**克劳修斯熵**，而用微观量热力学概率来定义的熵称作**玻尔兹曼熵**，两种定义从本质上讲是一致的. 在这里，我们讨论克劳修斯熵，玻耳兹曼熵留待下一章讨论.

我们知道，卡诺热循环的效率为

$$\eta=\frac{Q_1-Q_2}{Q_1}=\frac{T_1-T_2}{T_1}$$

式中，Q_1 表示工作物质在高温热源处吸收的热量；Q_2 表示工作物质在低温热源处放出的热量. 根据热力学第一定律对热量符号的规定，吸收的热量为正，放出的热量为负. 那么，$-Q_2$ 表示工作物质在低温热源处吸收的热量. 这样，卡诺热循环的效率就表示为

$$\eta=1-\frac{-Q_2}{Q_1}=1-\frac{T_2}{T_1}$$

由上式可得

$$\frac{Q_1}{T_1}+\frac{Q_2}{T_2}=0 \tag{9.7.1}$$

对于任意的一个可逆循环，我们都可以将其近似地看成由一系列微小的可逆卡诺循环构

成，如图 9.7.1 所示. 这样，可逆循环的热温比近似等于所有微小的可逆卡诺循环热温比之和，即

$$\sum_{i=1}^{n}\frac{Q_i}{T_i}=0 \tag{9.7.2}$$

当每个小卡诺循环都无限变窄时，小卡诺循环的数目就趋向无穷大，锯齿形曲线就趋向可逆循环. 于是，式(9.7.2)的求和可用积分代替

$$\oint\frac{\mathrm{d}Q}{T}=0 \tag{9.7.3}$$

式(9.7.3)表明，系统经历一个循环，热温比($\mathrm{d}Q/T$)的积分为零. 应用式(9.7.3)，我们可定义克劳修斯熵. 设 A 和 B 分别为系统的初态和末态，如图 9.7.2 所示，R_1 为系统从状态 A 变到状态 B 的任一可逆过程，R_2 为系统从状态 B 变到状态 A 的另一可逆过程，R_2^{-1} 是 R_2 的逆过程. 于是，应用式(9.7.3)得

$$\int_{R_1}\frac{\mathrm{d}Q}{T}+\int_{R_2}\frac{\mathrm{d}Q}{T}=\oint\frac{\mathrm{d}Q}{T}=0$$

即

$$\int_{R_1}\frac{\mathrm{d}Q}{T}=-\int_{R_2}\frac{\mathrm{d}Q}{T} \tag{9.7.4}$$

所以

$$\int_{R_1}\frac{\mathrm{d}Q}{T}=\int_{R_2^{-1}}\frac{\mathrm{d}Q}{T} \tag{9.7.5}$$

式(9.7.5)表明，热温比($\mathrm{d}Q/T$)的积分仅与系统的初、末状态有关，而与所经历的过程无关. 类似于由保守力做功与路径无关而引入势能函数，可以由热温比($\mathrm{d}Q/T$)的积分与路径无关引入熵函数 S：

$$S_B-S_A=\int_{A\,(R)}^{B}\frac{\mathrm{d}Q}{T} \tag{9.7.6}$$

式中，R 为可联结 A 状态和 B 状态的任一可逆过程. 式(9.7.6)即为克劳修斯熵公式.

对于一个无限小的可逆过程，式(9.7.6)可写成微分关系：

$$\mathrm{d}S=\frac{\mathrm{d}Q}{T} \tag{9.7.7}$$

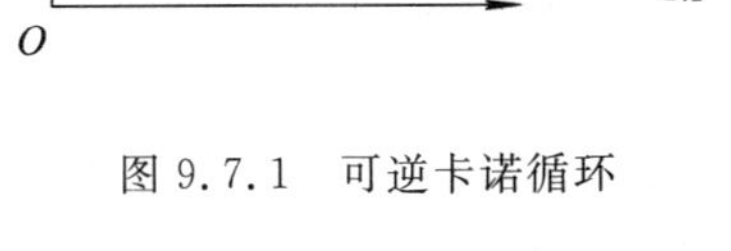

图 9.7.1 可逆卡诺循环

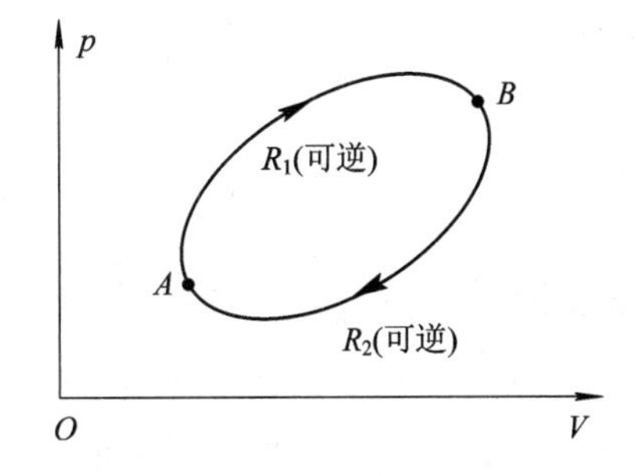

图 9.7.2 可逆过程

9.7.2 熵变的计算

在应用式(9.7.6)或式(9.7.7)计算一个系统初、末两态的熵变时，要注意下列几点：

第一，熵是状态函数，初、末两平衡态的熵差仅由初、末两态决定，与过程无关.

第二，式(9.7.6)为可逆过程的熵变计算公式，计算初、末两态之间的熵差时，必须沿着连接初、末两态的可逆过程进行计算. 如果实际过程是不可逆过程，由于熵差与过程无关，则可以选择一个能够连接初、末两态的可逆过程，然后进行计算.

第三，如果系统分为几个部分，由于系统的熵是各个部分熵之和，则系统的熵变是各个部分的熵变之和.

例 9.7.1 今有 1 kg、0℃的冰融化成 0℃ 的水，求其熵变(设冰的熔解热为 $3.35\times10^5\,\mathrm{J\cdot kg^{-1}}$).

解 熔解过程温度不变，$T=273$ K，假设一个(可逆)等温过程，冰从 0℃的恒温热源中吸热，则

$$S_{水}-S_{冰}=\int_1^2\frac{\mathrm{d}Q}{T}=\frac{Q}{T}=\frac{1\times3.35\times10^5}{273}=1.22\times10^3\ \mathrm{J\cdot K^{-1}}>0$$

计算结果表明，在系统状态变化的过程中，系统的熵是增加的.

例 9.7.2 如例 9.7.2 图所示，理想气体自由膨胀(绝热)，体积由 V 变为 $2V$，试求此过程中的熵变.

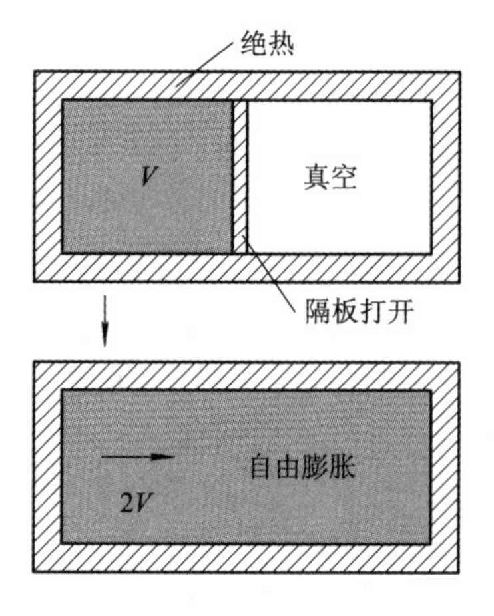

例 9.7.2 图

解 在此过程中，系统与外界绝热，系统对外界不做功，即

$$\mathrm{d}Q=0,\ \mathrm{d}W=0$$

所以有

$$\mathrm{d}E=0\Rightarrow T=常量$$

可知，绝热自由膨胀中温度不变.

此过程为不可逆过程，但是只要膨胀的初、末两态都为平衡态，则它们就对应一定的熵值，因为 S 为态函数. 为了求出不可逆过程中的熵变，总可以选一个连接初、末两状态(平衡态)的可逆过程，使得利用可逆过程中的熵变公式 $S_B-S_A=\int_A^B\frac{\mathrm{d}Q}{T}$ 来求出 B、A 两态的熵差.

此题中，$T=$常量，所以选用一个等温可逆过程连接初、末两态，可得熵变为

$$S_B-S_A=\int_A^B\frac{\mathrm{d}Q}{T}=\int_V^{2V}\frac{p\,\mathrm{d}V}{T}=\int_V^{2V}\frac{\frac{M}{M_{\mathrm{mol}}}RT}{V}\frac{\mathrm{d}V}{T}=\frac{M}{M_{\mathrm{mol}}}R\ln2$$

例 9.7.2

9.7.3 熵增原理

对于非孤立系统，在系统状态变化的过程中，系统的熵可以增加，也可以减少.

对孤立系统，可分两种情况讨论.

(1) 孤立系统内部进行不可逆过程时，系统的熵要增加，即

$$\Delta S>0 \tag{9.7.8}$$

(2) 孤立系统内部进行可逆过程时，因为系统是孤立的，所以其必然是绝热的，即 $\mathrm{d}Q=0$，因此，对于可逆过程 $A\rightarrow B$，则有

$$\Delta S=\int_A^B \frac{dQ}{T}=0 \tag{9.7.9}$$

综上所述，对孤立系统，若其中发生的是不可逆过程，则系统的熵增加；若其中发生的是可逆过程，则系统的熵保持不变. 孤立系统的熵总不会减少，此即**熵增原理**. 由于自然界中发生的一切实际宏观过程都是不可逆的，因此孤立热力学系统中实际发生的过程总是朝熵增加的方向进行. 这就是用克劳修斯熵表述的热力学第二定律.

从热力学意义上讲，熵是不可用能量的量度，熵增加意味着系统的能量不变，但能量的可用程度降低，即能量转变成功的可能性降低. 因此熵增加意味着能量在质方面的耗散.

例 9.7.3 计算 1 mol 理想气体经可逆过程由状态(p_A, V_A, T_A)到(p_B, V_B, T_B)过程的熵增加.

解 对于可逆过程，熵增为

$$S_B-S_A=\int_A^B \frac{dQ}{T}=\int_A^B \frac{dE}{T}+\int_A^B \frac{p\,dV}{T}$$

因为有 $dE=C_V dT$，所以

$$p=\frac{1}{V}RT$$

因此熵增为

$$\begin{aligned}S_B-S_A&=\int_{T_A}^{T_B} \frac{C_V dT}{T}+\int_{V_A}^{V_B} \frac{R\,dV}{V}\\&=C_V\ln\frac{T_B}{T_A}+R\ln\frac{V_B}{V_A}\end{aligned}$$

本章小结

知识单元	基本概念、原理及定律	公式
描述宏观态的物理量	平衡态、态参量、热力学第零定律、温度、理想气体状态方程	理想气体状态方程：$pV=\frac{m}{M}RT$
	准静态过程、功、热量、内能、热力学第一定律	热力学第一定律： 微小过程 $dQ=dE+dW$ 有限过程 $Q=E_2-E_1+W=\Delta E+W$
	热容量	$C=\lim\limits_{\Delta T\to 0}\frac{\Delta Q}{\Delta T}=\frac{dQ}{dT}$
	摩尔热容量、等压摩尔热容量、等容摩尔热容量、比热容比	$C_{p,m}=C_{V,m}+R$ $\gamma=\frac{C_{p,m}}{C_{V,m}}=\frac{i+2}{i}$

续表

知识单元	基本概念、原理及定律	公　　式
几种典型的准静态过程	等体过程	$Q_V=\Delta E=\nu C_{V,m}(T_2-T_1)=\frac{i}{2}\nu R(T_2-T_1)$ $W_V=0$
	等压过程	$Q_p=W_p+\Delta E=\nu C_p(T_2-T_1)=\frac{i+2}{2}\nu R(T_2-T_1)$ $\Delta E=\nu C_V(T_2-T_1)=\frac{i}{2}\nu R(T_2-T_1)$ $W_p=\int_{V_1}^{V_2}p\cdot \mathrm{d}V=p_1(V_2-V_1)=\nu R(T_2-T_1)$
	等温过程	$Q_T=W_T=\nu RT\ln\frac{V_2}{V_1}=\nu RT\ln\frac{p_1}{p_2}$ $\Delta E=0$ $W_T=\int_{V_1}^{V_2}p\cdot \mathrm{d}V=\int_{V_1}^{V_2}\frac{\nu RT}{V}\mathrm{d}V=\nu RT\ln\frac{V_2}{V_1}=\nu RT\ln\frac{p_1}{p_2}$
	绝热过程	$\mathrm{d}Q=0$ $\Delta E=E_2-E_1=\frac{i}{2}\nu R(T_2-T_1)$ $W=\int_{V_1}^{V_2}p\cdot \mathrm{d}V=-\Delta E=-\frac{i}{2}\nu R(T_2-T_1)$ $W=\int_{V_1}^{V_2}p\cdot \mathrm{d}V=\frac{p_1V_1-p_2V_2}{\gamma-1}$
循环过程	过程特点	$\Delta E=0$
	热机效率	$\eta=\frac{W}{Q_1}=\frac{Q_1-Q_2}{Q_1}=1-\frac{Q_2}{Q_1}$
	制冷系数	$w=\frac{Q_2}{W}=\frac{Q_2}{Q_1-Q_2}$
	卡诺热机	$\eta_{卡}=1-\frac{T_2}{T_1}=\frac{T_1-T_2}{T_1}$
	卡诺制冷机	$w_{卡}=\frac{Q_2}{\lvert W\rvert}=\frac{T_2}{T_1-T_2}$
熵	热力学第二定律、开尔文表述、克劳修斯表述、熵增原理	孤立系统不可逆过程 $\Delta S>0$ 孤立系统可逆过程 $\Delta S=\int_A^B\frac{\mathrm{d}Q}{T}=0$
	可逆过程、不可逆过程、卡诺定理	可逆热机 $\eta=1-\frac{Q_2}{Q_1}=1-\frac{T_2}{T_1}$ 不可逆热机 $\eta'\leqslant 1-\frac{T_2}{T_1}$

习　题　九

1. 如图所示，图(a)、(b)、(c)各表示连接在一起的两个循环过程，其中图(c)是两个半径相等的圆构成的两个循环过程，图(a)和图(b)则为半径不等的两个圆. 那么(　　).

A. 图(a)总净功为负，图(b)总净功为正，图(c)总净功为零

B. 图(a)总净功为负，图(b)总净功为负，图(c)总净功为正

C. 图(a)总净功为负，图(b)总净功为负，图(c)总净功为零

D. 图(a)总净功为正，图(b)总净功为正，图(c)总净功为负

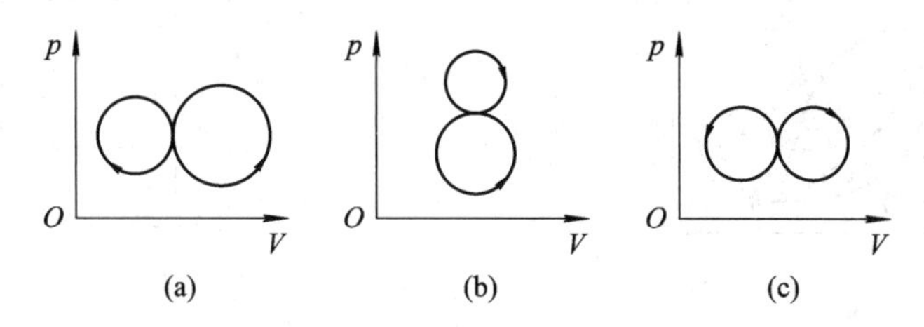

习题1图

2. 一定量的理想气体，开始时处于压强、体积、温度分别为 p_1、V_1、T_1 的平衡态，后来变到压强、体积、温度分别为 p_2、V_2、T_2 的终态. 若已知 $V_2>V_1$，且 $T_2=T_1$，则以下说法中，正确的一项是(　　).

A. 不论经历的是什么过程，气体对外净做的功一定为正值

B. 不论经历的是什么过程，气体从外界净吸收的热量一定为正值

C. 若气体从始态变到终态经历的是等温过程，则气体吸收的热量最少

D. 如果不给定气体所经历的是什么过程，则气体在该过程中对外净做功和从外界净吸热的正负皆无法判断

3. 如习题3图所示，一定量的理想气体，从 a 态出发经过①或②过程到达 b 态，acb 为等温线，则①、②两过程中外界对系统传递的热量 Q_1、Q_2 是(　　).

A. $Q_1>0$，$Q_2>0$　　B. $Q_1<0$，$Q_2<0$　　C. $Q_1>0$，$Q_2<0$　　D. $Q_1<0$，$Q_2>0$

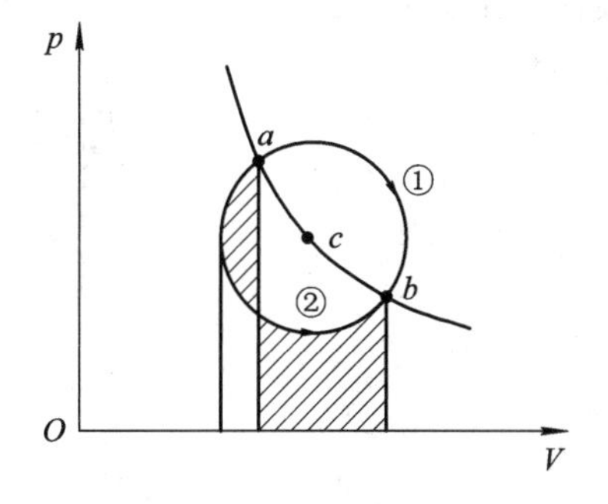

习题3图

4. 如习题4图所示，bca 为理想气体绝热过程，$b1a$ 和 $b2a$ 是任意过程，则上述两过程中气体做功与吸收热量的情况是(　　).

A. $b1a$ 过程放热，做负功；$b2a$ 过程放热，做负功

B. $b1a$ 过程吸热，做负功；$b2a$ 过程放热，做负功

C. $b1a$ 过程吸热，做正功；$b2a$ 过程吸热，做负功

D. $b1a$ 过程放热，做正功；$b2a$ 过程吸热，做正功

5. 如习题 5 图所示，一定量的理想气体经历 acb 过程时吸热 500 J，则经历 $acbda$ 过程时，吸热为（　　）.

A. －1200 J　　　B. －700 J　　　C. －400 J　　　D. 700 J

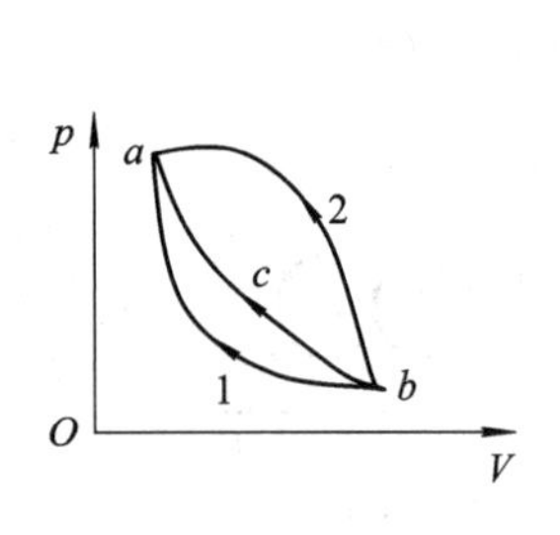

习题 4 图

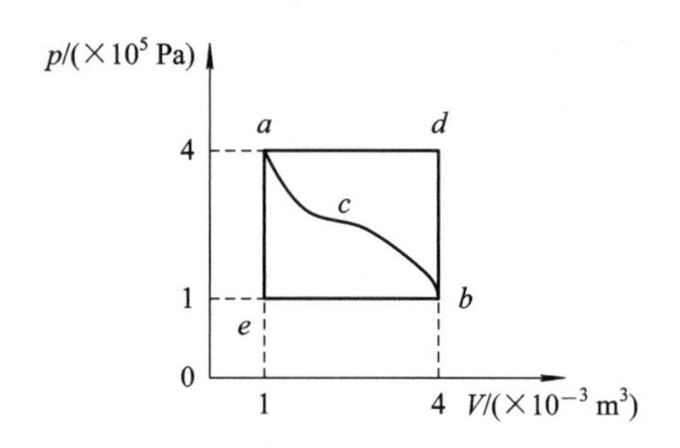

习题 5 图

6. 如习题 6 图所示，一定量的理想气体，沿着图中直线从状态 a(压强 $p_1=4$ atm，体积 $V_1=2$ L)变到状态 b(压强 $p_2=2$ atm，体积 $V_2=4$ L). 则在此过程中（　　）.

A. 气体对外做正功，向外界放出热量

B. 气体对外做正功，从外界吸收热量

C. 气体对外做负功，向外界放出热量

D. 气体对外做正功，内能减少

7. 一定质量的理想气体完成一循环过程. 如习题 7 图所示，此过程在 $V-T$ 图中用图线 1→2→3→1 描述. 该气体在循环过程中吸热、放热的情况是（　　）.

A. 在 1→2、3→1 过程吸热；在 2→3 过程放热

B. 在 2→3 过程吸热；在 1→2、3→1 过程放热

C. 在 1→2 过程吸热；在 2→3、3→1 过程放热

D. 在 2→3、3→1 过程吸热；在 1→2 过程放热

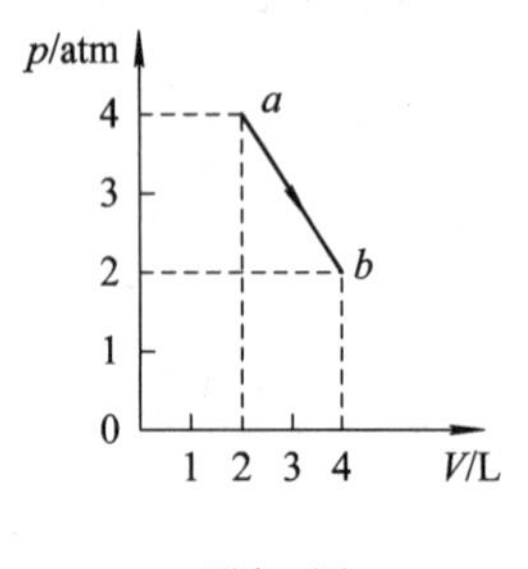

习题 6 图

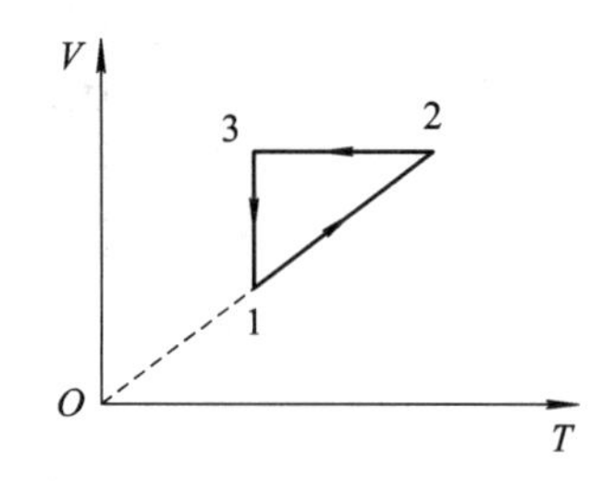

习题 7 图

8. 两个卡诺热机的循环曲线如习题 8 图所示，一个工作在温度为 T_1 与 T_3 的两个热源之间，另一个工作在温度为 T_2 与 T_3 的两个热源之间，已知这两个循环曲线所包围的面积

相等．由此可知(　　)．

A．两个热机的效率一定相等

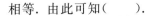

B．两个热机从高温热源所吸收的热量一定相等

C．两个热机向低温热源所放出的热量一定相等

D．两个热机吸收的热量与放出的热量(绝对值)的差值一定相等

9．某理想气体状态变化时，内能随体积的变化关系如习题9图中 AB 直线所示．$A \to B$ 表示的过程是(　　)．

A．等压过程　　　B．等体过程

C．等温过程　　　D．绝热过程

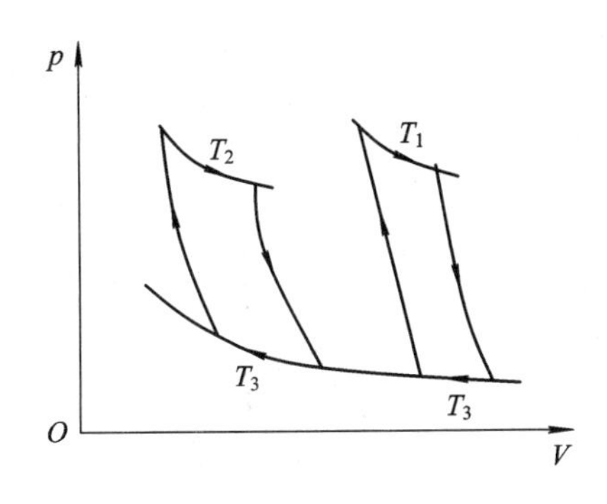

习题8图

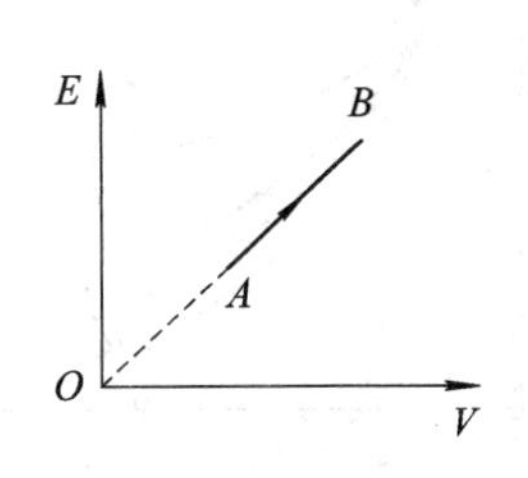

习题9图

10．给定理想气体，从标准状态(p_0，V_0，T_0)开始作绝热膨胀，体积增大到原来的3倍．膨胀后温度 T、压强 p 与标准状态时 T_0、p_0 之关系为(γ 为比热比)(　　)．

A．$T=\left(\frac{1}{3}\right)^{\gamma}T_0$；$p=\left(\frac{1}{3}\right)^{\gamma-1}p_0$　　　B．$T=\left(\frac{1}{3}\right)^{\gamma-1}T_0$；$p=\left(\frac{1}{3}\right)^{\gamma}p_0$

C．$T=\left(\frac{1}{3}\right)^{-\gamma}T_0$；$p=\left(\frac{1}{3}\right)^{\gamma-1}p_0$　　　D．$T=\left(\frac{1}{3}\right)^{\gamma-1}T_0$；$p=\left(\frac{1}{3}\right)^{-\gamma}p_0$

11．如习题11图所示，已知图中画不同斜线的两部分的面积分别为 S_1 和 S_2，那么

(1) 如果气体的膨胀过程为 $a \to 1 \to b$，则气体对外做功 $W=$ ____________；

(2) 如果气体进行 $a \to 2 \to b \to 1 \to a$ 的循环过程，则它对外做功 $W=$ ____________．

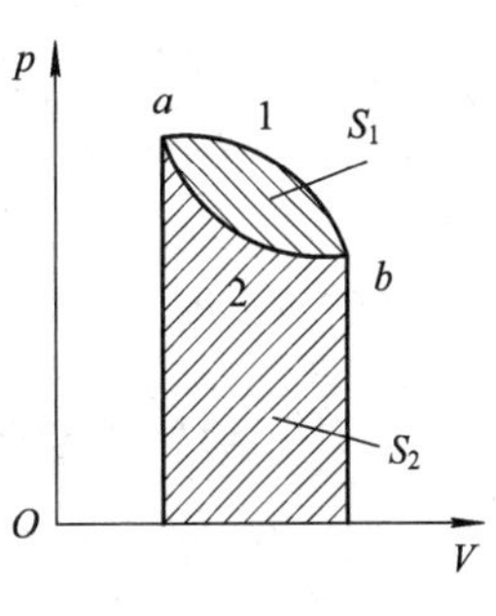

习题11图

12．不规则地搅拌盛于绝热容器中的液体，液体温度在升高，若将液体看作系统，则：

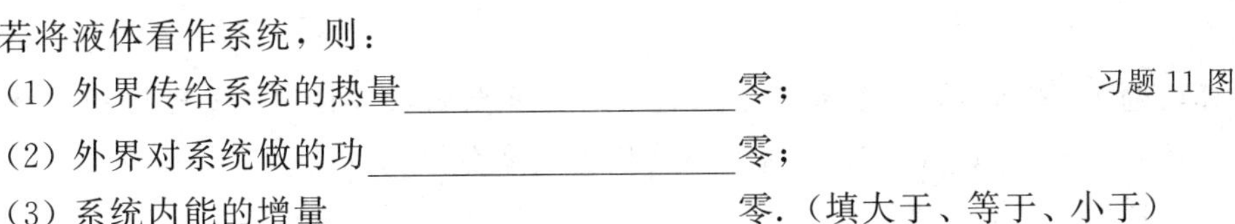

(1) 外界传给系统的热量____________零；

(2) 外界对系统做的功____________零；

(3) 系统内能的增量____________零．(填大于、等于、小于)

13．某理想气体等温压缩到给定体积时，外界对气体做功 $|W_1|$，又经绝热膨胀返回原来体积时，气体对外做功 $|W_2|$，则整个过程中气体：

(1) 从外界吸收的热量 $Q=$ ____________；

（2）内能的增量 $\Delta E=$ ____.

14. 一理想气体几种状态变化过程的 $p-V$ 图如习题 14 图所示，其中 MT 为等温线，MQ 为绝热线，在 AM、BM、CM 三种准静态过程中：

（1）温度降低的是____________________过程；

（2）气体放热的是____________________过程.

15. 已知一定量的理想气体经历 $p-T$ 图上所示的循环过程如习题 15 图所示，图中各过程的吸热、放热情况为：

（1）过程 1→2 中，气体____________________；

（2）过程 2→3 中，气体____________________；

（3）过程 3→1 中，气体____________________.

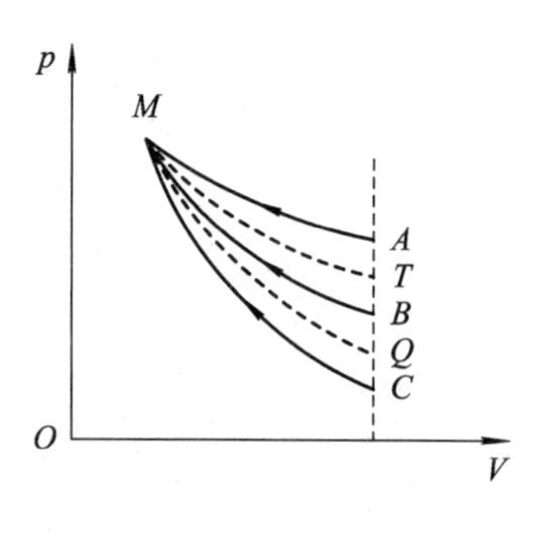

习题 14 图

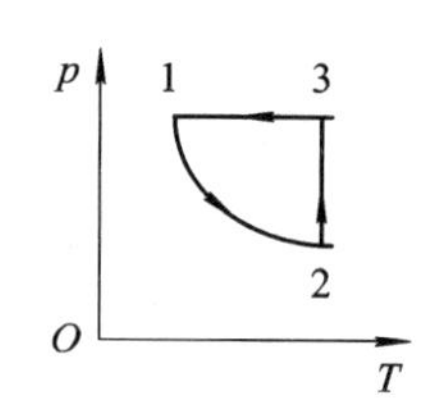

习题 15 图

16. 一定量理想气体，从 A 状态 $(2p_1, V_1)$ 经历如习题 16 图所示的直线过程变到 B 状态 $(p_1, 2V_1)$，则 AB 过程中系统做功 $W=$ ____________；内能的增量 $\Delta E=$ ____________.

17. 1 mol 的单原子理想气体，从状态Ⅰ(p_1, V_1) 变化至状态Ⅱ(p_2, V_2)，如习题 17 图所示，则此过程气体对外做的功为________________，吸收的热量为____________.

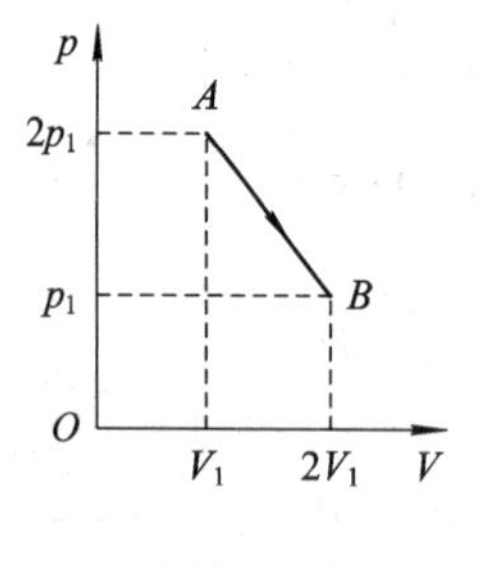

习题 16 图

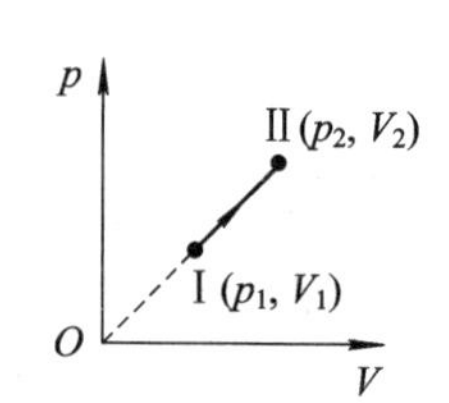

习题 17 图

18. 如习题 18 图所示，温度为 T_0、$2T_0$、$3T_0$ 三条等温线与两条绝热线围成三个卡诺循环：(1) $abcda$，(2) $dcefd$，(3) $abefa$，其热机效率分别为 $\eta_1=$ ____________________，$\eta_2=$ ________________，$\eta_3=$ ________________.

19. 如习题 19 图所示，绝热过程 AB、CD，等温过程 DEA 和任意过程 BEC，组成一循环过程. 若图中 ECD 所包围的面积为 70 J，EAB 所包围的面积为 30 J，DEA 过程中系统放出的热量为 100 J，则：

(1) 整个循环过程($ABCDEA$)系统对外做功为________________；

(2) BEC 过程中系统从外界吸收的热量为________________.

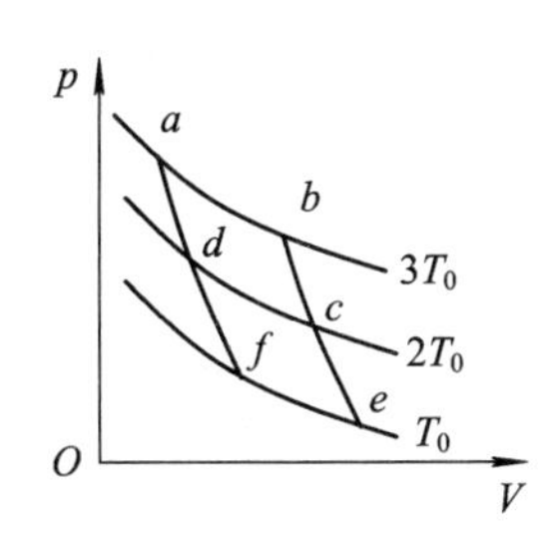

习题 18 图

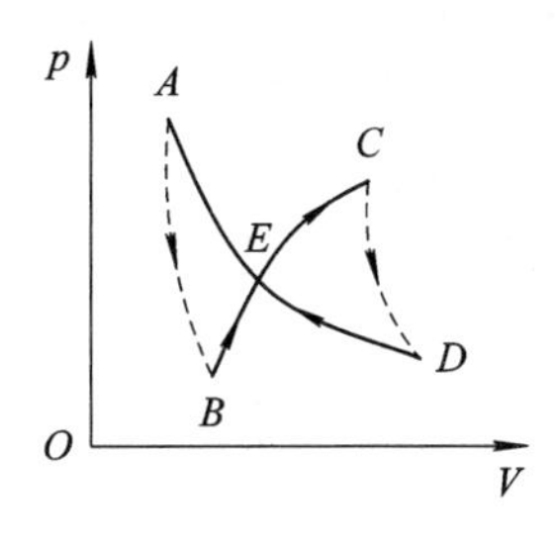

习题 19 图

20. 给定的理想气体(比热容比已知)，从标准状态(p_0，V_0，T_0)开始，作绝热膨胀，体积增大到原来的 3 倍，膨胀后的温度 $T=$________________，压强 $p=$________________.

21. 如习题 21 图所示，一定量的单原子分子理想气体，从初态 A 出发，沿图示直线过程变到另一状态 B，又经过等容、等压两过程回到状态 A.

(1) 求 $A\to B$，$B\to C$，$C\to A$ 各过程中系统对外所做的功 W，内能的增量 ΔE 以及所吸收的热量 Q；

(2) 整个循环过程中系统对外所做的总功以及从外界吸收的总热量(过程吸热的代数和).

22. 1 mol 双原子分子理想气体从状态 $A(p_1, V_1)$沿习题 22 图所示 $p-V$ 图直线变化到状态 $B(p_2, V_2)$，试求：

(1) 气体内能的增量；

(2) 气体对外界所做的功；

(3) 气体吸收的热量；

(4) 此过程的摩尔热容.(摩尔热容 $C=\Delta Q/\Delta T$，其中 ΔQ 表示 1 mol 物质在过程中升高温度 ΔT 时所吸收的热量)

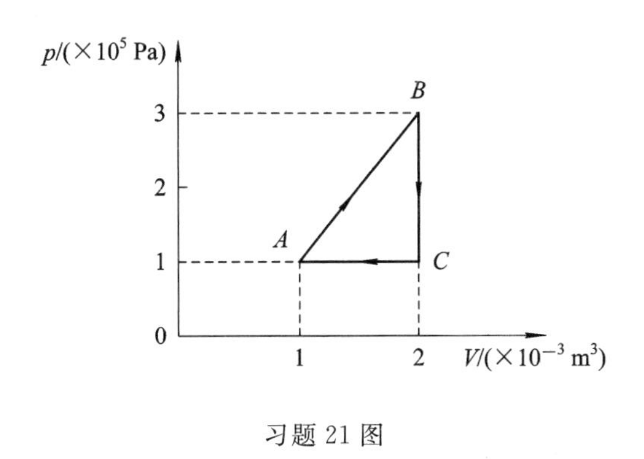

习题 21 图

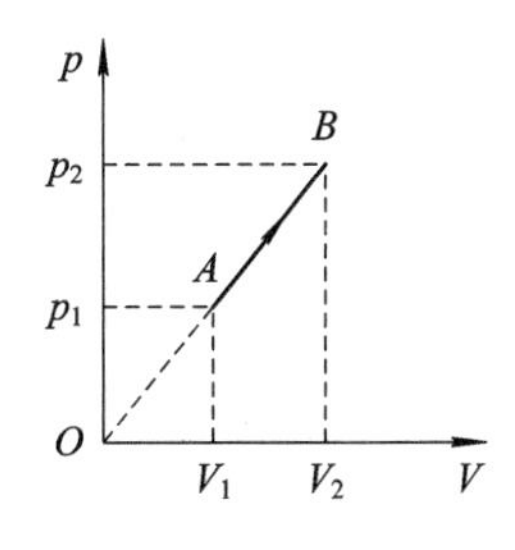

习题 22 图

23. 如习题 23 图所示，一定量的理想气体，由状态 a 经 b 到达 c，abc 为一直线，求此过程中：

(1) 气体对外做的功；

（2）气体内能的增量；

（3）气体吸收的热量.（1 atm＝1.013×10^5 Pa）

24. 1 mol 氦气作如习题 24 图所示的可逆循环过程，其中 ab 和 cd 是绝热过程，bc 和 da 为等体过程，已知 $V_1=16.4$ L，$V_2=32.8$ L，$p_a=1$ atm，$p_b=3.18$ atm，$p_c=4$ atm，$p_d=1.26$ atm，试求：

（1）各态氦气的温度；

（2）各态氦气的内能；

（3）在一循环过程中氦气所做的净功.（1 atm＝ 1.013×10^5 Pa，普适气体常量 $R=8.31\ \mathrm{J\cdot mol^{-1}\cdot K^{-1}}$）

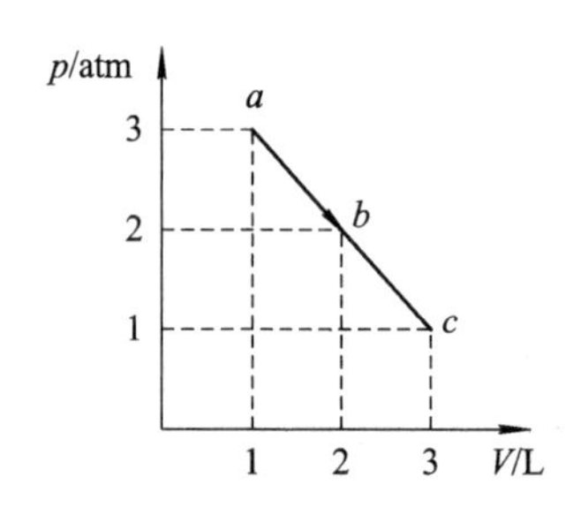

习题 23 图

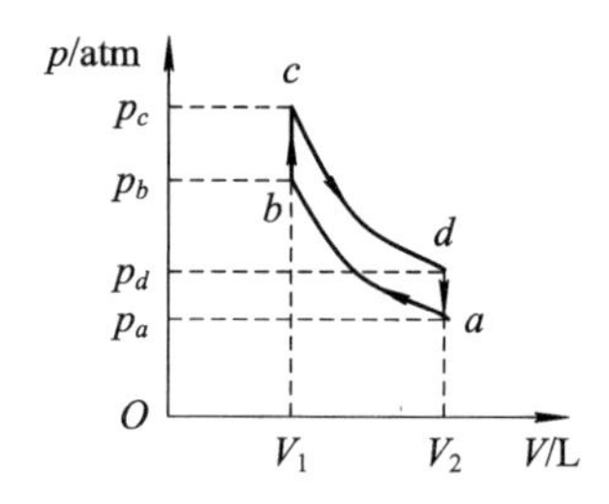

习题 24 图

阅读材料之物理探索(一)

霍金：时间会倒流吗？

L. P. Hartly 在他的书 *The Go Between* 中写道："为什么过去与未来如此不同？我们为什么能记得过去而不记得未来？这是否和宇宙在膨胀的事实有联系？"

(一) CPT

物理学定律不区分过去和未来．更确切地说，物理学定律在 C、P 和 T 的联合变换下不变．C 是指粒子反粒子互换；P 是指镜像变换，即左右手互换；T 是指逆转所有粒子的运动方向，实际上，就是将运动倒过来．

支配常规下物质行为的物理学定律在 C 和 P 的联合变换下不变．换言之，生命对那些由反物质组成并且是我们镜像的外星居民来说，与我们完全一样．如果你遇到了外星人，那么当他伸出左手时，你可不要去握手，因为他可能是由反物质组成的，你们会在霎时的闪光中湮没．

如果物理学定律在 C 和 P 的联合变换下不变，并且在 C、P 和 T 的联合变换下也不变，那么它们一定在独自的 T 变换下不变．然而，在我们日常生活中，时间的向前与向后之间有着很大的差异．设想杯子从桌子上掉下来在地上碎成几块，如果你将此拍成电影，那么你能很容易地说出电影在顺着或倒着放映．如果倒着放，你会看到，那些碎片会突然自动地从地上再次聚集起来，组成一个完好的杯子并跳回到桌子上．当然你也知道这是电影在倒着放，因为在日常生活中从来没有看到过这种现象．

（二）时间指向

为什么我们从未看见破碎的杯子自动再次聚集起来并跳回到桌子上呢？通常的解释是：热力学第二定律禁止这样的事情发生．第二定律说，无序或者熵总随时间增加．桌子上完好的杯子是高度有序的状态，地上的碎杯子是无序的状态，因此，可以有从过去桌子上的好杯子到将来地上的碎杯子这样的事件发生，而反过来却是不行的．

无序或者熵随时间的增加，是时间指向的一个例子．时间指向是某种给时间以方向并区分过去和未来的东西．至少有三种不同的时间指向．

(1) 热力学时间指向：沿此时间方向，无序或者熵增加．

(2) 心理时间指向：沿此时间方向，我们感觉时光流逝．我们记得过去，但不记得未来．

(3) 宇宙时间指向：沿此时间方向，宇宙在膨胀而非收缩．

我将证明，心理时间指向是由热力学时间指向决定的，这两个指向总是相同的．如果我们假设宇宙无边界，这两个时间指向便与宇宙时间指向相关联，虽然它们不一定指着相同的方向．然而，我将表明，只有当它们指着与宇宙时间指向相同的方向时，各种条件才适合于有智慧的生命的发展——这样的生命能够问：为什么无序沿这样的时间方向增加，沿此相同的时间方向，宇宙在膨胀吗？

（三）热力学时间指向

我先谈热力学时间指向．热力学第二定律基于这样的事实：无序的状态比有序的状态多得多．例如，考虑一盒子中的拼块玩具．设只有一种拼块的排列能构成一幅完整的图案，在很多的排列中拼块是混乱的、不构成图案的．

假设系统始于少数有序状态的一个．随着时光流逝，系统会按物理学定律演化，它的状态会改变．在下一时刻，系统有很高的概率进入更加无序的状态，这是因为有多得多的无序状态．因此，如果系统始于高度有序的状态，则无序倾向于随时间增加．

假设拼块始于构成图案的有序排列，如果你摇动盒子，那么拼块将会取另一种排列．这可能是一个无序的排列，在这种排列中拼块不构成完整的图案，简单地说，这是因为无序的排列要多得多．有些拼块或许还构成图案的某部分，但摇动盒子越厉害，那些构成部分图案的拼块越是可能被拆散．拼块将处于完全混乱的状态，不能构成任何图案．因此，拼块的无序可能随时间增加．它们满足这样的初始条件：始于高度有序的状态．

若假设上帝决定宇宙在后来终止于高度有序的状态，而与宇宙始于怎样的状态无关．那么，早期宇宙就可能处于无序的状态，无序将随时间减少，你就会看到，破碎的杯子自动聚集起来并跳回到桌子上．然而，任何在观察这个杯子的人将生活在无序随时间减少的宇宙里．这样的人类将有向后的心理时间指向，即是说，他们记得未来的事件，却不记得过去的事件．

（四）心理时间指向

要谈人的记忆，还很困难，因为我们不知道大脑工作的细节．然而，我们却知道计算机的记忆器是怎样工作的．因此，我将讨论计算机的心理时间指向．我想，假设计算机的时间指向与人类的一样，这是合情合理的，否则，人们可以靠掌握一台能记住明天价格的计算机在股票交易所牟取暴利．计算机的记忆器是指处于两种状态之一的器件，可以标识记忆器的两种状态为 0 和 1．在数据被记录到记忆器之前，记忆器处于无序的状态，0 和 1

等概率地出现．当记忆器与待记忆的系统相互作用后，记忆器将根据系统的状态确切无疑地处于0或1，因此，记忆器便从无序状态过渡到有序状态．然而，为了确信记忆器处于正确的状态，必须用掉一定的能量．这些能量耗散为热，增加了宇宙中无序的量．可以表明，宇宙中无序的增加大于记忆器中有序的增加，因此，当计算机记录数据到记忆器时，宇宙中无序的总量增加了．计算机记得过去的时间方向与无序增加的时间方向是一致的．这意味着，我们对时间的主观感觉，即为心理时间指向，是由热力学时间指向决定的，这使得热力学第二定律几乎一文不值了．无序随时间增加，是因为我们沿无序增加的方向测量时间！

(五) 宇宙的边界条件

为什么宇宙在我们称为过去的时间端点处于高度有序的状态？为什么宇宙不自始至终处于完全无序的状态？毕竟这似乎更为可能．为什么无序随之增加的时间方向与宇宙随之膨胀的时间方向相同？

在经典广义相对论中，宇宙的始点必定是密度和时空曲率无穷大的奇点．在这样的条件下，所有已知的物理学定律都失效了．因此，人们不能用这些定律来预言宇宙怎样开始．宇宙可能始于很光滑和有序的状态．这会导致定义明确的热力学和宇宙学的时间指向，像我们观察到的那样．但是，宇宙同样可能始于很粗糙和无序的状态．在这种情形下，宇宙已经处于完全无序的状态了，无序可能不再随时间增加．要么无序随时间减少．这样，热力学时间指向将指向宇宙学指向的相反方向．这两种可能都与我们的观测不一致．

在量子引力理论中，我们考虑宇宙所有可能的历态．有两个数与每个历态相联系．一个代表波的大小，另一个代表波的相位，即波在峰顶或在谷底．宇宙具有某种特性的概率，由具有此特性的所有历态的波函数之和给出．

这些历态是弯曲的空间，代表宇宙在虚时间中的演化．我们还必须说明，宇宙的可能历态在过去时空的边界上行为怎样，我们不知道，也不可能知道如何做到这一点．然而，有可能避免这个困难，如果历态满足无边界条件：它们在广度上有限，但没有边界、边缘或奇异性．它们像地球表面，但多了两维，在这种情形下，时间的始点将是时空中平常的光滑的点．这意味着，宇宙从一个很光滑和有序的状态开始它的膨胀．它不可能是完全均匀的，因为这将违背量子力学的测不准原理，一定会有密度和粒子速度的小涨落．然而，“无边界”条件意味着这些涨落应当尽可能地小，并与测不准原理一致．

宇宙开始时有一段指数膨胀或“暴胀”，在暴胀期，宇宙的大小增加了一个很大很大的因子．在这一膨胀期间，密度的涨落在开始时仍然很小，但后来开始增大．在密度稍高于平均值的区域，膨胀将会由于额外质量的引力减慢下来，最终，这样的区域将停止膨胀，坍缩而形成星系、星体和我们这样的人类．宇宙始于光滑和有序的状态，随着时间的推移，它变得粗糙和无序．这可以解释热力学时间指向的存在．前面我已说明，心理时间指向指着与热力学指向相同的方向，因此，我们主观感受的时间，是宇宙在随之膨胀的时间，而不是相反的宇宙在随之收缩的时间．

(六) 时间指向会逆转吗？

当宇宙停止膨胀，并开始收缩时，会发生些什么？热力学时间指向会不会逆转，无序会不会随时间减少？对那些从膨胀到收缩阶段幸存下来的人们，这会引导出各种各样科幻式的可能性．他们会不会看见，破碎的杯子自动从地上聚集起来，并跳回到桌子上？担心宇宙重新坍缩时会发生什么．这似乎有些学究气，因为至少在100亿年内宇宙不会开始收缩．但是，有更快的办法来揭示出什么会发生，跳进黑洞(我不建议任何人去试)．形成黑洞的星体坍缩很像整个宇宙坍缩的后期．因此，如果在宇宙的收缩阶段无序减少，那么我们可以期望，在黑洞里无序也会减少．

最初，我相信当宇宙重新坍缩时，无序会减少．我当时认为宇宙重新变小时，它必定回到光滑和有序的状态．这意味着，宇宙的收缩阶段就像膨胀阶段的时间反演一样．生活在收缩阶段的人们将会倒着活：先死后生，并随宇宙的收缩活得越来越年轻．

这个想法很诱人，因为它意味着膨胀和收缩之间的一种令人惬意的对称性．然而，你不能独自地采用它，而不顾其他有关宇宙的理论．问题是：这是否隐含在无边界条件中，或者，这是否与无边界条件相矛盾．如我所说，我最初认为，无边界条件确实意味着无序会在收缩阶段减少．这基于在一个简单的宇宙模型上的工作，在这个模型中坍缩看起来像膨胀阶段的时间反演．然而，我的同事Don Page指出，无边界条件并不要求收缩阶段一定是膨胀阶段的时间反演．更进一步，我的学生Raymond Laflamme发现，在稍为复杂些的模型中，宇宙的坍缩与膨胀很不一样．我意识到我犯了个错误：事实上，无边界条件意味着无序会在收缩阶段继续增加．当宇宙开始收缩时，或者在黑洞中，热力学时间指向和心理时间指向不会逆转．

（七）宇宙学时间指向

问题仍然是，为什么热力学与宇宙学指向指着相同的方向，为什么无序沿着与宇宙随之膨胀时间相同的时间方向增加．

如果你相信，宇宙将膨胀，然后再收缩，问题就变成，为什么我们生活在膨胀阶段而不是收缩阶段．可以根据“弱人择原理”回答这个问题．收缩阶段的条件不适合有智慧人类的存在——这样人类就会问：为什么无序沿这样的时间方向增加，沿此相同的时间方向宇宙在膨胀吗？宇宙早期的暴胀意味着，宇宙在很长的时间内不会重新坍缩．到那时，所有的星都烧尽了，其中的重粒子可能已衰变成了轻粒子和辐射．宇宙将处于几乎完全无序的状态或热平衡，此时，再没有强的热力学时间指向了．然而，对人类活动来说，定义明确的热力学时间指向是必需的．人类需要消费食物，即有序的能量形式，然后转换食物成为热这种无序的能量形式．因此，智慧生命不可能在宇宙的收缩阶段存在，而只能存在于膨胀阶段．这便解释了为什么我们看到热力学和宇宙学时间指向相同．并不是宇宙的膨胀导致了热力学时间指向和心理时间指向，而是无边界条件导致了热力学时间指向的存在．热力学时间指向是定义得很明确的，在人类存在的时空区域里，它与宇宙学时间指向一致．

（八）总结

物理学定律不区分时间的向前和向后．然而，至少有三种指示时间方向并区分过去和未来的“时间指向”．它们是：热力学指向，沿此时间方向无序增加；心理指向，沿此时间方向我们记得过去但不记得未来；宇宙学指向，沿此时间方向宇宙膨胀而非收缩．我已表明，心理指向由热力学指向决定，两者总是指着相同的方向．宇宙的无边界假设意味着存在定义明确的热力学时间指向，因为宇宙始于光滑和有序的状态．我们看到热力学指向与宇宙学指向一致，其原因是，智慧生命只可能存在于膨胀阶段．收缩阶段不适合人类生存，因为它没有强的热力学时间指向．

文章来源：节选自《物理》杂志1990年第7期，霍金于1988年在伯克利加州大学的讲演稿．敬克兴，译．

第10章　气体动理论

在第9章，我们从宏观热力学实验定律出发，着重讨论了理想气体系统的宏观热力学规律.

由于气体的性质最为简单，因此统计物理学往往从研究气体开始. 这部分内容称为**气体动理论**.

本章从物质的微观结构出发，以气体为研究对象，建立微观模型，运用统计的方法，研究大量气体分子热运动的规律，并对气体的某些宏观热力学规律给予微观本质的解释.

本章的主要内容有：物质的微观模型、理想气体的压强公式、温度的微观本质、能量均分定理、理想气体的内能、麦克斯韦气体速率分布律、气体平均自由程.

10.1　物质的微观模型　统计规律

10.1.1　物质的微观模型

分子运动论从物质的微观结构出发来研究和阐明热现象的规律. 在研究分子热运动规律之前，应对物质的微观模型进行初步了解.

(1) 宏观物体是由大量微观粒子(分子或原子)组成的.

虽然人们用肉眼不能直接观察到物质的内部结构，但借助于实验仪器，人们发现物质是由许多不连续的、相隔一定距离的分子(或原子)组成的. 许多现象都证明了微观粒子(分子或原子)组成的宏观物体的不连续性，即在分子之间存在着一定的空隙. 例如气体很容易被压缩，水和酒精混合后的体积小于两者原有体积之和，这些都说明分子间有空隙. 实验表明，任何一种物质每1 mol所含有的分子或原子数均为

$$N_A = 6.022\ 136\ 7(36)\times 10^{23}\ 个\cdot \text{mol}^{-1}$$

N_A 称为**阿伏加德罗常数**. 对于一个宏观物体，其内部所包含的微观粒子的数目是很大的.

(2) 组成物质的分子(或原子)在永不停息地运动着，这种运动是无规则的，其剧烈程度与物质的温度有关.

1827年，英国植物学家布朗用显微镜观察到悬浮在水中的花粉不停地作短促跳跃. 花粉运动方向不断改变，毫无规则，而且液体温度越高，花粉颗粒越小，花粉颗粒的运动越剧烈. 这种悬浮颗粒的运动，称为**布朗运动**. 图10.1.1所示为布朗运动简图. 从图中可以看出，花粉颗粒的运动是杂乱无章的，其速度的大小和方向频繁地发生变化，运动轨迹是无规律的曲线.

布朗运动是由液体分子碰撞花粉颗粒引起的，花粉颗粒的运动情况在一定程度上反映了液体分子的运动情况. 由于分子间的相互碰撞，每个分子的运动方向和速率都在不断改变，由于存在沿各个方向运动的分子，所以每个分子在某一时刻可能受到来自各个方向的碰撞，从而运动轨迹是杂乱无章的. 温度越高，分子的无规则运动就越剧烈，这正是无规则运动的一种规律性. 正因为分子的无规则运动与物质的温度有关，所以通常把这种运动称为**分子热运动**. 分子热运动的无规则性是与分子的快速运动和分子之间的频繁碰撞密切相关的.

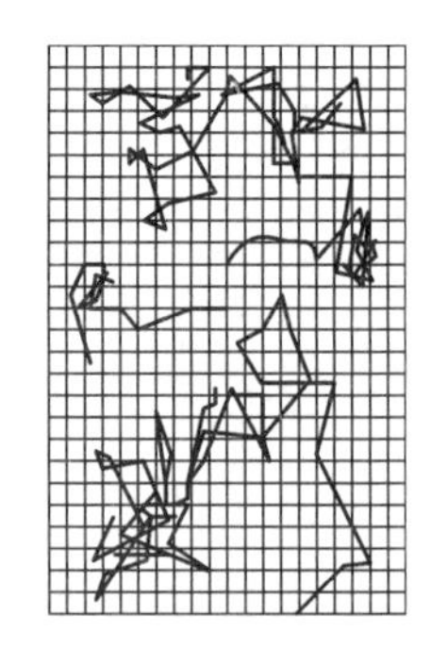

图 10.1.1　布朗运动

(3) 分子(或原子)之间存在相互作用力.

物质内部分子(或原子)之间存在复杂的相互作用力. 两分子间的相互作用力 f 与分子之间的距离 r 的关系可用如图 10.1.2 所示的曲线表示. 从图中可以看出，当分子间距离较近($r<r_0$)时，相互作用力表现为斥力，且随着距离的减小，斥力迅速增大. 当分子间距离较远($r>r_0$)时，相互作用力表现为引力. 此后随着 r 继续增大，引力逐渐减小，并逐渐趋近于零. 固体中分子间隙普遍要小些，引力较大，而液体中分子间隙较大，引力较小，所以固体能维持一定的形状，而液体则不能. 一般情况下，液体和固体都很难压缩，这说明，外力的挤压使分子间隙减小，分子间的作用力进入斥力范围，这个斥力随分子间距离减小而增大，对外界作用产生较大的抵抗. 气体分子之间有较大距离，分子间的引力更小.

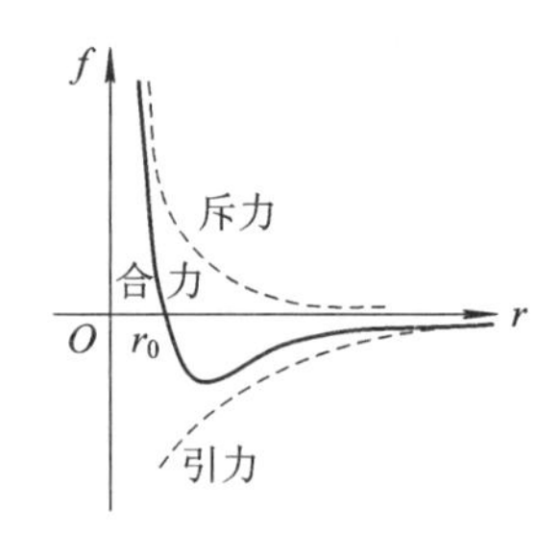

图 10.1.2　分子间相互作用力

分子间的相互作用与分子的热运动构成了相互对立的一对矛盾：分子力的作用有使分子聚集在一起，在空间形成某种规则分布的趋势；而分子的热运动则有使分子分散，从而破坏这种规则排列的趋势. 事实上，正是由于这两种相互对立因素的作用，使得物质分子在不同的温度下表现为三种不同的聚集态. 在较低的温度下，分子的热运动不够剧烈，分子在相互作用力的影响下被束缚在各自的平衡位置附近作微小的振动，这时物质表现为固态；当温度升高，无规则运动剧烈到某一限度时，分子力的作用已不能把分子束缚在固定的平衡位置附近作微小的振动，但分子的无规则热运动还不能使分子分散远离，这样物质便表现为液态；当温度继续升高，热运动进一步剧烈到一定的程度时，分子力不但无法使分子有固定的平衡位置，连分子间一定的距离也不能维持，这时，分子互相分散远离，分子的运动近似为自由运动，这样物质便表现为气态.

10.1.2　统计规律

分子热运动的最大特点是无序性. 如果追踪某一个分子的运动，就会发现它一会儿向这个方向运动，一会儿向那个方向运动，一会儿速率大，一会儿速率小，很难发现它有什么规律性. 组成宏观物体的微观粒子数目很大，碰撞很频繁，每一次碰撞，分子速度的大小和方向都发生改变. 如果采用经典力学来处理分子的碰撞问题，就必须研究每一个分子的运动情况，即必须求解一个数目庞大的动力学方程组. 这样，我们将面临下列困难：第一，无法确定分子运动参量的初始值；第二，无法求解数目庞大的动力学方程组. 因此，经典力学(因果律)无法处理分子的热运动.

然而，如果我们对大量分子的运动进行统计，就会发现存在一定的规律. 例如，如果我们对大量分子运动的速率进行测量，并将分子的速率分成一系列等间隔的区间，同时对落在各个速率区间的分子数进行统计，就会发现在一定的平衡态下，各速率区间中的分子数分布总是满足一定的规律. 如果进一步求出分子速率的平均值，就会发现只要系统的宏观条件不变，平均速率也是确定的. 不但大量分子的速率满足一定的统计规律，描述分子运动的其他微观量(如动能、动量等)对大量分子的统计结果也满足一定的规律性.

总之，尽管个别分子的运动是杂乱无章的，但就大量分子运动的集体表现来看，却存在一定的规律性，这种规律性来自大量偶然事件的集合，故称为**统计规律**. 这种统计规律表现为：处在一定平衡态下的宏观系统，分子数按各个微观量的分布是一定的，各个微观量的统计平均值是一定的.

研究统计规律性的一个著名实验是伽尔顿板实验. 如图 10.1.3(a)所示，在一块竖直木板的上部规则地钉上许多铁钉，木板的下部用竖直的隔板隔成许多等宽的狭槽. 从板顶漏斗形的入口处投入小球，小球在下落过程中先后与许多铁钉发生碰撞，最后落入某一狭槽内. 如果从入口处投入一个小球，则发现小球每次落入哪个狭槽是不能够预先确定的，即在一次实验中小球落入哪个狭槽是偶然的. 如果同时投入大量的小球或者单个小球多次投入，那么，可以看出落入各狭槽的小球数目总是中央狭槽内的最多，离中央越远的槽内小球数目越少，如图 10.1.3(b)所示. 若重复实验，则可发现：只要小球的数目足够多，每次所得到的分布曲线彼此近似地重合.

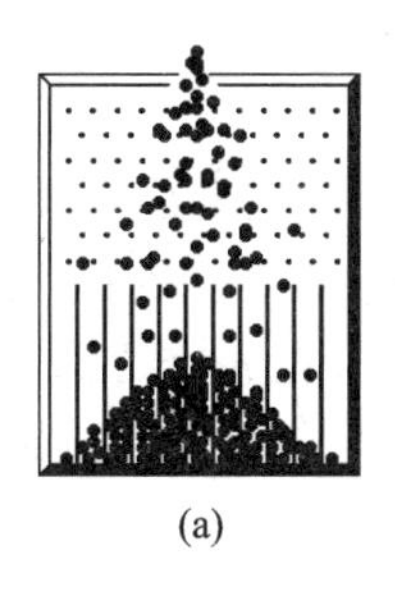
(a)

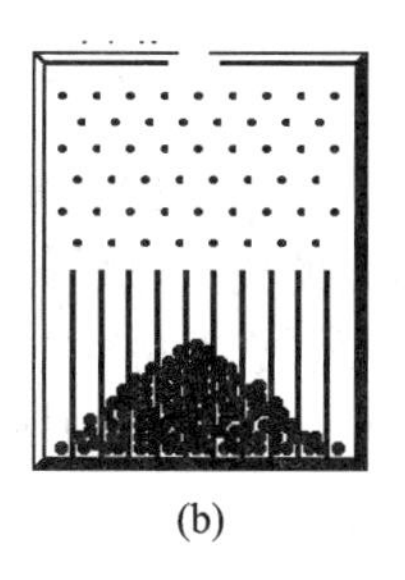
(b)

图 10.1.3　伽尔顿板实验

上述实验结果表明，尽管单个小球落入哪个狭槽是偶然的，但大量小球按狭槽的分布情况则是确定的，即大量小球整体按狭槽的分布遵从一定的统计规律.

在一定的宏观条件下，微观量的各种分布在一定的平均值附近上、下起伏变化，称为**涨落现象**，统计规律永远伴随涨落现象. 一次投入大量小球(或单个小球多次投入)落入某个槽中的小球数具有一个稳定的平均值，而每次实验结果都有差异. 槽内小球数量较少时涨落现象明显；反之，槽内小球数量较多时涨落现象不明显.

一切与热现象有关的宏观量的值都是相应微观量的统计平均值. 在任一给定瞬间或在系统中任一给定局部范围内，每一次宏观量的观测值都与统计平均值有偏差.

10.2 理想气体的压强

用牛顿力学的方法求解大量分子无规则热运动方程组，不仅是不现实的，也是不可能的. 只有用统计的方法才能求出与大量分子热运动有关的一些物理量的平均值，如平均平动动能、平均速度等，从而对与大量气体分子热运动相联系的宏观现象的微观本质作出解释.

本节给出理想气体的微观模型，用统计的方法推导出理想气体的压强公式，并讨论理想气体压强的统计意义.

10.2.1 理想气体的微观模型

在气体动理论中，理想气体是一种最简单的气体，其微观模型如下：

(1) 气体分子本身的线度比分子之间的平均距离小得多，分子可以看作是质点；

(2) 除了碰撞的瞬间外，分子之间以及分子与器壁之间的相互作用力可以忽略不计；

(3) 分子之间以及分子与器壁之间的碰撞都是完全弹性碰撞，即气体分子的动能不因碰撞而损失.

除了以上微观模型外，由于分子热运动的无序性，处于平衡态下的理想气体还服从以下统计假设：

(1) 在忽略重力和其他外力作用的条件下，每一分子在容器中任意位置出现的概率都相等. 对大量分子而言，任意时刻分布在任一位置单位体积内的分子数都相等，由此可得分子数密度为

$$n = \frac{\mathrm{d}N}{\mathrm{d}V} = \frac{N}{V}$$

即在无外场情况下，处于平衡状态下的大量作无规则热运动的气体分子的密度处处相等.

(2) 分子沿各个方向运动的概率都相同. 根据这一假设，分子速度在各个方向上的分量的各种平均值都相等，特别地，大量分子速度 $\boldsymbol{v}$ 在各个方向上的分量的各种统计平均值相等. 例如，在直角坐标系 $Oxyz$ 中，沿坐标轴正方向的速度分量为正，负方向的速度分量为负，分子速度各个分量的算术平均值为

$$\bar{v}_i = \frac{\sum v_i}{N} \qquad (i = x, y, z)$$

式中，N 为分子总数，求和表示对所有分子速度沿 i 方向的分量求和，则有

$$\bar{v}_x = \bar{v}_y = \bar{v}_z = 0$$

定义分子速度分量平方的平均值为

$$\overline{v_i^2} = \frac{\sum v_i^2}{N} \qquad (i = x, y, z)$$

则有

$$\overline{v_x^2} = \overline{v_y^2} = \overline{v_z^2}$$

由于对每个分子都有

$$v^2 = v_x^2 + v_y^2 + v_z^2$$

所以

$$\overline{v^2} = \overline{v_x^2} + \overline{v_y^2} + \overline{v_z^2}$$

于是就有

$$\overline{v_x^2} = \overline{v_y^2} = \overline{v_z^2} = \frac{1}{3}\overline{v^2} \tag{10.2.1}$$

10.2.2　理想气体的压强公式

容器中每个分子都在作无规则运动，分子之间及分子与器壁之间不断发生碰撞．对某一个分子来说，它每次与器壁碰撞是断续的，碰撞时给予器壁的冲量有多大，碰在什么地方，这些都是偶然的．但对大量分子整体来说，每一时刻都有许多分子与器壁相碰，正是这种碰撞形成了一个恒定的、持续的作用力，对器壁产生一个恒定的压强．这和雨点打在雨伞上的情形很相似，一个个雨点打在雨伞上是断续的，大量密集的雨点打在伞上就使我们感受到一个持续向下的压力．

综上所述，容器中气体对器壁的压强，是大量气体分子对器壁不断碰撞，从而对器壁产生冲力的集体效应．下面，我们利用上述理想气体模型以及统计假设，推导处于平衡态下的理想气体的压强公式．

假设有一个边长为 x，y，z 的长方体容器，如图10.2.1(a)所示，其中含有 N 个同类气体分子，每个分子质量均为 m．在平衡态下，长方体容器各个面的压强应当是相等的．现在我们来推导与 x 轴垂直的面 A_1 的压强．

考虑第 i 个分子，速度如图10.2.1(b)所示，其表达式为

$$\boldsymbol{v}_i = v_{ix}\boldsymbol{i} + v_{iy}\boldsymbol{j} + v_{iz}\boldsymbol{k}$$

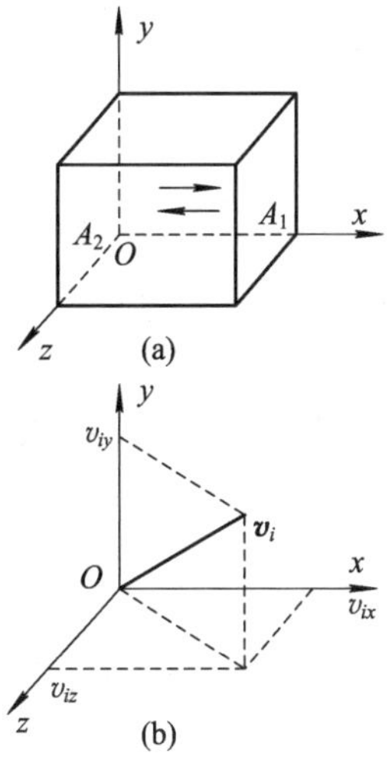

图10.2.1　理想气体压强公式的推导

它与器壁碰撞受到器壁的作用力．通过碰撞，在此力的作用下，第 i 个分子在 x 轴上的动量由 mv_{ix} 变为 $-mv_{ix}$，x 轴上的动量的增量为

$$-mv_{ix} - mv_{ix} = -2mv_{ix}$$

第 i 个分子对器壁的碰撞是间歇的，它从 A_1 面弹回，飞向 A_2 面与 A_2 面碰撞，又回到 A_1 面再作碰撞．第 i 个分子与 A_1 面碰撞两次，在 x 轴上运动的距离为 $2x$．由于气体分子本身的线度比分子之间的平均距离小得多，所以可以近似认为该分子与 A_1 面碰撞两次之间不与其他分子碰撞，作匀速直线运动，其所需的时间为 $2x/v_{ix}$，于是在单位时间内，第 i 个分子受到 A_1 面的总冲量为

$$-\frac{2mv_{ix}}{\dfrac{2x}{v_{ix}}} = -\frac{mv_{ix}^2}{x}$$

此即器壁对第 i 个分子的作用力的大小，由牛顿第三定律知道第 i 个分子对器壁的作用力为

$$f_i = \frac{mv_{ix}^2}{x}$$

大量分子对器壁碰撞使器壁受到的力为上述单个分子给予器壁的冲力的总和，即

$$F = \sum f_i = \sum m \frac{v_{ix}^2}{x} \tag{10.2.2}$$

虽然单个分子给予器壁冲力的大小是各不相同的，但因气体分子的数量十分巨大，所以在平衡态下，器壁所受的总作用力，即等效平均力可看作是恒定的.

同类气体分子的质量相等并与其运动速率无关，根据压强的定义，有

$$p = \frac{F}{yz} = \frac{m}{xyz}\sum v_{ix}^2 \tag{10.2.3}$$

作变换，得

$$p = m\frac{N}{xyz}\frac{\sum v_{ix}^2}{N} = m\frac{N}{V}\frac{\sum v_{ix}^2}{N} = mn\frac{\sum v_{ix}^2}{N} \tag{10.2.4}$$

式中，$n=N/V$ 为单位体积内的分子数，称为**分子数密度**.

按平均值的定义

$$\overline{v_x^2} = \frac{v_{1x}^2 + v_{2x}^2 + \cdots + v_{Nx}^2}{N} = \frac{\sum v_{ix}^2}{N}$$

则

$$p = nm\,\overline{v_x^2}$$

由分子沿各个方向运动的机会均相等的假设，利用$\overline{v_x^2}=\overline{v_y^2}=\overline{v_z^2}=\frac{1}{3}\overline{v^2}$，最后得

$$p = \frac{1}{3}nm\,\overline{v^2} \tag{10.2.5}$$

引入分子的平均平动动能 $\bar{\varepsilon}_t=\frac{1}{2}m\overline{v^2}$，则

$$p = \frac{2}{3}n\bar{\varepsilon}_t \tag{10.2.6}$$

式(10.2.6)就是理想气体的压强公式，是气体动理论的基本公式之一.

10.2.3 压强公式的统计意义及微观本质

由理想气体压强公式(10.2.6)可知，理想气体的压强与单位体积内的分子数 n 和分子的平均平动动能 $\bar{\varepsilon}_t$ 有关，n 和 $\bar{\varepsilon}_t$ 越大，压强 p 就越大. 压强是描述气体状态的状态参量，是可以直接测量的宏观量. 气体分子的平均平动动能 $\bar{\varepsilon}_t$ 是微观量 ε_t 的统计平均值，是一个统计平均值. 微观量的统计平均值是不能用实验直接测量的. 理想气体的压强公式将描述气体性质的宏观量压强 p 与微观量的统计平均值 $\bar{\varepsilon}_t$ 联系起来，即宏观量是微观量的统计平均值，从而揭示了压强的微观本质.

从气体动力学理论的观点来看，理想气体压强公式表明，当 $\bar{\varepsilon}_t$ 一定时，单位体积内的分子数 n 越大，在单位时间内与单位面积器壁碰撞的分子数就越多，器壁所受的压强就越大；当理想气体的分子数密度 n 一定时，$\bar{\varepsilon}_t$ 越大，压强 p 就越大. 气体一定时，$\bar{\varepsilon}_t$ 越大，表

明分子的平均速率将越大，一方面单位时间内分子碰撞器壁的平均次数越多，另一方面分子与器壁碰撞时分子对器壁作用的平均冲力越大.

压强具有统计意义，与大量气体分子微观量的统计平均值有关，数值上它等于单位时间内单位面积器壁所获得的平均冲量，即压强反映了单位面积器壁上所受的垂直作用力.

例 10.2.1　已知某理想气体分子的方均根速率为 400 $\mathrm{m\cdot s^{-1}}$. 当其压强为 1 atm 时，求气体的密度.

解　根据理想气体压强公式

$$p=\frac{1}{3}nm\,\overline{v^2}=\frac{1}{3}\rho\,\overline{v^2}$$

可得

$$\rho=\frac{3p}{\overline{v^2}}=1.90\ \mathrm{kg\cdot m^{-3}}$$

例 10.2.2

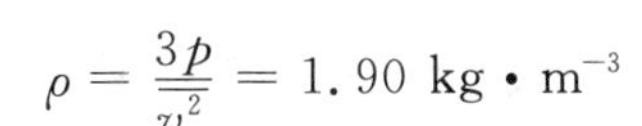

10.3 温度的微观解释

温度是热学中最基本的概念之一. 下面将从气体压强公式导出温度公式并阐明温度的微观实质，说明温度的统计意义.

10.3.1 温度公式及微观解释

对理想气体，设一个分子的质量为 m，气体的分子数为 N，气体的总质量为 M，气体的摩尔质量为 M_{mol}，则 $M=Nm$，$M_{\mathrm{mol}}=N_{\mathrm{A}}m$. 代入理想气体的物态方程 $pV=\frac{M}{M_{\mathrm{mol}}}RT$，可得

$$pV=\frac{M}{M_{\mathrm{mol}}}RT=\frac{Nm}{N_{\mathrm{A}}m}RT=\frac{N}{N_{\mathrm{A}}}RT \tag{10.3.1}$$

所以

$$p=\frac{N}{V}\frac{R}{N_{\mathrm{A}}}T \tag{10.3.2}$$

引入 $k=R/N_{\mathrm{A}}=1.38\times10^{-23}\ \mathrm{J\cdot K^{-1}}$，称为**玻尔兹曼常量**，则

$$p=nkT \tag{10.3.3}$$

式(10.3.3)是理想气体状态方程的另一种表示，表明了宏观量 p 与单位体积内的分子数，即分子数密度 n 及宏观量温度 T 的关系.

将气体动理论的压强公式(10.2.6)与理想气体状态方程(10.3.3)相比较，可得

$$T=\frac{2}{3k}\bar{\varepsilon}_{\mathrm{t}} \tag{10.3.4}$$

式(10.3.4)揭示了温度的微观本质：温度是气体分子平均平动动能的量度. 因此，式(10.3.4)可改写为

$$\bar{\varepsilon}_{\mathrm{t}}=\frac{3}{2}kT \tag{10.3.5}$$

这说明理想气体分子的平均平动动能只和温度有关，并与热力学温度成正比，而与气体的其他性质无关．在相同温度下，一切气体分子的平均平动动能都相等．式(10.3.4)是气体分子动理论的一个基本方程，称为气体动理论的温度公式．温度公式的重要物理意义在于它揭示了温度的微观本质：气体的温度标志着气体内部大量分子作无规则热运动的剧烈程度，温度是大量分子平均平动动能的量度．气体的温度越高，平均地讲，气体内部分子的热运动越剧烈，分子的平均平动动能就越大．

温度公式反映了大量分子所组成的系统的宏观量 T 与微观量的统计平均值 $\bar{\varepsilon}_t$ 之间的关系．所以，温度和压强一样，也是大量分子作无规则热运动的集体表现，含有统计平均的意义．对于单个分子或少量分子组成的系统，不能够说它们的温度多高，也就是说，对单个分子或由少量分子组成的系统，温度的概念是没有意义的．

温度不相同的两个系统，通过热接触而达到热平衡的微观实质是由于分子与分子之间相互碰撞引起系统之间能量的交换，而重新分配能量的结果，宏观上表现为有净能量从温度高的系统传递到温度低的系统，直到两个系统的温度相等．两个系统的分子平均平动动能相等，即温度相等，两个系统就达到热平衡，而与这两个系统气体的性质无关，也与这两个系统的分子数无关．

应该指出，上述概念是建立在经典力学基础上的，随着温度的降低，气体分子的平均平动动能将减少．热力学温度 $T=0$ K 时，$\bar{\varepsilon}_t=0$，表明理想气体分子的无规则热运动要停息．然而，实际上分子的热运动是永远不会停息的．根据热力学第三定律，不可能通过任何有限的过程达到绝对零度．近代量子理论证明，当 $T=0$ K 时，组成固体点阵的粒子还保持着某种振动的能量，称为零点能．在温度还没有达到热力学温度零度以前，气体已经变成液体或固体，量子规律起主要作用，理想气体温度公式早就不适用了．

10.3.2 方均根速率

根据理想气体分子的平均平动动能 $\bar{\varepsilon}_t=m\overline{v^2}/2$，应用式(10.3.5)，可得

$$\sqrt{\overline{v^2}}=\sqrt{\frac{3kT}{m}}=\sqrt{\frac{3RT}{M_{\text{mol}}}} \tag{10.3.6}$$

$\sqrt{\overline{v^2}}$ 表示大量气体分子速率平方的平均值的平方根，称为气体分子的**方均根速率**，它表示气体分子微观量的统计平均值．上式表明，气体分子的方均根速率与气体的热力学温度的平方根成正比，而与气体分子质量或摩尔质量的平方根成反比．温度越高，气体分子的质量(或摩尔质量)越小，分子的方均根速率越大．

例 10.3.1 温度为 0℃ 和 100℃ 时理想气体分子的平均平动动能各为多少？欲使分子的平均平动动能等于 1 eV，气体的温度需多高？(1 eV$=1.6\times10^{-19}$ J)

解 当温度为 0℃ 时，理想气体分子的平均平动动能为

$$\bar{\varepsilon}_t=\frac{3}{2}kT=\frac{3}{2}\times1.38\times10^{-23}\times273=5.65\times10^{-21}\text{ J}$$

当温度为 100℃ 时，理想气体分子的平均平动动能为

$$\bar{\varepsilon}_t=\frac{3}{2}kT=\frac{3}{2}\times1.38\times10^{-23}\times373=7.72\times10^{-21}\text{ J}$$

因为 1 eV$=1.6\times10^{-19}$ J，所以分子具有 1 eV 平均平动动能时，气体温度为

$$T=\frac{2\bar{\varepsilon}_t}{3k}=\frac{2\times1.6\times10^{-19}}{3\times1.38\times10^{-23}}=7.73\times10^3\ \text{K}$$

例 10.3.2 将 2.0×10^{-2} kg 的氢气装在 4.0×10^{-3} m^3 的容器中，如果压强为 3.9×10^5 Pa，则氢分子的平均平动动能为多少？

解 根据理想气体状态方程

$$pV=\frac{M}{M_{\text{mol}}}RT$$

温度的表示式为

$$T=\frac{M_{\text{mol}}pV}{MR}$$

由分子平均平动动能定义式可得

$$\bar{\varepsilon}_t=\frac{3}{2}kT=\frac{3}{2}k\frac{M_{\text{mol}}pV}{MR}=3.88\times10^{-22}\ \text{J}$$

例 10.3.3 体积 $V=1\times10^{-3}$ m^3，压强 $p=1\times10^5$ Pa 的气体分子平均平动动能的总和为多少？

解 由1个气体分子平均平动动能

$$\bar{\varepsilon}_t=\frac{3}{2}kT$$

可得 N 个气体分子平均平动动能的总和为

$$\sum\bar{\varepsilon}_t=N\frac{3}{2}kT$$

式中，N 为总分子数. 由理想气体状态方程

$$p=nkT=\frac{N}{V}kT$$

例 10.3.4

及

$$N=\frac{pV}{kT}$$

可得

$$\sum\bar{\varepsilon}_t=\frac{pV}{kT}\frac{3}{2}kT=\frac{3}{2}pV=150\ \text{J}$$

10.4 能量均分定理 理想气体的内能

在前面的讨论中，我们只研究了由单原子分子构成的理想气体分子的平均平动动能. 当理想气体分子由两个或两个以上的原子构成时，它具有一定的大小和内部结构，除了分子整体的平动外，构成分子的原子可能还有振动以及转动. 这些运动形式都对应一定的能量，分子热运动的能量就包括这些运动形式的能量.

研究气体的能量时，我们将理想气体分子分为单原子分子气体、双原子分子气体和多原子分子气体. 为了运用统计方法计算分子热运动平均能量，首先介绍自由度的概念.

10.4.1 自由度

自由度是描述物体运动自由程度的物理量，例如质点在二维平面上的运动就比在一维直线上的运动受到的束缚少. 在力学中，自由度是指决定一个物体的空间位置所需要的独立坐标数.

分子能量中独立的速度和坐标的二次方项数目，称为分子能量自由度的数目，简称**自由度**，用 i 表示，$i=t+r+s$，其中 t 表示平动自由度，r 表示转动自由度，s 表示振动自由度. 气体分子由原子组成，根据组成分子的原子数目，分子可以分为单原子分子、双原子分子和多原子分子，下面就分别讨论不同分子的自由度.

1. 单原子分子的自由度

单原子分子(质点)，如 He、Ne，有三个平动自由度，$t=3$，所以自由度为 $i=3$，如图 10.4.1 所示.

2. 双原子分子的自由度

刚性双原子分子，如 H_2、O_2 的结构相当于细杆，自由度为 $i=5$. 其中 $t=3$ 个确定质心的平动自由度，$r=2$ 个确定轴的方位的转动自由度，如图 10.4.2 所示.

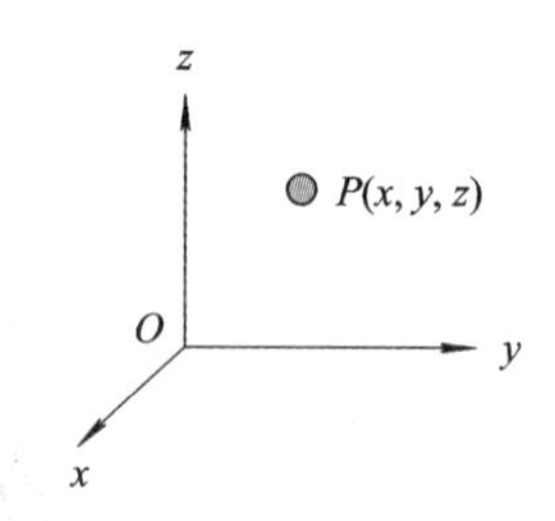

图 10.4.1　单原子分子的自由度

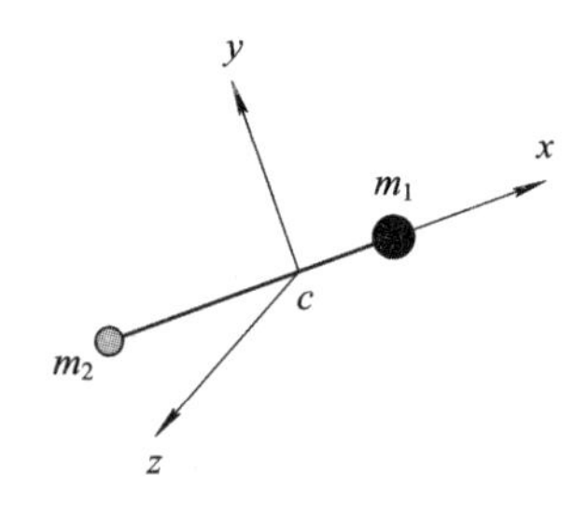

图 10.4.2　刚性双原子分子的自由度

非刚性双原子分子的自由度 $i=6$. 其中 $t=3$ 个平动自由度，$r=2$ 个转动自由度，确定原子的振动，即振动自由度 $s=1$ 个振动，如图 10.4.3 所示.

3. 三(多)原子分子的自由度

刚性三(多)原子分子，如 H_2O，其结构相当于自由刚体，自由度为 $i=6$. 其中确定质心 $t=3$ 个平动自由度，$r=3$ 个转动自由度，确定轴的方位需要 2 个转动自由度，确定绕轴的转动需要 1 个转动自由度，如图 10.4.4 所示.

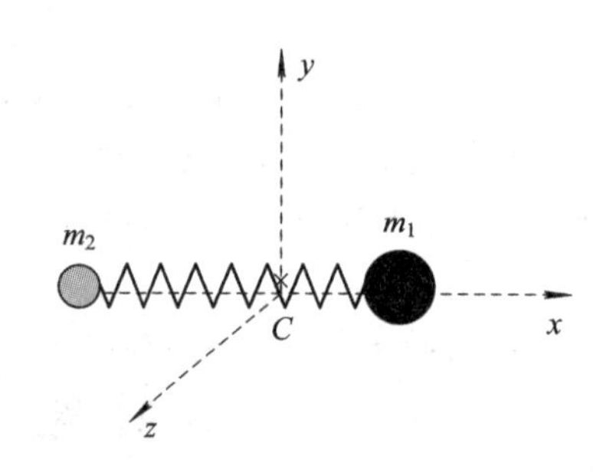

图 10.4.3　非刚性双原子分子的自由度

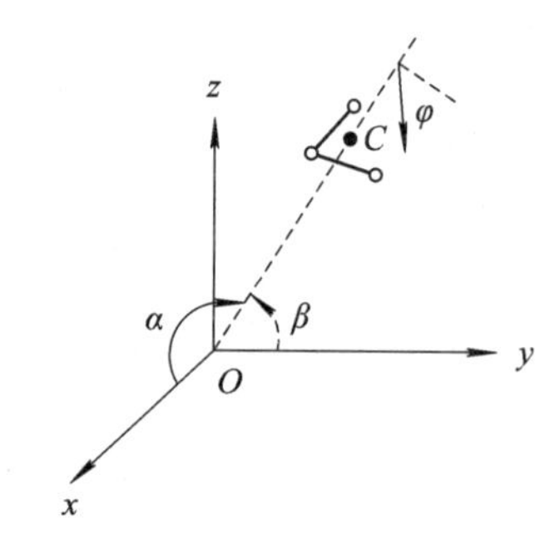

图 10.4.4　刚性三(多)原子分子的自由度

非刚性三(多)原子分子自由度为 $i=3n$. 其中 $t=3$ 个平动自由度，$r=3$ 个转动自由度，确定原子的转动，$s=(3n-6)$个振动自由度(n 个分子，$n\geqslant 3$).

在无特殊声明下仅讨论刚性情况. 表 10.4.1 总结了分子的自由度.

表 10.4.1 分子的自由度

分子种类		自由度			
		t	r	s	$i=t+r+s$
单原子分子		3	0	0	3
双原子分子	刚性	3	2	0	5
	非刚性	3	2	1	6
多原子分子	刚性	3	3	0	6
	非刚性	3	3	$3n-6$	$3n$

10.4.2 能量均分定理

根据分子的自由度，下面讨论分子的平均能量和自由度之间的关系.

1. 分子平均平动动能按自由度的分配

我们知道，理想气体分子的平均平动动能为

$$\bar{\varepsilon}_t=\frac{1}{2}m\overline{v^2} \tag{10.4.1}$$

单原子分子只具有平动动能，没有转动和振动动能，因此，其平均能量的表达式为

$$\bar{\varepsilon}=\bar{\varepsilon}_t=\frac{1}{2}m\overline{v_x^2}+\frac{1}{2}m\overline{v_y^2}+\frac{1}{2}m\overline{v_z^2} \tag{10.4.2}$$

式(10.4.2)中独立的速度和坐标的二次方项的数目为 3，所以，单原子分子的自由度为 3.

考虑到气体处于平衡态时，分子向各个方向运动的概率都相等，即

$$\overline{v_x^2}=\overline{v_y^2}=\overline{v_z^2}=\frac{1}{3}\overline{v^2} \tag{10.4.3}$$

根据式(10.3.5)，可得

$$\frac{1}{2}m\overline{v_x^2}=\frac{1}{2}m\overline{v_y^2}=\frac{1}{2}m\overline{v_z^2}=\frac{1}{2}kT \tag{10.4.4}$$

理想气体分子的平均平动动能均等地分配在每个平动自由度上，每个自由度上的平均平动动能为$\frac{1}{2}kT$.

2. 能量按自由度均分原理

式 (10.4.4)表示在分子的平动中，每一平动自由度上具有相同的平均平动动能，值为$\frac{1}{2}kT$，这个结论虽然是对平动而言的，但可以推广到转动和振动. 经典统计力学证明，对于处于温度 T 的热平衡态下的物质系统(固、液、气)，分子的每一个自由度都具有相同的平均动能，其值为$\frac{1}{2}kT$，这称为**能量按自由度均分原理**.

3. 分子的平均动能

根据能量按自由度均分原理，分子的平均平动动能为

$$\bar{\varepsilon}_{\mathrm{t}} = \frac{t}{2}kT \tag{10.4.5}$$

平均转动动能为

$$\bar{\varepsilon}_{\mathrm{r}} = \frac{r}{2}kT \tag{10.4.6}$$

平均振动动能为

$$\bar{\varepsilon}_{\mathrm{s}} = \frac{s}{2}kT \tag{10.4.7}$$

所以每个气体分子的平均动能为

$$\bar{\varepsilon}_{\mathrm{k}} = \bar{\varepsilon}_{\mathrm{t}} + \bar{\varepsilon}_{\mathrm{r}} + \bar{\varepsilon}_{\mathrm{s}} = (t + r + s)\frac{1}{2}kT = \frac{i}{2}kT \tag{10.4.8}$$

4. 分子的平均能量

气体分子的平均能量包含平均动能和平均势能，可表示为

$$\bar{\varepsilon} = \bar{\varepsilon}_{\mathrm{k}} + \bar{\varepsilon}_{\mathrm{p}} \tag{10.4.9}$$

由于分子的平动、转动均不包含势能，只有振动包含势能，因此可将分子的振动看成简谐振动，则一个振动周期内的平均动能和平均势能相等. 再由能量按自由度均分原理，一个振动自由度上的平均动能为$\frac{1}{2}kT$，则一个振动自由度上的平均势能为$\frac{1}{2}kT$. 因此气体分子的平均势能为

$$\bar{\varepsilon}_{\mathrm{p}} = \frac{1}{2}skT \tag{10.4.10}$$

则气体分子的平均总能量为

$$\bar{\varepsilon} = \frac{1}{2}(t + r + s)kT + \frac{1}{2}skT = \frac{1}{2}(t + r + 2s)kT \tag{10.4.11}$$

对刚性气体分子，$s=0$，分子平均能量等于平均动能，则气体分子的平均能量为

$$\bar{\varepsilon} = \frac{1}{2}(t + r)kT = \frac{i}{2}kT \tag{10.4.12}$$

对于单原子分子，$t=3$，$r=0$，$s=0$，则$\bar{\varepsilon}=\frac{3}{2}kT$；对于刚性双原子分子，$t=3$，$r=2$，$s=0$，则$\bar{\varepsilon}=\frac{5}{2}kT$；对于刚性多原子分子，$t=3$，$r=3$，$s=0$，则$\bar{\varepsilon}=\frac{6}{2}kT$.

10.4.3 理想气体的内能

热力学系统中，分子热运动能量的总和称为系统的**内能**.

对理想气体，无相互作用(无分子间相互作用势能)，所以只考虑刚性分子时，分子内能等于分子平均动能，也等于分子平均能量.

1. 1 mol 气体内能

每摩尔理想气体的内能为

$$E_{\mathrm{mol}} = N_{\mathrm{A}}\bar{\varepsilon} = N_{\mathrm{A}}\frac{i}{2}kT = \frac{i}{2}RT \tag{10.4.13}$$

式中，N_A为阿伏加德罗常数，R为普适气体常数.

2. 质量为 M气体内能

质量为M、摩尔质量为M_{mol}的分子平均内能为

$$E=\frac{M}{M_{mol}}E_{mol}=\frac{M}{M_{mol}}\frac{i}{2}RT=\nu\frac{i}{2}RT \tag{10.4.14}$$

式(10.4.14)表明，理想气体的内能仅与摩尔数、自由度和温度有关. 平衡态下一定质量的某种理想气体的内能，仅取决于系统的温度，与压强和体积无关.

当气体的温度改变ΔT时，内能的变化为

$$\Delta E=\frac{M}{M_{mol}}\frac{i}{2}R\Delta T=\nu\frac{i}{2}R\Delta T \tag{10.4.15}$$

例 10.4.1　容积为$5.0\times10^{-3}\,m^3$的容器中装有氧气，测得其压强为2.0×10^5 Pa，求氧气的内能.

解　理想气体的内能为

$$E=\frac{M}{M_{mol}}\frac{i}{2}RT$$

又因

$$pV=\frac{M}{M_{mol}}RT$$

所以

$$E=\frac{i}{2}pV=2.5\times10^3\ J$$

例 10.4.2　容器内有45 kg水蒸汽和2 kg氢气(两种气体均视为刚性分子的理想气体)，已知混合气体的内能是8.1×10^6 J. 求：

(1) 混合气体的温度；

(2) 两种气体分子的平均动能.（水蒸汽的$M_{mol}=18\times10^{-3}\ kg\cdot mol^{-1}$，玻尔兹曼常量$k=1.38\times10^{-23}\ J\cdot K^{-1}$，摩尔气体常量$R=8.31\ J\cdot mol^{-1}\cdot K^{-1}$）

解　(1) 由理想气体内能可得

$$E=\frac{i_1}{2}\frac{M_1}{M_{mol1}}RT+\frac{i_2}{2}\frac{M_2}{M_{mol2}}RT$$

由上式可得温度的表示式为

$$T=\frac{E}{\left(\frac{i_1}{2}\frac{M_1}{M_{mol1}}+\frac{i_2}{2}\frac{M_2}{M_{mol2}}\right)R}=300\ K$$

(2) 由气体分子的平均动能可得水蒸汽分子的平均动能为

$$\bar{\varepsilon}_1=\frac{6}{2}kT=1.24\times10^{-20}\ J$$

氢气气体分子的平均动能为

$$\bar{\varepsilon}_2=\frac{5}{2}kT=1.04\times10^{-20}\ J$$

例 10.4.3　一容积为10 cm^{3}的电子管，当温度为300 K时，用真空泵把管内空气抽成压强为5×10^{-6} mmHg的高真空，问：

(1) 此时管内有多少个空气分子？

(2) 这些空气分子的平均平动动能的总和是多少？

(3) 平均转动动能的总和是多少？

(4) 平均动能的总和是多少？（760 mmHg=1.013×10^5 Pa，空气分子可认为是刚性双原子分子，玻尔兹曼常量 $k=1.38\times10^{-23}$ J·K^{-1}）

解 设管内总分子数为 N，由

$$p=nkT=\frac{N}{V}kT$$

例 10.4.3

可得

(1) 空气分子数为

$$N=\frac{pV}{kT}=1.61\times10^{12}\text{个}$$

(2) 分子的平均平动动能的总和为

$$N\bar{\varepsilon}_t=N\,\frac{3}{2}kT=10^{-8}\ \text{J}$$

(3) 分子的平均转动动能的总和为

$$N\bar{\varepsilon}_r=N\,\frac{2}{2}kT=0.667\times10^{-8}\ \text{J}$$

(4) 分子的平均动能的总和为

$$N\bar{\varepsilon}=N\bar{\varepsilon}_t+N\bar{\varepsilon}_r=1.667\times10^{-8}\ \text{J}$$

10.5 麦克斯韦速率分布律

气体分子处于无规则的热运动之中，由于碰撞，每个分子的速度都在不断地改变，所以在某一时刻，对某个分子来说，其速度的大小和方向完全是偶然的. 然而，就大量分子整体而言，在一定条件下，分子的速率分布遵守一定的统计规律——气体速率分布律.

气体分子按速率分布的统计规律最早是由麦克斯韦于 1859 年在概率论的基础上导出的，1920 年斯特恩从实验中证实了麦克斯韦分子按速率分布的统计规律. 限于本课程的要求，我们只介绍它的一些基本内容.

10.5.1 速率分布函数的概念

设 N 为总分子数，$\mathrm{d}N_v$ 为速率取值在区间 $v\sim(v+\mathrm{d}v)$ 中的分子数. 于是 $\mathrm{d}N_v/N$ 就是速率分布于区间 $v\sim(v+\mathrm{d}v)$ 内的分子数占总分子数的百分比，或者就某单个分子来说，它表示分子速率处在区间 $v\sim(v+\mathrm{d}v)$ 内的概率. 这一百分比在不同的速率区间是不同的，即它是速率 v 的函数；而且，当速率区间 $\mathrm{d}v$ 够小时，它还应与区间的大小成正比，于是有

$$\frac{\mathrm{d}N_v}{N}=f(v)\cdot\mathrm{d}v \tag{10.5.1}$$

其中

$$f(v)=\frac{\mathrm{d}N_v}{N\cdot\mathrm{d}v} \tag{10.5.2}$$

表示速率 v 附近单位速率区间内的分子数占总分子数的比，称为**速率分布函数**. 速率分布函数的物理意义在于，$f(v)$ 既表示分布在速率 v 附近单位速率区间内的分子数 $\frac{\mathrm{d}Nv}{\mathrm{d}v}$ 与总分子数 N 的比率(百分比)，也表示任意一分子的速率出现在 v 附近单位速率区间内的概率. 以速率 v 为横坐标轴，速率分布函数 $f(v)$ 为纵坐标轴，画出一条表示 v 和 $f(v)$ 之间关系的曲线，称为气体分子的**速率分布曲线**，它形象地描绘出气体分子按速率分布的情况，如图 10.5.1 所示.

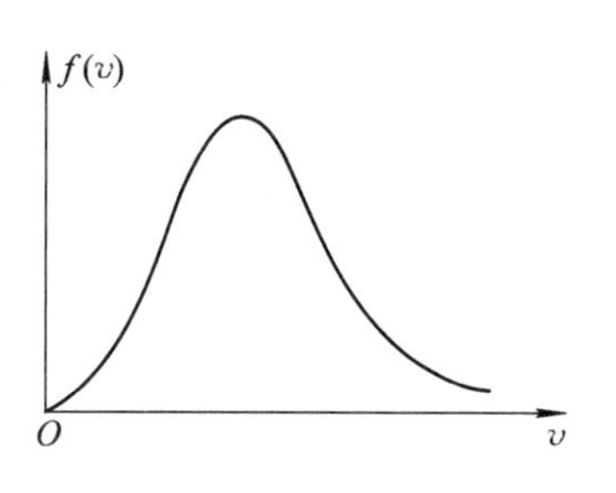

图 10.5.1 速率分布曲线

对式(10.5.2)的速率积分，就可得到所有速率区间内的分子数(等于分子总数 N)占总分子数 N 的百分比，它等于 1，即

$$\int_0^N\frac{\mathrm{d}N_v}{N}=\int_0^{\infty}f(v)\cdot\mathrm{d}v=1 \tag{10.5.3}$$

式(10.5.3)称为速率分布函数的**归一化条件**. 它还表示一个分子的速率出现在所有速率区间内的概率为 1.

10.5.2 麦克斯韦速率分布律简介

1859 年，英国物理学家麦克斯韦运用统计物理的方法从理论上导出了平衡态下理想气体分子按速率分布的统计规律，现称为**麦克斯韦速率分布律**. 其结果为，处于平衡态下的理想气体系统，分子速率在 $v\sim v+\mathrm{d}v$ 区间内的分子数占总分子数的百分比为

$$\frac{\mathrm{d}N}{N}=4\pi\left(\frac{m}{2\pi kT}\right)^{3/2}\mathrm{e}^{-\frac{mv^2}{2kT}}v^2\,\mathrm{d}v \tag{10.5.4}$$

式中，T 为系统的温度；m 为一个分子的质量；k 称为玻尔兹曼常量，它与理想气体普适常量 R 和阿伏加德罗常数 N_A 的关系为

$$k=\frac{R}{N_A}=1.38\times10^{-23}\ \mathrm{J\cdot K^{-1}}$$

比较式(10.5.1)与式(10.5.4)可得

$$f(v)=4\pi\left(\frac{m}{2\pi kT}\right)^{3/2}\mathrm{e}^{-\frac{mv^2}{2kT}}v^2 \tag{10.5.5}$$

式(10.5.5)给出的函数 $f(v)$ 称为**麦克斯韦速率分布函数**. 处在一定温度 T 下的特定气体，对于某一给定的速率值来说，$f(v)$ 是速率 v 的单值连续函数. 它只与气体的种类及温度 T 有关.

图 10.5.2 给出了氮气在几种不同温度下的速率分布曲线. 当 $v\to0$ 时，$f(v)\to0$；当 $v\to\infty$ 时，$f(v)\to0$. 这反映了分子在这两种极端速率上出现的概率最小，即具有这两种速率的分子数非常少. 当速率 v 由 0 增大，$f(v)$ 增大，经过一个极大值 $f_m(v)$ 后，又随速率 v 增大而减小，当 $v\to\infty$ 时，$f(v)\to0$. 这表明气体分子的速率可以取由 0 到 ∞ 整个速率范围内的一切值，而速率很大和速率很小的分子数占总分子数的比率较小，具有中等速率的分子数占总分子数的比率较大.

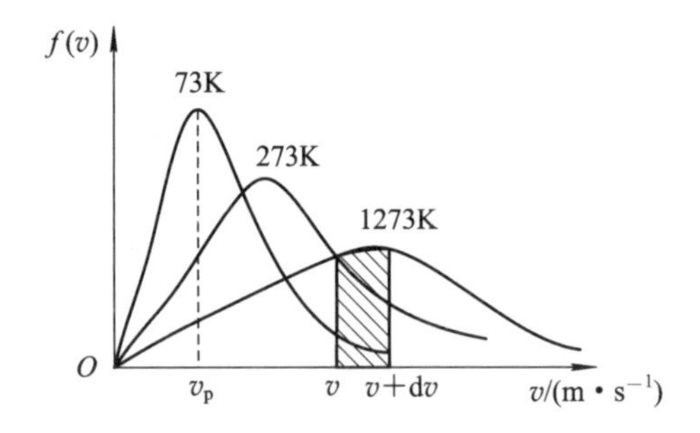

图 10.5.2　氮气速率分布曲线

曲线下阴影部分的面积所表达的物理意义为，在速率分布曲线中，任一速率区间 $v\sim(v+\mathrm{d}v)$ 内曲线下的窄条面积表示速率分布在这一区间内（即 v 处 $\mathrm{d}v$ 范围内）的分子数 $\mathrm{d}Nv$ 占总分子数的比率 $\frac{\mathrm{d}Nv}{N}$，也表示一个分子的速率处在速率区间 $v\sim(v+\mathrm{d}v)$ 内的概率.

速率分布曲线下的整个面积，表示 $0\sim\infty$ 速率区间内所有分子数的和与总分子数的比值，也表示一个分子的速率出现在 $0\sim\infty$ 速率区间内的概率. 这是必然事件，其概率应当等于 1，此即速率分布函数的归一化条件.

10.5.3　三种统计速率

速率分布曲线中与 $f(v)$ 极大值对应的速率 v_{p} 称为**最概然速率**，从图 10.5.2 可看出，它的物理意义是：如果将 $0\sim\infty$ 的整个速率范围分成许多相等的速率区间，每个速率区间为 $\mathrm{d}v$，那么速率处在速率区间 $v_{\mathrm{p}}\sim(v_{\mathrm{p}}+\mathrm{d}v)$ 内的分子数占总分子数的比率最大，也表示一个分子的速率处在速率区间 $v_{\mathrm{p}}\sim(v_{\mathrm{p}}+\mathrm{d}v)$ 内的概率最大. v_{p} 的表达式可通过对速率分布函数求极值得到，即

$$\frac{\mathrm{d}f(v)}{\mathrm{d}v}=0 \tag{10.5.6}$$

将式(10.5.5)代入上式，求导可得

$$v_{\mathrm{p}}=\sqrt{\frac{2kT}{m}}=\sqrt{\frac{2RT}{M_{\mathrm{mol}}}}\approx 1.41\sqrt{\frac{RT}{M_{\mathrm{mol}}}} \tag{10.5.7}$$

式(10.5.7)表明，v_{p} 随分子质量 m 的增大而减小，随温度的升高而增大. 利用速率分布函数 $f(v)$，还可求出另外两个常用的统计平均值：平均速率 $\bar{v}$ 和方均根速率 $\sqrt{\overline{v^2}}$.

平均速率 $\bar{v}$ 定义为

$$\bar{v}=\frac{\int_0^N v\mathrm{d}N}{N}=\int_0^\infty vf(v)\mathrm{d}v=\int_0^\infty v4\pi\left(\frac{m}{2\pi kT}\right)^{\frac{3}{2}}\mathrm{e}^{-\frac{m}{2kT}v^2}v^2\mathrm{d}v \tag{10.5.8}$$

由式(10.5.8)积分得平衡态时理想气体分子的平均速率为

$$\bar{v}=\sqrt{\frac{8kT}{\pi m}}=\sqrt{\frac{8RT}{\pi M_{\mathrm{mol}}}}\approx 1.60\sqrt{\frac{RT}{M_{\mathrm{mol}}}} \tag{10.5.9}$$

同理，

$$\overline{v^2}=\frac{\int_0^N v^2\mathrm{d}N}{N}=\int_0^\infty v^2f(v)\mathrm{d}v=4\pi\left(\frac{m}{2\pi kT}\right)^{\frac{3}{2}}\int_0^\infty v^4\mathrm{e}^{-\frac{m}{2kT}v^2}\mathrm{d}v=\frac{3kT}{m} \tag{10.5.10}$$

由式(10.5.10)积分可求得平衡态时理想气体分子的方均根速率为

$$\sqrt{\overline{v^2}}=\sqrt{\frac{3kT}{m}}=\sqrt{\frac{3RT}{M_{\text{mol}}}}\approx 1.73\sqrt{\frac{RT}{M_{\text{mol}}}} \tag{10.5.11}$$

v_p、$\bar{v}$ 和 $\sqrt{\overline{v^2}}$ 三个速率值都与 $\sqrt{T}$ 成正比，与 $\sqrt{m}$ 成反比；其大小关系为 $v_p<\bar{v}<\sqrt{\overline{v^2}}$，见图 10.5.3；三个速率各有不同的应用. 在讨论速率分布时要用最概然速率 v_p；在讨论与分子的平均平动动能有关的温度、压强等时要用方均根速率 $\sqrt{\overline{v^2}}$；在讨论分子的平均自由程、平均碰撞频率时要用到平均速率 $\bar{v}$.

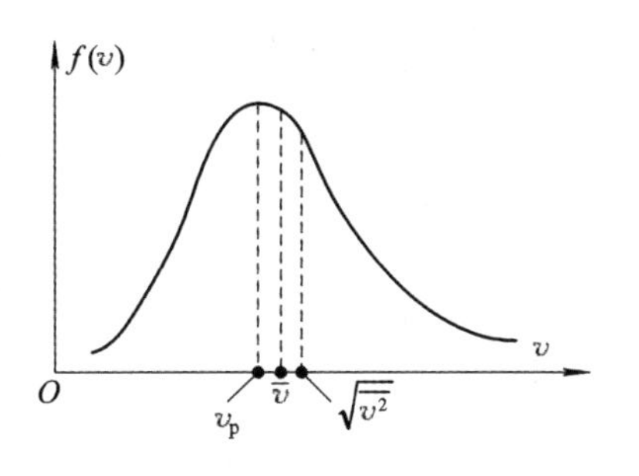

图 10.5.3 三种统计速率

气体种类一定(即 m 一定)时的速率分布曲线与温度有关. 对于一定种类的气体来说，如图 10.5.4(a)所示，由于温度的高低反映气体分子做无规则运动的剧烈程度. 当温度升高时，气体中速率较小的分子数减少，而速率较大的分子数增多，最概然速率 v_p 变大，所以曲线的高峰移向速率大的一方. 速率分布函数满足归一化条件，曲线下的总面积应恒等于 1，所以温度升高时曲线变得较为平坦. 由图 10.5.4(a)可见，温度越高，$f(v_p)$的值越小，同时，由于曲线下的面积等于 1，温度升高时曲线将变得较低而平坦，并向速率大区域扩展.

温度一定时的速率分布曲线与气体种类有关. 对于不同种类的气体(m 不同)，如图 10.5.4(b)所示，由于最概然速率 v_p 与气体分子质量的平方根 $\sqrt{m}$ 成反比，因此分子质量较小的气体有着较大的最概然速率 v_p，随着气体分子质量的减小，最概然速率 v_p 变大，曲线的高峰应移向速率大的一方. 由于速率分布函数需满足归一化条件，曲线下的总面积应恒等于 1，所以气体分子质量减小时曲线变得平坦. 不同种类气体的速率分布曲线如图 10.5.4(b)所示.

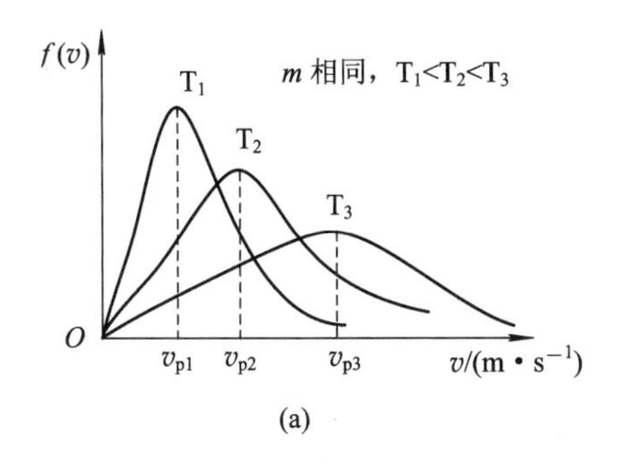

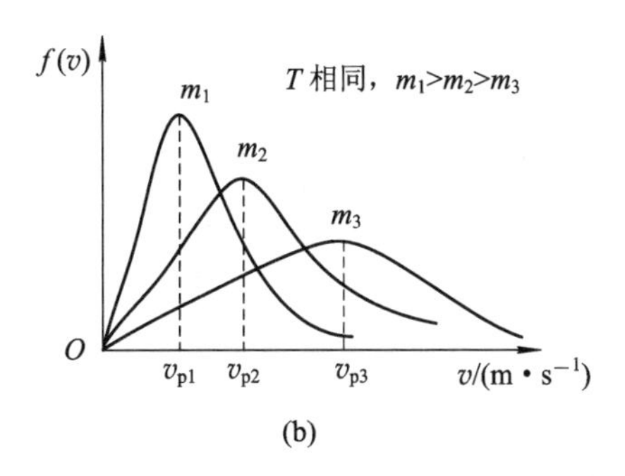

图 10.5.4 气体分子速率与温度、质量的关系曲线

例 10.5.1 如例 10.5.1 图所示的 $f(v)$-v 曲线分别表示氢气和氧气在同一温度下的麦克斯韦分子速率分布曲线，求：

(1) v_{pH_2} 的值；

(2) v_{pO_2} 的值.

解 (1) 根据最概然速率 $v_p=\sqrt{\frac{2kT}{m}}$，温度 T 相同，又 $m_{H_2}<m_{O_2}$. 因此可得

$$v_{\mathrm{pH_2}} = 2000\ \mathrm{m \cdot s^{-1}}$$

（2）因为

$$\frac{v_{\mathrm{pO_2}}}{v_{\mathrm{pH_2}}} = \frac{\sqrt{\dfrac{2kT}{m_{\mathrm{O_2}}}}}{\sqrt{\dfrac{2kT}{m_{\mathrm{H_2}}}}} = \sqrt{\frac{m_{\mathrm{H_2}}}{m_{\mathrm{O_2}}}} = \frac{1}{4}$$

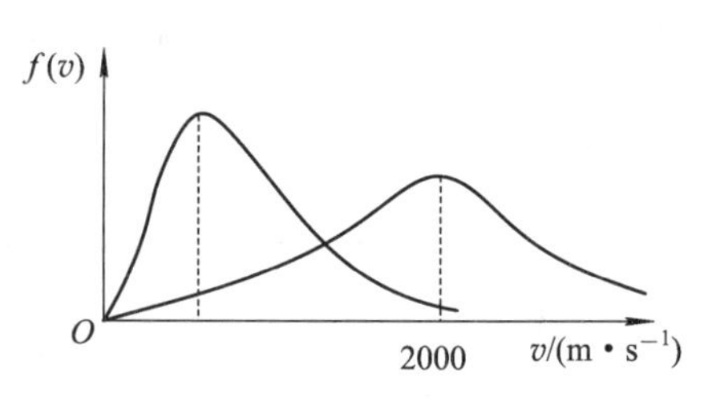

例 10.5.1 图

所以可得

$$v_{\mathrm{pO_2}} = \frac{1}{4} v_{\mathrm{pH_2}} = \frac{1}{4} \times 2000 = 500\ \mathrm{m \cdot s^{-1}}$$

例 10.5.2 如例 10.5.2 图所示，设有 N 个气体分子，其速率分布函数为

例 10.5.2

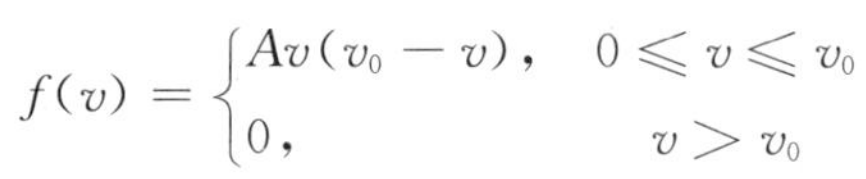

$$f(v) = \begin{cases} Av(v_0 - v), & 0 \leqslant v \leqslant v_0 \\ 0, & v > v_0 \end{cases}$$

求：（1）常数 A；

（2）最概然速率、平均速率和方均根；

（3）速率介于 $0 \sim v_0/3$ 之间的分子数；

（4）速率介于 $0 \sim v_0/3$ 之间的气体分子的平均速率.

解 （1）气体分子的分布曲线如图所示.

由归一化条件

$$\int_0^{\infty} f(v)\mathrm{d}v = 1$$

例 10.5.2 图

代入分布函数可得

$$\int_0^{v_0} Av(v_0 - v)\mathrm{d}v = \frac{A}{6} v_0^3 = 1$$

则

$$A = \frac{6}{v_0^3}$$

（2）最概然速率为

$$\left.\frac{\mathrm{d}f(v)}{\mathrm{d}v}\right|_{v_\mathrm{p}} = A(v_0 - 2v)\big|_{v_\mathrm{p}} = 0$$

则

$$v_\mathrm{p} = \frac{v_0}{2}$$

平均速率为

$$\bar{v} = \int_0^{\infty} vf(v)\mathrm{d}v = \int_0^{v_0} \frac{6}{v_0^3} v^2 (v_0 - v)\mathrm{d}v$$

则

$$\bar{v} = \frac{v_0}{2}$$

方均根速率为

$$\overline{v^2} = \int_0^{\infty} v^2 f(v)\mathrm{d}v = \int_0^{v_0} \frac{6}{v_0^3} v^3 (v_0 - v)\mathrm{d}v$$

则

$$\sqrt{\overline{v^2}}=\sqrt{\frac{3}{10}}v_0$$

(3) 速率介于 $0\sim v_0/3$ 之间的分子数为

$$\Delta N=\int \mathrm{d}N=\int_0^{\frac{v_0}{3}}Nf(v)\mathrm{d}v=\int_0^{\frac{v_0}{3}}N\frac{6}{v_0^3}v(v_0-v)\mathrm{d}v=\frac{7N}{27}$$

(4) 速率介于 $0\sim v_0/3$ 之间的气体分子的平均速率为

$$\bar{v}_{0\sim v_0/3}=\frac{\int_0^{\frac{v_0}{3}}v\mathrm{d}N}{\int_0^{\frac{v_0}{3}}\mathrm{d}N}=\frac{\int_0^{\frac{v_0}{3}}N\frac{6}{v_0^3}v^2(v_0-v)\mathrm{d}v}{\frac{7N}{27}}=\frac{3v_0}{14}$$

注意：速率介于 $v_1\sim v_2$ 之间的气体分子的平均速率的计算方法为

$$\bar{v}_{v_1\sim v_2}=\frac{\int_{v_1}^{v_2}vf(v)\mathrm{d}v}{\int_{v_1}^{v_2}f(v)\mathrm{d}v}$$

10.5.4　麦克斯韦速率分布律的实验验证

麦克斯韦提出速率分布律后，物理学家就试图用实验加以验证. 直到20世纪20年代，由于高真空技术的发展，麦克斯韦速率分布律的实验验证才成为可能. 1920年，史特恩最早进行了分子速率的实验测定. 下面，我们介绍1955年库什和密勒所做的更为精确的验证麦克斯韦速率分布律的实验.

图10.5.5是他们实验所用的装置的示意图. 其中，A是蒸气源(采用汞蒸气)，S是形成分子射线的狭缝，B、C是速度选择器，D是显示屏. 当圆盘B、C以角速度 ω 转动时，每转动一周，分子射线通过圆盘一次. 由于分子的速率不一样，分子由B到C的时间不一样，所以并非所有通过B的分子都能够通过C到达显示屏D，只有速率满足下式的分子才能通过C到达D：

$$\frac{l}{v}=\frac{\theta}{\omega}\tag{10.5.12}$$

即

$$v=\frac{\omega}{\theta}l\tag{10.5.13}$$

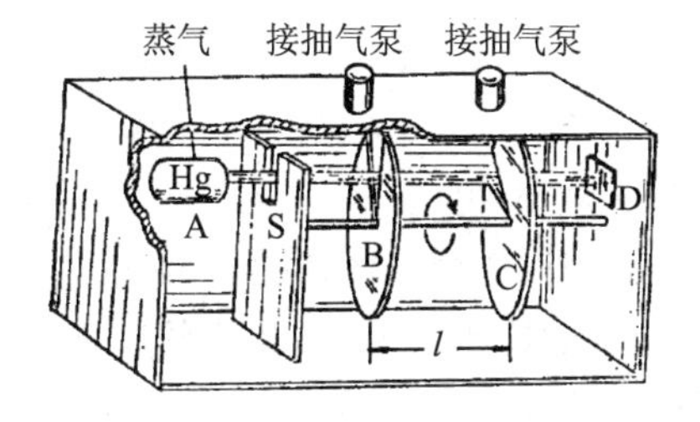

图10.5.5　验证麦克斯韦速率分布律的装置示意图

式中，ω 是圆盘的转速，θ 是 B、C 细槽之间的夹角. 而其他速率的分子将沉积在槽壁上. 改变 ω，就可让不同速率的分子通过. 而且，由于槽有一定宽度，这就相当于夹角 θ 有一个 $\Delta\theta$ 的变化范围. 相应地，对于一定的 ω，通过细槽飞出的所有分子的速率并不严格地相同，而是在一定的速率范围 $v \sim v+\mathrm{d}v$ 之内. 改变 ω，检测不同速率范围内的分子射线强度，就可验证分子速率分布是否符合麦克斯韦速率分布律. 考虑到其他因素影响，再作适当的修正后，实验结果验证了蒸气分子按速率的分布符合麦克斯韦分布律.

实验结果表明，当圆盘以不同的角速度转动时，从显示屏上可测量出每次所沉积的金属层的厚度，各次沉积的厚度对应于不同速率间隔内的分子数，比较这些厚度，就可以知道在分子射线中，速率在不同速率间隔内的分子数与总分子数的比率，即相对分子数.

10.6 气体分子的平均碰撞频率和平均自由程

室温下气体分子热运动的平均速率 $\bar{v}$ 大约为 $10^2 \sim 10^3\ \mathrm{m \cdot s^{-1}}$. 根据这个速率来判断，气体的扩散、热传导等过程似乎都应进行得很快. 但实际情况并非如此，气体的混合(扩散过程)就进行得相当缓慢. 其原因是，在分子由一处移至另一处的过程中，它要不断地与其他分子碰撞，这就使分子沿着迂回的折线前进，如图 10.6.1 所示. 因此，气体的扩散、热传导等过程进行的快慢程度都与分子相互碰撞的频繁程度有关.

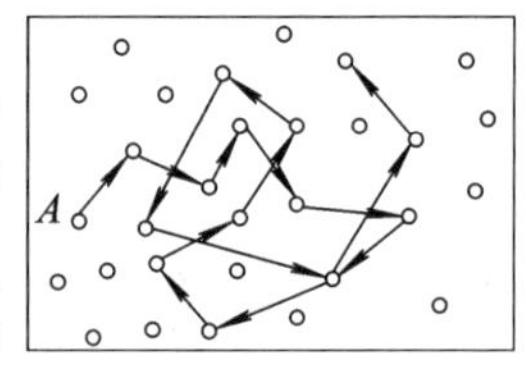

图 10.6.1 分子运动

气体分子在与其他分子的频繁碰撞中，在连续两次碰撞之间所经过的路程的长短是不同的，经历的时间也不同. 我们没有必要也不可能一个一个地求出这些距离和时间，但可以用统计的方法处理这个问题. 分子在两次相邻碰撞之间自由通过的路程，称为自由程. 连续两次碰撞之间自由通过路程的平均值称为分子的**平均自由程**，用 $\bar{\lambda}$ 表示. 在单位时间内，一个分子与其他分子的平均碰撞次数称为分子的**平均碰撞频率**，用 $\bar{Z}$ 表示. 若用 $\bar{v}$ 表示分子的平均速率，那么

$$\bar{\lambda} = \frac{\bar{v}}{\bar{Z}} \tag{10.6.1}$$

下面，我们推导平均碰撞频率 $\bar{Z}$ 的表达式. 假设气体分子可以看作是具有一定直径 d 的刚球，并且其他分子静止不动. 跟踪分子 A，分子 A 以平均相对速率 $\bar{u}$ 运动，在其运动过程中，与 A 相碰的分子，它们的中心与 A 的中心之间的距离小于或等于分子的有效直径 d. 于是，若以 A 的中心的运动轨迹为轴线，以分子有效直径 d 为半径，作一个曲折的圆柱体，则凡是中心在圆柱体内的分子都会与 A 相碰撞，如图 10.6.2 所示. 这个柱体的横截面积 $\sigma = \pi d^2$，称作**分子的碰撞截面**.

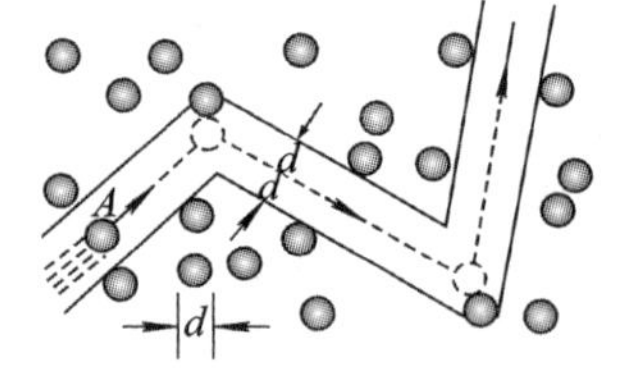

图 10.6.2 分子碰撞

在 $\mathrm{d}t$ 时间内，分子 A 所走过的路程为 $\bar{u}\mathrm{d}t$，相应的圆柱体的体积为 $\sigma\bar{u}\mathrm{d}t$. 若以 n 表示气体单位体积内的分子数，则体积为 $\sigma\bar{u}\,\mathrm{d}t$ 的圆柱体的分子数为 $n\sigma\bar{u}\mathrm{d}t$，这个数也就是 $\mathrm{d}t$ 时间内 A 分子与其他分子碰撞的次数. 所以，单位时间内 A 分子与其他分子碰撞的平均次数(即碰撞频率)$\bar{Z}$ 为

$$\bar{Z} = \frac{n\sigma\bar{u}\,\mathrm{d}t}{\mathrm{d}t} = n\sigma\bar{u} \tag{10.6.2}$$

利用麦克斯韦速度分布律可以证明，气体分子的平均相对速率 $\bar{u}$ 与平均速率 $\bar{v}$ 的关系为

$$\bar{u} = \sqrt{2}\,\bar{v} \tag{10.6.3}$$

于是平均碰撞频率为

$$\bar{Z} = \sqrt{2}\,n\sigma\bar{v} = \sqrt{2}\,\pi d^2 n\bar{v} \tag{10.6.4}$$

式(10.6.4)表明，平均碰撞频率与分子数密度、分子平均速率成正比，也与分子直径的平方成正比. 利用上式与式(10.6.1)，就可得平均自由程为

$$\bar{\lambda} = \frac{1}{\sqrt{2}\,n\sigma} = \frac{1}{\sqrt{2}\,\pi d^2 n} \tag{10.6.5}$$

式(10.6.5)表明，平均自由程与分子碰撞截面、分子数密度成反比，与分子平均速率无关. 再利用理想气体状态方程 $p=nkT$，$\bar{\lambda}$ 又可表示为

$$\bar{\lambda} = \frac{kT}{\sqrt{2}\,\sigma p} \tag{10.6.6}$$

需要指出的是，实际分子一般不是球体，且分子之间相互作用很复杂. 上述推导过程中，我们把气体分子看作直径为 d 的刚性小球，并且认为碰撞是弹性碰撞. 因此，通过式(10.6.4)和式(10.6.5)求出的分子直径只能认为是上述条件下分子的有效直径.

例 10.6.1　设氮分子的有效直径为 10^{-10} m，求：

(1) 氮气在标准状态下的平均碰撞次数；

(2) 如果温度不变，气压降到 1.33×10^{-4} Pa，则平均碰撞次数又为多少？

解　(1) 分子的平均速率为

$$\bar{v} = \sqrt{\frac{8RT}{\pi M_{\mathrm{mol}}}} = \sqrt{\frac{8\times8.31\times273}{3.14\times28\times10^{-3}}} = 4.54\times10^2\ \mathrm{m\cdot s^{-1}}$$

由气体的压强公式可求得气体的分子数密度为

$$n = \frac{p}{kT} = \frac{1.013\times10^5}{1.38\times10^{-23}\times273} = 2.69\times10^{25}\ \mathrm{m^{-3}}$$

平均碰撞次数为

$$\begin{aligned}\bar{Z} &= \sqrt{2}\,n\pi d^2\bar{v} = \sqrt{2}\times2.69\times10^{25}\times3.14\times(10^{-10})^2\times4.54\times10^2\\ &= 5.42\times10^8\ \mathrm{s^{-1}}\end{aligned}$$

(2) 温度不变的情况下，分子的平均速率不变，又因为

$$\bar{Z} = \sqrt{2}\,n\pi d^2\bar{v} = \frac{\sqrt{2}\,p\pi d^2\bar{v}}{kT}$$

所以

$$\frac{\bar{Z}_1}{\bar{Z}_2} = \frac{p_1}{p_2}$$

因此，平均碰撞次数为

$$\bar{Z}_2 = \frac{p_2}{p_1}\bar{Z}_1 = \frac{1.33\times10^4}{1.01\times10^5}\times5.42\times10^8 = 7.14\times10^7\ \mathrm{s^{-1}}$$

例 10.6.2　一真空管的真空度约为 1.38×10^{-3} Pa，试求在 27℃时单位体积中的分子数及分子的平均自由程(设分子的有效直径 $d=3\times10^{-10}$ m).

解 由气体状态方程 $p=nkT$ 得

$$n=\frac{p}{kT}=\frac{1.38\times10^{-3}}{1.38\times10^{-23}\times300}=3.33\times10^{17}\ \mathrm{m^{-3}}$$

由平均自由程公式 $\bar{\lambda}=\dfrac{1}{\sqrt{2}\pi d^2 n}$ 可得

$$\bar{\lambda}=\frac{1}{\sqrt{2}\pi\times9\times10^{-20}\times3.33\times10^{17}}=7.5\ \mathrm{m}$$

例 10.6.3 计算空气分子在标准状态下的平均自由程和碰撞频率. 取分子的有效直径 $d=3.5\times10^{-10}$ m. 已知空气的平均分子量为 29.

解 已知 $T=273$ K，$p=1.0$ atm$=1.013\times10^5$ Pa，$d=3.5\times10^{-10}$ m，可得空气分子在标准状态下的平均自由程为

$$\bar{\lambda}=\frac{kT}{\sqrt{2}\pi d^2 p}=6.9\times10^{-8}\ \mathrm{m}$$

标准状态下，空气分子平均速率为

$$\bar{v}=\sqrt{\frac{8RT}{\pi M_{\mathrm{mol}}}}=448\ \mathrm{m\cdot s^{-1}}$$

计算得到空气分子在标准状态下的碰撞频率为

$$\bar{Z}=\frac{\bar{v}}{\bar{\lambda}}=\frac{448}{6.9\times10^{-8}}=6.5\times10^{9}\ \mathrm{s^{-1}}$$

即在标准状态下，在一秒钟内，一个氢分子的平均碰撞次数约有 65 亿次.

例 10.6.4

10.7 热力学第二定律的统计意义

路德维希·玻尔兹曼(Ludwig Boltzmann，1844—1906)，奥地利最伟大的物理学家之一，在气体的分子运动理论、统计力学和热力学方面做出了卓越的贡献. 他和麦克斯韦发现了气体动力学理论，被公认为统计力学的奠基者.

本节我们引入玻尔兹曼熵的概念，讨论熵与无序度之间的关系.

10.7.1 热力学概率

首先，我们介绍热力学概率的概念. 为了深入理解热力学第二定律的微观本质，我们来讨论气体的自由膨胀. 假设有一被隔板等分成左、右两半的容器，左半部充有气体，右半部为真空. 下面讨论将中间隔板打开后容器中气体分子的位置分布.

设想容器中只有 4 个分子 a、b、c、d，我们考察气体中的任一分子 a. 隔板打开前，分子 a 只能在左边运动；隔板打开后，它就能在整个容器中运动. 由于碰撞，它可能一会儿

在左边，一会儿在右边．按照等概率假设，它出现在左右两边概率应相等．其他分子与 a 分子的情况完全类似．于是，这个由 4 个分子组成的系统，若以每个分子位置在左右两边构成的分布来分类，则共有如表 10.7.1 列出的 $2^4(=16)$ 种分布．在微观上我们能够确定每个分子的具体位置，因此我们将分子 a、b、c、d 位置的每种分布称为系统的一个**微观状态**．在宏观上只能区分左右两边各有多少个分子，而无法区分某个分子究竟是 a、b、c、d 中的哪一个，因此我们将左右两边各有多少个分子(而不管具体是哪些分子)的分布称为一个**宏观状态**．

从表 10.7.1 可看出，一个宏观状态可能含有多个微观状态．一般地，若一个系统由 N 个分子组成，则这 N 个分子位置在容器左右两边构成的分布的总数(即总微观状态数)为 2^N 个，其中左边有 n 个分子、右边为 $N-n$ 个分子的宏观状态含有的微观状态数为 $N!/[n!\,(N-n)!]$．根据这个表达式和表 10.7.1，左右两边分子数一样多的宏观状态含有的微观状态数最多；左边(或右边)分子数从两边一样多的数目开始逐渐增加(或减少)时，其宏观状态含有的微观状态数也随之减少；且 N 越大，对于实际宏观系统所含有的分子数(10^{23}数量级)来说，左右两边分子数相同的宏观状态所对应的微观状态数在总微观状态数中占绝大多数．

表 10.7.1　4 个分子在容器左右两边的位置分布

序号	宏观态		微观态		微观态数目	宏观态概率
	左	右	左	右		
1	4	0	*abcd*	0	1	1/16
2	3	1	*bcd*	*a*	4	4/16
			acd	*b*		
			abd	*c*		
			abc	*d*		
3	2	2	*ab*	*cd*	6	6/16
			ac	*bd*		
			ad	*bc*		
			bc	*ad*		
			bd	*ac*		
			cd	*ab*		
4	1	3	*a*	*bcd*	4	4/16
			b	*acd*		
			c	*abd*		
			d	*abc*		
5	0	4	0	*abcd*	1	1/16

综上所述，在一定宏观条件(如给定容器中的总分子数)下，一个系统具有多种可能的宏观状态(如容器中左右两边分子数不同的分布)；每个宏观状态可能包含多个微观状态．那么，什么样的宏观状态是人们实际观察到的状态呢？为了从微观上说明这一点，统计物理学假设：在处于平衡态的孤立系统中，每个微观状态出现的概率是相同的，称为**等概率假设**．于是，包含微观状态数越多的宏观状态出现的概率就越大．实际宏观系统平衡态中左右两边分子数相同的宏观状态所对应的微观状态数最大．在热力学中，一个宏观状态中包含的微观状态数，称为该宏观状态的**热力学概率**．

10.7.2 熵与无序

我们用字母 Ω 表示热力学概率．对于宏观热力学系统而言，Ω 一般是个非常大的数目．为了理论处理的方便，玻耳兹曼于1877年用 $S \propto \ln\Omega$ 定义了**熵**．普朗克于1900年引进比例系数 k，又将熵写为

$$S = k\ln\Omega \tag{10.7.1}$$

此式称为**玻尔兹曼熵公式**，式中 k 是玻尔兹曼常量．

系统任一可能的宏观状态，总对应一个确定的 Ω，因而对应一个确定的熵，于是，式(10.7.1)定义的熵是系统宏观状态的函数．玻尔兹曼熵的微观意义是系统内分子热运动无序性的一种量度，系统的熵越大，系统就越无序．根据热力学第二定律，孤立系统中进行的自然过程总是沿着使分子运动更加无序的方向进行，即从热力学概率小的宏观状态，向热力学概率大的宏观状态进行，所以，热力学第二定律又可定量地表述为：孤立系统中自发进行的热力学过程总是沿着熵增大的方向进行，此即**熵增原理**．

若自发的热力学过程可以从状态 A 过渡到状态 B，由熵增加原理，状态 B 的熵 S_2 大于状态 A 的熵 S_1，于是可以给出热力学第二定律的数学表达式为

$$\Delta S = S_2 - S_1 > 0 \tag{10.7.2}$$

由熵的定义，可以证明：相对独立的两个子系统组成的复合系统的熵，等于两个子系统的熵之和．若系统由相对独立的两个子系统组成，当系统处于某一宏观状态时，两个子系统的相应热力学概率分别为 Ω_1 和 Ω_2，则系统处于该宏观状态的热力学概率应为

$$\Omega = \Omega_1\Omega_2$$

因而，该状态对应的熵为

$$S = k\ln\Omega = k\ln\Omega_1 + k\ln\Omega_2$$

即

$$S = S_1 + S_2 \tag{10.7.3}$$

式中，$S_1 = k\ln\Omega_1$，$S_2 = k\ln\Omega_2$ 分别表示对应两个子系统的熵．这一结果可推广，一般地，包含更多个相对独立子系统的系统的熵等于各个子系统的熵之和．

关于熵增原理，作如下说明：

(1) 熵增原理只适用于孤立系统中的自发过程．若系统不是孤立的，与外界有物质或能量交换，则系统完全可能出现熵减少的过程，如理想气体的等容降温过程就是一个熵减少的过程．当然，这样的过程是以外界熵的增加为前提的．

(2) 熵增原理是一个统计规律，它反映了包含大量粒子的宏观孤立系统，向熵增方向进行的概率要远远大于向相反方向进行的概率，而系统熵减少的过程并非绝对不可能出

现，只是出现的概率太小，以至于实际上不会出现.

最后，我们要说明的是，统计物理学证明，克劳修斯熵与玻尔兹曼熵本质上是统一的.

例 10.7.1　热量 Q 从高温热源 T_1 传到低温热源 T_2，求熵变.

解　总的熵变等于两个热源的熵变之和. 从高温热源传 Q 到低温热源是一个不可逆过程. 设想一个可逆过程，它引起两个热源变化与原来的不可逆过程中引起的变化相同. 根据熵函数定义，可以通过所设想的可逆过程求在原来不可逆过程前后两个热源的熵变.

设高温热源 T_1 将 Q 传给另一个温度为 T_1 的热源，过程是可逆的，则有

$$\Delta S_1=\frac{-Q}{T_1}$$

设低温热源 T_2 从另一个低温 T_2 吸收热量 Q，此过程也是可逆的，则有

$$\Delta S_2=\frac{Q}{T_2}$$

在所设想的可逆过程前后，两个热源的总熵变为

$$\Delta S=\Delta S_1+\Delta S_2=Q\left(\frac{1}{T_2}-\frac{1}{T_1}\right)$$

这也是原来两个热源间直接传递热所引起的熵变. 又由于两个热源与外界是绝热的，熵增加原理要求：

$$\Delta S\geqslant 0$$

而 $T_1>T_2$，所以 $Q\geqslant 0$.

若 $Q<0$，即热量从低温热源传到高温热源而不引起其他变化是不可能实现的.

例 10.7.2　理想气体初态温度为 T，体积为 V_A，经绝热过程自由膨胀，体积膨胀为 V_B，求气体的熵变.

解　根据理想气体熵函数的表达式：

$$S=nC_V\ln T+nR\ln V+S_0$$

将初态和终态的状态量代入，可得到气体初态的熵为

$$S_A=nC_V\ln T+nR\ln V_A+S_0$$

气体终态的熵为

$$S_B=nC_V\ln T+nR\ln V_B+S_0$$

故过程前后气体的熵变为

$$S_B-S_A=nR\ln\frac{V_B}{V_A}$$

因为 $V_B>V_A$，故得到

$$S_B-S_A>0$$

这说明理想气体绝热过程是一个不可逆过程.

注意：

(1) 这个结果与理想气体从(T, V_A)等温膨胀到状态(T, V_B)过程中，气体的熵变是完全相同的. 这是因为熵是状态函数.

(2) 气体经绝热自由膨胀过程后，熵增加——过程不可逆，准静态等温过程不是绝热的，过程前后熵增加——过程可逆.

本章小结

知识单元	基本概念、原理及定律	公式
理想气体的压强	压强 p	压强：$p=\frac{2}{3}n\bar{\varepsilon}_t$
	平均平动动能 $\bar{\varepsilon}_t$	平均平动动能：$\bar{\varepsilon}_t=\frac{1}{2}m\overline{v^2}$
温度的微观解释	理想气体状态方程	理想气体状态方程：$p=nkT$
	温度公式 T	温度公式：$T=\frac{2}{3k}\bar{\varepsilon}_t$
	方均根速率 $\sqrt{\overline{v^2}}$	方均根速率：$\sqrt{\overline{v^2}}=\sqrt{\frac{3kT}{m}}=\sqrt{\frac{3RT}{M_{mol}}}$
能量均分定理	自由度 i	自由度：$i=t+r+s$
	能量均分定理	能量均分定理：$\bar{\varepsilon}=\frac{i}{2}kT$
	摩尔理想气体的内能	摩尔理想气体的内能：$E_{mol}=N_A\bar{\varepsilon}=N_A\ \frac{i}{2}kT=\frac{i}{2}RT$
麦克斯韦速率分布律	速率分布函数的归一化条件	速率分布函数的归一化条件：$\int_0^N\frac{dN_v}{N}=\int_0^\infty f(v)dv=1$
	麦克斯韦速率分布函数	麦克斯韦速率分布函数：$f(v)=4\pi\left(\frac{m}{2\lambda kT}\right)^{\frac{3}{2}}e^{-\frac{mv^2}{2kT}}$
	最概然速率 v_p	最概然速率：$v_p=\sqrt{\frac{2kT}{m}}=\sqrt{\frac{2RT}{M_{mol}}}\approx1.41\sqrt{\frac{RT}{M_{mol}}}$
	平均速率 $\bar{v}$	平均速率：$\bar{v}=\sqrt{\frac{8kT}{\pi m}}=\sqrt{\frac{8RT}{\pi M_{mol}}}\approx1.60\sqrt{\frac{RT}{M_{mol}}}$
	方均根速率 $\sqrt{\overline{v^2}}$	方均根速率：$\sqrt{\overline{v^2}}=\sqrt{\frac{3kT}{m}}=\sqrt{\frac{3RT}{M_{mol}}}\approx1.73\sqrt{\frac{RT}{M_{mol}}}$
气体分子的平均碰撞频率和平均自由程	平均自由程 $\bar{\lambda}$	平均自由程：$\bar{\lambda}=\frac{1}{\sqrt{2}n\sigma}=\frac{1}{\sqrt{2}\pi d^2n}$
	平均碰撞频率 $\bar{Z}$	平均碰撞频率：$\bar{Z}=\sqrt{2}n\sigma\bar{v}=\sqrt{2}\pi d^2n\bar{v}$
	两者的关系	两者的关系：$\bar{\lambda}=\frac{\bar{v}}{\bar{Z}}$
	分子碰撞截面 σ	分子碰撞截面：$\sigma=\pi d^2$
热力学第二定律的统计意义	玻尔兹曼熵公式	玻尔兹曼熵公式：$S=k\ln\Omega$
	熵增加原理	熵增加原理：$\Delta S\geqslant0$

习 题 十

1. 一定量某理想气体按 $pV^2=$恒量的规律膨胀，则膨胀后理想气体的温度(　　).

A. 将升高　　B. 将降低　　C. 不变　　D. 升高还是降低，不能确定

2. 若室内生起炉子后温度从15℃升高到27℃，而室内气压不变，则此时室内的分子数减少了(　　).

A. 0.5%　　B. 4%　　C. 9%　　D. 21%

3. 在标准状态下，若氧气(视为刚性双原子分子的理想气体)和氦气的体积比 $V_1/V_2=1/2$，则其内能之比 E_1/E_2 为(　　).

A. 3/10　　B. 1/2　　C. 5/6　　D. 5/3

4. 两瓶不同种类的理想气体，它们的温度和压强都相同，但体积不同，则单位体积内的气体分子数 n、单位体积内的气体分子的总平动动能(E_k/V)、单位体积内的气体质量 ρ 分别有如下关系(　　).

A. n 不同，(E_k/V)不同，ρ 不同　　B. n 不同，(E_k/V)不同，ρ 相同

C. n 相同，(E_k/V)相同，ρ 不同　　D. n 相同，(E_k/V)相同，ρ 相同

5. 压强为 p、体积为 V 的氢气(视为刚性分子理想气体)的内能为(　　).

A. $\frac{5}{2}pV$　　B. $\frac{3}{2}pV$　　C. pV　　D. $\frac{1}{2}pV$

6. 玻尔兹曼分布律表明：在某一温度的平衡态，

① 分布在某一区间(坐标区间和速度区间)的分子数，与该区间分子的能量成正比.

② 在同样大小的各区间(坐标区间和速度区间)中，能量较大的分子数较少；能量较小的分子数较多.

③ 在大小相等的各区间(坐标区间和速度区间)中比较，分子总是处于低能态的概率大些.

④ 分布在某一坐标区间内、具有各种速度的分子总数只与坐标区间的间隔成正比，与分子能量无关.

以上四种说法中，(　　).

A. 只有①、②是正确的　　B. 只有②、③是正确的

C. 只有①、②、③是正确的　　D. 全部是正确的

7. 设如习题7图所示的两条曲线分别表示在相同温度下氧气和氢气分子的速率分布曲线；令 v_{pO_2} 和 v_{pH_2} 分别表示氧气和氢气的最概然速率，则(　　).

A. 图中 a 表示氧气分子的速率分布曲线；$v_{pO_2}/v_{pH_2}=4$

B. 图中 a 表示氧气分子的速率分布曲线；$v_{pO_2}/v_{pH_2}=\frac{1}{4}$

C. 图中 b 表示氧气分子的速率分布曲线；$v_{pO_2}/v_{pH_2}=\frac{1}{4}$

D. 图中 b 表示氧气分子的速率分布曲线；$v_{pO_2}/v_{pH_2}=4$

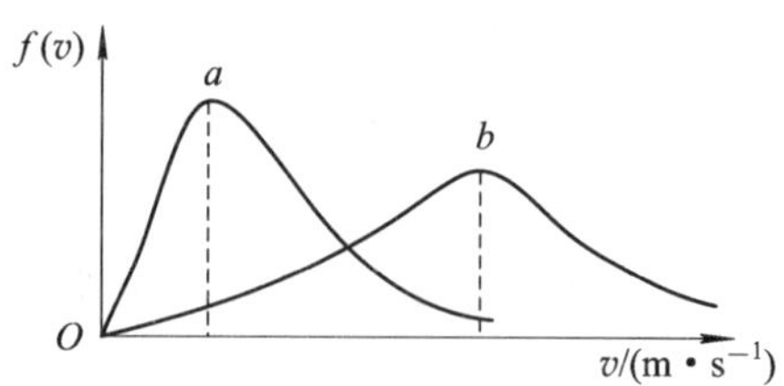

习题 7 图

8. 设 $\bar{v}$ 代表气体分子运动的平均速率，v_p 代表气体分子运动的最概然速率，$(\overline{v^2})^{1/2}$ 代表气体分子运动的方均根速率. 处于平衡状态下理想气体的三种速率关系为(　　).

A. $(\overline{v^2})^{1/2}=\bar{v}=v_p$　　B. $\bar{v}=v_p<(\overline{v^2})^{1/2}$

C. $v_p<\bar{v}<(\overline{v^2})^{1/2}$　　D. $v_p>\bar{v}>(\overline{v^2})^{1/2}$

9. 气缸内盛有一定量的氢气(可视作理想气体)，当温度不变而压强增大一倍时，氢气分子的平均碰撞频率 $\bar{Z}$ 和平均自由程 $\bar{\lambda}$ 的变化情况是(　　).

A. $\bar{Z}$ 和 $\bar{\lambda}$ 都增大一倍　　B. $\bar{Z}$ 和 $\bar{\lambda}$ 都减为原来的一半

C. $\bar{Z}$ 增大一倍而 $\bar{\lambda}$ 减为原来的一半　　D. $\bar{Z}$ 减为原来的一半而 $\bar{\lambda}$ 增大一倍

10. 在一个体积不变的容器中，储有一定量的理想气体，温度为 T_0 时，气体分子的平均速率为 $\bar{v}_0$，分子平均碰撞次数为 $\bar{Z}_0$，平均自由程为 $\bar{\lambda}_0$. 当气体温度升高为 $4T_0$ 时，气体分子的平均速率 $\bar{v}$、平均碰撞频率 $\bar{Z}$ 和平均自由程 $\bar{\lambda}$ 分别为(　　).

A. $\bar{v}=4\bar{v}_0$, $\bar{Z}=4\bar{Z}_0$, $\bar{\lambda}=4\bar{\lambda}_0$　　B. $\bar{v}=2\bar{v}_0$, $\bar{Z}=2\bar{Z}_0$, $\bar{\lambda}=\bar{\lambda}_0$

C. $\bar{v}=2\bar{v}_0$, $\bar{Z}=2\bar{Z}_0$, $\bar{\lambda}=4\bar{\lambda}_0$　　D. $\bar{v}=4\bar{v}_0$, $\bar{Z}=2\bar{Z}_0$, $\bar{\lambda}=\bar{\lambda}_0$

11. 下面给出理想气体的几种状态变化的关系，指出它们各表示什么过程.

(1) $p\mathrm{d}V=(M/M_{\mathrm{mol}})R\mathrm{d}T$ 表示________________过程.

(2) $V\mathrm{d}p=(M/M_{\mathrm{mol}})R\mathrm{d}T$ 表示________________过程.

(3) $p\mathrm{d}V+V\mathrm{d}p=0$ 表示________________过程.

12. A、B、C 三个容器中皆装有理想气体，它们的分子数密度之比为 $n_A : n_B : n_C = 4 : 2 : 1$，而分子的平均平动动能之比为 $\bar{\varepsilon}_{tA} : \bar{\varepsilon}_{tB} : \bar{\varepsilon}_{tC} = 1 : 2 : 4$，则它们的压强之比 $p_A : p_B : p_C =$____________.

13. 2 g 氢气与 2 g 氦气分别装在两个容积相同的封闭容器内，温度也相同(氢气分子视为刚性双原子分子).

(1) 氢气分子与氦气分子的平均平动动能之比 $\bar{\varepsilon}_{tH_2}/\bar{\varepsilon}_{tHe}=$____________.

(2) 氢气与氦气压强之比 $p_{H_2}/p_{He}=$____________.

(3) 氢气与氦气内能之比 $E_{H_2}/E_{He}=$____________.

14. 体积为 10^{-3} m^3、压强为 1.013×10^5 Pa 的气体分子的平动动能的总和为______J.

15. 根据能量按自由度均分原理，设气体分子为刚性分子，分子自由度数为 i，则当温度为 T 时，

(1) 一个分子的平均动能为____________.

(2) 一摩尔氧气分子的转动动能总和为____________.

16. 有一瓶质量为 M 的氢气(视作刚性双原子分子的理想气体)，温度为 T，则氢分子的平均平动动能为____________，氢分子的平均动能为________，该瓶氢

气的内能为________________________.

17. 已知 $f(v)$ 为麦克斯韦速率分布函数，N 为总分子数，则：

(1) 速率 $v>100\ \mathrm{m\cdot s^{-1}}$ 的分子数占总分子数的百分比的表达式为______________；

(2) 速率 $v>100\ \mathrm{m\cdot s^{-1}}$ 的分子数的表达式为____________________.

18. 一个容器内有摩尔质量分别为 M_{mol1} 和 M_{mol2} 的两种不同的理想气体1和2，当此混合气体处于平衡状态时，1和2两种气体分子的方均根速率之比是______________.

19. 一定量的某种理想气体，先经过等体过程使其热力学温度升高为原来的2倍；再经过等压过程使其体积膨胀为原来的2倍，则分子的平均自由程变为原来的________倍.

20. (1) 分子的有效直径的数量级是__________________.

(2) 在常温下，气体分子的平均速率的数量级是__________________.

(3) 在标准状态下，气体分子的碰撞频率的数量级是__________________.

21. 容器内有11 kg二氧化碳和2 kg氢气(两种气体均视为刚性分子的理想气体)，已知混合气体的内能是 8.1×10^{6} J. 求：

(1) 混合气体的温度；

(2) 两种气体分子的平均动能.(二氧化碳的 $M_{mol}=44\times10^{-3}\ \mathrm{kg\cdot mol^{-1}}$，玻尔兹曼常量 $k=1.38\times10^{-23}\ \mathrm{J\cdot K^{-1}}$，摩尔气体常量 $R=8.31\ \mathrm{J\cdot mol^{-1}\cdot K^{-1}}$)

22. 一容积为 $10\ \mathrm{cm^3}$ 的电子管，当温度为300 K时，用真空泵把管内空气抽成压强为 5×10^{-6} mmHg的高真空，问：此时

(1) 管内有多少个空气分子？

(2) 这些空气分子的平均平动动能的总和是多少？

(3) 平均转动动能的总和是多少？

(4) 平均动能的总和是多少？(760 mmHg $=1.013\times10^{5}$ Pa，空气分子可认为是刚性双原子分子，玻尔兹曼常量 $k=1.38\times10^{-23}\ \mathrm{J\cdot K^{-1}}$)

23. 一密封房间的体积为 $5\times3\times3\ \mathrm{m^3}$，室温为20℃，室内空气分子热运动的平均平动动能的总和是多少？如果气体的温度升高1.0 K，而体积不变，则气体的内能变化多少？气体分子的方均根速率增加多少？已知空气的密度 $\rho=1.29\ \mathrm{kg\cdot m^{-3}}$，摩尔质量 $M_{mol}=29\times10^{-3}\ \mathrm{kg\cdot mol^{-1}}$，且空气分子可认为是刚性双原子分子.(普适气体常量 $R=8.31\ \mathrm{J\cdot mol^{-1}\cdot K^{-1}}$).

24. 有 $2\times10^{-3}\ \mathrm{m^3}$ 刚性双原子分子理想气体，其内能为 6.75×10^{2} J.

(1) 试求气体的压强；

(2) 设分子总数为 5.4×10^{22} 个，求分子的平均平动动能及气体的温度.

(玻尔兹曼常量 $k=1.38\times10^{-23}\ \mathrm{J\cdot K^{-1}}$)

25. 储有1 mol氧气，容积为 $1\ \mathrm{m^3}$ 的容器以 $v=10\ \mathrm{m\cdot s^{-1}}$ 的速度运动. 设容器突然停止，其中氧气的80%的机械运动动能转化为气体分子热运动动能，问气体的温度及压强各升高了多少？(氧气分子视为刚性分子，普适气体常量 $R=8.31\ \mathrm{J\cdot mol^{-1}\cdot K^{-1}}$)

阅读材料之物理探索(二)

漫谈熵

熵(Entropy)是物理学中极为重要的概念，却又是一个仍未得到完全理解的概念．在今天的物理学中，熵在众多不同的研究方向间架起了桥梁．在统计力学里，熵最大定义了平衡态统计，而若说平衡态只是一点的话，那么统计力学里要面对的更多是广阔的非平衡问题，熵在非平衡的讨论里占据中心重要的位置．在宇宙学里，人们曾经根据广义相对论认为“黑洞无毛”，然而热力学的思考带来了黑洞熵的概念．

当信息论的创始人申农(Claude E. Shannon)与冯·诺依曼(Von Neumann)讨论如何命名他新发现的度量信息传输中不确定性的量时，冯·诺依曼曾经评论：“You should call it entropy, for two reasons. In the first place your uncertainty function has been used in statistical mechanics under that name, so it already has a name. In the second place, and more important, no one really knows what entropy really is, so in a debate you will always have the advantage.”

在日常生活中，人们很容易区分过去和未来．例如，打碎的鸡蛋不会再重新组合复原．如果你观察鸡蛋打碎的过程录像，很容易判别录像是正放还是倒放的．换句话说，在我们的宇宙里时间是单向的．

如前所述，时间单向这个基本事实在热力学里被总结为热力学第二定律，我们通过定义熵这一单向增加的物理量来描述单向的时间箭头．并且，也通过粗粒化的策略协调了熵增与基础物理理论之间的矛盾．然而，由熵增就真的可以解释我们宇宙里时间的单向性吗？

有一个人对这个基本问题进行了持续和认真的思考，此人还是玻尔兹曼．玻尔兹曼坚信原子论，他相信热现象一定可以由大量原子的运动进行解释．在玻尔兹曼对热现象的思考里，一个热力学体系具有微观自由度，即大量原子的位置和动量．如前所述，玻尔兹曼发现，如果将熵和给定宏观状态的微观自由度数目联系起来，就可以对熵增这一事实给出一个概率论意义下的解释．简而言之，事情向更可能的方向演化．在给定宏观约束下，一个热力学体系将向与该约束相容的更多微观自由度(即更大相空间，更大概率)的方向演化，如果定义熵与微观自由度数目正相关，就可以解释为什么会有熵增．这一想法体现于熵的玻尔兹曼公式中．并且玻尔兹曼就熵增证明了 H 定理．然后，有了熵增，熵增导致我们在日常生活里体验到的时间箭头，解释结束．

可是，进一步思考会发现，在这种解释里存在一个漏洞．既然大概率的事件倾向于发生，那么，在一个热力学体系中，小概率的事件发生机会很少．如果你在此刻看向过去和未来，应该都看到更大的熵．因此，在这种思考里，并没有时间箭头．换言之，由于微观自由度的运动方程是时间反演对称的，在相空间中，考虑此刻的微观状态点，诚然，面向未来会倾向于运动向一个更大的相空间，获得更大的熵；可是，这一论断同样适用于面向过去的运动，状态点在向过去的运动中也会是熵增的过程．这样，你并没有通过概率的方法打破时间反演对称，并没有解释宇宙中的时间箭头．

玻尔兹曼深刻地认识到了这个漏洞，并且被此深深困扰．他最后的解决方法是创造一个特殊的初始条件，人为地打破时间反演对称．热力学第二定律告诉我们，宇宙是熵增的单向过程．这样的话，如果追溯宇宙的起源，即看向过去，必然有一个熵极小的宇宙状态．假设存在一个这样的早期宇宙低熵状态，那么结合概率论，宇宙向更大概率的高熵状态演化，宇宙中的时间箭头就可以得到解释．

这一解决方法称作玻尔兹曼的盒子(Boltzmann’s box)．考虑一个盒子，盒子里有大量的物质，例如原子．规定在起始时刻，所有的原子集合在盒子的一个角落，这对应一个低熵状态．随着时间演化，概率论告诉我们，原子将从角落开始向整个盒子扩散，因为这样的状态对应更多的微观状态，有更大的概率．在某些时刻，有趣的事情会发生，这些原子会组织形成一些结构．然而，随着进一步的演化，这些结构将消失，体系最后抵达熵极大的均匀分布状态，原子均匀分布在盒子里，没有任何有趣的事情再发生，体系达到了热平衡．

这是一个不错的解决方案．用现代宇宙学的语言来说，它对应的是宇宙大爆炸理论．宇宙起源于一个高温致密的奇点，这是一个低熵的状态．宇宙大爆炸导致宇宙的膨胀和冷却，在这个过程中，在引力的作用下，各种星系结构形成了，进而是黑洞的形成，对应于我们今天的宇宙状态．在未来，所有的结构都会蒸发消失，宇宙将归于热平衡．

一切都挺好．可是，还是玻尔兹曼自己，清醒地认识到了这种论断里的致命漏洞．这个漏洞的根源仍然是概率论带来的．玻尔兹曼已经知道，在概率论的意义下，熵只是几乎总是增加的．但如果给足够长的时间，小概率的事件原则上是可以发生的．因此，在玻尔兹曼盒子里，热平衡之后的均匀状态不会是最后的故事．只要等足够长的时间，从这种平衡态里可以涨落出一个小概率低熵的原子分布状态．注意，这个低熵态来自于高熵平衡态里的随机涨落(random fluctuation)，因此它是不同于一开始的起始低熵态的(这个起始态是我们人为精心准备来打破时间反演对称的). 当然，这对应于动力学理论中的庞加莱回归现象：体系在足够时间后总会回到起始点的附近. 这样，玻尔兹曼盒子里就有这种回归现象：从平衡态里随机涨落出来的低熵状态进一步演化，熵增，平衡，涨落出新的低熵态，熵增，涨落……

由上分析：如果宇宙对应的是从平衡态涨落出来的低熵态，则我们的宇宙不会有时间箭头，因为面向过去(平衡态)和未来(平衡态)熵都将增加；这个随机涨落的低熵宇宙是什么样的？答案是玻尔兹曼的大脑(Boltzmann's brain)，即宇宙中只有一个孤独的大脑在游荡. 这是一个基于人择原理(anthropic principle)的结果. 因为：既然此刻宇宙中有一个对于熵增现象发问的意识存在，则根据人择原理，尽管是小概率事件，但是一定已经从高熵的平衡态涨落出了一个发问的意识结构；如果涨落出一个意识是目标，较之于目前包括大量星系和生命的宇宙状态，一个孤零零的大脑更为简单，因此具有更大的可能性，即更大的熵. 如果是随机涨落的话，涨落出一个孤零零的大脑概率要大得多. 所以在这些来自随机涨落的宇宙结构中，只有一个孤零零的大脑存在，它发问，并且很快就会消失而重新归于高熵的平衡.

因此，这种回归现象将导致玻尔兹曼的大脑，而这样的宇宙里没有单向的熵增，没有时间箭头，这也不是我们目前的宇宙. 玻尔兹曼发现了自己对于时间箭头基于概率论解释的问题. 且不说那个人为引入的起始低熵宇宙状态是怎么来的(别忘了概率论倾向于高熵态)，就算是可以有这样一个宇宙的低熵起点，来自于平衡态随机涨落的回归现象导致的玻尔兹曼大脑也是该解释的致命之处.

在玻尔兹曼的年代，原子论还没有被广泛接受，并且人们对于宇宙的看法是，宇宙是永恒的，因此玻尔兹曼的工作和思考被物理学界深深怀疑和拒绝. 遗憾的是，仅仅在他去世后的数年里，原子论就通过一系列的工作被物理学界所接受，热质说宣告破产. 宇宙学的研究中发现了宇宙微波背景辐射(宇宙大尺度的均匀和各向同性)，以及宇宙加速膨胀，这些观察使人们认识到宇宙可能是有一个起点的，这产生了宇宙大爆炸理论. 如前所述，这为玻尔兹曼低熵起始态的思考提供了一定的支持.

从分析中可以看出，如果可以避免回归现象，那么在一次性的宇宙演化中，通过引入宇宙起始的低熵假设，就可以通过熵增的过程产生目前的宇宙，进而宇宙走向平衡，这里有一个明确的由过去低熵，未来高熵决定的时间箭头. 不会再有玻尔兹曼大脑带来的问题. 所以，问题的关键除了低熵起源的不自然性之外，就是我们只要有一个一次性的、不回归的宇宙模型，就可以回答时间箭头之谜. 那么，现代宇宙学里对这个问题是否已经解决了呢？答案是，仍然没有.

节选自《物理》2020年第49卷第4期，漫谈熵，作者：苗兵.

第11章　机械振动

如果物体在一定位置附近，作来回往复的运动，我们称这种运动为**机械振动**. 例如，摆动的吊灯、振动的琴弦、扬声器里的膜片、汽车发动机里的往复振动的活塞，还有固体原子的振动、声音传播时空气分子的振动等. 广义地说，任何一个物理量随时间的周期性变化都可以称为**振动**.

在工业工程中，机械振动有着有利的一面，例如振动输送机、振动筛分机等都是利用机械振动原理而设计的. 同时，机械振动在很多情况下也是有害的. 例如在发电机、汽轮机等机械中，因动态失稳而造成的急剧上升的振动，可以在短时间内使得设备损坏甚至解体；飞机、船舶等工程结构的振动不仅会引发结构噪声，也会造成结构的疲劳破坏. 因此，分析和控制振动已经是现代工程中十分重要的研究领域. 另外，由于振动是自然界普遍的运动形式，因此其基本规律也是光学、电学、声学、原子物理学等工程技术中的重要基础知识.

简谐振动是最简单也是最基本的振动形式，它包含了振动的基本特征. 一切复杂的振动都可看成是由许多简谐振动的合成. 因此，简谐振动是振动的基础. 在这一章里，我们首先讨论简谐振动的基本规律，然后讨论振动合成的规律.

11.1　简谐振动

11.1.1　简谐振动的特征

如图 11.1.1 所示，弹性系数为 k 的轻质弹簧一端固定，另一端系一质量为 m 的物体，弹簧和物体构成的系统称为**弹簧振子**. 把弹簧振子置于光滑的水平面上，物体所受的阻力忽略不计，设在 O 点弹簧没有形变，此处物体所受的合力为零，称 O 点为**平衡位置**. 如果把物体略加移动然后释放，物体就在平衡位置 O 点附近作往复的周期性运动. 当物体相对于平衡位置的位移 y 很小时，物体所受的弹性力 F 与 y 的关系满足胡克定律，即

$$F=-ky \tag{11.1.1}$$

式中，k 为弹簧的弹性系数(劲度系数)，“－”号表示力 F 与位移 y(相对 O 点)反向. 弹性力 F 的方向始终指向平衡位置，因此又称为回复力. 物体受力 F 与位移 y 成正比且反向的运动称为**简谐振动**.

根据牛顿第二定律，物体的加速度为

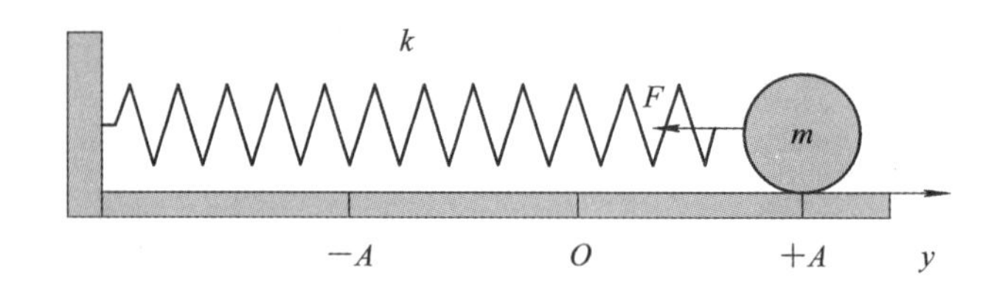

图 11.1.1 弹簧振子的振动

$$a=\frac{\mathrm{d}^2y}{\mathrm{d}t^2}=\frac{F}{m}=-\frac{k}{m}y \tag{11.1.2}$$

对于一个给定的弹簧振子，k 和 m 都是正值常量，它们的比值可以用一个常量 ω^2 表示，即

$$\frac{k}{m}=\omega^2 \tag{11.1.3}$$

代入式(11.1.2)，得

$$\frac{\mathrm{d}^2y}{\mathrm{d}t^2}=-\omega^2y \tag{11.1.4}$$

式(11.1.4)是简谐振动物体的微分方程．它是一个常系数的齐次二阶的线性微分方程，其解为

$$y=A\cos(\omega t+\varphi) \tag{11.1.5}$$

因为 $\cos(\omega t+\varphi)=\sin\left(\omega t+\varphi+\frac{\pi}{2}\right)$，令 $\varphi'=\varphi+\frac{\pi}{2}$，则

$$y=A\sin(\omega t+\varphi') \tag{11.1.6}$$

式中，A、φ 和 φ' 是常数．式(11.1.5)和式(11.1.6)描绘了弹簧振子在振动过程中的运动规律，它们是**简谐振动的运动方程**．式(11.1.4)反映了弹簧振子振动过程中的动力学特征，它是**简谐振动的动力学方程**．在一个系统所进行的物理过程中，动力学特征支配运动规律以及能量变化，因此式(11.1.4)反映的是简谐振动的本质．当任何物理系统作简谐振动时，描述系统的物理量(如电流、电场强度等)都会满足式(11.1.4)，因此式(11.1.4)也是简谐振动的定义式．如果一个物体的运动满足式(11.1.4)或式(11.1.5)，那么就可以判定这个物体作简谐振动．

根据速度和加速度的定义，简谐振动物体的速度为

$$v=\frac{\mathrm{d}y}{\mathrm{d}t}=-\omega A\sin(\omega t+\varphi) \tag{11.1.7}$$

$$a=\frac{\mathrm{d}^2y}{\mathrm{d}t^2}=-\omega^2A\cos(\omega t+\varphi)=-\omega^2y \tag{11.1.8}$$

式(11.1.5)、式(11.1.7)、式(11.1.8)都是周期函数，可见当物体作简谐振动时，位移、速度、加速度呈现周期性变化，并且物体加速度的大小总是和位移的大小成正比，方向相反．位移、速度、加速度随时间变化的关系可以用图 11.1.2 表示，其中表示 y-t 关系的曲线称为**振动曲线**．可以看出，作简谐振动的物体其位置达最大位移处时，速度最小，加速度最大；而速度最大时，物体处于平衡位置，加速度为零；在任意时刻，物体的位移和加速度的方向始终相反．

例 11.1.1 单摆是一个理想化的振动系统：它是由一根无弹性的轻绳挂一个很小的重物构成的．若把重物从平衡位置略微移开，那么重物就在重力的作用下，在竖直平面内来

回摆动. 如例 11.1.1 图所示，如果忽略空气阻力，且摆动的角位移 θ 很小($\theta<5°$)，试证明单摆作简谐振动.

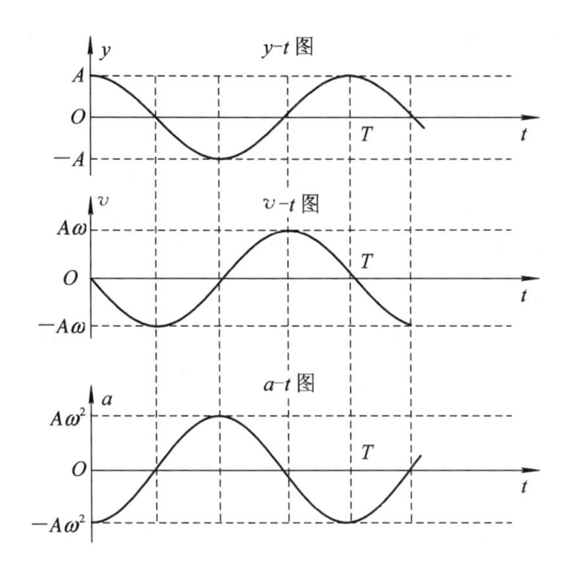

图 11.1.2　简谐振动的位移、速度、加速度

例 11.1.1 图

解　分析重物所受的力，有重力 mg，绳的拉力 T. 取逆时针方向为角位移 θ 的正方向，当摆线与竖直方向成 θ 角时，忽略空气阻力，摆球所受的合力沿圆弧切线方向的分力，即重力在这一方向上的分力为

$$F_t=-mg\ \sin\theta$$

当 θ 很小($\theta<5°$)时，$\sin\theta\approx\theta$，所以

$$F_t=-mg\theta$$

例 11.1.1

由牛顿第二定律知，在切线方向上

$$F_t=ma_t=ml\beta=ml\ \frac{d^2\theta}{dt^2}=-mg\theta$$

即

$$\frac{d^2\theta}{dt^2}+\frac{g}{l}\theta=0 \tag{11.1.9}$$

由于 g 和 l 都是正值，因此可设

$$\omega^2=\frac{g}{l} \tag{11.1.10}$$

将式(11.1.10)代入式(11.1.9)，变为

$$\frac{d^2\theta}{dt^2}+\omega^2\theta=0 \tag{11.1.11}$$

式(11.1.11)与式(11.1.4)形式相同，因此在角位移很小的情况下，单摆的振动是简谐振动.

11.1.2　描述简谐振动的物理量

现在我们讨论描述简谐振动特征的振幅、周期、频率、角频率、相位、初相等的相关概念及其物理意义.

1. 振幅

在式(11.1.5)中，因为余弦或正弦函数的绝对值不能大于1，所以物体的振动范围在$+A$和$-A$之间. 我们把作简谐振动的物体离开平衡位置最大位移的绝对值称为**振幅**，用A表示. 振幅恒为正值，单位为米(m).

2. 周期、频率与角频率

物体在振动过程中，其运动状态第一次与初状态完全相同时，称物体完成了一次**完全振动**. 例如，图11.1.1所示的简谐振动中，物体从$+A$出发再回到$+A$点，或者是物体经历$O\to+A\to O\to-A\to O$的振动都是完全振动，而从$-A$点第一次运动到$+A$点则不是一次完全振动. 观察弹簧振子的运动可以发现，其振动具有周期性，我们把物体作一次完全振动所经历的时间称为振动的**周期**用T表示，单位为秒(s). 单位时间内物体所作的完全振动的次数称为振动的**频率**，用ν表示，单位为赫兹(Hz). 根据定义，可知周期T和频率ν之间满足

$$\nu=\frac{1}{T}$$

因为每经过一个周期，振动状态就完全重复一次，所以有

$$y=A\cos[\omega(t+T)+\varphi]=A\cos(\omega t+\varphi)$$

由上式得到

$$\omega T=2\pi$$

即

$$\omega=\frac{2\pi}{T}=2\pi\nu \tag{11.1.12}$$

可见ω表示物体在2π秒时间内所作的完全振动的次数，称为振动的**角频率**，单位为弧度每秒($\mathrm{rad\cdot s^{-1}}$).

对于弹簧振子，由式(11.1.3)可知

$$\omega=\sqrt{\frac{k}{m}}$$

因此弹簧振子的周期和频率分别为

$$T=2\pi\sqrt{\frac{m}{k}}$$

$$\nu=\frac{1}{2\pi}\sqrt{\frac{k}{m}}$$

对于单摆，由式(11.1.10)可知

$$\omega=\sqrt{\frac{g}{l}}$$

因此单摆的周期和频率分别为

$$T=2\pi\sqrt{\frac{l}{g}}$$

$$\nu=\frac{1}{2\pi}\sqrt{\frac{g}{l}}$$

由于弹簧振子中振子的质量m和弹簧的劲度系数k都属于系统本身固有属性，单摆中

摆线的长度 l 和重力加速度 g 也是单摆本身的固有属性，因而周期和频率也完全决定于振动系统本身的性质，常将其称为**固有周期**和**固有频率**.

3. 相位和初相

质点在某一时刻的运动状态可以用该时刻的位置和速度来描述. 对于作简谐振动的物体来说，位置和速度分别为 $y=A\cos(\omega t+\varphi)$ 和 $v=-\omega A\sin(\omega t+\varphi)$，当振幅 A 和角频率 ω 给定时，物体在 t 时刻的位置和速度完全由 $(\omega t+\varphi)$ 来确定，即 $(\omega t+\varphi)$ 是确定简谐振动状态的物理量，称为**相位**，单位为弧度(rad). 在 $t=0$ 时，相位为 φ，称为**初相位**，简称**初相**，它是决定初始时刻物体运动状态的物理量. 从表 11.1.1 可以看出，在一次全振动中，不同的运动状态都对应着一个在 $0\sim2\pi$ 内的相位值. 每经历一个周期，物体都会恢复到原来的状态，因此相位还能充分体现简谐振动的周期性的特点.

表 11.1.1 全振动过程中物体的状态与相位

t	y	v	$\omega t+\varphi$
0	A	0	0
$T/4$	0	$-\omega A$	$\pi/2$
$T/2$	$-A$	0	π
$3T/4$	0	ωA	$3\pi/2$
T	A	0	2π

相位还可以比较两个简谐振动在“步调”上的差异. 设有两个简谐振动，它们的振动方程为

$$y_1=A_1\cos(\omega_1 t+\varphi_1)$$
$$y_2=A_2\cos(\omega_2 t+\varphi_2)$$

它们的相位差为

$$\Delta\varphi=(\omega_2 t+\varphi_2)-(\omega_1 t+\varphi_1)=(\omega_2-\omega_1)t+(\varphi_2-\varphi_1)$$

若 $\Delta\varphi>0$，则称第二个简谐振动比第一个简谐振动**超前**；若 $\Delta\varphi<0$，则称第二个简谐振动比第一个简谐振动**落后**. 若 $\Delta\varphi=\pm2k\pi$，$k=0, 1, 2, \cdots$，则称两个简谐振动**同相**，即步调相同，如图 11.1.3 所示；若 $\Delta\varphi=\pm(2k+1)\pi$，$k=0, 1, 2, \cdots$，则称两个简谐振动**反相**，即步调相反，如图 11.1.4 所示. 如果 $\omega_1=\omega_2=\omega$，则 $\Delta\varphi=\varphi_2-\varphi_1$，说明两个同频率的简谐振动在任意时刻的相位差是恒定的，且始终等于它们的初始相位差.

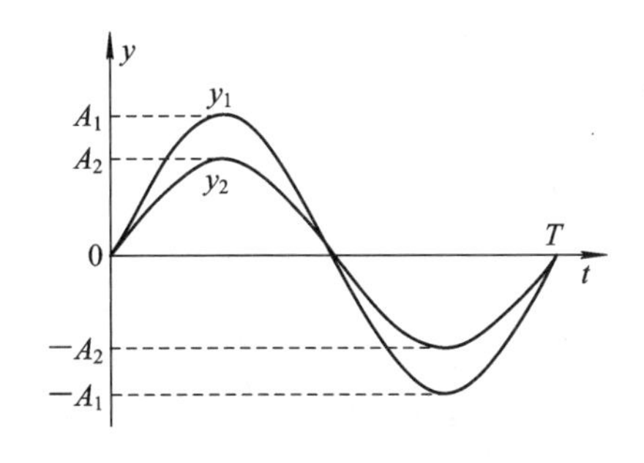

图 11.1.3 两个简谐振动同相

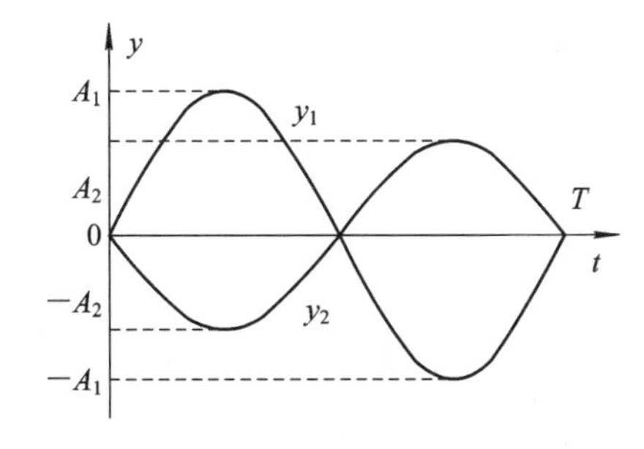

图 11.1.4 两个简谐振动反相

相位不但可用来比较简谐振动相同物理量的变化步调，也可以比较不同物理量变化的

步调. 例如，可用于比较物体作简谐振动时的速度、加速度和位移变化的步调. 式(11.1.7)和式(11.1.8)可以改写为

$$v = \omega A\cos\left(\omega t + \varphi + \frac{\pi}{2}\right)$$

$$a = \omega^2 A\cos(\omega t + \varphi \pm \pi)$$

可以看出，如图 11.1.2 所示，速度的相位比位移的相位超前 $\pi/2$，加速度的相位比位移超前或落后 π，即加速度与位移反相，速度的相位比加速度的相位落后 $\pi/2$.

4. 振幅和初相的确定

对于一个简谐振动，若振幅 A、角频率 ω 和初相位 φ 已知，就可以确定其运动方程，即掌握了该质点运动的全部信息. 简谐振动方程 $y=A\cos(\omega t+\varphi)$中的角频率是由系统本身的性质确定的. 常数 A 和 φ 是求解简谐振动的微分方程时引入的，其值可以由系统的初始条件来确定. 初始条件是指 $t=0$ 时的物体位移 y_0，以及速度 v_0. 由式(11.1.5)和式(11.1.7)可得

$$y_0 = A\cos\varphi$$

$$v_0 = -A\omega\sin\varphi$$

由此可解得

$$A = \sqrt{y_0^2 + \left(\frac{v_0}{\omega}\right)^2} \tag{11.1.13}$$

$$\tan\varphi = -\frac{v_0}{\omega y_0} \tag{11.1.14}$$

由上面两式可以看出，简谐振动的振幅和初相都是由初始条件决定的. 其中初相 φ 所在的象限可以由 y_0和 v_0的方向来决定. 一般有如下约定：

① $y_0>0$，$v_0<0$ 时，φ 取值在第一象限；

② $y_0<0$，$v_0<0$ 时，φ 取值在第二象限；

③ $y_0<0$，$v_0>0$ 时，φ 取值在第三象限；

④ $y_0>0$，$v_0>0$ 时，φ 取值在第四象限.

例 11.1.2 如例 11.1.2 图所示，一弹簧振子在光滑水平面上，已知弹簧的弹性系数 $k=1.60\ \mathrm{N\cdot m^{-1}}$，物块质量 $m=0.40\ \mathrm{kg}$，试求下列情况下弹簧振子的振动方程：

(1) 将物块 m 从平衡位置向右移到 $y=0.10\ \mathrm{m}$ 处由静止释放；

(2) 将物块 m 从平衡位置向右移到 $y=0.10\ \mathrm{m}$ 处并给以 m 向左的速率为 $0.20\ \mathrm{m\cdot s^{-1}}$.

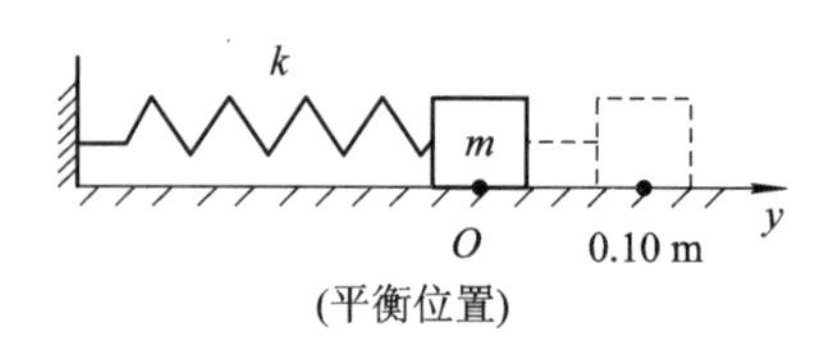

例 11.1.2 图

解 (1) 振子作简谐振动，因此求弹簧振子的运动方程的具体表达式 $y=A\cos(\omega t+\varphi)$，必须确定其中振幅 A、角频率 ω 及初相 φ.

根据题意可得

$$\omega = \sqrt{\frac{k}{m}} = 2\ \mathrm{s}^{-1}$$

在初始条件 $t=0$ 时，

$$y_0 = 0.10\ \mathrm{m},\ v_0 = 0\ \mathrm{m \cdot s^{-1}}$$

由式(11.1.13)和式(11.1.14)，可得

$$A = \sqrt{y_0^2 + \frac{v_0^2}{\omega^2}} = 0.10\ \mathrm{m}$$

$$\varphi = \arctan\frac{-v_0}{\omega y_0} = \arctan 0$$

根据对 φ 值的约定，在初始条件下 $y_0>0$，$v_0=0\ \mathrm{m \cdot s^{-1}}$，所以 $\varphi=0$.

综上，m 的振动方程为

$$y = 0.10\cos 2t\ \mathrm{m}$$

(2) 在初始条件 $t=0$ 时，有

$$y_0 = 0.10\ \mathrm{m},\ v_0 = -0.20\ \mathrm{m \cdot s^{-1}}$$

因此

$$A = \sqrt{y_0^2 + \frac{v_0^2}{\omega^2}} = 0.41\ \mathrm{m}$$

$$\varphi = \arctan\frac{-v_0}{\omega y_0} = \arctan 1$$

根据对 φ 值的约定，在初始时刻 $y_0>0$，$v_0<0$ 时，初相 $\varphi=\frac{\pi}{4}$.

因此，物体的振动方程为 $y=0.41\cos\left(2t+\frac{\pi}{4}\right)\ \mathrm{m}$. 综合以上分析可以发现，由于初始条件不同，对于给定的简谐振动系统，振幅和初相也会有相应的改变.

例 11.1.3 一物体沿 y 轴作简谐振动，振幅为 0.12 m，周期为 2 s. $t=0$ 时，位移为 0.06 m，且向 y 轴正向运动.

例 11.1.3

(1) 求物体的振动方程；

(2) 设 t_1 时刻物体第一次运动到 $y=-0.06\ \mathrm{m}$ 处，试求物体从 t_1 时刻运动到平衡位置所用最短时间.

解 (1) 根据物体简谐振动方程 $y=A\cos(\omega t+\varphi)$可以看出，如果求出振动方程中 A、ω 及 φ 三个物理量，就能确定其振动方程的具体形式.

由题意知

$$A = 0.12\ \mathrm{m};\ \omega = \frac{2\pi}{T} = \pi\ \mathrm{s}^{-1}$$

下面求解 φ:

设初始条件下物体的位移为 y_0，则根据振动方程，当 $t=0$ 时，$y_0=A\cos\varphi$. 代入已知条件 $A=0.12\ \mathrm{m}$，$y_0=0.06\ \mathrm{m}$，可得

$$\cos\varphi = \frac{1}{2}$$

即

$$\varphi=\pm\frac{\pi}{3}$$

又因为

$$v_0=-\omega A\sin\varphi>0$$

所以

$$\varphi=-\frac{\pi}{3}$$

其振动方程为

$$y=0.12\cos\left(\pi t-\frac{\pi}{3}\right)\ \text{m}$$

（2）由题意，在 t_1 时刻，有

$$0.12\cos\left(\pi t_1-\frac{\pi}{3}\right)=-0.06\ \text{m}$$

因为 t_1 时刻为物体第一次运动到 $y=-0.06$ m 处，所以 $t_1<T$，即 $\pi t_1-\frac{\pi}{3}<2\pi$，因此

$$\pi t_1-\frac{\pi}{3}=\frac{2\pi}{3}\quad 或\quad \frac{4\pi}{3}$$

又因为 t_1 时刻

$$v_1=-A\omega\sin\left(\pi t_1-\frac{\pi}{3}\right)<0$$

所以

$$\pi t_1-\frac{\pi}{3}=\frac{2\pi}{3}$$

解得 $t_1=1$ s.

设 t_2 时刻物体从 t_1 时刻运动后首次到达平衡位置，有

$$0.12\cos\left(\pi t_2-\frac{\pi}{3}\right)=0\ \text{m}$$

因为 t_2 时刻物体从 t_1 时刻运动后首次到达平衡位置，所以 $\pi t_2-\frac{\pi}{3}<2\pi$，因此

$$\pi t_2-\frac{\pi}{3}=\frac{\pi}{2}\ 或\ \frac{3\pi}{2}$$

又因为 t_2 时刻

$$v_2=-A\omega\sin\left(\pi t_2-\frac{\pi}{3}\right)>0$$

所以

$$\pi t_2-\frac{\pi}{3}=\frac{3\pi}{2}$$

解得

$$t_2=\frac{11}{6}\ \text{s}$$

综上，从 -0.06 m 第一次回到平衡位置所需的时间为

$$\Delta t = t_2 - t_1 = \frac{5}{6}\ \text{s}$$

11.2 旋转矢量图

11.2.1 旋转矢量图方法

用旋转矢量来描述简谐振动，可以直观地反映出简谐振动的运动规律. 如图 11.2.1 所示，作一旋转矢量 $\boldsymbol{A}$，其长度等于简谐振动的振幅 A，绕 O 点以角速度 ω 作逆时针转动. 若在 $t=0$ 时，旋转矢量 $\boldsymbol{A}$ 与 y 轴正向夹角为 φ，则在任意时刻 t，旋转矢量 $\boldsymbol{A}$ 与 y 轴的正向夹角为 $\omega t+\varphi$. 可以看出，矢量末端 Q 点的运动轨迹为一个圆，它在 y 轴上的投影点 P 的坐标应为

$$y = A\cos(\omega t + \varphi) \tag{11.2.1}$$

式(11.2.1)为简谐振动的运动学方程表达式，说明 P 点的运动是简谐振动. 另外，结合旋转矢量的运动和式(11.2.1)可以发现，参考圆的半径 A 就是 P 点振动的振幅，旋转矢量转动的角速度 ω 就是 P 点振动的角频率，初始时刻旋转矢量与 y 轴的夹角 φ 就是 P 点振动的初相，某一时刻旋转矢量与 Oy 轴的夹角$(\omega t+\varphi)$ 就是 P 点振动的相位. 因此，我们可以用旋转矢量 $\boldsymbol{A}$ 来描述 P 点的振动，这种描述方法称为**旋转矢量图示法**. 由于余弦函数的周期为 2π，当相位由初始时刻 φ 经历 2π 变化到 $2\pi+\varphi$ 时，投影点的运动经历了一个周期，完成了一次全振动. 在此后的周期内，相位继续变化，振动完全重复进行，与此相应的状态不断重复出现. 由此可见，相位在 2π 内的变化，足以反映振动状态在一个周期内变化的全过程.

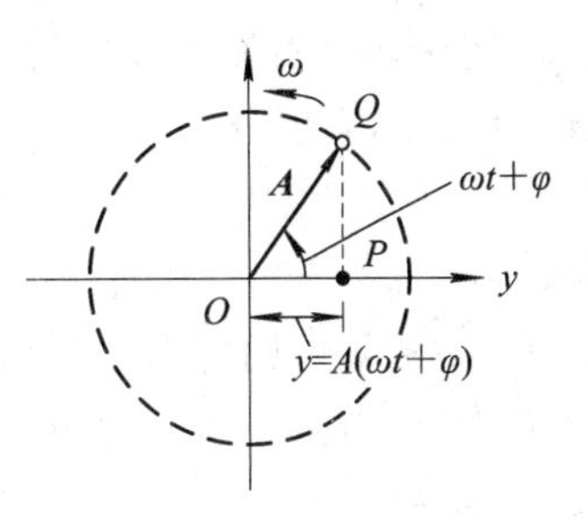

图 11.2.1 旋转矢量图示法

图 11.2.2(a)给出了旋转矢量末端 Q 点的速度矢量为 $\boldsymbol{v}_Q$. 根据圆周运动线速率和角速率的关系 $v=\omega r$，速度矢量 $\boldsymbol{v}_Q$ 的大小应为 $v_Q=\omega A$，方向沿切线方向. 从图中可以看出，速度矢量 $\boldsymbol{v}_Q$ 在 y 轴的投影应为

$$v_y = -v_Q\sin(\omega t + \varphi) = -\omega A\sin(\omega t + \varphi) \tag{11.2.2}$$

式中，负号表示其方向沿 y 轴负向.

图 11.2.2(b)给出了旋转矢量末端 Q 点的加速度矢量 $\boldsymbol{a}_Q$. 由于 Q 点作匀速率的圆周运动，因此其切向加速度 $a_t=\mathrm{d}v/\mathrm{d}t=0$. 又因为圆周运动法向加速度和角速率的关系为 $a_n=\omega r^2$，所以 Q 点的加速度大小为 $a_Q=\omega A^2$，方向指向 O 点，其在 y 轴的投影为

$$a_y = -a_Q\cos(\omega t + \varphi) = -\omega A^2\cos(\omega t + \varphi) \tag{11.2.3}$$

式中，负号表示其方向沿 y 轴负向.

把式(11.2.2)、式(11.2.3)与式(11.1.7)、式(11.1.8)比较，可以看出，旋转矢量末端 Q 点的速度和加速度在 y 轴上的投影与简谐振动速度和加速度一致，相位角 $\omega t+\varphi$ 不仅确定了投影点 P 的位置，也确定了投影点 P 的速度 v_y 和加速度 a_y，即确定了该时刻 P 点振动的运动状态.

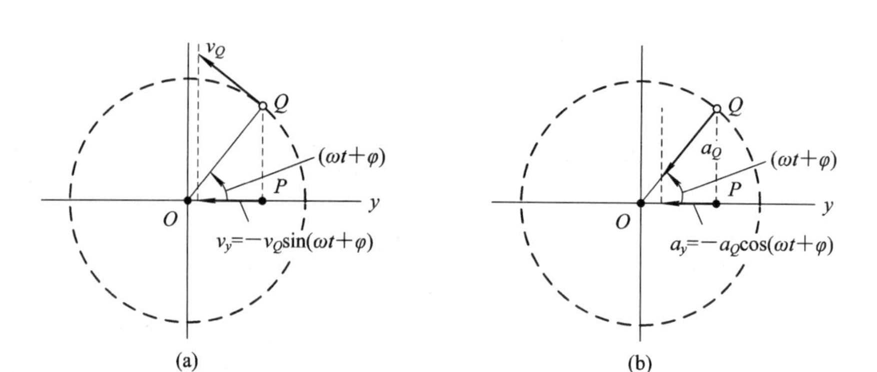

图 11.2.2 用旋转矢量来确定 P 点的速度与加速度

11.2.2 旋转矢量图的应用

1. 比较同频率的两个振动之间的相位关系

用旋转矢量图可以直观地比较两个同频率的振动. 例如有两个作同频率简谐振动的物体，其运动方程分别为

$$y_1 = A_1\cos(\omega t + \varphi_1)$$
$$y_2 = A_2\cos(\omega t + \varphi_2)$$

式中，$\varphi_1<\varphi_2$. 则它们在初始时刻的旋转矢量图如图 11.2.3 所示. 由于旋转矢量 $\boldsymbol{A}_1$ 和 $\boldsymbol{A}_2$ 是逆时针旋转，且旋转的角速度均为 ω，因此可以明显地看出 y_2 比 y_1 的振动超前，其相位差为 $\Delta\varphi=\varphi_2-\varphi_1$.

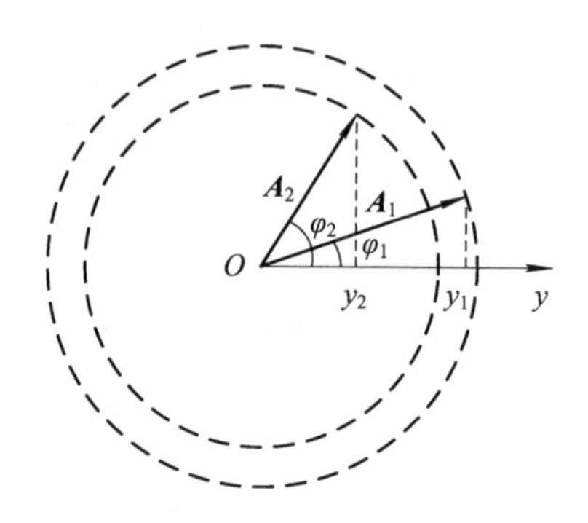

图 11.2.3 用旋转矢量比较同频率不同振动的相位关系

2. 确定初相位 φ_0

用旋转矢量图容易确定简谐振动的初相位. 例如，在光滑水平面上有一作简谐振动的弹簧振子，在 $t=0$ 时刻振子的位置如图 11.2.4(a)所示，其中 A 为振幅，O 为弹簧振子的平衡位置. 作半径为 A 的参考圆，坐标 y 轴为振子振动的方向，根据 $t=0$ 时刻振子所在位置 $y=0$ 作出旋转矢量可能的位置 $\boldsymbol{A}_1$ 和 $\boldsymbol{A}_2$，如图 11.2.4(b)所示. 用旋转矢量图来描述简谐振动时，规定矢量 $\boldsymbol{A}$ 必须沿着逆时针方向旋转，因此 $\boldsymbol{A}_1$ 矢量的投影点将向 y 轴的负方向运动(速度方向为 y 轴负方向)，而 $\boldsymbol{A}_2$ 矢量的投影点将向 y 轴的正方向运动(速度方向为 y 轴正方向). 根据图 11.2.4(a)可以看出，弹簧振子速度方向沿 y 轴负方向，因此可以确定在 $t=0$ 时的旋转矢量为 $\boldsymbol{A}_1$，其与 y 轴正方向的夹角为 $\varphi=\pi/3$. 同理，在图 11.2.4(c)～

(d)中，当弹簧振子位于正的最大位移处和负的最大位移处时，由旋转矢量容易得出振动初相分别为 0、π；在图 11.2.4(e)～(f)中，当弹簧振子位于平衡位置时，根据其速度方向，可以由旋转矢量示意图判断振动初相分别为 3π/2、π/2.

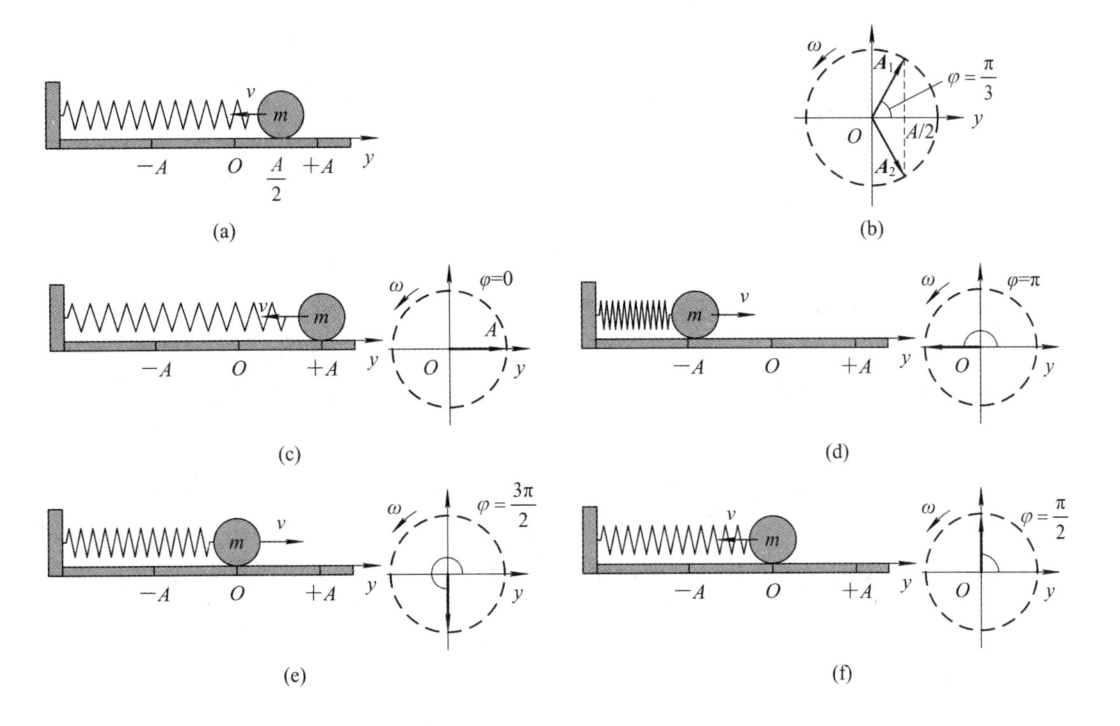

图 11.2.4　用旋转矢量确定初相位

例 11.2.1　利用旋转矢量法解例 11.1.3.

例 11.2.1

解　振幅 $A=0.12$ m，角频率 $\omega=\dfrac{2\pi}{2}=\pi\ \mathrm{s}^{-1}$.

(1) 根据题意，有如例 11.2.1 图(a)所示的结果.

初相为

$$\varphi=-\frac{\pi}{3}$$

得

$$y=0.12\cos\left(\pi t-\frac{\pi}{3}\right)\ \mathrm{m}$$

(2) 根据题意，有例 11.2.1 图(b)所示的结果，$\boldsymbol{A}_0$ 为 $t=0$ 时刻旋转矢量的位置，$\boldsymbol{A}_1$ 为 t_1 时刻旋转矢量的位置，$\boldsymbol{A}_2$ 为 t_2 时刻旋转矢量的位置.

从图中可以看出，在 t_2-t_1 的时间内 $\boldsymbol{A}$ 转角为

$$\Delta\varphi=\omega(t_2-t_1)=\frac{\pi}{3}+\frac{\pi}{2}=\frac{5\pi}{6}$$

所以

$$\Delta t=t_2-t_1=\frac{5\pi/6}{\omega}=\frac{5}{6}\ \mathrm{s}$$

可见，由旋转矢量法解题更直观方便.

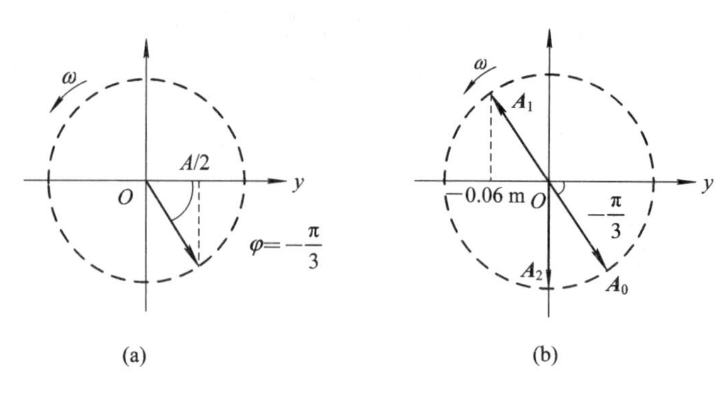

例 11.2.1 图

3. 利用旋转矢量图作出振动曲线

利用旋转矢量图还可以作出振动曲线. 如图 11.2.5(a)所示，在作图时，让旋转矢量图中的 y 轴正方向与振动曲线中 y 轴正方向一致，并使两者的 O 点重合，然后在旋转矢量图和振动曲线的 y 轴上标出振幅 A. 当 $t=0$ 时，旋转矢量 $\boldsymbol{A}$ 与 y 轴的夹角为 φ，此时矢量末端在振动曲线 y 轴上的投影值是 y_0，因此在振动曲线上作$(0,\ y_0)$点. 随着旋转矢量 $\boldsymbol{A}$ 沿逆时针方向旋转，其矢量末端 y 轴上的投影点将向 y 轴负方向运动，若在 t_1 时刻，矢量末端在振动曲线 y 轴上的投影值是 y_1，则在振动曲线上作出$(t_1,\ y_1)$点，如图 11.2.5(b)所示. 按照上述的方法，依次画出一个完整曲线形状，并在 t 轴上标出周期值，如图 11.2.5(c)所示.

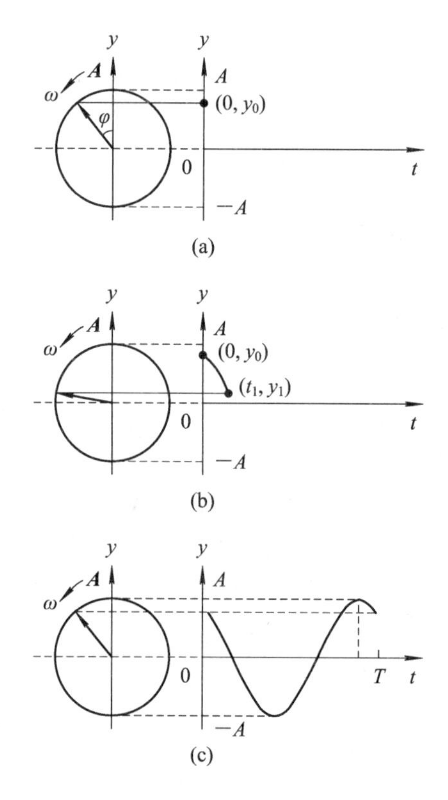

图 11.2.5　旋转矢量示意图与简谐振动曲线

例 11.2.2　例 11.2.2 图(a)为某质点作简谐振动的 $x-t$ 曲线. 求振动方程.

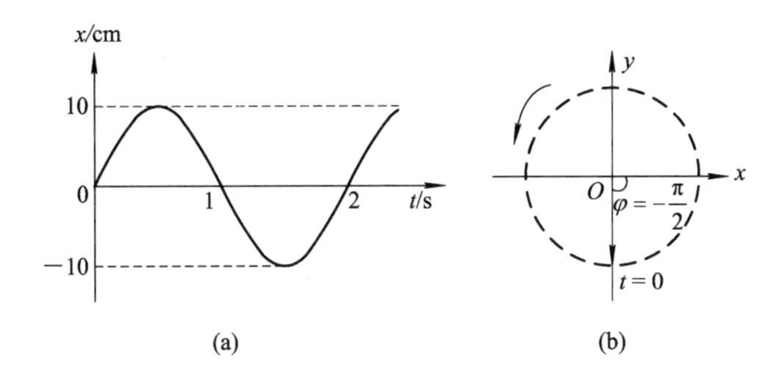

例 11.2.2 图

解　设质点的振动方程为

$$x = A\cos(\omega t + \varphi)$$

例 11.2.2

由例 11.2.2 图(a)知 $A=10$ cm

$$\omega = \frac{2\pi}{T} = \frac{2\pi}{2} = \pi\ \mathrm{s}^{-1}$$

由相应的旋转矢量图(见例 11.2.2 图(b))可知

$$\varphi = -\frac{\pi}{2}\ \text{或}\ \frac{3\pi}{2}$$

其振动方程为

$$x = 10\cos\left(\pi t - \frac{\pi}{2}\right)\ \mathrm{cm}$$

11.3　简谐振动的能量

以图 11.1.1 所示的水平弹簧振子为例讨论简谐振动系统的能量. 某一时刻，物体的位移为 y，速度为 v. 系统的势能取决于弹簧的拉伸或压缩，可以应用弹簧振子势能表达式及式(11.1.5)得

$$E_p = \frac{1}{2}ky^2 = \frac{1}{2}k[A\cos(\omega t + \varphi)]^2 = \frac{1}{2}kA^2\cos^2(\omega t + \varphi)$$

可见，系统的势能也是随时间周期性变化的. 势能的最大值为$\frac{1}{2}kA^2$，当势能为最大值时，弹簧的形变最大，振子处于最大位移处；势能的最小值为 0，当势能为最小值时，弹簧的形变为零，物体处于平衡位置处.

$$E_k = \frac{1}{2}mv^2 = \frac{1}{2}m[-\omega A\sin(\omega t + \varphi)]^2 = \frac{1}{2}m\omega^2A^2\sin^2(\omega t + \varphi)$$

系统的总能量 E 应为势能 E_p 与动能 E_k 之和：

$$E = E_p + E_k = \frac{1}{2}kA^2\cos^2(\omega t + \varphi) + \frac{1}{2}m\omega^2A^2\sin^2(\omega t + \varphi)$$

由式(11.1.3)知 $m\omega^2 = k$，故可将上式简化为

$$E = \frac{1}{2}kA^2 = \frac{1}{2}m\omega^2 A^2 \tag{11.3.1}$$

从式(11.3.1)可以看出弹簧振子的简谐振动能量与振幅的二次方成正比，这一点对于任一简谐振动系统都是成立的. 振幅不仅描述了简谐振动的运动范围，也表征了振动系统总能量的大小. 同时式(11.3.1)也表明，弹簧振子的总能量不随时间改变，系统的机械能是守恒的. 这是因为弹簧振子在简谐振动的过程中，只有系统的保守内力做功，与机械能守恒的条件相符合. 弹簧振子作简谐振动的过程中，动能与势能不断相互转换，总能量却保持恒定，如图 11.3.1 所示. 当振子运动到平衡位置时，其速度最大，因此动能最大，而此时弹簧未发生形变，因此系统的势能为零. 当振子由平衡位置向最大位移处移动时，由于回复力的作用，其运动速度逐渐减小，相应的动能也逐渐减小，而随着位移的增加，系统的势能逐渐增加，因此由平衡位置向最大位移处的运动过程是动能转化为势能的过程. 当振子运动到最大位移处时，系统势能最大，振子的速度为零，因而动能为零. 当振子由最大位移向平衡位置运动时，其速度逐渐增大，相应的动能逐渐增大，而位移不断减小，系统的势能也逐渐减小，因此最大位移处向平衡位置运动的过程是势能逐渐向动能转化的过程.

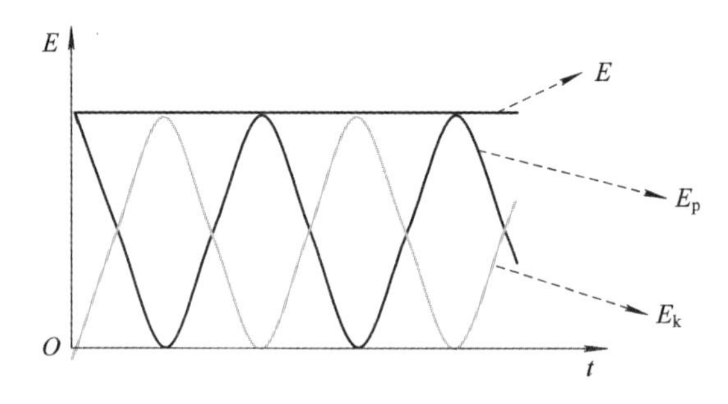

图 11.3.1　弹簧振子的动能、势能和总能量随时间的变化曲线

弹簧振子作简谐振动时的能量变化情况也可以从势能曲线上看出. 如图 11.3.2 所示，根据系统的势能函数，其势能曲线应为一抛物线；系统的总能量守恒，为一水平直线；系统的动能为总能量与势能之差，同样，系统的势能为总能量与动能之差.

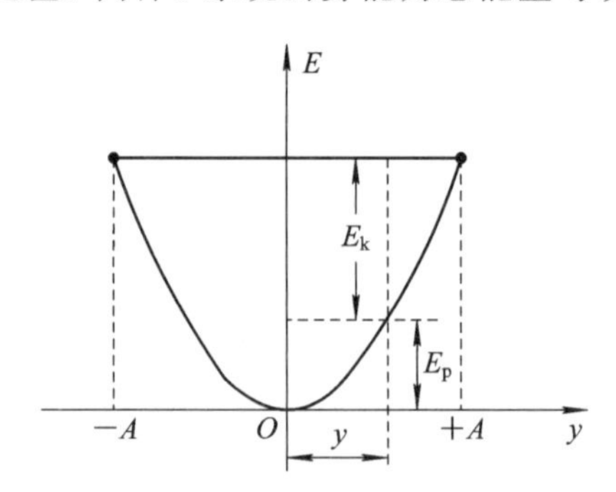

图 11.3.2　弹簧振子的势能曲线

例 11.3.1　当简谐振动的位移为振幅一半时，其动能和势能各占总能量的多少？物体在什么位置时其动能和势能各占总能量的一半？

解　设质点的振动方程为

$$x = A\cos(\omega t + \varphi)$$

弹簧振子势能表达式为

$$E_p = \frac{1}{2}kx^2 = \frac{1}{2}kA^2\cos^2(\omega t + \varphi)$$

弹簧振子动能表达式为

$$E_k = \frac{1}{2}mv^2 = \frac{1}{2}kA^2\sin^2(\omega t + \varphi)$$

（1）由 $x=\frac{A}{2}$ 可知：

$$\cos(\omega t + \varphi) = \frac{1}{2}$$

则

$$\sin(\omega t + \varphi) = \frac{\sqrt{3}}{2}$$

又由于总能量 $E=E_p+E_k=\frac{1}{2}\mathrm{k}A^2$

因此

$$E_p = \frac{1}{4}E,\ E_k = \frac{3}{4}E$$

（2）当 $E_p=E_k=\frac{1}{2}E$ 时，$\cos^2(\omega t+\varphi)=\sin^2(\omega t+\varphi)$

$$\cos(\omega t + \varphi) = \pm\frac{1}{\sqrt{2}}$$

例 11.3.1

所以

$$x = \pm\frac{\sqrt{2}}{2}A = \pm 0.707A$$

11.4　一维简谐振动的合成　拍现象

在实际问题中，一个物体经常同时参与两个或两个以上的振动．例如两个声源发出的声波同时传播到空气中某点时，由于每一声波都引起该处质元振动，所以该质元同时参与两个振动．根据运动叠加原理，质元所作的运动是两个振动的合成．又如，汽车座椅下和车厢下都有弹簧，因此座椅上的人同时参与了两个振动：座椅相对于车厢的振动和车厢相对于地面的振动，人的运动是两个振动的合成．简谐振动是最简单也是最基本的振动形式，一个复杂振动可以分解为若干个简谐振动，因而研究简谐振动的合成问题具有重要的意义，下面讨论几种简单且基本的简谐振动合成．

11.4.1　同方向同频率简谐振动的合成

1. 解析法

设质点沿 y 轴同时参与两个独立的同频率的简谐振动，在任意时刻 t，这两个振动的位移分别为

$$y_1 = A_1\cos(\omega t + \varphi_1)$$
$$y_2 = A_2\cos(\omega t + \varphi_2)$$

合成运动的合位移仍沿 y 轴，而且为上述两位移的代数和，即

$$\begin{aligned} y &= y_1 + y_2 \\ &= A_1\cos(\omega t + \varphi_1) + A_2\cos(\omega t + \varphi_2) \\ &= (A_1\cos\varphi_1 + A_2\cos\varphi_2)\cos\omega t - (A_1\sin\varphi_1 + A_2\sin\varphi_2)\sin\omega t \end{aligned} \tag{11.4.1}$$

由于两个括号内的参量分别为常量，为使 y 能表示为简谐振动的标准形式，引入两个新常量 A 和 φ，使得

$$(A_1\cos\varphi_1 + A_2\cos\varphi_2) = A\cos\varphi \tag{11.4.2}$$

$$(A_1\sin\varphi_1 + A_2\sin\varphi_2) = A\sin\varphi \tag{11.4.3}$$

将以上两式代入式(11.4.1)得

$$y = A\cos\varphi\cos\omega t - A\sin\varphi\ \sin\omega t = A\cos(\omega t + \varphi)$$

可见，两个同方向同频率的简谐振动合成仍然是简谐振动，合成以后的角频率和原来的角频率相同，合成以后的振幅 A 和初相 φ 由式(11.4.2)和式(11.4.3)计算得到

$$A = \sqrt{A_1^2 + A_2^2 + 2A_1A_2\cos(\varphi_2 - \varphi_1)} \tag{11.4.4}$$

$$\varphi = \arctan\frac{A_1\sin\varphi_1 + A_2\sin\varphi_2}{A_1\cos\varphi_1 + A_2\cos\varphi_2} \tag{11.4.5}$$

由以上两式可以看出，合成简谐振动的振幅不仅与 A_1、A_2 相关，而且和原来两个简谐振动的初相差相关. 下面讨论两个特例，这两个特例在讨论波的干涉、衍射等问题时会经常用到.

(1) $\varphi_2 - \varphi_1 = 2k\pi$，$k=0$，$\pm1$，$\pm2$，…. 此时 $\cos(\varphi_2 - \varphi_1) = 1$. 由式(11.4.4)可得

$$A = \sqrt{A_1^2 + A_2^2 + 2A_1A_2} = A_1 + A_2 \tag{11.4.6}$$

可以看出，合成简谐振动的振幅等于原来两个简谐振动的振幅之和，合振动的振幅达到最大值，如图 11.4.1(a)所示.

(2) $\varphi_2 - \varphi_1 = (2k+1)\pi$，$k=0$，$\pm1$，$\pm2$，…. 此时 $\cos(\varphi_2 - \varphi_1) = -1$. 由式(11.4.4)可得

$$A = \sqrt{A_1^2 + A_2^2 - 2A_1A_2} = |A_1 - A_2| \tag{11.4.7}$$

即合成简谐振动的振幅等于原来两个简谐振动的振幅之差，合振动的振幅达到最小值，如图 11.4.1(b)所示. 此时若 $A_1 = A_2$，则合振动的振幅 $A=0$.

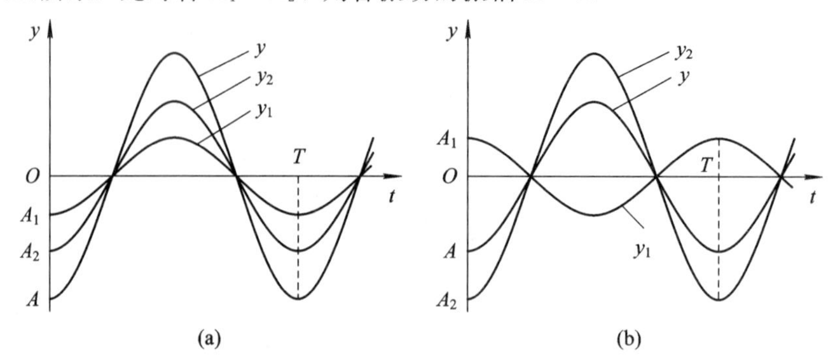

图 11.4.1 两个同方向同频率简谐振动的特点

2. 旋转矢量合成法

利用旋转矢量图示法，根据矢量求和的平行四边形法则，也可以求合振动的振动表达式，且方法比较直观、简便. 取水平方向为 y 轴，两个分振动对应的旋转如图 11.4.2 所示. 两个简谐振动对应的旋转矢量分别为 $\boldsymbol{A}_1$、$\boldsymbol{A}_2$. 当 $t=0$ 时，它们与 Oy 轴的夹角分别为 φ_1 和 φ_2，在 Oy 轴上的投影分别为 y_1 及 y_2. 由平行四边形法则，可得矢量 $\boldsymbol{A}=\boldsymbol{A}_1+\boldsymbol{A}_2$. 由于 $\boldsymbol{A}_1$、$\boldsymbol{A}_2$ 以相同的 ω 绕点 O 作逆时针旋转，它们的夹角 $\varphi_2-\varphi_1$ 在旋转过程中保持不变，所以矢量 $\boldsymbol{A}$ 的大小也保持不变，并以相同的角速度绕点 O 作逆时针旋转. 任意时刻矢量 $\boldsymbol{A}$ 在 Oy 轴上的投影为 $y=y_1+y_2$，因此合矢量 $\boldsymbol{A}$ 即为合振动所对应的旋转矢量，而开始时合矢量 $\boldsymbol{A}$ 与 Oy 轴的夹角即为合振动的初相 φ.

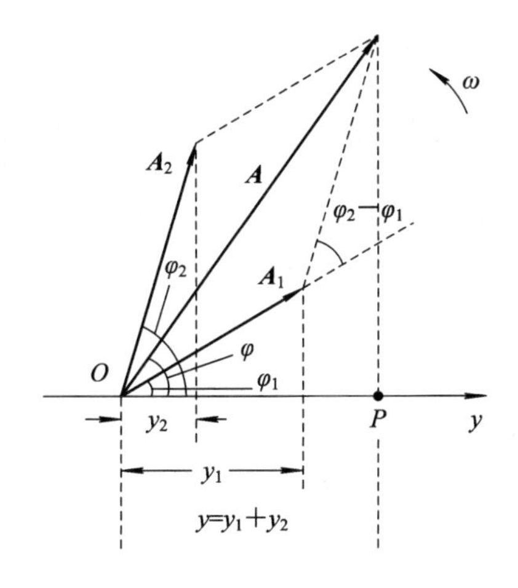

图 11.4.2　旋转矢量法表示两个简谐振动的合成

由图11.4.2可得合位移为

$$y = A\cos(\omega t + \varphi)$$

表明合振动仍然是简谐振动. 根据图 11.4.2 所示的平行四边形法则，可以得到合振幅 A 以及合振动的初相 φ 的表达式为

$$A = \sqrt{A_1^2 + A_2^2 + 2A_1A_2\cos(\varphi_2 - \varphi_1)}$$

$$\varphi = \arctan\frac{A_1\sin\varphi_1 + A_2\sin\varphi_2}{A_1\cos\varphi_1 + A_2\cos\varphi_2}$$

与解析法得出的式(11.4.4)、式(11.4.5)相同.

例 11.4.1　两个同方向的简谐振动曲线，如例 11.4.1 图所示。求：

(1) 合振动的振幅；

(2) 合振动的振动表达式.

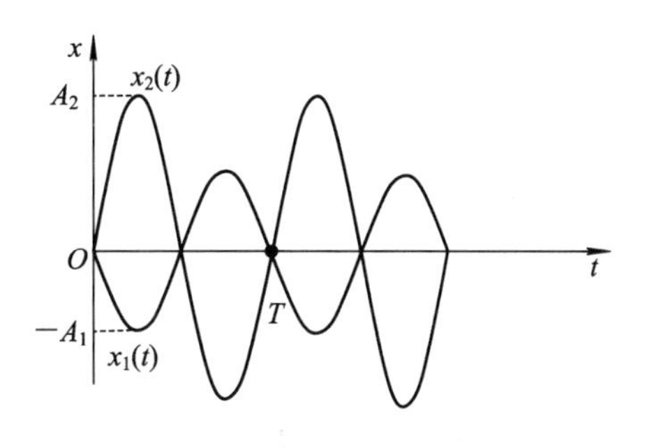

例 11.4.1 图

解　由图可知两个振动同频率，所以合振动的角频率 $\omega=\dfrac{2\pi}{T}$

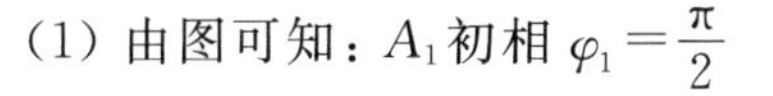

(1) 由图可知：A_1初相 $\varphi_1=\dfrac{\pi}{2}$

$$A_2\text{初相}\ \varphi_2=-\frac{\pi}{2}$$

两个振动初相表明它们处于反相状态. 又因为

例 11.4.1

$$A_1<A_2$$

所以合振动的振幅

$$A=A_2-A_1$$

（2）由图可知合振动的初相：

$$\varphi=\varphi_2=-\frac{\pi}{2}$$

合振动的方程：

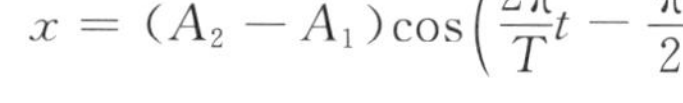

$$x=(A_2-A_1)\cos\left(\frac{2\pi}{T}t-\frac{\pi}{2}\right)$$

11.4.2 同方向不同频率简谐振动的合成 拍

如果我们相隔几分钟，分别听到频率为 550 Hz 和 560 Hz 的两个声音，大部分人都说不出它们的区别. 可是，如果这两个声音同时到达我们的耳朵，我们能听到声音的强度有显著的变化——强度缓慢的增加和减小形成波浪式的变化，变化的频率为 10 Hz. 下面我们讨论上述现象产生的原因.

两个同方向不同频率的简谐振动，可以表示为

$$y_1=A_1\cos(\omega_1 t+\varphi_1)$$
$$y_2=A_2\cos(\omega_2 t+\varphi_2)$$

合振动的位移为

$$y=y_1+y_2$$

图 11.4.3 给出了这两个简谐振动合成的旋转矢量示意图. 可以看出，因为这两个简谐振动的角频率不相等（设 $\omega_2>\omega_1$），所以它们的旋转矢量 $\boldsymbol{A}_1$ 和 $\boldsymbol{A}_2$ 之间的夹角 $\Delta\varphi=(\omega_2-\omega_1)t+(\varphi_2-\varphi_1)$ 是随时间变化的，因此合矢量 $\boldsymbol{A}$ 的大小也随时间而变化，合矢量 $\boldsymbol{A}$ 旋转的角速率也随时间变化. 由以上分析可以看出，合矢量 $\boldsymbol{A}$ 在 y 轴上的投影 $y=y_1+y_2$ 不是作简谐振动.

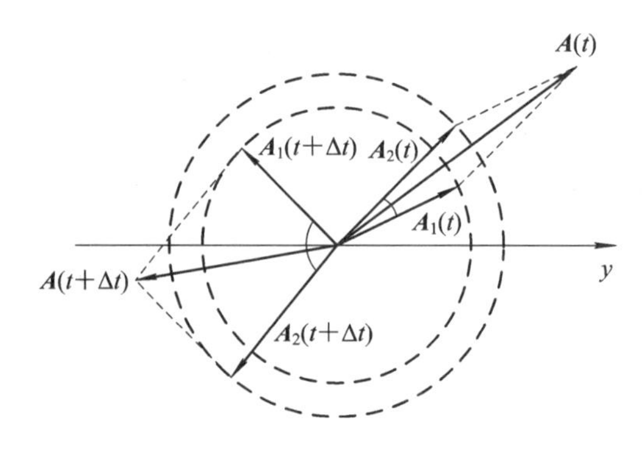

图 11.4.3 两个同方向不同频率简谐振动合成的旋转矢量示意图

为了简化起见，假定 $\varphi_1=\varphi_2=0$，$A_1=A_2=A_0$，且两个简谐振动的频率相差很小，此时

$$y = y_1 + y_2 = A_0\cos\omega_1 t + A_0\cos\omega_2 t$$

利用 $\cos\alpha+\cos\beta=2\cos\frac{1}{2}(\alpha-\beta)\cos\frac{1}{2}(\alpha+\beta)$，可将上式变为

$$y = 2A_0\cos\frac{(\omega_2-\omega_1)t}{2}\cos\frac{(\omega_2+\omega_1)t}{2} \tag{11.4.8}$$

令 $A=2A_0\cos\frac{(\omega_2-\omega_1)t}{2}$，则

$$y = A\cos\frac{(\omega_1+\omega_2)t}{2} \tag{11.4.9}$$

由于我们假定了两个振动的角频率几乎相等，因此 $\omega_1+\omega_2\gg\omega_2-\omega_1$，所以我们可以把式(11.4.9)看成一个余弦函数表示的简谐振动，其角频率为

$$\omega = \frac{\omega_1+\omega_2}{2}$$

振幅 $\left|2A_0\cos\frac{(\omega_2-\omega_1)t}{2}\right|$ 的变化范围为 $2A_0\sim0$. 可见合振动的振幅随时间发生周期性的变化，我们把这种现象称为**拍**. 正是因为合振幅的缓慢变化是周期性的，所以合振动会出现时强时弱的拍现象. 图 11.4.4 画出两个分振动以及合振动的图形，由于振幅总是正值，而余弦函数的绝对值以 π 为周期，因而振幅变化周期 τ 可由 $\left|\frac{\omega_2-\omega_1}{2}\right|\tau=\pi$ 来决定. 所以振幅变化的频率，即拍频为

$$\nu_{\text{beat}} = \frac{1}{\tau} = \left|\frac{\omega_2-\omega_1}{2\pi}\right| = |\nu_2-\nu_1| \tag{11.4.10}$$

ν_{beat}表示单位时间内振幅大小变化的次数，称为**拍频**，可以看出它的数值等于两分振动频率之差.

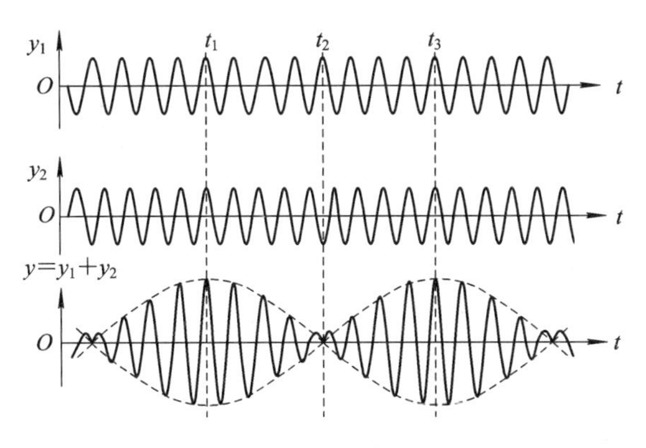

图 11.4.4　拍

拍现象在技术上有着重要应用，例如超外差收音机、产生极低频电磁振荡的差频振荡器等都是根据拍原理设计的. 又如音乐家利用拍现象给乐器调音，只需将一件乐器对着标准频率发声，并把它一直调到拍消失，乐器的频率就和标准频率一样了.

例 11.4.2　当两个同方向的简谐振动合成为一个振动时，其振动表达式为 $y=A\cos2.1t\cos50.0t$，式中 t 以 s 为单位. 求各分振动的角频率和合振动拍的周期.

解　两个同方向、频率稍有差异的简谐振动合成时，产生拍现象. 把合振动表达式与

式(11.4.8)对比，可得

$$\frac{\omega_2-\omega_1}{2}=2.1\ \mathrm{s}^{-1}$$

$$\frac{\omega_2+\omega_1}{2}=50.0\ \mathrm{s}^{-1}$$

解得

$$\omega_1=47.9\ \mathrm{s}^{-1},\ \omega_2=52.1\ \mathrm{s}^{-1}$$

由式(11.4.10)可得拍的周期为

$$T_{\text{beat}}=\frac{1}{\nu_{\text{beat}}}=\left|\frac{2\pi}{\omega_{\text{beat}}}\right|=\left|\frac{2\pi}{\omega_2-\omega_1}\right|=1.5\ \mathrm{s}$$

本章小结

知识单元	基本概念、原理及定律	公式
简谐振动	回复力	$f=-kx$
	动力学方程	$\frac{\mathrm{d}^2x}{\mathrm{d}t^2}+\omega^2x=0$
	运动学方程	$x=A\cos(\omega t+\varphi)$
	速度	$v=\frac{\mathrm{d}x}{\mathrm{d}t}=-\omega A\sin(\omega t+\varphi)$
	加速度	$a=\frac{\mathrm{d}^2x}{\mathrm{d}t^2}=-\omega^2A\cos(\omega t+\varphi)=-\omega^2x$
	周期，频率，角频率	$\nu=\frac{1}{T}$，$\omega=\frac{2\pi}{T}=2\pi\nu$，$\omega=\sqrt{\frac{k}{m}}$
	相位差	相位差：$\Delta\varphi=(\omega_2-\omega_1)t+(\varphi_2-\varphi_1)$ 超前：$\Delta\varphi>0$ 落后：$\Delta\varphi<0$ 同相：$\Delta\varphi=\pm2k\pi$，$k=0, 1, 2, \cdots$ 反相：$\Delta\varphi=\pm(2k+1)\pi$，$k=0, 1, 2, \cdots$
	初始条件法	初始条件：$x_0=A\cos\varphi$，$v_0=-\omega A\sin\varphi$ 振幅：$A=\sqrt{x_0^2+\frac{v_0^2}{\omega^2}}$　初相：$\varphi=\arctan\left(-\frac{v_0}{\omega x_0}\right)$ 初相 φ 所在象限由 x_0 和 v_0 的方向来决定： $x_0>0$，$v_0<0$ 时，φ 取值在第一象限 $x_0<0$，$v_0<0$ 时，φ 取值在第二象限 $x_0<0$，$v_0>0$ 时，φ 取值在第三象限 $x_0>0$，$v_0>0$ 时，φ 取值在第四象限

续表

知识单元	基本概念、原理及定律	公　　式
旋转矢量图示法	旋转矢量图方法	旋转矢量的末端 M 在 x 轴上的投影点的运动为 $x=A\cos(\omega t+\varphi)$
简谐振动的能量	动能	$E_k=\frac{1}{2}mv^2=\frac{1}{2}kA^2\sin^2(\omega t+\varphi)$
	势能	$E_p=\frac{1}{2}kx^2=\frac{1}{2}kA^2\cos^2(\omega t+\varphi)$
	机械能	$E=E_k+E_p=\frac{1}{2}m\omega^2A^2=\frac{1}{2}kA^2$
一维简谐振动的合成	同方向同频率简谐振动的合成	合振动方程：$x=A\cos(\omega t+\varphi)$ 其中，$A=\sqrt{A_1^2+A_2^2+2A_1A_2\cos(\varphi_2-\varphi_1)}$ $\tan\varphi=\frac{A_1\sin\varphi_1+A_2\sin\varphi_2}{A_1\cos\varphi_1+A_2\cos\varphi_2}$
	同方向不同频率简谐振动的合成，拍现象	合振动方程：$x=2A\cos\left(\frac{\omega_2-\omega_1}{2}t\right)\cos\left(\frac{\omega_2+\omega_1}{2}t\right)$ 当 $\nu_1+\nu_2\gg\lvert\nu_1-\nu_2\rvert$ 时，产生拍频： $T_{beat}=\frac{2\pi}{\lvert\omega_2-\omega_1\rvert}$，$\nu_{beat}=\frac{\lvert\omega_2-\omega_1\rvert}{2\pi}=\lvert\nu_2-\nu_1\rvert$

习 题 十 一

1. 一质点作简谐振动，周期为 T，它由平衡位置沿 y 轴负方向运动到离最大负位移1/2处所需要的最短时间为(　　).

A. $T/4$　　B. $T/12$　　C. $T/6$　　D. $T/8$

2. 用两种方法使某一弹簧振子作简谐振动. 方法1：使其从平衡位置压缩 Δl，由静止开始释放．方法 2：使其从平衡位置压缩 $2\Delta l$，由静止开始释放．若两次振动的周期和总能量分别用 T_1、T_2 和 E_1、E_2 表示，则它们满足下面哪个关系（　　）．

A．$T_1=T_2$，$E_1=E_2$　　B．$T_1=T_2$，$E_1\neq E_2$

C．$T_1\neq T_2$，$E_1=E_2$　　D．$T_1\neq T_2$，$E_1\neq E_2$

3．两个质点各自作简谐振动，它们的振幅相同、周期相同，第一个质点的振动方程为 $y_1=A\cos(\omega t+\alpha)$，当第一个质点从相对于其平衡位置的正位移处回到平衡位置时，第二个质点正在最大正位移处，则第二个质点的振动方程为（　　）．

A．$y_2=A\cos\left(\omega t+\alpha+\dfrac{\pi}{2}\right)$　　B．$y_2=A\cos\left(\omega t+\alpha-\dfrac{\pi}{2}\right)$

C．$y_2=A\cos\left(\omega t+\alpha-\dfrac{3\pi}{2}\right)$　　D．$y_2=A\cos(\omega t+\alpha+\pi)$

4．习题 4 图所示为两个简谐振动的 $y-t$ 曲线，将这两个简谐振动叠加，合成的余弦振动的初相为（　　）．

A．0　　B．$\dfrac{3\pi}{2}$　　C．π　　D．$\dfrac{\pi}{2}$

5．一简谐振子的振动曲线如习题 5 图所示，则以余弦函数表示的振动方程为______．

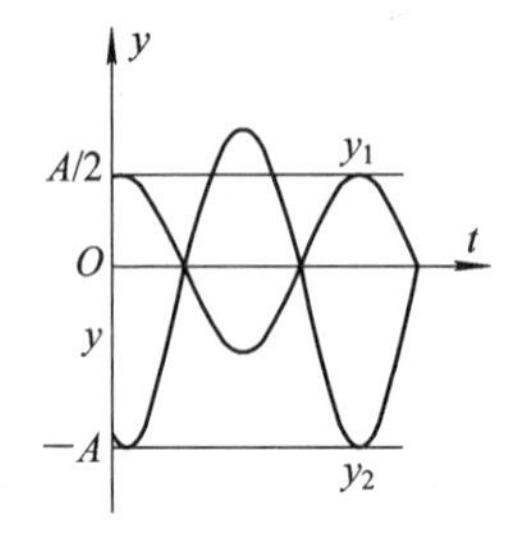

习题 4 图

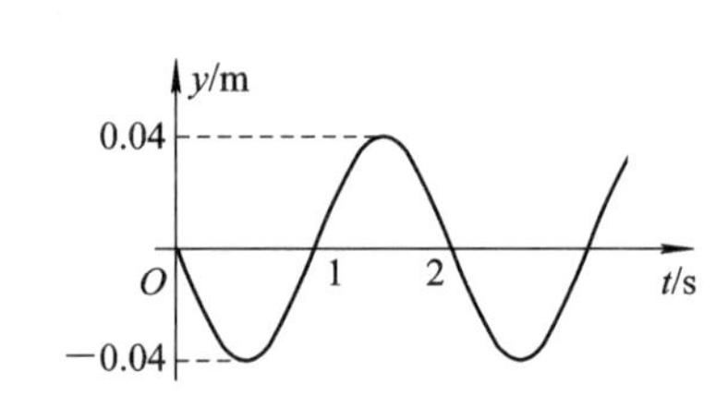

习题 5 图

6．单摆的周期为 T，振幅为 A，起始时单摆的三种状态如习题 6 图所示，若以单摆的平衡位置为 y 轴的原点，y 轴指向右为正，则单摆作小角度振动的运动学方程分别为(a)__________(b)__________(c)__________．

7．如习题 7 图所示，两个劲度系数分别为 k_1 和 k_2 的弹簧与质量为 m 的物体相连，并放置在光滑水平面上，该系统的振动频率 $\nu=$________．

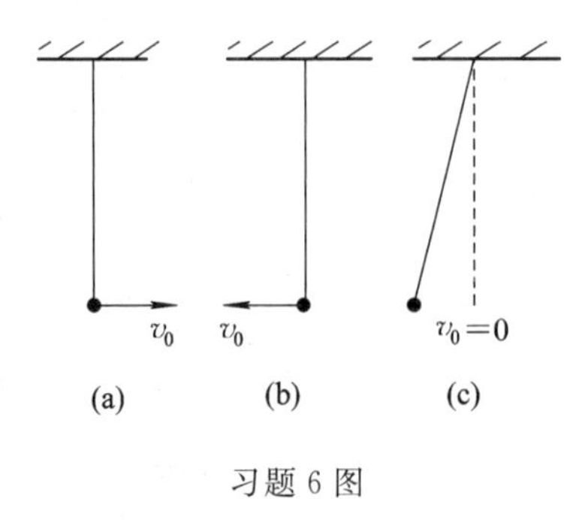

习题 6 图

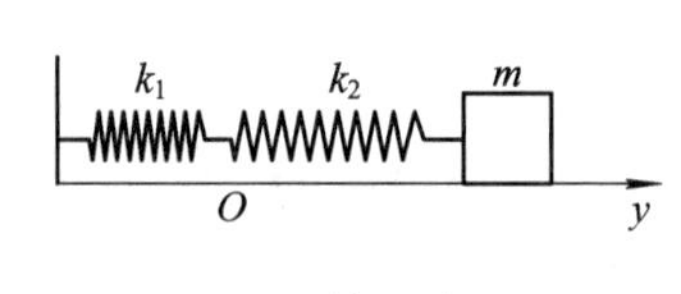

习题 7 图

8．一质点同时参与三个同方向同频率的简谐振动，它们的振动方程分别为 $y_1=$

$A\cos\omega t$，$y_2=A\cos\left(\omega t+\dfrac{\pi}{3}\right)$，$y_3=A\cos\left(\omega t+\dfrac{2\pi}{3}\right)$，则其合振动方程为________.

9. 质量为 10 g 的小球与轻弹簧组成的系统按 $y=0.5\cos\left(8\pi t+\dfrac{\pi}{3}\right)$ m 的规律运动，式中 t 以 s 为单位.

(1) 试求振动的角频率、周期、振幅、初相、速度及加速度的最大值；

(2) $t=1$ s、2 s、10 s 等时刻的相位各为多少？

(3) 分别画出位移、速度、加速度和时间的关系曲线.

10. 原长为 0.5 m 的弹簧，上端固定，下端挂一质量为 0.1 kg 的物体，当物体静止时，弹簧长为 0.6 m. 现将物体上推，使弹簧缩回到原长，然后放手，以放手时开始计时，取竖直向下为正向，写出振动式.（g 取 $9.8\ \mathrm{m\cdot s^{-2}}$）

11. 有一单摆，摆长 $l=1.0$ m，小球质量 $m=10$ g，$t=0$ 时，小球正好经过 $\theta=-0.06$ rad 处，并以角速度 $\dot{\theta}=0.2\ \mathrm{rad\cdot s^{-1}}$ 向平衡位置运动. 设小球的运动可看作简谐振动.（g 取 $9.8\ \mathrm{m\cdot s^{-2}}$）

(1) 试求角频率、频率、周期；

(2) 用余弦函数形式写出小球的振动式.

12. 一竖直悬挂的弹簧下端挂一物体，最初用手将物体托住，然后放手，此系统便上下振动起来，已知物体最低位置是初始位置下方 10.0 cm 处，求：

(1) 振动频率；

(2) 物体在初始位置下方 8.0 cm 处的速度大小.

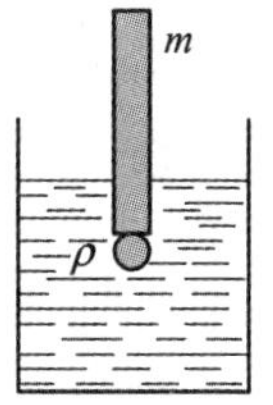

习题 13 图

13. 如习题 13 图所示，质量为 m 的密度计，放在密度为 ρ 的液体中. 已知密度计圆管的直径为 d. 试证明密度计推动后，在竖直方向的振动为简谐振动，并计算周期.

14. 在理想情况下，弹簧振子的频率 $\nu=\dfrac{1}{2\pi}\sqrt{\dfrac{k}{m}}$，如果弹簧质量不能忽略，则振动的频率为多少？

15. 如习题 15 图所示系统，弹簧的劲度系数 $k=25\ \mathrm{N\cdot m^{-1}}$，物块 $m_1=0.6$ kg，物块 $m_2=0.4$ kg，m_1 与 m_2 间最大静摩擦系数为 $\mu=0.5$，m_1 与地面间是光滑的. 现将物块拉离平衡位置，然后任其自由振动，使 m_2 在振动中不从 m_1 上滑落，求系统所能具有的最大振动能量.

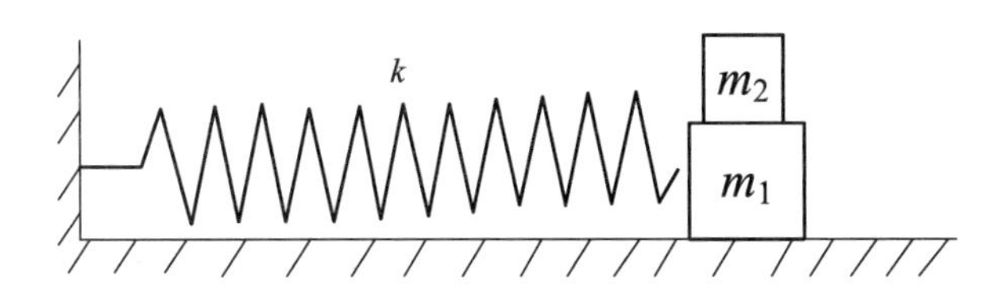

习题 15 图

16. 如习题 16 图所示，有两个同方向同频率的简谐振动，其合成振动的振幅为 0.2 m，相位与第一振动的相位差为 $\pi/6$，若第一振动的振幅为 $\sqrt{3}\times10^{-1}$ m，试用旋转矢量合成法求第二振动的振幅及第一、第二两振动的相位差.

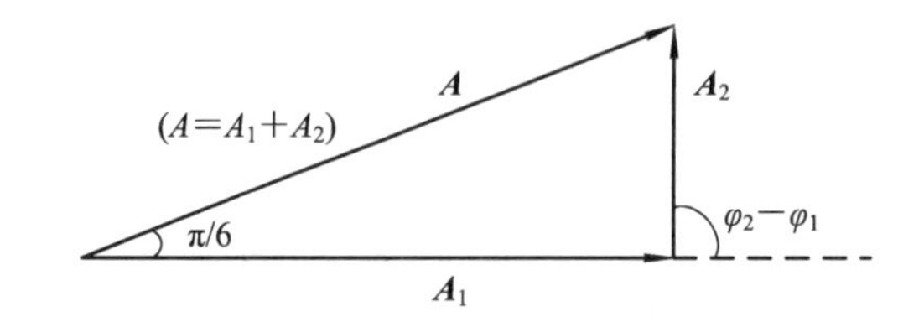

习题 16 图

17. 一氢原子在分子中的振动可视为简谐振动. 已知氢原子的质量 $m=1.68\times10^{-27}$ kg，振动频率 $\nu=1.0\times10^{14}$ Hz，振幅 $A=1.0\times10^{-11}$ m. 试计算：

(1) 此氢原子的最大速度；

(2) 与此振动相联系的能量.

18. 将频率为 348 Hz 的标准音叉振动和一待测频率的音叉振动合成，测得拍频为 3 Hz. 若在待测频率音叉的一端加上一小块物体，则拍频数将减少，求待测音叉的固有频率.

阅读材料之基本认知

模型在物理学发展中的作用

物理学的发展是从人类对天体的观察和研究开始的．伽利略对行星的观察奠定了物理学的基础．在这以前，人类曾对星象进行长期的观察，并根据观察记录制定历法，这是对天体运动规律认识的唯象阶段．直到开普勒给出他的三定律，物理学才从唯象阶段过渡到理论阶段．开普勒的定律实际上给出了太阳系行星运行的模型．按照这个模型，行星围绕着太阳在椭圆轨道上运动，而且行星对太阳视角的改变速度是与行星离太阳距离的二分之三次方成反比的．牛顿正是在这个模型基础上建立牛顿力学和万有引力理论的．在自然科学发展过程中，我们发现模型通常是由唯象认识过渡到动力学理论的桥梁．

模型在近代物理和其他学科的发展中也起着非常重要的作用．最著名的有道尔顿的分子模型，玻尔的原子模型，以及后来的原子核模型等．在上个世纪，英国物理学家提出的气体运动论假定气体是由相互作弹性碰撞的自由运动的分子构成的．这个气体模型圆满地用牛顿力学解释了气体热力学的结果，使关于气体的热力学唯象理论发展成动力学的统计理论．气体运动论的方法还可应用于处理电磁场辐射的运动并根据电动力学导出黑体辐射的频率分布．气体运动论的确是牛顿力学和电动力学应用于描绘物质内分子的集体运动的辉煌的成就，但它却同时孕育着自身的危机．

在 19 世纪终由这个理论所描绘的气体比热和黑体辐射的频率分布，与实验结果不符．为了解决理论和实验之间的矛盾，普朗克假定电磁辐射的能量是不连续的，即辐射能量具有最小的称为“能量子”的单元．不同频率辐射的能量子的能量为辐射的频率乘以普朗克常数．这个假定后来导致量子统计力学在微观领域内代替了经典统计力学．爱因斯坦提出的光子模型进一步阐明了物质的波动和粒子的二重性．卢瑟福的原子模型加上玻尔的对应原理，海森伯的矩阵力学和薛定谔的波动方程所发展成的量子力学在微观领域内代替了经典的牛顿力学．这些物理学的模型真实而直观地反映出客观事物的本质，代表着科学认识上重要的飞跃．这是物理学基础深入发展的非常重要的环节．在20世纪60年代，盖尔曼提出的“夸克”模型现已成为组成质子、中子、介子等“强子”的更原始的粒子．这进一步地把人类对微观运动规律的认识推进到更深的层次．当盖尔曼提出强子是由更微小的粒子结合而成的复合粒子时，并没有很大的信心，因此以一种鸟叫声作为这种粒子的名称．“夸克”就是这个叫声的声音．我们称这种新粒子为“层子”，表明它代表物质微观结构更深的一个层次．上面这些模型都是从实验素材和唯象理论升华出来的．

我觉得在谈到模型对科学发展的重要性时，还须指出独立的和创造性思想的重要性．研究最重要的精神是独立的和创造性的思考，而不迷信权威成为旧概念的俘虏．我们应当继承前人而不要陷入前人的束缚．也就是说，役古人而不为古人所用．这是上联，我还要添一句下联：用数学而不为数学所役．在量子力学发展前期，计算结果中出现发散的积分．按照严格的数学观点，量子力学方程根本无解，但物理学家正确地用物理的观点处理了发散的积分，获得了与实验相符的结果．

科学研究贵在有活跃的思想，思想活跃才能有创见．当然，首先必须联系实验，联系实验有时是直接的，有时则比较间接．基础研究不应忽视深入的思考和执著的探索．为了说明科学思想的重要，我们回顾一下爱因斯坦是如何提出狭义相对论的．大家知道，牛顿力学的规律在所有惯性坐标中都是相同的，因此不能够用运动学和动力学来确定绝对静止的坐标．也就是说，运动是相对的．因而在牛顿力学中没有绝对静止的概念，尽管牛顿本人认为绝对静止的坐标是存在的．按照当时的电磁学，电磁现象在不同惯性坐标中是不同的．也就是说，绝对静止的坐标是存在的．人们认为这个绝对静止的坐标就是“以太”．电磁波以固定不变的光速在以太中向不同方向传播，正像声音以固定的速度在静止的空气中传播一样．在相对于以太运动的坐标中，光速在沿运动和反运动方向是不同的，因此可以用对光速的测量来确定测量者所在的坐标相对于以太的速度．但是后来迈克尔逊和穆莱的实验却测不出这个速度．当时人们对这个矛盾的解释是：由于在运动中测量仪器的内部电磁力发生变化而使仪器长度沿运动方向缩短，因而光速变快和长度变短的效应互相抵消．这种长度的缩短称为洛伦兹缩短．有些教科书认为特殊相对论的提出是为着消除光速测量和以太理论间的不可调和的矛盾，这是不正确的．爱因斯坦在自传中曾提到他是怎样提出特殊相对论的．他当时并不知道这个测量光速的实验．之所以考虑相对性问题，是因为他注意到只要把牛顿力学中由一个惯性坐标系到另一个惯性坐标系的伽利略坐标变换换成洛伦兹变换，电磁现象就可以满足相对性原理．当时洛伦兹变换已经存在，但是人们不认为它代表惯性坐标变换．因为它与牛顿力学的惯性坐标变换相矛盾．爱因斯坦给这个变换一个重要的意义：他认为这个变换显示时间和空间可以相互转化．这样洛伦兹变换就代表真正的惯性坐标变换，电磁场的运动和力学运动都将在新定义下的惯性坐标变换下满足相对性原理．为了使力学规律在新定义下也满足相对性原理，牛顿力学也被推广成相对论力学以使它在新的惯性坐标系中满足相对性原理．当运动的速度比光速小得多时，相对论力学即趋于牛顿力学．

认为时间和空间可以互相转化是概念上一个重大的飞跃，它表现出思想的洞察力和能动性．爱因斯坦另一个重要工作是广义相对论．这个理论所根据的“等效原理”的内容可用下述的“理想实验”来说明．在加速降落的电梯里，地心引力将变小；在自由降落的电梯中，则感觉不到地心的吸引力．这说明引力可以转化为加速，坐标加速可以改变引力．这个简单的现象是人们经常体验到的，但很少有人会深入地思考这个问题．爱因斯坦就是善于深入思考这类问题而在科学研究中获得成就．这说明在学习和作科学研究时，必须勤于思考．勤思考才能产生洞察力和预见性，才能在人们认为没有问题的地方发现新问题．再者，不应认为有些想法看来可笑而不敢提出或进一步予以思考．有时候你开始时认为是错误的想法最终证明是正确的，即使是错误的想法也可通过思考获得教益．

节选自《物理》1993 年第 22 卷第 8 期，模型在物理学发展中的作用，作者：胡宁．

第 12 章 机械波和电磁波

振动的传播称为波动，简称**波**．机械振动在介质中的传播称为**机械波**，如声波、水波、地震波等．变化电场和变化磁场在空间的传播称为电磁波，如无线电波、X 射线等．虽然各类波的本质不同，各有其特殊的性质和规律，但在形式上它们也具有许多共同的特征和规律，如都具有一定的传播速度，都伴随着能量的传播，都能产生反射、折射、干涉和衍射等现象．本章主要讨论机械波的基本规律，其中有许多对于电磁波也是适用的．

12.1 机械波的基本特征

12.1.1 机械波产生的条件

要产生机械波，首先要有作机械振动的物体作为**波源**，没有波源是不能引起介质中质元的振动．例如，地震波的产生有震源，声波的产生有发声体，水波的产生有振动源．其次，必须有能传播这种机械波的**弹性介质**．弹性介质是由连续不断的无穷多个质元构成的，这些质元之间有弹性力作用，也可以产生相对运动．在弹性介质中，质元之间有弹性回复力的作用．当弹性介质中的任何一处质元因为受到振动而离开平衡位置时，邻近质元就将对它产生一个弹性回复力，并使它在平衡位置附近振动起来．同时，由于作用力与反作用力的原因，这个质元也会给邻近质元以弹性回复力的作用，使邻近质元在它们的平衡位置振动．这样依次带动，就使振动以一定的速度向周围由近及远地传播出去，从而形成机械波．空气就是一种弹性介质，因为空气的存在，我们可以听到各种声音，而在太空中，由于没有空气的存在而变得十分寂静．另外，虽然机械波需要介质才能传播，但是并不是所有的波都是这样，例如电磁波的传播就不需要介质，电磁波可以在没有空气的太空里自由传播．需要注意的是，就弹性介质中的每一个质元而言，它只是在平衡位置附近振动，并没有沿传播方向向前运动．

12.1.2 机械波的分类

在波动中，按照波源的振动类型可以将波动分为**简谐波**和**非简谐波**．简谐波中波源作简谐振动，波在传播过程中，弹性介质中的质元也在作简谐振动．如果波源或弹性介质中的质元是作非简谐振动，则称为非简谐波．一般来说，由于介质中各个质元振动很复杂，因此波动也很复杂．简谐波是一种最简单、最重要的波，任何一种复杂的机械波都可以看成是几个简谐波的合成．

如果按质元的振动方向和波的传播方向之间的关系，又可以把波分为**横波**与**纵波**. 如果质元的振动方向和波的传播方向相互垂直，我们称这种波为横波. 拿一根绳子，把它的一端握在手中上下抖动，如图 12.1.1 所示，会观察到该端上下振动的状态沿绳向固定端传播，并且绳中质元的振动方向与波传播的方向相互垂直. 在横波传递过程中，质元依次到达**波峰**(正向最大位移)和**波谷**(负向最大位移)，所以横波波形的特征为波峰和波谷的定向移动.

在波动中，如果质元的振动方向和波的传播方向相互平行，则称这种波为**纵波**. 拿一根弹簧，把它的一段固定在墙面，另一端拿在手中快速推拉，如图 12.1.2 所示，会观察到该端左右振动状态沿弹簧向固定端传播，弹簧各部分的振动方向与波传播的方向平行. 在纵波传递的过程中，质元之间呈现出时疏时密的状态，所以纵波波形的特征为疏密状态的定向移动.

图 12.1.1　横波　　　　图 12.1.2　纵波

横波只能在固体中传播. 这是因为在弹性介质中形成横波时，一层介质必须相对于另一层介质发生横向平移，产生切变力. 由于固体会产生切变力，因此横波只能在固体中传播. 而纵波能在固体、液体、气体中传播. 这是因为在弹性介质中形成纵波时，介质要发生压缩或拉伸，即发生体变，固体、液体、气体都能发生体变，所以纵波能在其中传播.

横波与纵波只是波动简单的分类，有些波动既不是纯粹的横波，也不是纯粹的纵波，但是可以看成是横波与纵波的叠加.

12.1.3　波的几何描述

为了形象描述波在介质中的传播方向与各质元振动的相位关系，引入波线和波面的概念. 如图 12.1.3 所示，沿波传播的方向画出的射线称为**波线**，它表示波的传播路径和方向，在介质中波的能量沿着波线“流动”；任一时刻，介质中振动相位相同点所组成的面称为**波面**，也叫**同相位面**；波面有无数多个，其中离波源最远，即最前面的波面称为**波前**(也称为**波阵面**). 通过图 12.1.3 或图 12.1.4 可以看出，沿着波线给出的传播方向，一组波面动态地向前推进，因此用波的几何描述方法能形象地展示波传播的几何面貌.

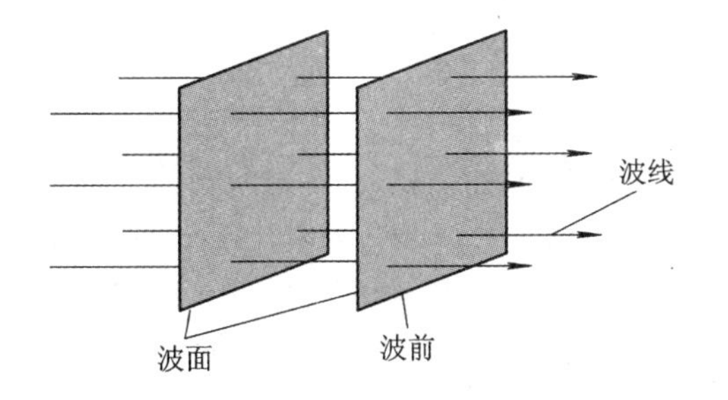

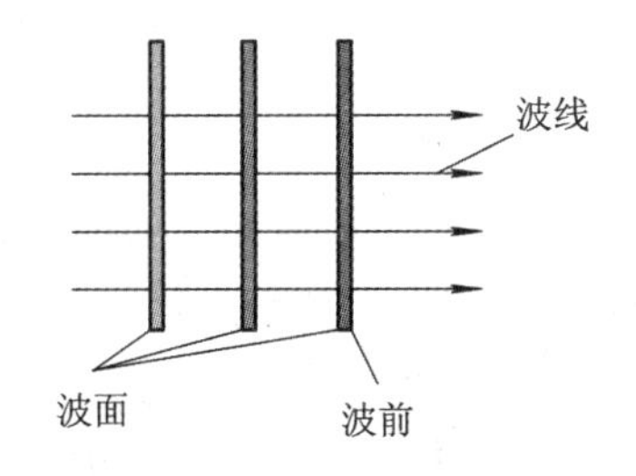

图 12.1.3　平面波

波面可能有不同的形状. 波面为平面的波称为**平面波**，波面为球面的波称为**球面波**. 在各向同性的介质中，波面总是与波线垂直，其中平面波的波线是相互平行的直线，如图12.1.3所示. 球面波的波线是汇聚于点波源的直线，如图12.1.4所示.

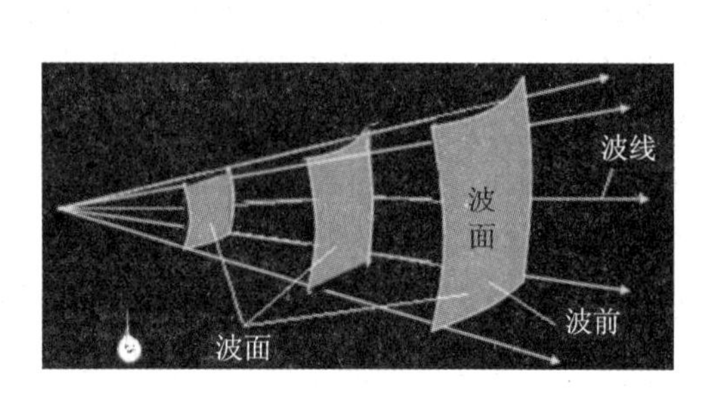

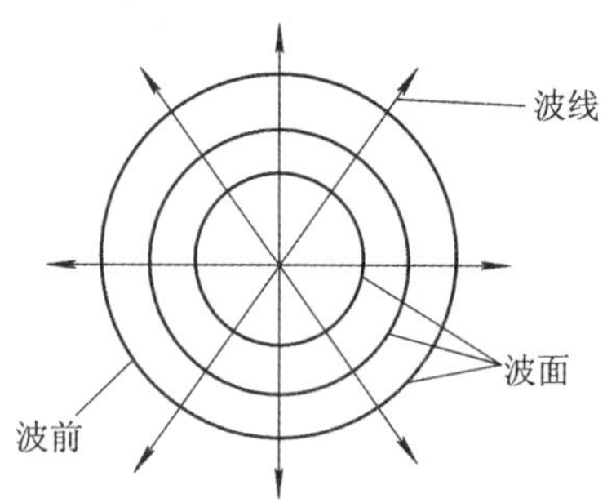

图 12.1.4　球面波

12.1.4　描述波动的基本物理量

如果波源的振动是周期性的，则振动在空间的传播既具有时间周期性，也具有空间周期性.

1. 波长

沿波传播方向两个相邻的、相位差为 2π 的振动质元之间的距离，即一个完整波形(波的形状)的长度，称为**波长**，用 λ 表示，如图12.1.5所示. 显然，横波上相邻两个波峰之间或相邻两个波谷之间的距离，都是一个波长；纵波上相邻两个疏部或两个密部对应点之间的距离，也是一个波长. 在波线上，距离为一个波长的两点，振动情况完全相同，因此波长表征了波的空间周期性.

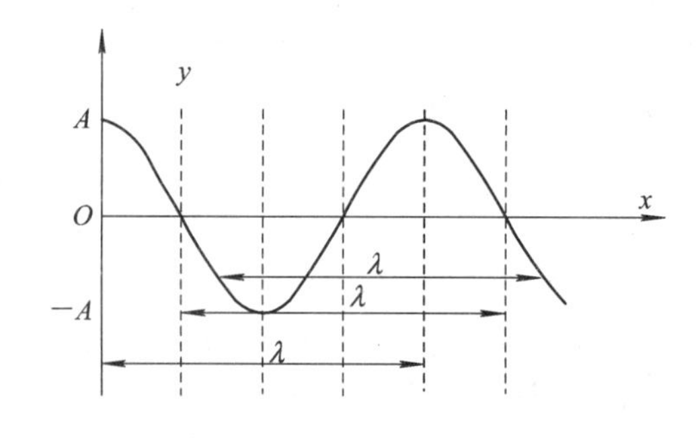

图 12.1.5　波的空间周期性

2. 周期和频率

波前进一个波长的距离所需要的时间称为**周期**，用 T 表示. 周期的倒数称为**频率**，用 ν 表示，$\nu=1/T$，可见频率是单位时间内波通过某点的完整波的数目. 由图12.1.6可以看出，波源作一次完整振动，波就前进一个波长，所以波源振动的周期等于波的周期，波的频率也就是波源的频率. 由于介质中各质元在依次重复波源的振动，因此介质中任一质元完成一次全振动所需要的时间也是波的周期. 同时，一个完整波形通过介质中某一固定点的时间也等于波的周期. 从以上分析可以看出，波的周期反映了波的时间周期性.

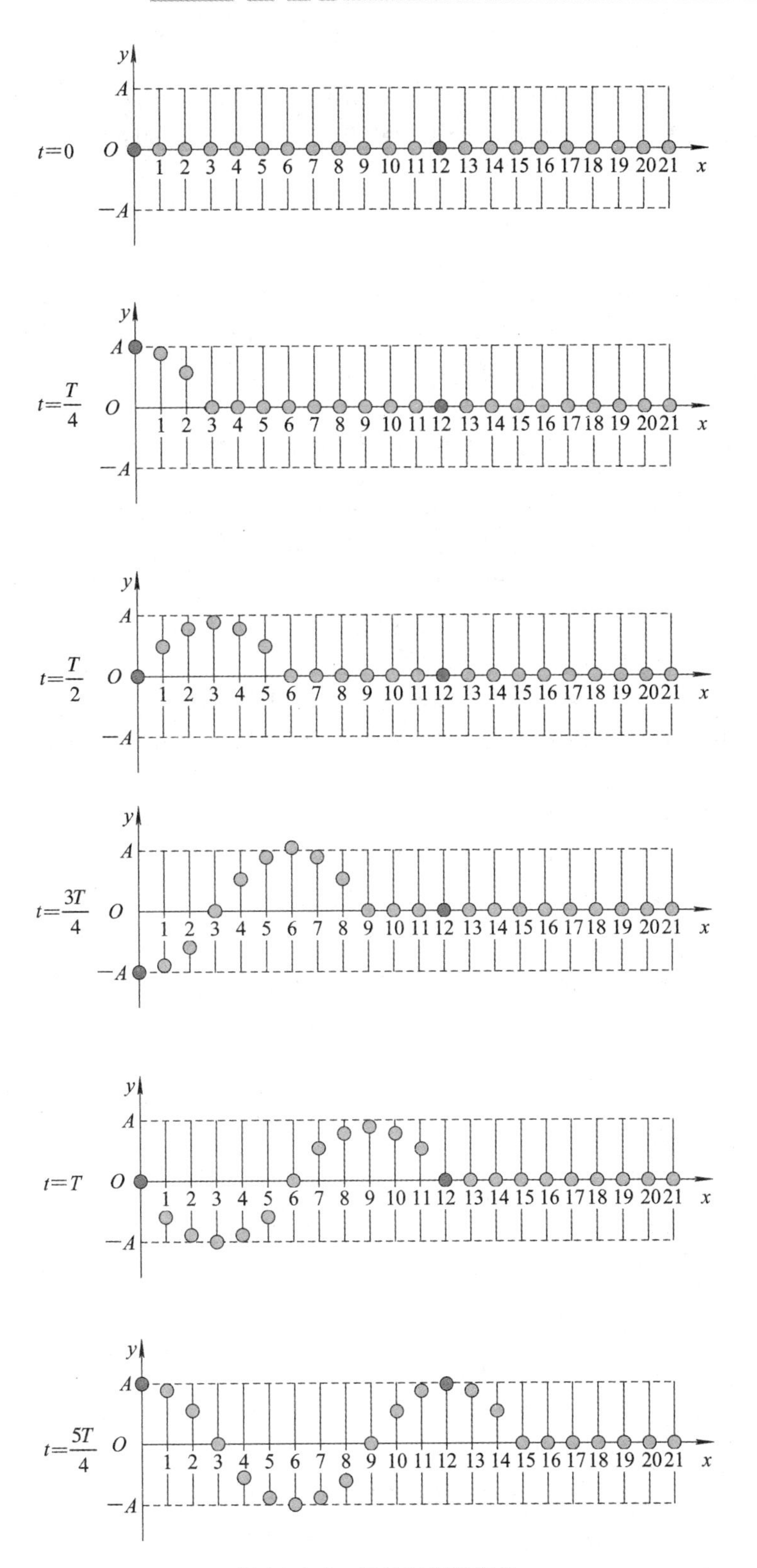

图 12.1.6　波的时间周期性

3. 波速

在波动过程中，某一个振动状态(即振动相位)在单位时间内所传播的距离称为**波速**，也叫**相速**，用 u 来表示. 由于任何一个振动状态在一个周期 T 的时间内传播的距离为一个波长 λ，所以

$$u = \frac{\lambda}{T} = \nu\lambda \tag{12.1.1}$$

可见，波速把波的时间周期性与空间周期性联系在了一起. 其中 $u=\nu\lambda$ 这个式子的物理意义是明显的，如图 12.1.7 所示，在单位时间内质元振动了 ν 次，则在此时间内波向前推进 ν 个波长，即 $\nu\lambda$ 这样一段距离，这就等于波的速度.

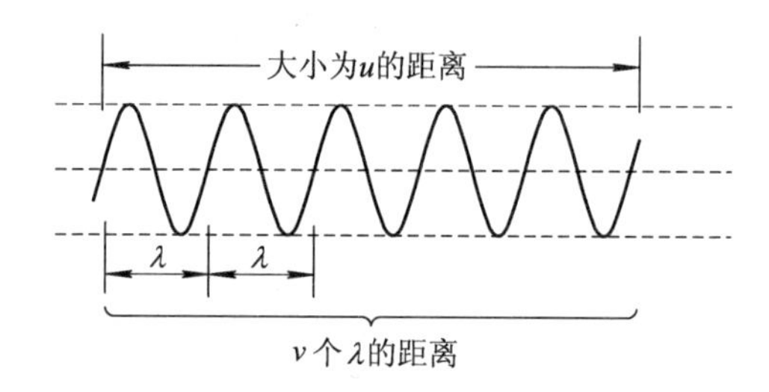

图 12.1.7　波速与频率、波长的关系

波速的大小由介质的性质决定，与波源无关. 例如，固体内横波和纵波的传播速度可以分别表示为

$$\begin{cases} u_{\text{横波}} = \sqrt{\dfrac{G}{\rho}} \\ u_{\text{纵波}} = \sqrt{\dfrac{E}{\rho}} \end{cases} \tag{12.1.2}$$

式中，G、E 和 ρ 分别为固体的切变模量、弹性模量和密度. 在液体和气体内，纵波的传播速度为

$$u = \sqrt{\frac{K}{\rho}}$$

式中，K 为体积模量.

注意：波速与质元的运动速度是两个完全不同的概念. 波速是振动状态或相位传播的速度，而质元的运动速度是质元相对于平衡位置的运动速度.

例 12.1.1　在室温下，已知空气中的声速为 $u_1=340\ \text{m}\cdot\text{s}^{-1}$，水中的声速为 $u_2=1450\ \text{m}\cdot\text{s}^{-1}$，求频率为 200 Hz 的声波在空气和水中的波长.

解　由波速、波长和频率的关系 $\lambda=\dfrac{u}{\nu}$，得

在空气中，

$$\lambda_1 = \frac{u_1}{\nu} = \frac{340}{200} = 1.7\ \text{m}$$

在水中，

$$\lambda_2 = \frac{u_2}{\nu} = \frac{1450}{200} = 7.25\ \text{m}$$

可见，同一频率的声波，在水中的波长要比在空气中的波长大. 原因是波速取决于介质，波的频率(或周期)取决于波源，所以同一波源发出的一定频率的波在不同介质中传播时，频率相同，波速不相同，那么波长也不相同.

12.2 平面简谐波波函数

为了定量描述波，常需要一个**波函数**来描述介质中各质元的位移是怎样随时间变化的. 如果简谐波的波面是平面，则称为**平面简谐波**.

12.2.1 平面简谐波波函数的概述

一平面简谐波沿 x 轴正方向传播，如图 12.2.1 所示，因为与 x 轴垂直的平面均为同相位面，所以任一个同相位面上所有质元的振动状态都可以用该平面与 x 轴交点处质元的振动状态来描述，因此整个介质中质元的振动研究可简化为只研究 x 轴上质元的振动，设原点处质元的振幅为 A，角频率为 ω，初相为 φ，则原点处质元的振动方程为

$$y_O = A\cos(\omega t + \varphi)$$

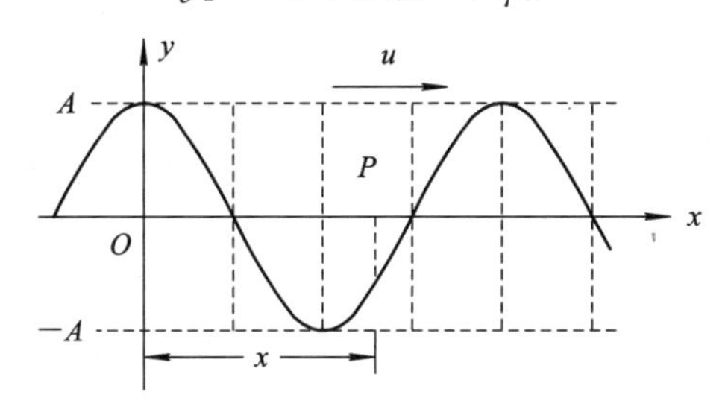

图 12.2.1　平面简谐波

为了找出波动过程中任一质元任意时刻的位移，我们在 Ox 轴上任取一点 P，它的坐标为 x. 显然，当振动从 O 处传播到 P 处时，P 处质元将重复 O 处质元的振动. 因为振动从 O 传播到 P 所用时间为 x/u，所以，P 点比 O 点晚振动 x/u 的时间，因此 P 点在 t 时刻的位移与 O 点在 $t-x/u$ 时刻的位移相等，由此可以写出 t 时刻 P 处质元的位移为

$$y_P = A\cos\left[\omega\left(t-\frac{x}{u}\right)+\varphi\right] \tag{12.2.1}$$

同理，当波沿 x 的负方向传播时，P 点比 O 点早(超前)振动 $\frac{x}{u}$ 的时间，因此 P 点在 t 时刻的位移与 O 点在 $t+\frac{x}{u}$ 时刻的位移相等，由此可以写出 t 时刻 P 处质元的位移为

$$y_P = A\cos\left[\omega\left(t+\frac{x}{u}\right)+\varphi\right] \tag{12.2.2}$$

综合式(12.2.1)和式(12.2.2)，可以得到

$$y(x,t) = A\cos\left[\omega\left(t\mp\frac{x}{u}\right)+\varphi\right] \tag{12.2.3}$$

式(12.2.3)所表示的是波线上任一点(距离原点为 x)处的质元在任意时刻 t 的位移. “−”表示波沿 x 轴正方向传播；“+”表示波沿 x 轴负方向传播. 利用 $\omega=2\pi\nu$ 和 $u=\nu\lambda$，

式(12.2.3)也可写为

$$y(x,\ t)=A\cos\left[2\pi\left(\nu t\mp\frac{x}{\lambda}\right)+\varphi\right] \tag{12.2.4}$$

$$y(x,\ t)=A\cos\left[2\pi\left(\frac{t}{T}\mp\frac{x}{\lambda}\right)+\varphi\right] \tag{12.2.5}$$

$$y(x,\ t)=A\cos\left[\omega t+\varphi\mp\frac{2\pi}{\lambda}x\right] \tag{12.2.6}$$

式(12.2.3)、式(12.2.4)、式(12.2.5)、式(12.2.6)统称为**平面简谐波波函数**.

12.2.2 波函数的物理意义

从平面简谐波的波函数可以看出，当波的角频率、波速、振幅等波动特征确定以后，波函数中仅含有坐标 x 和时间 t 两个变量，下面逐一进行讨论.

(1) 当 x、t 均变化时，$y=y(x,\ t)$表示任意时刻波线上所有质元的位移情况，即各个质元的振动情况. 此时波函数也形象地反映了波形的传播，如图 12.2.2 所示. 实线表示 t 的波形，虚线表示 $t+\Delta t$ 时刻的波形，从图中可以看出，振动状态(即相位)沿波线传播的距离为 $\Delta x=u\Delta t$，整个波形也传播了 Δx 的距离，因而波速就是波形向前传播的速度. 波函数也描述了波形的传播.

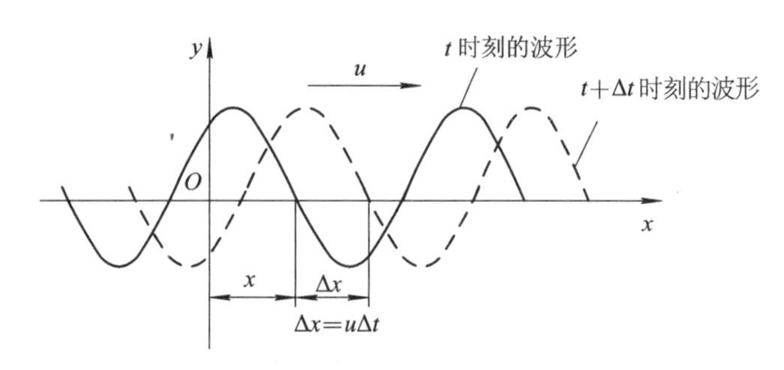

图 12.2.2 波形的传播

(2) 当 x 一定时，例如 $x=x_0$时，波函数 $y=y(x,\ t)$中，只有一个变量 t，即 $y=y(t)$. 波函数此时表示在 x_0处的质元在不同时刻的位移情况，因此波函数变成了 x_0处质元的振动方程. 另外，由式(12.2.6)可以看出，此时各质元落后于原点 O 的相位差为$\frac{2\pi}{\lambda}x$，图 12.2.3 所示为波线上位置依次相差 $\lambda/4$ 的质元的振动曲线，可以看出这些质点的初相位依次为 0、$-\frac{\pi}{2}$、$-\pi$、$-\frac{3\pi}{2}$，-2π，说明这些质元的相位依次落后$\frac{\pi}{2}$.

(3) 当 t 一定时，例如 $t=t_0$时，波函数 $y=y(x,\ t)$中只有一个变量 x，即 $y=y(x)$. 波函数此时表示的是 t_0时刻波线上各个质元相对于其平衡位置的位移，也就是 t_0时刻的波形方程. 由波形方程可以作出 t_0时刻的波形图. 图 12.2.4 为不同时刻的波形图，可以看出，在同一时刻，距离原点 O 分别为 x_1 和 x_2 的两质元的相位是不同的，根据式(12.2.6)可以得出两质元的相位分别为

$$\varphi_1=\omega t+\varphi-\frac{2\pi}{\lambda}x_1$$

$$\varphi_2 = \omega t + \varphi - \frac{2\pi}{\lambda}x_2$$

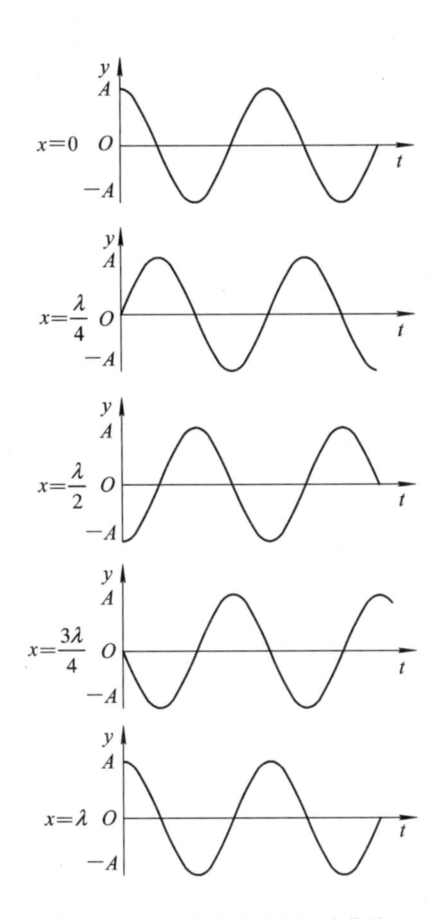

图 12.2.3　不同质元的振动曲线

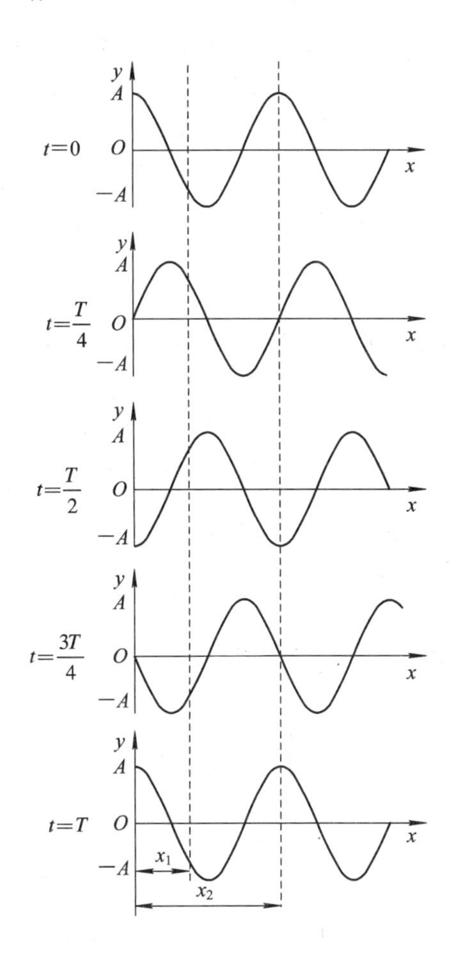

图 12.2.4　不同时刻的波形曲线

两质元振动的相位差为

$$\Delta\varphi = \varphi_2 - \varphi_1 = -\frac{2\pi}{\lambda}(x_2 - x_1) = -\frac{2\pi}{\lambda}\delta \tag{12.2.7}$$

式中，$\delta = x_2 - x_1$，称为**波程差**.

(4) 当 x、t 都一定时，例如 $x = x_0$，$t = t_0$ 时，波函数是一个确定的值 $y = y(x_0, t_0)$，它表示 t_0 时刻、坐标为 x_0 处的质元相对于平衡位置的位移.

(5) 当已知振动的质元不在原点 O 时，如参考点在 x_0 处的 O' 点，振动为 $y_{O'} = A\cos(\omega t + \varphi)$，则波函数为

$$y(x, t) = A\cos\left[\omega\left(t \mp \frac{x - x_0}{u}\right) + \varphi\right] \tag{12.2.8}$$

例 12.2.1　一连续纵波沿 x 轴正方向传播，频率为 25 Hz，波线上相邻密集部分中心的距离为 24 cm，某质元最大位移为 3 cm. $t = 0$ 时，原点处质元位移为零，并向 y 轴的正方向运动. 求：

(1) 原点处质元的振动方程；

(2) 波函数的表达式；

(3) $t=1$ s时的波形方程；

(4) $x=0.24$ m处质元的振动方程；

(5) $x_1=0.12$ m与$x_2=0.36$ m处质元振动的相位差.

例 12.2.1

解 (1) 设原点波动方程为

$$y_O=A\cos(\omega t+\varphi)$$

由题意可知

$$\begin{cases}A=0.03\ \text{m}\\ \omega=2\pi\nu=50\pi\ \text{s}^{-1}\end{cases}$$

由旋转矢量法可确定原点的初相为$\varphi=-\pi/2$，因此可以写出原点的振动方程为

$$y=0.03\cos\left(50\pi t-\frac{\pi}{2}\right)\ \text{m}$$

(2) 由于波向x轴正方向传播，$u=\dfrac{\lambda}{T}=\lambda\nu=6$ m，根据原点质元振动方程的表达式，由式(12.2.1)可以得到波函数的表达式为

$$y=0.03\cos\left(50\pi t-\frac{\pi}{2}-\frac{2\pi}{\lambda}x\right)\ \text{m}$$

由题意$\lambda=0.24$ m，即

$$y=0.03\cos\left(50\pi t-\frac{25}{3}\pi x-\frac{\pi}{2}\right)\ \text{m}$$

(3) 把$t=1$ s代入波函数，可得$t=1$ s时的波形方程为

$$y=0.03\cos\left(\frac{99}{2}\pi-\frac{25}{3}\pi x\right)\ \text{m}=0.03\cos\left(\frac{25}{3}\pi x+\frac{\pi}{2}\right)\text{m}$$

(4) 把$x=0.24$ m代入波函数，得

$$y=0.03\cos\left(50\pi t-2\pi-\frac{\pi}{2}\right)=0.03\cos\left(50\pi t-\frac{\pi}{2}\right)\ \text{m}$$

(5) 根据式(12.2.7)可得两质元间的相位差为

$$\Delta\varphi=-2\pi\,\frac{x_2-x_1}{\lambda}=-2\pi\,\frac{0.36-0.12}{0.24}=-2\pi$$

可见x_1处质元相位超前.

例 12.2.2 一波速为36 m·s^{-1}，振幅为0.2 m，波长为0.4 m的平面简谐波，在$t=\dfrac{3}{4}T$时的波形图如例12.2.2图(a)所示.

(1) 画出$t=0$时的波形图；

(2) 求O点的振动方程；

(3) 求该平面简谐波的波函数.

解 (1) 波形图相当于在波的传播过程中的某一时刻拍的“相片”，平面简谐波在传递的过程中，波形也以速率u传递，因此要得到$t=0$时波形图，只需把$t=\dfrac{3}{4}T$时的波形沿x轴负方向平移$\dfrac{3}{4}$个周期即可，如例12.2.2图(b)所示.

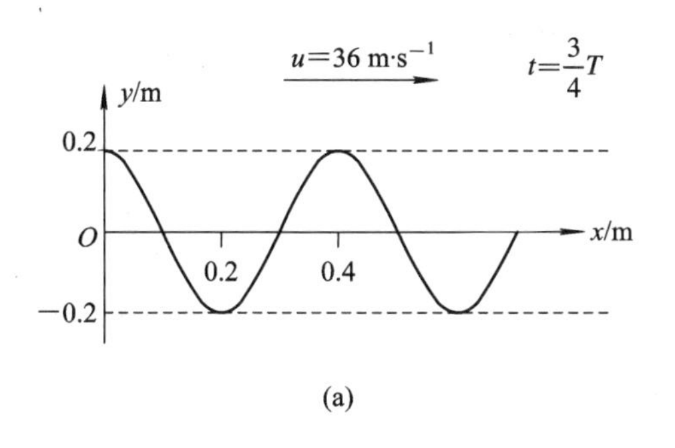

(a)

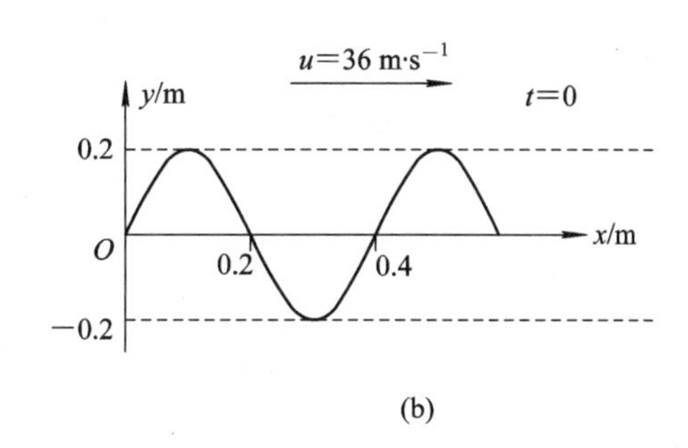

(b)

例 12.2.2 图

例 12.2.2

(2) 设 O 处质元的振动方程为

$$y_O = A\cos(\omega t+\varphi)$$

各质元振动的角频率为

$$\omega=2\pi\nu=2\pi\ \frac{u}{\lambda}=180\pi\ \mathrm{s}^{-1}$$

由原点质元的旋转矢量图可以看出，原点的初相为

$$\varphi=\frac{\pi}{2}$$

结合以上分析，可以写出原点的振动方程为

$$y_O=0.2\cos\left(180\pi t+\frac{\pi}{2}\right)\ \mathrm{m}$$

(3) 根据式(12.2.1)，可以写出波函数的表达式为

$$y=0.2\cos\left(180\pi t+\frac{\pi}{2}-\frac{2\pi}{\lambda}x\right)=0.2\cos\left(180\pi t-5\pi x+\frac{\pi}{2}\right)\ \mathrm{m}$$

12.3　波的能量　能流密度

12.3.1　波的能量

当一列波在弹性介质中传播时，介质中的各个质元都在各自的平衡位置附近振动，因而具有一定的动能；同时，介质中各质元之间的相对位置也发生变化，存在应力(单位面积上所承受的附加内力)，因而又有弹性势能. 我们以弹性杆中的横波为例，研究其中截面积为 ΔS、长为 Δx 的体积元 $\Delta V=\Delta S\cdot\Delta x$ 的动能、形变势能以及总能的变化规律.

当弹性杆中存在平面简谐波时，根据平面简谐波方程式(12.2.1)，可以得到位于 x 处的质元的振动速度(设振动初相 $\varphi=0$)为

$$v=\frac{\partial y}{\partial t}=-A\omega\sin\omega\left(t-\frac{x}{u}\right)$$

设杆的密度为 ρ，则该体积元的动能等于

$$\Delta E_{\mathrm{k}} = \frac{1}{2}\rho\Delta V v^2 = \frac{1}{2}\rho\Delta V A^2\omega^2\sin^2\omega\left(t-\frac{x}{u}\right) \tag{12.3.1}$$

又根据质元的应变，体积元的弹性势能应为

$$\Delta E_p = \frac{1}{2}G\Delta V\left(\frac{\partial y}{\partial x}\right)^2$$

式中，G 是材料的切变模量，

$$\frac{\partial y}{\partial x} = -\frac{A\omega}{u}\sin\omega\left(t-\frac{x}{u}\right)$$

这样，所考察的体积元的弹性势能为

$$\Delta E_p = \frac{1}{2}G\Delta V\left(\frac{\partial y}{\partial x}\right)^2 = \frac{1}{2}G\frac{A^2\omega^2}{u^2}\sin^2\omega\left(t-\frac{x}{u}\right)\Delta V$$

又由式(12.1.2)可知 $u^2=G/\rho$，因而上式又可写为

$$\Delta E_p = \frac{1}{2}\rho A^2\omega^2\sin^2\omega\left(t-\frac{x}{u}\right)\Delta V \tag{12.3.2}$$

把式(12.3.1)和式(12.3.2)比较，可以看出，在波动过程中，任一时刻某一体积元的动能和势能具有相同的数值，而且随时间的变化规律也相同，动能最大时势能也最大，动能为零时势能也为零. 该体积元的总能量为

$$\Delta E = \Delta E_k + \Delta E_p = \rho A^2\omega^2\sin^2\omega\left(t-\frac{x}{u}\right)\Delta V \tag{12.3.3}$$

显然，体积元的总能量不是常数.

上述结果与单个简谐振子的情况完全不同. 单个简谐振子的势能最大时动能为零，动能最大时势能为零，二者之和为常数，即机械能守恒. 在波传播的过程中，体积元的动能和势能的变化同相位，介质的每个体积元的机械能并不守恒，下面作简单分析. 如图12.3.1所示，一个质量为 dm、长度为 dx 的线元，当波通过时，它作简谐振动. 当线元运动到 $y=0$ 的位置(平衡位置)时，速度与动能最大；当线元运动到 $y=y_m$(最大位移)时，动能为零. 同时可以看出，当线元通过 $y=0$ 的位置时，形变最大，因而弹性势能达到最大；当线元处于 $y=y_m$ 的位置时，没有形变，因而弹性势能是零. 如果线元要适应正弦曲线，其长度就必须周期性地增大或减小. 弹性势能正与这种长度变化相联系，就像一个弹簧那样.

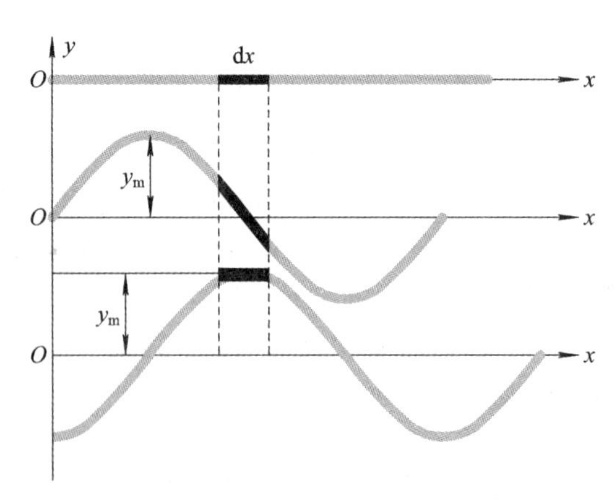

图 12.3.1　线元形变示意图

可见，线元在平衡位置时机械能最大，在最大位移处机械能为零，机械能不守恒. 这是因为在波传播的过程中，介质的每个质元都与它相邻的质元不断地进行着能量交换，波

传播的过程同时也是能量传播的过程.

还应指出，上述针对横波所讨论得到的结果，对纵波和其他的波同样成立. 尽管对其他波而言，动能和势能的具体表达式有所差异，但动能与势能同相位的结论是普遍成立的.

式(12.3.3)表明，波的能量与所考察体积元的体积有关. 为此，我们定义单位体积介质所具有的能量为**能量密度**，用以表示波的能量在介质中的分布情况，常用 w 表示，可以看出

$$w=\frac{\Delta E}{\Delta V}=\rho A^2\omega^2\sin^2\omega\left(t-\frac{x}{u}\right) \tag{12.3.4}$$

能量密度在一个周期内的平均值为**平均能量密度**，通常用 $\overline{w}$ 表示，有

$$\begin{aligned}\overline{w}&=\frac{1}{T}\int_0^T\rho A^2\omega^2\sin^2\omega\left(t-\frac{x}{u}\right)\mathrm{d}t\\&=\frac{\rho A^2\omega^2}{T}\int_0^T\frac{1-\cos2\omega\left(t-\frac{x}{u}\right)}{2}\mathrm{d}t\\&=\frac{1}{2}\rho A^2\omega^2=2\pi^2\rho A^2\nu^2\end{aligned} \tag{12.3.5}$$

对于各向同性均匀介质中的平面简谐波，这是个与时间及位置无关的量，它和介质的密度、振幅的平方以及频率的平方成正比.

12.3.2　平均能流密度矢量

如图 12.3.2 所示，设 S 为介质中垂直于波传播方向的一截面，在单位时间内，体积为 $u\,\mathrm{d}S$ 的柱体内的能量将全部流过该截面，该能量称为**能流**. 能流为单位时间内通过介质中某截面的能量. 由于能流是周期性变化的，通常取其一个周期的时间平均值，称为**平均能流**. 由图 12.3.2 可知，平均能流为 $\overline{w}u\,\mathrm{d}S$.

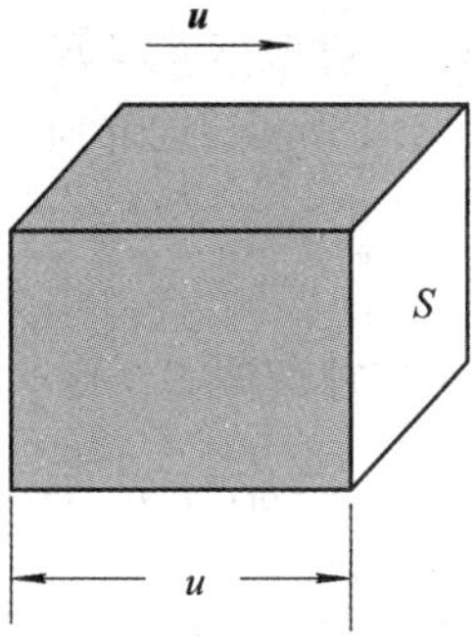

u
S
u

图 12.3.2　平均能流

单位时间内通过与波传播方向垂直的单位面积的平均能量为**平均能流密度**，或称为**波的强度**，用 I 表示. 按照这一定义，显然有

$$I=\frac{\overline{w}u\,\mathrm{d}S}{\mathrm{d}S}=\overline{w}u \tag{12.3.6}$$

通常把 I 看成矢量，方向沿波的传播方向，即波速方向，因此

$$\boldsymbol{I}=\overline{w}\boldsymbol{u}=\frac{1}{2}\rho A^2\omega^2\boldsymbol{u} \tag{12.3.7}$$

式中，$\boldsymbol{I}$ 称为**平均能流密度矢量**，也称为**坡印廷矢量**，它的单位是瓦·米$^{-2}$($\mathrm{W\cdot m^{-2}}$).

12.3.3　平面波和球面波的振幅

从式(12.3.7)可以看出，波的能流密度(或波的强度)与振幅有关，因此可以借助式(12.3.7)和能量守恒概念来研究波传播时振幅的变化.

1. 平面波

设有一平面波以波速 u 在均匀介质中传播，如图 12.3.3 所示，S_1 和 S_2 为波面上同样的波线所限的两个截面，通过 S_1 平面的波也将通过 S_2 平面. 假设介质不吸收波的能量，根据能量守恒，在一个周期内通过 S_1 和 S_2 面的能量应相等，即

$$I_1S_1T_1=I_2S_2T_2$$

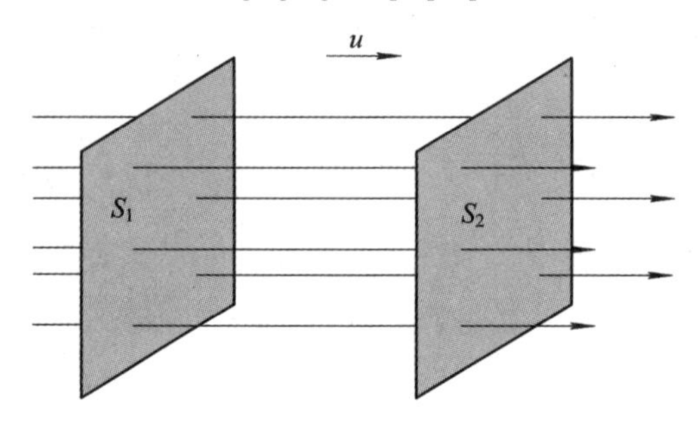

图 12.3.3　平面波

利用式(12.3.7)，可得

$$\frac{1}{2}\rho A_1^2\omega^2uS_1T=\frac{1}{2}\rho A_2^2\omega^2uS_2T$$

对于平面波 $S_1=S_2$，因而有

$$A_1=A_2$$

这说明平面简谐波在均匀的不吸收能量的介质中传播时振幅保持不变.

2. 球面波

下面讨论球面波的振幅变化情况. 取距离点波源 O 为 r_1 和 r_2 的两个球面 S_1 和 S_2，如图 12.3.4 所示. 在介质不吸收波的能量的条件下，一个周期内通过这两个球面的能量应该相等，即

$$I_1S_1T_1=I_2S_2T_2$$

对于球面波 $S=4\pi r^2$，因此

$$\frac{1}{2}\rho A_1^2\omega^2u(4\pi r_1^2)T=\frac{1}{2}\rho A_2^2\omega^2u(4\pi r_2^2)T$$

可以得到

$$\frac{A_1}{A_2}=\frac{r_2}{r_1}$$

即

$$A\propto\frac{1}{r}$$

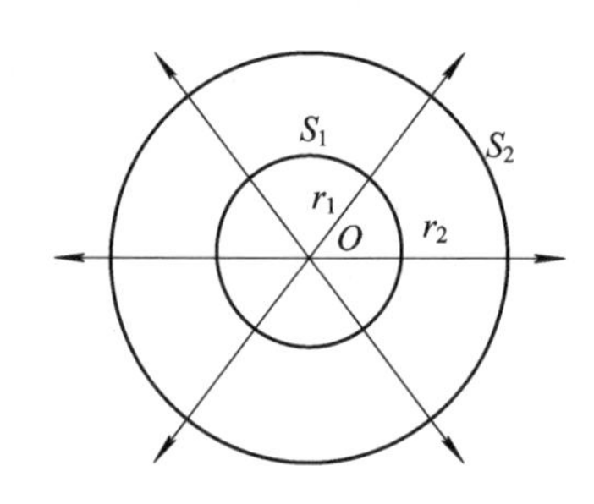

图 12.3.4　球面波

振幅与离点波源的距离成反比. 由于介质中各质元的相位变化情况与平面波类似，因此球面简谐波的波函数可以写为

$$y=\frac{A_0}{r}\cos\omega\left(t-\frac{r}{u}\right)$$

式中，常量 A_0 可以根据某一波面上的振幅与相应的球面半径来确定.

例 12.3.1　一简谐空气波，沿直径为 0.14 m 的圆柱形管传播，波的平均能流密度为

9×10^{-3} W·m^2，频率为 300 Hz，波速为 300 m·s^{-1}. 求：

(1) 波的平均能量密度和最大能量密度；

(2) 每两个相邻同相位面间的波中含有的能量.

解　(1) 由式(12.3.6)可得

$$\overline{w}=\frac{I}{u}=3\times10^{-5}\ \mathrm{J\cdot m^3}$$

由式(12.3.4)可知，当 $\sin^2\omega\left(t-\frac{x}{u}\right)=1$ 时，w 达到最大值，即

$$w_{\max}=\rho\omega^2A^2=2\overline{w}=6\times10^{-5}\ \mathrm{J\cdot m^3}$$

(2) 题中相邻同相位面间波含有的能量为

$$\Delta W=\overline{w}\cdot S\cdot\lambda=\overline{w}\cdot\pi\left(\frac{d}{2}\right)^2\cdot\frac{u}{\nu}=4.62\times10^{-7}\ \mathrm{J}$$

12.4　惠更斯原理　波的衍射

理论和实验均证明，波在均匀各向同性介质中传播时，波面及波前的形状不变，波线也保持为直线. 但当波在传播过程中遇到障碍物时，或当波从一种介质传播到另一种介质时，波面的形状和波的传播方向将发生改变. 如图 12.4.1 所示，水波通过障碍物的小孔，在小孔后面出现球面形的波，原来的波前、波面都发生改变，就好像是以小孔为新的波源一样. 它所发射出去的波称为**子波**. 在对此类现象总结的基础上，荷兰物理学家惠更斯在 1679 年提出一条原理，称为**惠更斯原理**：在波的传播过程中，波前上的每一点都可看作是发射子波的点波源，在其后的任一时刻，这些子波的包迹就成为新的波前.

图 12.4.1　水波通过狭缝时的衍射

惠更斯原理对于任何波动过程都适用，不论是机械波还是电磁波，也不论传播波动的介质是否均匀，只要知道某一时刻的波前，就可以根据这一原理用几何作图的方法确定下一时刻的波前，因而在很大程度上解决了波的传播方向问题. 下面用两个简单的例子给予说明. 如图 12.4.2(a)所示，以波速 u 向右传播的平面波，在 t 时刻的波前为平面 S_1，在经过时间 Δt 后，其波前将在何处呢？根据惠更斯原理，S_1 上的各点都可以看作是发射子波的波源，以 S_1 上各点为中心，以 $r=u\Delta t$ 为子波半径画出许多半球面形的子波，这些子波

的包迹 S_2 就是 $t+\Delta t$ 时刻的波前. 显然，S_2 是和 S_1 互相平行的平面. 图 12.4.2(b)是以 O 为中心的球面波. 假设球面波波速为 u，在 t 时刻的波前是半径为 R_1 的球面 S_1. 根据惠更斯原理，S_1 上的各点均为子波源，以 S_1 上各点为中心，以 $r=u\Delta t$ 为半径画出半球面形子波，这些子波的包迹 S_2 就是 $t+\Delta t$ 时刻的波前. 显然，S_2 是以 O 为中心，以 $R_2=R_1+u\Delta t$ 为半径的球面.

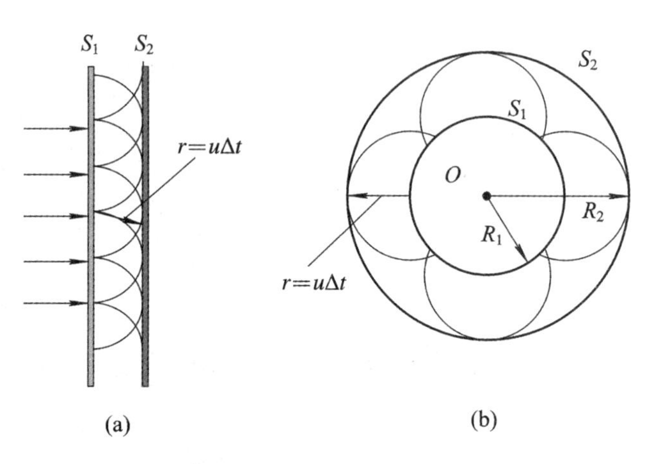

图 12.4.2　用惠更斯原理作新波前

波在传播过程中遇到障碍物时，其传播方向绕过障碍物发生偏折的现象，称为**波的衍射**. 图 12.4.1 所示的衍射现象可用惠更斯原理作出解释. 和图 12.4.2 所示的方法类似，当波前到达小孔时，小孔处各点成为子波源，作出这些子波的包迹，就得出新的波前. 可以发现，衍射后的波前与原来的平面不同，在靠近边缘处，波前弯曲，即波绕过了障碍物而继续传播. 机械波和电磁波都会产生衍射现象. 衍射现象是波动的重要特征之一.

惠更斯原理不仅能说明波在介质中的传播问题与波的衍射现象，而且还可说明波在两种介质的交界面上发生的反射和折射现象.

应该指出，由于惠更斯原理没有说明子波的强度分布，因而只能解决波的传播方向问题. 实际上，经过衍射的波，各方向的强度是不一样的. 惠更斯原理不能解释强度分布的不同. 后来菲涅尔对惠更斯原理作了重要补充，形成了惠更斯-菲涅尔原理，它在波动光学中有重要的应用.

12.5　波的叠加原理　波的干涉

12.5.1　波的叠加原理

两个或多个波同时通过同一区域的情况是经常发生的. 经过观察和研究总结出以下两个规律：

(1) 图 12.5.1 为两个脉冲波在同一根拉紧的线上沿相反方向传播时的“相片”，可以看出，每个脉冲波经过另一个脉冲波时，都好像另一个脉冲波不存在一样. 几列波在传播过程中在某一区域相遇后再行分开，各波的传播情况与未相遇一样，仍保持各自的原有特性(频率、波长、振动方向等)继续沿原来的传播方向前进，即各波互不干扰，这称为**波传播的独立性**. 例如在生活中，几个人同时讲话或者几种乐器同时演奏，我们能够分辨出各个人的声音或不同的乐器. 电磁波也具有这种独立性，例如天空中同时有许多无线电磁波，我们可以随意接收到某一电台的广播.

(2) 在相遇的区域内，任一点处质元的振动，为各列波单独存在时所引起振动的合振动，即在任一时刻，该点处质元的位移是各列波单独存在时在该点引起位移的矢量和. 这一规律称为**波的叠加原理**. 如图 12.5.1 所示，当两列波相遇时，线的位移为两列波的位移之和.

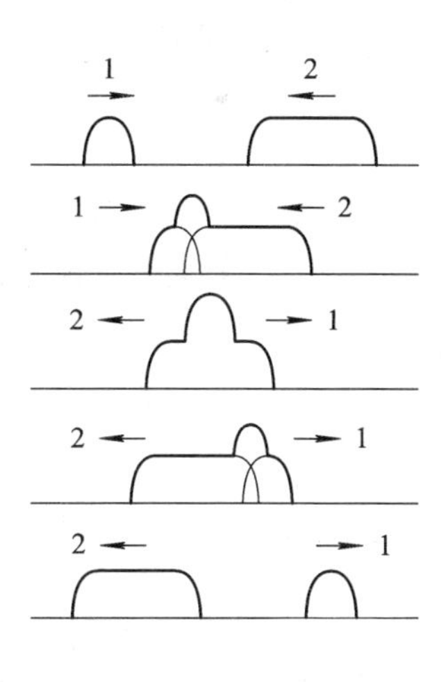

图 12.5.1　波的叠加

12.5.2　波的干涉

一般情况下，几列波在空间相遇而叠加的问题是很复杂的. 在这里只讨论一种最简单也是最重要的波叠加情况，即两列频率相同、振动方向相同、相位相同或相位差恒定的波的叠加. 满足这三个条件的波称为**相干波**，产生相干波的波源称为**相干波源**. 当两列相干波叠加时，两列波相遇各点的合振动保持恒定的振幅，某些位置合振动始终加强，某些位置合振动始终减弱，这种现象称为**波的干涉**. 干涉现象是波动的又一重要特征，它和衍射现象都是作为判别某种运动是否具有波动性的主要依据.

设两相干波源 S_1 和 S_2，由这两个波源发出的波满足相干条件，即频率相同、振动方向相同、相位差恒定. 它们的振动方程分别为

$$y_1 = A_1\cos(\omega t + \varphi_1)$$

$$y_2 = A_2\cos(\omega t + \varphi_2)$$

这两列波在距离两波源分别为 r_1 和 r_2 的 P 点相遇，如图 12.5.2 所示.

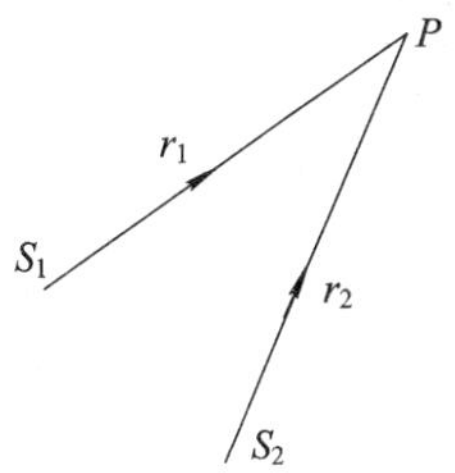

图 12.5.2　波的干涉

两列波在 P 点分别引起的振动为

$$y_1 = A_1\cos\left[\omega t + \varphi_1 - \frac{2\pi}{\lambda}r_1\right]$$

$$y_2 = A_2\cos\left[\omega t + \varphi_2 - \frac{2\pi}{\lambda}r_2\right]$$

由于这两个分振动的振动方向相同，根据同方向同频率振动合成法则可知，P 点的运动仍为简谐振动，振动方程为

$$y = y_1 + y_2 = A\cos[\omega t + \varphi]$$

式中，A 为合振动的振幅，由下式决定：

$$A^2 = A_1^2 + A_2^2 + 2A_1A_2\cos\Delta\varphi \tag{12.5.1}$$

式中，$\Delta\varphi$ 为 P 点处两分振动的相位差，即

$$\Delta\varphi=\left[\omega t+\varphi_2-\frac{2\pi}{\lambda}r_2\right]-\left[\omega t+\varphi_1-\frac{2\pi}{\lambda}r_1\right]$$

$$=(\varphi_2-\varphi_1)-\frac{2\pi}{\lambda}(r_2-r_1) \tag{12.5.2}$$

式中，$(\varphi_2-\varphi_1)$是两相干波源的初相差；$\frac{2\pi}{\lambda}(r_2-r_1)$是由于两波的波程差不同而产生的相位差. 两相干波源的初相差$(\varphi_2-\varphi_1)$是一定的，对于空间给定的 P 点，波程差(r_2-r_1)也是一定的，因此相位差 $\Delta\varphi$ 恒定. 再由式(12.5.1)可以看出，对空间不同的点将有不同的恒定振幅值.

由式(12.5.2)可以看出，在相位差满足

$$\Delta\varphi=(\varphi_2-\varphi_1)-\frac{2\pi}{\lambda}(r_2-r_1)=\pm 2k\pi,\ k=0,1,2,\cdots \tag{12.5.3}$$

的位置，振幅最大，为

$$A_{\max}=A_1+A_2$$

即相位差为零或 π 的偶数倍的位置，振动始终加强，称为**干涉相长**.

同理，在相位差满足

$$\Delta\varphi=(\varphi_2-\varphi_1)-\frac{2\pi}{\lambda}(r_2-r_1)=\pm(2k+1)\pi,\ k=0,1,2,\cdots \tag{12.5.4}$$

的位置，振幅最小，为

$$A_{\min}=|A_1-A_2|$$

即相位差为 π 的奇数倍的位置，振动始终减弱，称为**干涉相消**.

如果两波源的初相相同，即 $\varphi_1=\varphi_2$，则 $\Delta\varphi$ 只决定于波程差 $\delta=r_2-r_1$，上述条件简化为

$$\delta=r_2-r_1=\pm k\lambda,\ k=0,1,2,\cdots \quad (\text{干涉加强}) \tag{12.5.5}$$

$$\delta=r_2-r_1=\pm(2k+1)\frac{\lambda}{2},\ k=0,1,2,\cdots \quad (\text{干涉减弱}) \tag{12.5.6}$$

上面两式表明，两个初相相同的相干波源发出的波在空间叠加时，凡是波程差等于零或者是波长整数倍的各点，干涉加强；凡是波程差等于半波长奇数倍的各点，干涉减弱.

干涉现象在光学、声学、近代物理学及许多工程学科中都有着广泛的应用.

例 12.5.1 A、B 为两个相干波源，相互距离为 30 m，振幅相同，A 振动相位比 B 落后 π，两列波波速为 400 m·s^{-1}，频率均为 100 Hz. 求 A、B 连线上因干涉而静止的各点的位置.

解 设考察点为 P 点，P 点和 A 波源的距离为 r_1，和 B 波源的距离为 r_2.

根据题意，两列波的波长为

$$\lambda=\frac{u}{\nu}=4\ \text{m}$$

若考察点 P 位于 A 点左侧，如例 12.5.1 图(a)所示，则两列波在 P 点的波程差为

$$\delta=r_2-r_1=30\ \text{m}$$

由式(12.5.2)，可以得出两列波在 P 点的相位差为

$$\Delta\varphi=\pi-\frac{2\pi}{\lambda}\delta=-14\pi$$

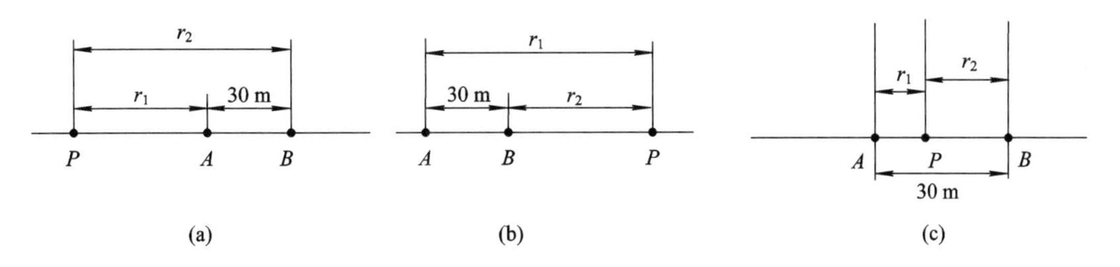

例 12.5.1 图

同理，若考察点 P 位于 B 点右侧，如例 12.5.1 图(b)所示，则波程差为

$$\delta=r_2-r_1=-30\ \text{m}$$

相位差为

$$\Delta\varphi=\pi-\frac{2\pi}{\lambda}\delta=16\pi$$

可见 P 处于 A 点左侧或 B 点右侧的任一点，都会满足干涉相长的条件，因此 A、B 两侧不会有因干涉而静止的点.

如果 P 点位于 A、B 两波源之间，如例 12.5.1 图(c)所示，则两列波在 P 点的波程差为

例 12.5.1

$$\delta=r_2-r_1=30-2r_1$$

若要满足干涉相消的条件，则相位差

$$\Delta\varphi=\pi-\frac{2\pi}{\lambda}\delta=-14\pi+\pi r_1=\pm(2k+1)\pi$$

即

$$r_1=14\pm(2k+1),\ k=0,\ 1,\ 2,\ \cdots,\ 7$$

可见在 A、B 之间距离 A 点为 $r_1=1$ m，3 m，5 m，…，25 m，27 m，29 m 各点出现静止点.

例 12.5.2　如例 12.5.2 图所示，S_1 和 S_2 为同一介质中的两个相干波源，其振幅均为 5 cm，频率均为 100 Hz，当 S_1 为波峰时，S_2 恰好为波谷，波速为 $10\ \text{m}\cdot\text{s}^{-1}$. 设 S_1 和 S_2 的振动均垂直于纸面，试求它们发出的两列波传到 P 点时干涉的结果.

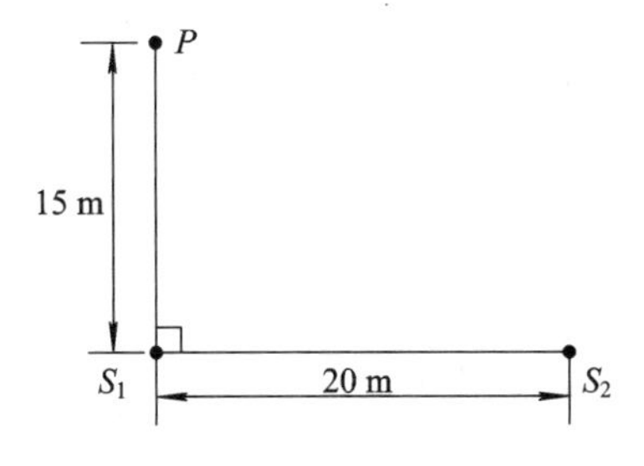

例 12.5.2 图

解　由图可知，$S_1P=15$ m，$S_1S_2=20$ m，则 $S_2P=\sqrt{15^2+20^2}=25$ m. 由题意可知 $\varphi_1-\varphi_2=\pi$(设S_1 的振动比 S_2 的振动超前)，$A_1=A_2=5$ cm，$\nu_1=\nu_2=100$ Hz，$u=10\ \text{m}\cdot\text{s}^{-1}$，因此波长为

$$\lambda=\frac{u}{\nu_1}=0.10\ \text{m}$$

相位差为

$$\Delta\varphi=\varphi_2-\varphi_1-2\pi\frac{S_2P-S_1P}{\lambda}=-201\pi$$

这样的 $\Delta\varphi$ 值符合式(12.5.4)，所以合振幅 $A=|A_1-A_2|=0$. P 点由于干涉相消，因此不发生振动.

12.6 驻波 相位突变

驻波是一种特殊的干涉现象，它是由振幅相同、频率相同、振动方向相同而在同一直线沿相反方向传播的两列波相干叠加而形成的.

12.6.1 驻波实验

图 12.6.1 是观察驻波的一种实验装置示意图. 弦线的 A 端系在音叉上，B 端通过一滑轮系一砝码，使弦线拉紧. 现让音叉振动起来，并调节劈尖 B 端至适当位置，使 AB 具有某一长度，可以看到 AB 弦线上形成了稳定的振动状态. 形成稳定状态的原因是：当音叉振动时，带动弦线 A 端振动，由 A 端振动引起的波沿弦线向右传播，在到达 B 点遇到障碍物(劈尖)后产生反射，反射波沿弦线向左传播. 这样，在弦线上向右传播的入射波和向左传播的反射波满足相干条件，发生波的干涉，产生如图 12.6.2 所示的驻波现象.

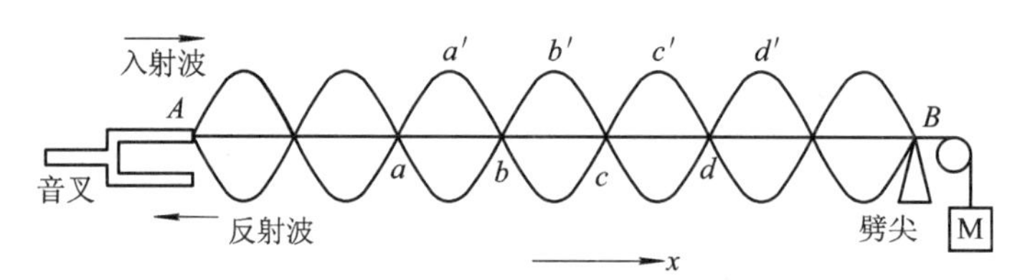

图 12.6.1 驻波实验装置示意图

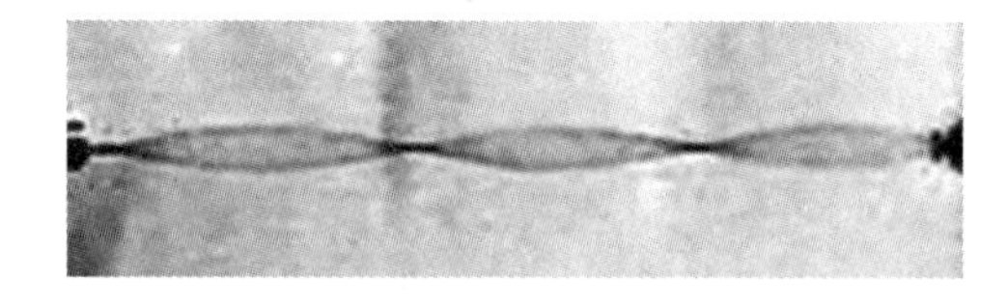

图 12.6.2 驻波图样

从实验中可以发现，在线上的有些地方始终不动，这些位置称为**波节**，如 a、b、c、d 点等. 相邻波节一半的点，振幅最大，这些位置称为**波腹**，如 a'、b'、c'、d' 点等. 由图 12.6.2 可以看出，形成驻波后，波的图样不会向左或向右运动，振幅最大和最小的位置不变. 图 12.6.3 为不同时刻的波形图，其时刻 t 标于图(c)的下方，T 为振动周期. 其中图(a)为向左传播的波在不同时刻的波形图；图(b)为在相同时刻，向右传播的反射波的波形图；图(c)为在两波干涉以后形成的驻波波形图. 从图 12.6.3 也可以看出，在 $t=0$、$T/2$ 和 T 时，由于峰和峰重合，谷与谷重合，出现完全相长干涉；在 $t=T/4$、$3T/4$ 时，由于峰和谷完全重合发生完全相消干涉；一些点(波节)从不振动，另一些点(波腹)振动最大.

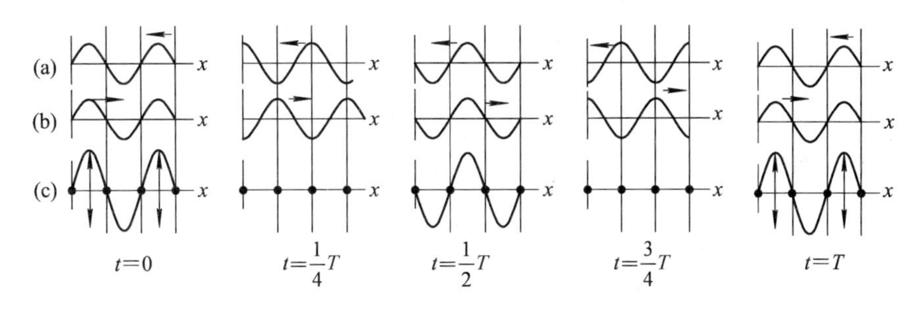

图 12.6.3　驻波

12.6.2　驻波方程

驻波的形成可以用波的叠加原理定量研究. 设有两列振幅相同、频率相同、振动方向相同、传播方向相反的平面简谐波，如图 12.6.3 所示. 如果以 A 表示它们的振幅，以 ν 表示它们的频率，初相均为 0，则它们的波函数可以分别写为

$$y_1 = A\cos 2\pi\left(\nu t - \frac{x}{\lambda}\right),\quad y_2 = A\cos 2\pi\left(\nu t + \frac{x}{\lambda}\right)$$

按波的叠加原理，合成驻波的波函数应为

$$y = y_1 + y_2 = A\cos 2\pi\left(\nu t - \frac{x}{\lambda}\right) + A\cos 2\pi\left(\nu t + \frac{x}{\lambda}\right)$$

利用三角函数关系，可简化为

$$y = 2A\cos\frac{2\pi x}{\lambda}\cos 2\pi\nu t \tag{12.6.1}$$

式中，因子 $\cos 2\pi\nu t$ 是时间 t 的余弦函数，说明形成驻波后，各质元都在作同频率的简谐振动；另一因子 $2A\cos\frac{2\pi x}{\lambda}$ 是坐标 x 的余弦函数，可以把它看作是 x 处的质元的振幅，不过，由于振幅应该总是正的，所以我们取 $\left|2A\cos\frac{2\pi x}{\lambda}\right|$ 来表示 x 处质元的振幅.

下面对驻波方程作进一步讨论.

1. 振幅特征

由驻波方程式(12.6.1)可知，在 x 值满足下式的各点，振幅始终为零，

$$2\pi\frac{x}{\lambda} = (2k+1)\frac{\pi}{2},\ k = 0, \pm 1, \pm 2, \cdots$$

即

$$x = (2k+1)\frac{\lambda}{4},\ k = 0, \pm 1, \pm 2, \cdots$$

这些点就是驻波的波节. 相邻两波节的距离为

$$x_{k+1} - x_k = [2(k+1)+1]\frac{\lambda}{4} - (2k+1)\frac{\lambda}{4} = \frac{\lambda}{2}$$

相邻两波节间的距离是半波长.

当 x 满足下式各点，振幅最大

$$2\pi \frac{x}{\lambda} = k\pi,\ k = 0,\ \pm 1,\ \pm 2,\ \cdots$$

即

$$x = k\frac{\lambda}{2},\ k = 0,\ \pm 1,\ \pm 2,\ \cdots$$

这些点就是驻波的波腹. 相邻两波腹的距离为

$$x_{k+1} - x_k = (k+1)\frac{\lambda}{2} - k\frac{\lambda}{2} = \frac{\lambda}{2}$$

即相邻两波腹的距离也是半波长.

由以上的讨论可知，波节处质元振动的振幅为零，始终处于静止；波腹处的质元振动的振幅最大，等于 $2A$；其他各处质元振动的振幅则在零与最大值之间. 两相邻波节或两相邻波腹之间相距为半波长，波腹和相邻波节间的距离为 $\lambda/4$，即波腹和波节交替作等距离排列，如图 12.6.1 或图 12.6.2 所示.

2. 相位特征

由于振幅因子 $2A\cos\frac{2\pi x}{\lambda}$ 在 x 取不同值时有正有负，如果把相邻两波节之间的各点作为一段，每一段内各点 $\cos\frac{2\pi x}{\lambda}$ 有相同的符号，而相邻的两段符号相反，这表明，驻波中同一段上各质元的振动相位相同，而相邻两段中各质元振动相位相反. 因此，同一段上各质元沿相同方向同时到达各自振动位移的最大值，又沿相同方向同时通过平衡位置；而波节两侧各质元同时沿相反方向到达振动位移的正、负最大值，又沿相反方向同时通过平衡位置. 即驻波为分段振动，每段都作为一个整体同步振动，相邻段振动方向相反.

3. 相位突变

为了考察弹性介质的边界对反射波的影响，我们观察绳子上的横波在边界处反射的情况，如图 12.6.4 所示. 在图 12.6.4(a)中，绳子右端是固定在细杆上的，当波从左向右传播到固定点后，会给予细杆一个向上的力，根据牛顿第三定律，细杆同时会给绳子一个大小相等、方向相反的反作用力，而这个反作用力作用在固定点而形成反射波. 因此，可以发现反射波中绳子各点的位移都与入射波相反. 在图 12.6.4(b)中，绳子的右端是一个质量可以忽略的环，这个环可以沿细杆自由运动. 当波到达细杆时，环向上运动从而给绳子一个向上的作用力，这与入射波对绳子引起的作用力相同. 由于环对绳子的作用力会形成反射波，因此反射波中绳子各点的位移都与入射波相同.

反射波的形成也可以看成两个传播方向相反的波的叠加. 图 12.6.5(a)显示了两个波形相同、相位相反的波沿相反的方向传播. 两列波相遇叠加时，在 O 点所引起的位移大小相等、方向相反，因此 O 点始终静止. 另外可以发现，如果把 O 点看成固定点，把其中一列波看成入射波，那么另一列波恰好满足其反射波的特征. 如果入射波与反射波相位恰好相反，则可以认为反射波在 O 处发生了相位突变 π. 而在波线上相差半个波长的两点，其相位差恰好为 π，相当于反射波被附加(或损失)了半个波长的波程. 因此，我们把这种反射波相位突变 π 的现象称为**半波损失**. 图 12.6.5(b)显示的是两个波形相同、相位也相同的波沿相反的方向传播. 如果把 O 点看成自由端，把其中一列波看成入射波，那么另一列波也满足其反射波的特征. 另外，从图中可以看出两列波在 O 点引起的位移大小相等、方向也相同，因此 O 点的振幅应是单独一列波振幅的二倍，这就解释了在波传到鞭鞘的自由端时，鞭鞘会发生猛烈晃动的原因.

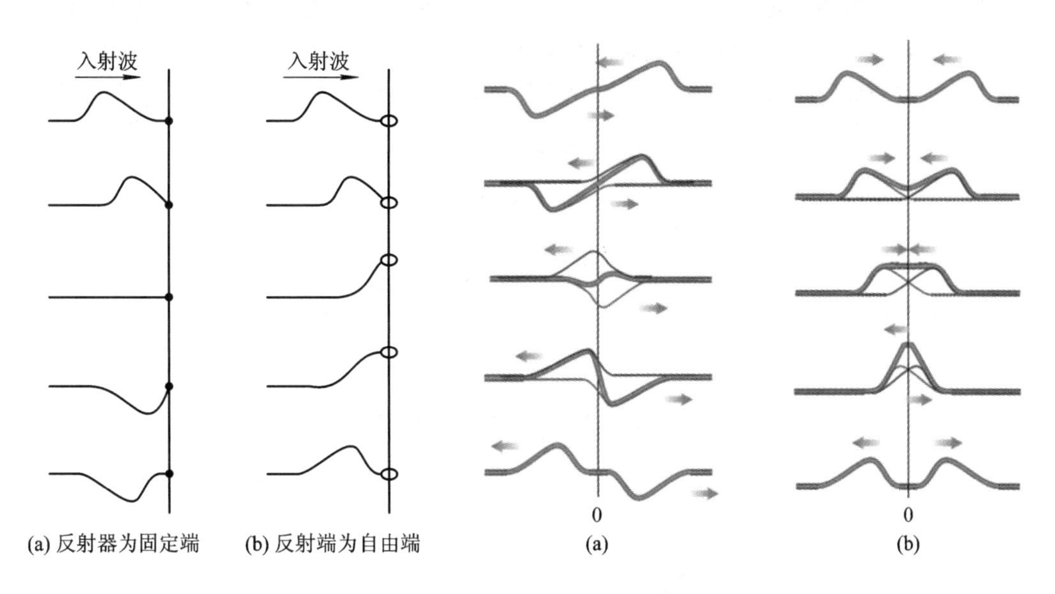

图 12.6.4　波在弹性介质边界的反射　　图 12.6.5　入射波与反射波

一般情况下，两种介质分界面处形成波节还是波腹，与波的种类、两种介质的性质以及入射角有关. 当波从一种弹性介质垂直入射到第二种弹性介质时，如果第二种介质的质量密度与波速之积比第一种大，即 $\rho_2 u_2 > \rho_1 u_1$，则分界面出现波节. 第一种介质称为**波疏介质**，第二种介质称为**波密介质**. 因此，波从波疏介质垂直入射到波密介质时，反射波在介质分界面处形成波节，反之，波从波疏介质反射回到波密介质时，反射波在分界面形成波腹.

4. 驻波的能量

驻波是由特征相同的两列波沿相反方向传播叠加而形成的，因此能流密度为零，即没有能量的单向传播，波形也不传播. 由此看来，驻波虽然称为波，其实不具备波的任何传播特性，而是整个物体进行的一种特殊形式的振动. 当各质元达到各自的最大位移时，振动速度为零，因此动能为零；但此时波节处质元的形变最大，势能最大，如图 12.6.3(c)中 0、$T/2$、T 所示. 当各质元返回平衡位置时，波腹处质元速度最大，因此动能最大，但是物体形变消失，势能为零，如图 12.6.3(c)中 $T/4$、$3T/4$ 所示. 其他各时刻，动能势能同时存在. 显然能量在波节与波腹之间相互转换，并没有定向的能量传播.

5. 弦线上形成驻波的条件

由以上的分析可知，对于两端固定的弦线，不是任何频率(或波长)的波都能在弦上形成驻波，只有当弦长 l 等于半波长整数倍时才有可能. 即

$$l = n\frac{\lambda}{2} \qquad n = 1, 2, 3, \cdots$$

或

$$\nu = \frac{u}{\lambda} = \frac{nu}{2l} \qquad n = 1, 2, 3, \cdots \tag{12.6.2}$$

式中，u 为波速．式(12.6.2)表示的关系为驻波条件，它在量子力学、声学、激光原理、原子物理等学科中都有着广泛的应用．当 $n=1$ 时的驻波振动模式称为基模或一次谐波，当 $n=2$ 时的驻波振动模式称为二次谐波，当 $n=3$ 时的驻波振动模式称为三次谐波，等等．所有可能的振动模式的集合称为谐波系列，n 就称为第 n 次谐波的谐次．图 12.6.6(a)、(b)、(c)分别是弦驻波一次、二次、三次谐波的振动示意图．

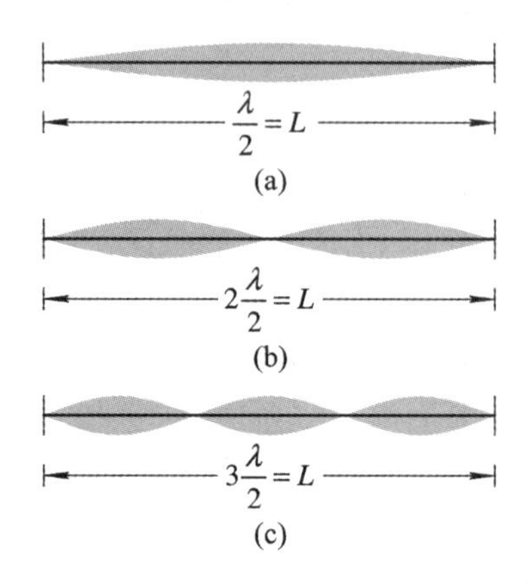

图 12.6.6　驻波的谐次示意图

例 12.6.1　有一向右传播的平面简谐波 $y=A\cos 2\pi\left(\frac{t}{T}-\frac{x}{\lambda}\right)$，在距坐标原点 O 右侧距离为 $l=5\lambda$ 的 P 点被垂直界面反射，设反射处有半波损失，反射波的振幅近似等于入射波振幅．试求：

例 12.6.1

(1) 反射波的表达式；

(2) 驻波的表达式；

(3) 在原点 O 到反射点 P 之间各个波节和波腹的坐标．

解　(1) 要写出反射波的表达式，首先要写出反射波在某点的振动方程，这一点就选择在反射点 P．依照题意，入射波在 P 点的振动方程为

$$y_{入P}=A\cos 2\pi\left(\frac{t}{T}-\frac{l}{\lambda}\right)$$

由于在 P 点反射时有半波损失，所有反射波在 P 点的振动方程为

$$y_{反P}=A\cos\left[2\pi\left(\frac{t}{T}-\frac{l}{\lambda}\right)-\pi\right]$$

在反射波行进方向上任取一点 Q，其坐标为 x，Q 点的振动比 P 点的振动相位落后 $2\pi(l-x)/\lambda$，由此可得反射波的方程为

$$y_{反}=A\cos\left[2\pi\left(\frac{t}{T}-\frac{l}{\lambda}\right)-\pi-2\pi\,\frac{(l-x)}{\lambda}\right]$$

将 $l=5\lambda$ 代入上式得

$$\begin{aligned}y_{反}&=A\cos\left(2\pi\,\frac{t}{T}-21\pi+2\pi\,\frac{x}{\lambda}\right)\\&=A\cos\left[2\pi\left(\frac{t}{T}+\frac{x}{\lambda}\right)+\pi\right]\end{aligned}$$

(2) 驻波的方程为

$$y=y_{入}+y_{反}=A\cos 2\pi\left(\frac{t}{T}-\frac{x}{\lambda}\right)+A\cos\left[2\pi\left(\frac{t}{T}+\frac{x}{\lambda}\right)+\pi\right]$$
$$=2A\cos\left(\frac{2\pi x}{\lambda}+\frac{\pi}{2}\right)\cos\left(\frac{2\pi}{T}t+\frac{\pi}{2}\right)$$

(3) 当 $\cos\left(\frac{2\pi x}{\lambda}+\frac{\pi}{2}\right)=0$ 时，由

$$\frac{2\pi}{\lambda}x=k\pi,\qquad k=0,1,2,\cdots,10$$

得波节坐标为

$$x=\frac{k}{2}\lambda,\qquad k=0,1,2,\cdots,10$$

即 $x=0,\ \frac{\lambda}{2},\ \lambda,\ \frac{3\lambda}{2},\ 2\lambda,\ \frac{5\lambda}{2},\ 3\lambda,\ \frac{7\lambda}{2},\ 4\lambda,\ \frac{9\lambda}{2},\ 5\lambda$.

当 $\left|\cos\left(\frac{2\pi x}{\lambda}+\frac{\pi}{2}\right)\right|=1$ 时，由

$$\frac{2\pi}{\lambda}x=(2k+1)\frac{\pi}{2},\qquad k=0,1,2,\cdots,9$$

得波腹坐标为

$$x=(2k+1)\frac{\lambda}{4},\qquad k=0,1,2,\cdots,9$$

即 $x=\frac{\lambda}{4},\ \frac{3\lambda}{4},\ \frac{5\lambda}{4},\ \frac{7\lambda}{4},\ \frac{9\lambda}{4},\ \frac{11\lambda}{4},\ \frac{13\lambda}{4},\ \frac{15\lambda}{4},\ \frac{17\lambda}{4},\ \frac{19\lambda}{4}$.

12.7　多普勒效应

前面的讨论都没有涉及波源与介质有相对运动的情况. 我们知道当火车发出频率一定的鸣笛声疾驰而来时，站台上的观测者会听到鸣笛的音调较高，这说明观测者接收到一个较高的声音频率；当火车离去时，听到的鸣笛音调变低，意味着观测者接收到一个较低的声音频率. 这种因为波源与观测者之间有相对运动，从而使观测者接收到的波的频率和波源发出的频率不相同的现象称为**多普勒效应**. 这一现象最初是由奥地利物理学家多普勒在 1842 年发现的. 多普勒效应不仅适用于声波，而且也适用于电磁波，包括微波、无线电波和可见光. 我们在这里以声波为例来进行讨论，并取声波在其中传播的介质(空气)整体作为参考系.

为简单起见，这里讨论波源、接收器(或观测者)共线运动的情况. 声波波源 S 和接收器 R 都是沿两者的连线运动，v_S 是波源相对于空气的速率，v_R 是接收器相对于空气的速率，u 为波在介质中的传播速率. 波源的振动频率为 ν_S，ν_S 是波源在单位时间内振动的次数，也是波源在单位时间内向外发出的完整波长的个数. 接收器接收到的频率为 ν_R，ν_R 是接收器在单位时间内接收到的完整波长的个数. 波传播的频率为 ν，根据 $\nu=u/\lambda$ 和图 12.7.1 可以看出，ν 也是沿波线上长度为 $u\Delta t$ 的一段介质中所具有的完整波长的个数. 这 3 个频率可能相同也可能不同. 下面分四种情况来讨论.

(1) 波源 S 和接收器 R 均相对于介质静止.

在本章12.1节曾经指出，机械波的周期等于波源的振动周期，这是指波源和观察者相对于介质是静止情况而言的．如图12.7.1所示，若波源S和接收器R均静止，在Δt时间内波面向前移动的距离为$u\Delta t$，此距离对应的波长数为$u\Delta t/\lambda$．接收器在单位时间内接收到的波长数（即ν_R）为

$$\nu_R=\frac{u\Delta t/\lambda}{\Delta t}=\frac{u}{\lambda}=\nu_S$$

接收器接收到的频率等于波源的振动频率．可见这种情况下不存在多普勒效应．

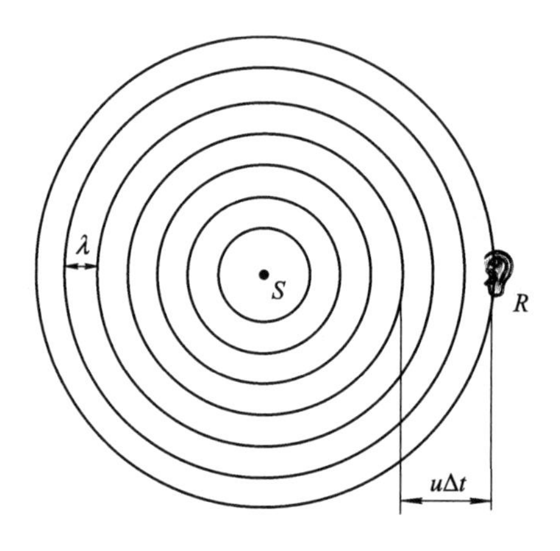

图12.7.1　波源和接收器均静止时的频率示意图

(2) 波源S相对于介质不动，接收器R以速度v_R运动．

如图12.7.2所示，若接收器向着静止的波源运动，在时间Δt内，波面仍然向前移动了距离$u\Delta t$．接收器以速度v_R向着静止的波源运动，在时间Δt内移动的距离为$v_R\Delta t$．这样在时间Δt内波面相对于接收器移动的距离为$u\Delta t+v_R\Delta t$，此距离内的波长数目就是接收器接收的波长数目．所以单位时间内接收器接收到的完整波长的数目（即ν_R）为

$$\nu_R=\frac{(u\Delta t+v_R\Delta t)/\lambda}{\Delta t}=\frac{u+v_R}{\lambda}=\frac{u+v_R}{u/\nu}=\frac{u+v_R}{u}\nu$$

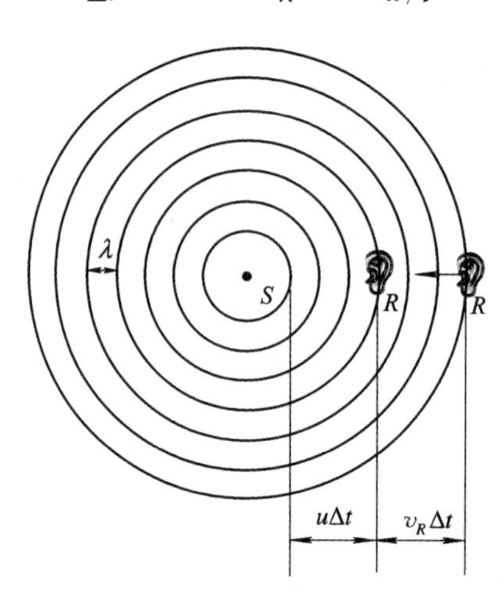

图12.7.2　接收器运动时的多普勒效应

由于波源在介质中静止，所以波的频率ν就等于波源的频率ν_S，因此有

$$\nu_R = \frac{u + v_R}{u}\nu_S \qquad (12.7.1)$$

这表明，当接收器向着静止波源运动时，接收到的频率为波源频率的$\frac{u+v_R}{u}$倍.

如果接收器是离开波源运动的，通过类似的分析，可以求得接收器接收到的频率为

$$\nu_R = \frac{u - v_R}{u}\nu_S \qquad (12.7.2)$$

即此时接收到的频率低于波源的频率.

(3) 波源相对于介质以速率 v_S 运动，接收器静止.

如图 12.7.3 所示，波源 S 的运动改变了它所发射的声波的波长. 为了看到这一变化，可以令 $T(T=1/\nu_S)$代表波源发射两个相邻波前 A_1 和 A_2 的时间间隔. 在 T 时间段的开始，波源在 S_1 处发射了波前 A_1；在 T 时间段的末尾，波源在 S_2 处发射了波前 A_2. 在 T 时间段内，波前 A_1 向前移动了距离 uT 到 A_1'，波源移动的距离为 v_ST. 因此在波源 S 运动的方向上，根据波长的定义，在 T 时间内，相邻两波面 A_1 和 A_2 之间的距离 $uT-v_ST$ 就是波的波长. 所以接收器接收到的频率应为

$$\nu_R = \frac{u}{\lambda} = \frac{u}{uT - v_ST} = \frac{u}{u/\nu_S - v_S/\nu_S} = \frac{u}{u - v_S}\nu_S \qquad (12.7.3)$$

可见接收器接收到的频率大于波源的频率. 因为接收器静止，所以此时接收器收到的频率 ν_R等于波的频率 ν. 图 12.7.4 所示为天鹅游过时水波的多普勒效应，可以看出沿着天鹅运动的方向，水波频率变大，波长则相应变短.

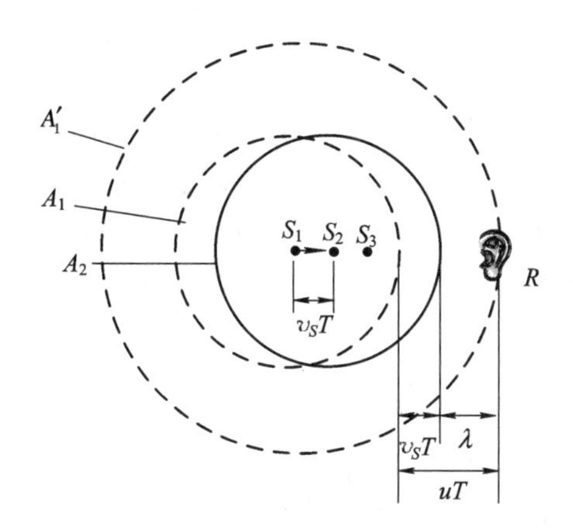

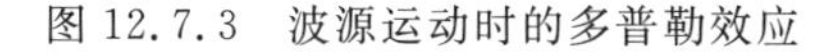

图 12.7.3 波源运动时的多普勒效应

图 12.7.4 天鹅游过时水波的多普勒效应

当波源远离接收器运动时，通过类似的分析，可得接收器接收到的频率为

$$\nu_R = \frac{u}{u + v_S}\nu_S \qquad (12.7.4)$$

这时接收器接收到的频率小于波源的频率.

(4) 波源和接收器相对于介质同时运动.

综合以上分析，可得当波源与接收器相向运动时，接收器接收到的频率为

$$\nu_R = \frac{u + v_R}{u - v_S}\nu_S \qquad (12.7.5)$$

当波源和接收器彼此离开时，接收器接收到的频率为

$$\nu_R = \frac{u - v_R}{u + v_S}\nu_S \tag{12.7.6}$$

式(12.7.5)及式(12.7.6)不仅适用于探测器与波源同时运动，而且也适用于我们刚才讨论的两种特殊情况. 例如对于接收器远离波源运动而波源静止的情况，将 $v_S=0$ 代入式(12.7.6)就得到式(12.7.2)；对于波源远离接收器运动而接收器静止的情况，将 $v_R=0$ 代入式(12.7.6)就得到式(12.7.4).

当波源向着观察者的运动速率 v_S 超过波速 u 时，根据式(12.7.5)可得频率小于零，公式失去意义. 因为这时在任一时刻波源本身将超过它所发出的波前，在波源的前方不可能有任何波动产生，如图 12.7.5 所示.

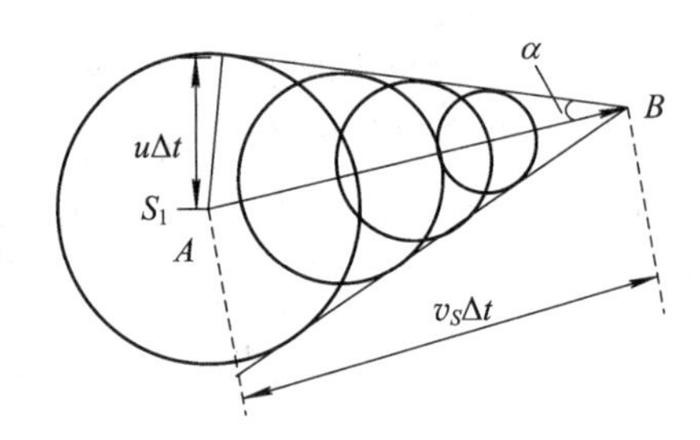

图 12.7.5　马赫锥和冲击波

设在时间 Δt 内点波源由 A 运动到 B，$AB=v_S\Delta t$，而在同一时间内，A 处波源发出的波才传播了 $u\Delta t$，结果使各处波前的切面形成一锥面，其半顶点 α 为

$$\sin\alpha = \frac{u}{v_S}$$

随着时间的推移，各波前不断扩展，锥面也不断扩展，这种由点波源形成的锥面称为**马赫锥**. 锥面就是受扰动的介质与未受扰动的介质的分界面. 波前的聚集使得锥面两侧存在着压强、密度、温度的骤然升高和降低，因此我们通常说此时有一个冲击波产生. 飞机、炮弹等以超音速飞行时就是这种情况. 图 12.7.6 为美国宇航局利用纹影摄影技术，合成出 T－38C 飞机在超音速飞行时的冲击波图像.

图 12.7.6　飞机产生的冲击波

当观测者以比波速 u 大的速率 v_R 背离波源运动时，根据式(12.7.6)，也将出现负的频率. 在此种情况下，如果观测者前方已有波前在前进，他将追赶波前，好像波迎面传来；否

则，就观测不到波源传出来的波动.

自然界里，蝙蝠就靠发射和探测反射回来的超声波进行导航和觅食. 超声波由蝙蝠的鼻孔发出后，如果遇到飞蛾将反射回蝙蝠的耳朵里. 蝙蝠与飞蛾的相对运动使得蝙蝠听到的频率与它发射的频率有几千赫的差别. 蝙蝠依靠这种差别来确定自己与飞蛾的相对速率. 与此同时，有些飞蛾听到蝙蝠的超声波后，会躲开超声波传来的方向，这样一来蝙蝠就听不到回声.

多普勒效应在生产生活中有很多应用. 例如在交通管理上，可利用多普勒效应监测车辆行驶速度；在医学上，用多普勒效应可以测量人体的血流速度；在工业上可用多普勒效应来测定管道中污水或悬浮液体的流速等；在军事上根据多普勒频移可以确定潜艇的速度；电磁波的多普勒效应被运用于跟踪人造地球卫星、测量恒星和星系相对于地球的径向速度等.

例 12.7.1　警报器发射频率为 1000 Hz 的声波，远离观察者向一固定的目的地运动，其速率为 10 $\text{m}\cdot\text{s}^{-1}$，试求：

(1) 观测者直接听到警报器传来的声音的频率；

(2) 观测者听到从目的地反射回来的声音频率；

(3) 观测者听到的拍频值. 已知空气中的声速是 330 $\text{m}\cdot\text{s}^{-1}$.

解　已知 $\nu_S=1000$ Hz，$v_S=10\ \text{m}\cdot\text{s}^{-1}$，$u=330\ \text{m}\cdot\text{s}^{-1}$.

(1) 观测者直接听到警报器传来的声音的频率，可以直接由式(12.7.4)得出

$$\nu_R=\frac{u}{u+v_S}\nu_S=970.6\ \text{Hz}$$

(2) 由于观测者和目的地均静止，观测者听到从目的地反射回来的声音频率也就是目的地接收到的频率，由式(12.7.3)得出，即

$$\nu_R'=\frac{u}{u-v_S}\nu_S=1031.3\ \text{Hz}$$

(3) 两波合成的拍的频率为

$$\Delta\nu=\nu_R'-\nu_R=60.7\ \text{Hz}$$

12.8　电磁波的产生及基本性质

在麦克斯韦的年代(18 世纪中期)，对于电磁波，只知道可见光、红外光和紫外光. 然而在麦克斯韦工作的激励下，赫兹发现了如今称之为无线电波的波，并证明了它们在实验室中传播的速度与可见光相同.

我们现在知道电磁波有一个很宽的谱(范围)，如图 12.8.1 所示，一个富于想象力的作家称之为“麦克斯韦彩虹”. 这个谱涵盖了充斥在我们周围的各种电磁波. 太阳的辐射决定了我们作为一个物种已在其中演化和适应的环境；我们也不断被无线电和电视信号穿插；来自雷达系统和电话中继系统的微波可能传到我们身上；还有来自电灯泡、发热的汽车引擎、X 光机、闪电以及地下放射性物质发出的电磁波. 此外，从银河系以及其他星系中的恒星或者其他物体发来的辐射也传到我们身上. 如图 12.8.1 所示的频率(波长)标尺中，每一个刻度记号表示频率(或波长)改变 10 倍. 标尺的两端是开放的，电磁波的频率或波长没

有固定的上下界限. 波谱中有一些特定的区域都用熟悉的词语标明，如 X 射线和无线电波，这些词语粗略地定义了一定种类的常用电磁波源和探测器的波长范围. 电磁波谱是连续的，而且任何频率(波长)的电磁波在真空中都是以相同的速度传播的.

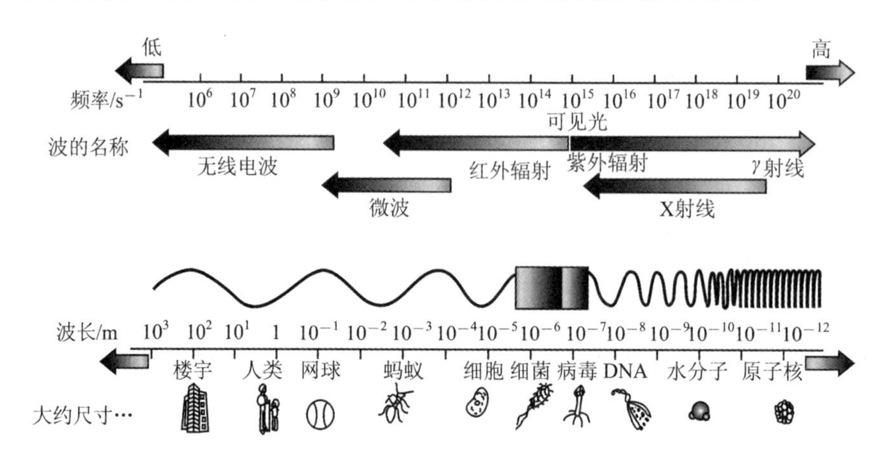

图 12.8.1 电磁波谱

12.8.1 电磁波的产生与传播

某些电磁波，包括 X 射线、γ 射线以及可见光，都是由量子物理支配的原子或原子核尺度的源辐射的. 这不在本节讨论的范围内. 下面只讨论其他电磁波是如何产生的. 图 12.8.2 概略地表示了这类电磁波的产生. 该系统的核心是一个 LC 振荡器，振荡器通过一个变压器和传输线与一根基本上由两根细实心导体棒构成的天线耦合. 通过这种耦合，振荡器中按正弦变化的电流引起电荷沿着天线棒以 LC 振荡器的角频率 ω 按余弦变化，天线起到一个电偶极子的作用，它的电偶极矩沿着天线在大小和方向上都按余弦变化.

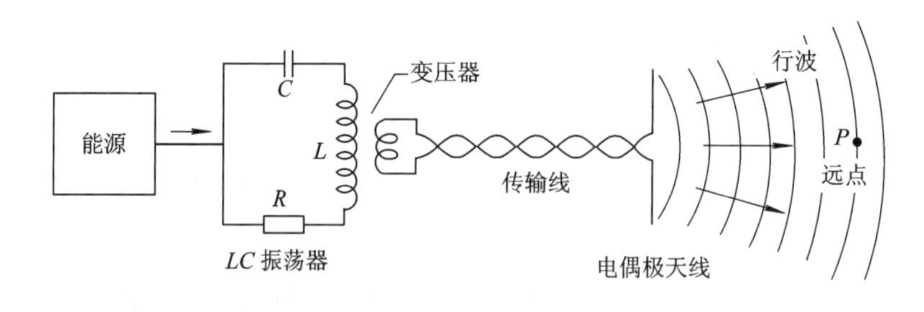

图 12.8.2 发射无线电波的电路示意图

因为电偶极矩在大小和方向上变化，电偶极子产生的电场在大小和方向上也变化；同样，因为电流变化，电流所产生的磁场在大小和方向上也变化. 这种变化以光速 c 从天线向外传播. 两种变化场一起形成了以速度 c 从天线向外传播的电磁波. 波的角速度为 ω，与 LC 振荡器的频率相同. 其辐射的电场和磁场的波函数需由麦克斯韦方程求解得出(从略). 下面直接给出其结果.

采用如图 12.8.3 所示的极坐标系，振荡电偶极子位于原点 O，其电矩 $\boldsymbol{p}_0$ 的方向沿图中极轴方向. 在半径为 r 的球面上取任意点 Q，其径矢 $\boldsymbol{r}$ 沿着波的传播方向并与极轴方向成 θ 角. 计算结果表明：点 Q 处的电场强度 $\boldsymbol{E}$、磁场强度 $\boldsymbol{H}$ 和径矢 $\boldsymbol{r}$ 三个矢量相互垂直，

并呈右手螺旋关系，$\boldsymbol{E}$ 和 $\boldsymbol{H}$ 的数值分别为

$$E(r,\ t)=\frac{\mu p_0\omega^2\sin\theta}{4\pi r}\cos\omega\left(t-\frac{r}{u}\right) \tag{12.8.1}$$

$$H(r,\ t)=\frac{\sqrt{\varepsilon\mu}\,p_0\omega^2\sin\theta}{4\pi r}\cos\omega\left(t-\frac{r}{u}\right) \tag{12.8.2}$$

式中，u 为电磁波的传播速度，它与介质的介电常数 ε 和磁导率 μ 的关系为

$$u=\frac{1}{\sqrt{\varepsilon\mu}} \tag{12.8.3}$$

式(12.8.1)和式(12.8.2)就是距离振荡电偶极子足够远的球面电磁波的波函数.

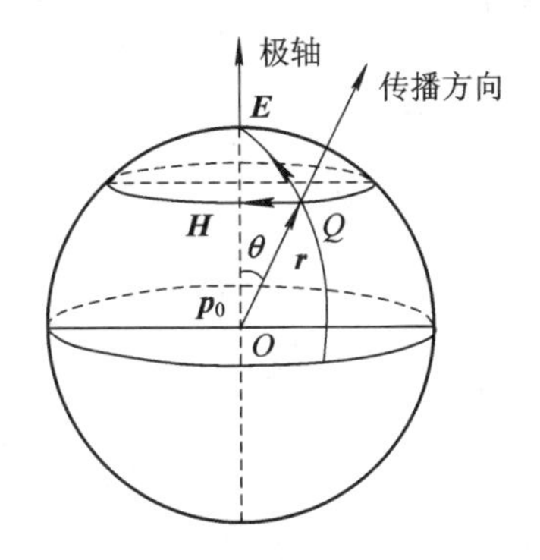

图 12.8.3　远离振荡电偶极子处的 $\boldsymbol{E}$ 和 $\boldsymbol{H}$ 的方向

在离开电偶极子很远的地方，小范围内 r 和 θ 的变化很小，$\boldsymbol{E}$ 和 $\boldsymbol{H}$ 的振幅可以看作是常量，于是式(12.8.1)和式(12.8.2)可分别写成

$$E=E_0\cos\omega\left(t-\frac{r}{u}\right) \tag{12.8.4}$$

$$H=H_0\cos\omega\left(t-\frac{r}{u}\right) \tag{12.8.5}$$

这就是平面电磁波的波函数. 可见，在离电偶极子很远的区域，电磁波已呈现为平面波，如图 12.8.4 所示.

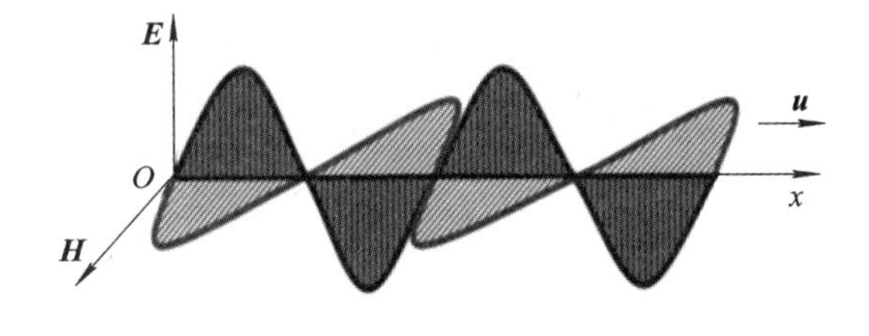

图 12.8.4　平面电磁波

12.8.2　平面电磁波的特性

电磁波中最简单的是平面简谐电磁波，就是其中电场和磁场在各处都随时间作余弦式变化. 下面主要介绍平面简谐电磁波的基本性质：

（1）$\boldsymbol{E}$ 和 $\boldsymbol{H}$ 的数值成比例．将式(12.8.1)与式(12.8.2)相除，可得到

$$\frac{E}{H}=\sqrt{\frac{\mu}{\varepsilon}} \quad 或 \quad \sqrt{\varepsilon}E=\sqrt{\mu}H \tag{12.8.6}$$

式中，$\varepsilon=\varepsilon_0\varepsilon_r$、$\mu=\mu_0\mu_r$，分别是电磁波所在介质的介电常数(或电容率)和磁导率．

（2）电磁波矢量 $\boldsymbol{E}$、$\boldsymbol{H}$ 在任何时刻、任何地点都是同时变化的，且以相同的速度 $\boldsymbol{u}$ 传播．

（3）电磁波是横波，即 $\boldsymbol{E}$ 和 $\boldsymbol{H}$ 的方向都与波的传播方向(即 $\boldsymbol{u}$ 的方向)垂直，且 $\boldsymbol{E}$ 和 $\boldsymbol{H}$ 互相垂直，$\boldsymbol{E}$、$\boldsymbol{H}$、$\boldsymbol{u}$ 三者满足右螺旋关系，如图 12.8.4 所示．对于 $\boldsymbol{E}$ 和 $\boldsymbol{H}$ 只在各自平面内变化这一特性，称为横波的偏振性．所以电磁波具有偏振性．

（4）电磁波的传播速率取决于介质的介电常数 ε 和磁导率 μ，且为

$$u=\frac{1}{\sqrt{\varepsilon\mu}}$$

在真空中，$\varepsilon_r=1$，$\mu_r=1$，电磁波的传播速率 c 为

$$c=\frac{1}{\sqrt{\varepsilon_0\mu_0}}=2.998\times10^8\ \mathrm{m\cdot s^{-1}}$$

光速的实验值与上式结果完全相符．1983 年国际计量大会决定采用的真空中的光速值为$c=2.997\ 924\ 58\times10^8\ \mathrm{m\cdot s^{-1}}$．

12.8.3 电磁波的能量

按照 12.3 节中引入的能流密度的概念，若电磁场的能量密度为 w，则在介质不吸收电磁能量的条件下，单位时间通过单位截面积的能量，即**电磁波的能流密度**，用符号 S 表示，为

$$S=wu \tag{12.8.7}$$

由于电磁辐射能量的传播方向就是电磁波的传播方向(即波速 $\boldsymbol{u}$ 的方向)，因此取 $\boldsymbol{S}$ 为**电磁波的能流密度矢量**，也叫作**坡印廷矢量**．

已知电场和磁场的能量密度各为

$$w_e=\frac{1}{2}\varepsilon E^2, \qquad w_m=\frac{1}{2}\mu H^2$$

其总能量密度为

$$w=w_e+w_m=\frac{1}{2}(\varepsilon E^2+\mu H^2)$$

于是式(12.8.7)变为

$$S=\frac{u}{2}(\varepsilon E^2+\mu H^2)$$

将$\sqrt{\varepsilon}E=\sqrt{\mu}H$ 及 $u=\dfrac{1}{\sqrt{\varepsilon\mu}}$代入，并化简得

$$S=EH \tag{12.8.8}$$

由于 $\boldsymbol{E}$、$\boldsymbol{H}$ 和电磁波的传播方向三者相互垂直，并成右手螺旋关系，如图 12.8.5 所示．因此式(12.8.8)可以用矢量表示为

$$\boldsymbol{S}=\boldsymbol{E}\times\boldsymbol{H}$$

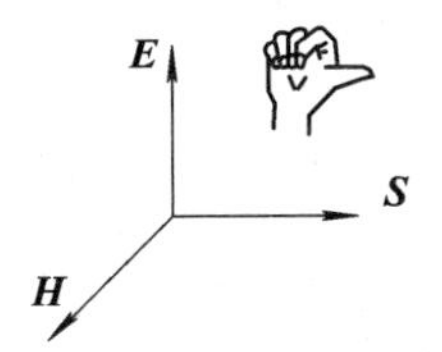

图 12.8.5　**E**、**H**、**S** 组成右手螺旋系

本章小结

知识单元	基本概念、原理及定律	公式
机械波的基本特征	产生条件	波源和媒质
	分类	横波：$\boldsymbol{v}\perp\boldsymbol{u}$　　纵波：$\boldsymbol{v}/\!/\boldsymbol{u}$
	描述波动的基本物理量	波长 λ、周期 T、频率 ν、波速 u 的关系为 $\lambda=uT=\dfrac{u}{\nu}$　　$\nu=\dfrac{1}{T}$　　$\omega=\dfrac{2\pi}{T}=2\pi\nu$
平面简谐波	波函数	$y(x,\ t)=A\cos\left[\omega\left(t-\dfrac{x}{u}\right)+\varphi\right]$　（波沿 x 轴正方向传播） $y(x,\ t)=A\cos\left[\omega\left(t+\dfrac{x}{u}\right)+\varphi\right]$　（波沿 x 轴负方向传播）
	波函数其他形式	$y(x,\ t)=A\cos\left[2\pi\left(\nu t-\dfrac{x}{\lambda}\right)+\varphi\right]$ $y(x,\ t)=A\cos\left[\dfrac{2\pi}{T}\left(t-\dfrac{x}{u}\right)+\varphi\right]$ $y(x,\ t)=A\cos\left[2\pi\left(\dfrac{t}{T}-\dfrac{x}{\lambda}\right)+\varphi\right]$
	参考点不在坐标原点时波函数	$y(x,\ t)=A\cos\left[\omega\left(t\mp\dfrac{x-x_0}{u}\right)+\varphi\right]$ （波沿 x 轴正方向传播，取“－”，波沿 x 轴负方向传播，取“＋”）
	两质元间位相差	$\Delta\varphi=\varphi_2-\varphi_1=-\dfrac{2\pi(x_2-x_1)}{\lambda}=-\dfrac{2\pi\delta}{\lambda}$
波的能量	平均能量密度	$\overline{w}=\dfrac{1}{2}\rho A^2\omega^2$
	平均能流密度（波强）	$I=\overline{w}u=\dfrac{1}{2}\rho A^2\omega^2 u$

续表

知识单元	基本概念、原理及定律	公式
波的叠加干涉	相干条件	频率相同； 振动方向相同； 相位相同或相位差恒定
	波的干涉	干涉相长 $\Delta\varphi=(\varphi_2-\varphi_1)-\frac{2\pi(r_2-r_1)}{\lambda}=\pm 2k\pi$ （$k=0, 1, 2, \cdots$） 合振幅最大 $A_{max}=A_1+A_2$ 干涉相消 $\Delta\varphi=(\varphi_2-\varphi_1)-\frac{2\pi(r_2-r_1)}{\lambda}=\pm(2k+1)\pi$ （$k=0, 1, 2, \cdots$） 合振幅最小 $A_{min}=\lvert A_1-A_2\rvert$
驻波	驻波方程	特殊的相干叠加 $y=y_1+y_2$ $=A\cos 2\pi\left(\nu t-\frac{x}{\lambda}\right)+A\cos 2\pi\left(\nu t+\frac{x}{\lambda}\right)$ $=2A\cos\frac{2\pi x}{\lambda}\cos 2\pi\nu t$
	振幅特征	波节： $\frac{2\pi x}{\lambda}=(2k+1)\frac{\pi}{2}$　$x=(2k+1)\frac{\lambda}{4}$ （$k=0, \pm 1, \pm 2, \cdots$） 振幅最小 $A_{min}=0$，相邻波节间隔 $\Delta x=\frac{\lambda}{2}$ 波腹： $\frac{2\pi x}{\lambda}=k\pi$　$x=k\frac{\lambda}{2}$ （$k=0, \pm 1, \pm 2, \cdots$） 振幅最大 $A_{max}=2A$，相邻波腹间隔 $\Delta x=\frac{\lambda}{2}$
	相位特征	两相邻波节之间的质元相位相同，波节两侧质元相位相反
多普勒效应	频率变化	$\nu_R=\frac{u+v_R}{u-v_S}\nu_S$ （接受器速度 v_R 和波源速度 v_S，靠近取“正”，远离取“负”）
电磁波	电矢量、磁矢量与波速关系	$\boldsymbol{E}\perp\boldsymbol{H}$　$\boldsymbol{E}\perp\boldsymbol{u}$　$\boldsymbol{H}\perp\boldsymbol{u}$ $\boldsymbol{E}$、$\boldsymbol{H}$ 和 $\boldsymbol{u}$ 三者满足右手螺旋关系
	电磁波的能流密度	$S=wu$ 坡印廷矢量：$\boldsymbol{S}=\boldsymbol{E}\times\boldsymbol{H}$

习题十二

1. 机械波的方程为 $y=0.03\cos 6\pi(t+0.01x)$(SI)，则(　　).

A. 其振幅为 3 m　　B. 其周期为(1/3) s

C. 其波速为 $10\ \mathrm{m\cdot s^{-1}}$　　D. 波沿 x 轴正向传播

2. 如图(a)表示沿 x 轴正向传播的平面简谐波在 $t=0$ 时刻的波形图，则图(b)表示的是(　　).

A. 质元 m 的振动曲线　　B. 质元 n 的振动曲线

C. 质元 p 的振动曲线　　D. 质元 q 的振动曲线

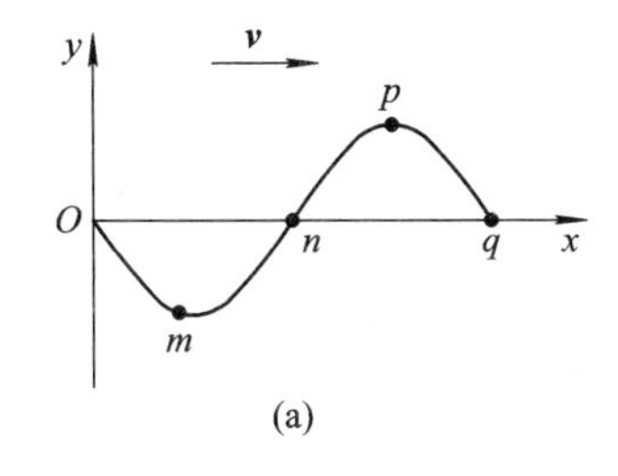

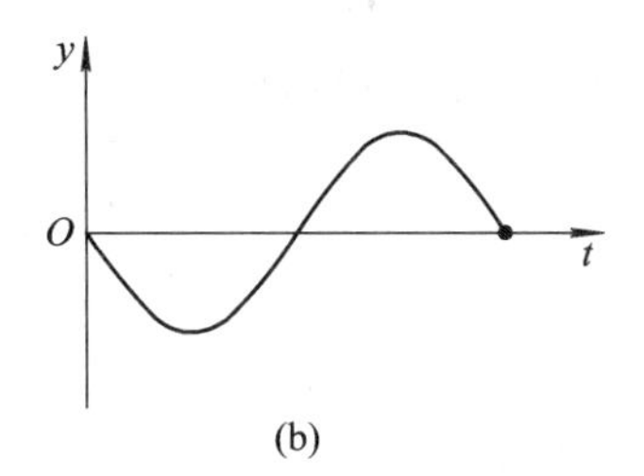

习题 2 图

3. 一平面简谐波在弹性介质中传播，在某一时刻，介质中的某个质元正处于平衡位置，此时它的能量是(　　).

A. 动能最大，势能最大　　B. 动能为零，势能为零

C. 动能为零，势能最大　　D. 动能最大，势能为零

4. 在下列平面波的波函数中，选出一组相干波的波函数(　　).

A. $y_1=A\cos\dfrac{\pi}{4}(x-20t)$　　B. $y_2=A\cos 2\pi(x-5t)$

C. $y_3=A\cos 2\pi\left(2.5t-\dfrac{x}{8}+0.2\right)$　　D. $y_4=A\cos\dfrac{\pi}{6}(x-240t)$

5. S_1 和 S_2 是波长均为 λ 的两个相干波的波源，相距$\dfrac{3\pi}{4}$，S_1 的相位比 S_2 超前$\dfrac{\pi}{2}$. 若两波单独传播时，在过 S_1 和 S_2 的直线上各点的强度相同，不随距离变化，且两波的强度都是 I_0，则在 S_1 和 S_2 连线上的 S_1 外侧和 S_2 外侧各点合成波的强度分别是(　　).

A. $4I_0$，$4I_0$　　B. 0，0　　C. 0，$4I_0$　　D. $4I_0$，0

6. 一声波在空气中的波长是 0.25 m，传播速度是 $340\ \mathrm{m\cdot s^{-1}}$，当它进入另一介质时，波长变成了 0.37 m，它在该介质中传播的速度为________.

7. 在截面积为 S 的圆管中，有一列平面简谐波在传播，其波的方程为 $y=A\cos[\omega t-2\pi(x/\lambda)]$，管中波的平均能量密度是 w，则通过截面积 S 的平均能流是________.

8. 设入射波的方程为 $y_1=A\cos 2\pi\left(\nu t+\dfrac{x}{\lambda}\right)$，波在 $x=0$ 处发生反射，反射点为固定端，则形成的驻波方程为________；若反射点为自由端，则形成的驻波方程为________.

9. 一个沿 z 轴负方向传播的平面电磁波，其电场强度沿 x 轴正方向，传播速度为 c，在

空间某点的电场强度为 $E_x=300\cos\left(2\pi t+\dfrac{\pi}{3}\right)$ V·m，则在同一点的磁场强度为________.

10. 沿一平面简谐波的波线上，有相距 2.0 m 的两质点 A 与 B，B 点振动相位比 A 点落后 $\dfrac{\pi}{6}$，已知振动周期为 2.0 s，求波长和波速.

11. 已知一平面波沿 x 轴正向传播，距坐标原点 O 为 x_1 处 P 点的振动式为 $y=A\cos(\omega t+\varphi)$，波速为 u.

(1) 写出平面波的波动式；

(2) 若波沿 x 轴负向传播，波动式又如何？

12. 一平面简谐波在空间传播，如习题 12 图所示，已知 A 点的振动规律为 $y=A\cos(2\pi\nu t+\varphi)$，试写出：

(1) 该平面简谐波的方程；

(2) B 点的振动方程(B 点位于 A 点右方 d 处).

13. 已知一沿 x 轴正方向传播的平面余弦波，$t=\dfrac{1}{3}$ s 时的波形如习题 13 图所示，且周期 T 为 2 s.

(1) 写出 O 点的振动方程；

(2) 写出该波的波动方程；

(3) 写出 A 点的振动方程；

(4) 写出 A 点离 O 点的距离.

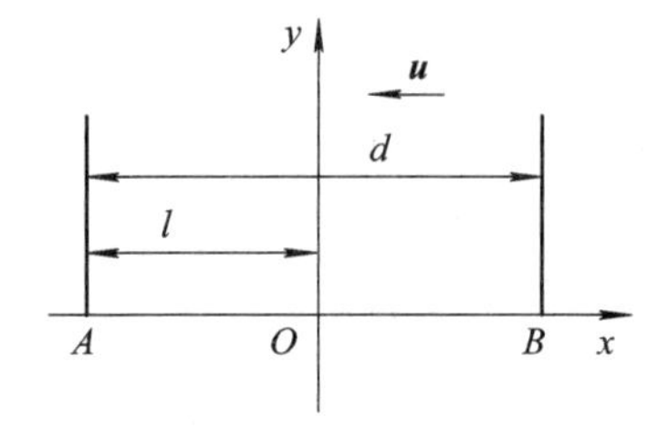

习题 12 图

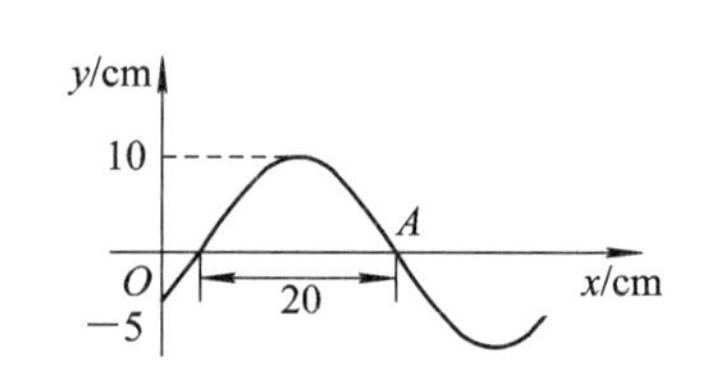

习题 13 图

14. 一平面简谐波以速度 $u=0.8$ m/s 沿 x 轴负方向传播. 已知原点的振动曲线如习题 14 图所示. 试写出：

(1) 原点的振动方程；

(2) 波动方程；

(3) 同一时刻相距 1 m 的两点之间的相位差.

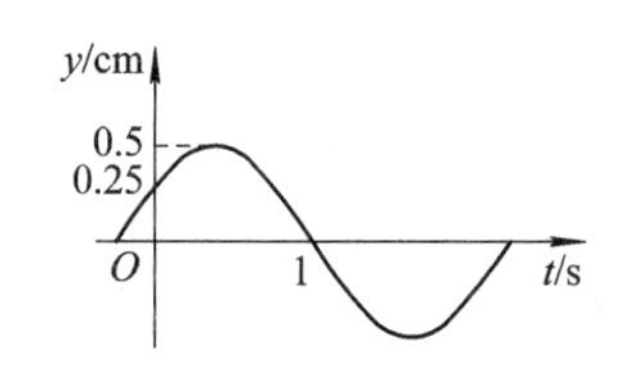

习题 14 图

15. 一正弦形式空气波沿直径为 14 cm 的圆柱形管行进，波的平均强度为 9.0×10^{-3} J/(s·m)，频率为 300 Hz，波速为 300 m/s. 问波中的平均能量密度和最大能量密度各是多少？每两个相邻同相面间的波段中含有多少能量？

16. 一弹性波在介质中传播的速度 $u=10^3$ m/s，振幅 $A=1.0\times10^{-4}$ m，频率 $\nu=10^3$ Hz. 若该介质的密度为 800 kg/m^3，求：

(1) 该波的平均能流密度；

(2) 1 min 内垂直通过面积 $S=4.0\times10^{-4}\,\text{m}^2$ 的总能量.

17. S_1 与 S_2 为左、右两个振幅相等相干平面简谐波源，它们的间距为 $d=5\lambda/4$，S_2 质

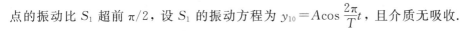

点的振动比 S_1 超前 $\pi/2$，设 S_1 的振动方程为 $y_{10}=A\cos\frac{2\pi}{T}t$，且介质无吸收.

(1) 写出 S_1 与 S_2 之间的合成波动方程；

(2) 分别写出 S_1 与 S_2 左、右侧的合成波动方程.

18. 习题 18 图中所示为声音干涉仪，用以演示声波的干涉. S 为声源，D 为声音探测器，如耳或话筒. 路径 SBD 的长度可以变化，但路径 SAD 是固定的. 干涉仪内有空气，且知声音强度在 B 的第一位置时为极小值 100 单位，而渐增至 B 距第一位置为 1.65 cm 的第二位置时，有极大值 900 单位. 求：

(1) 声源发出的声波频率；

(2) 抵达探测器的两波的振幅之比.

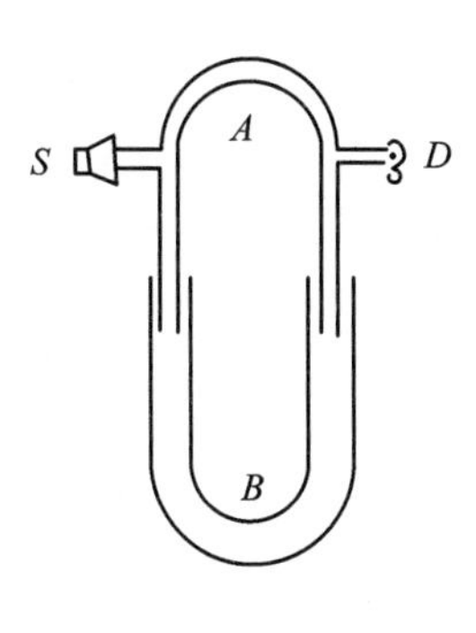

习题 18 图

19. 绳索上的波以波速 $u=25$ m/s 传播，若绳的两端固定，相距 2 m，在绳上形成驻波，且除端点外其间有 3 个波节. 设驻波振幅为 0.1 m，$t=0$ 时绳上各点均经过平衡位置. 试写出：

(1) 驻波的方程；

(2) 形成该驻波的两列反向进行的行波方程.

20. 弦线上的驻波波动方程为 $y=A\cos\left(\frac{2\pi}{\lambda}x+\frac{\pi}{2}\right)\cos\omega t$，设弦线的质量线密度为 ρ.

(1) 分别指出振动势能和动能总是为零的各点位置；

(2) 分别计算 $0\sim\lambda/2$ 半个波段内的振动势能、动能和总能量.

阅读材料之物理科技(一)

智能音箱与声音传感器

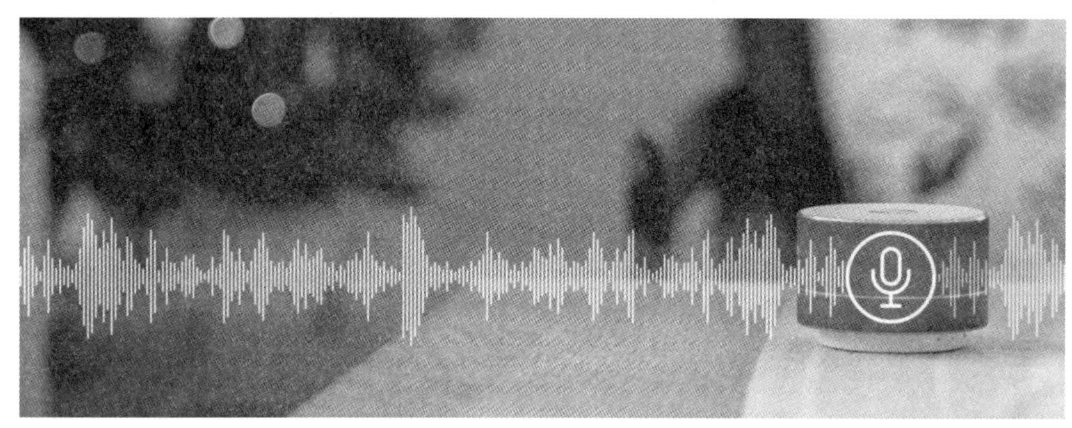

现代生活已经产生微妙变化. 在节日期间，我们会与家中的智能音箱对话：“爱丽丝，请播放些圣诞歌曲”，“Google，请打开美妙的灯光”，“Siri，请问烤火鸡还需要多长时间出炉”，就如同与家里成员一样对话，而这种无形的指令几乎是瞬时得到执行. 包括亚马逊、谷歌、苹果的这类装置已经出现在英国五分之一的家庭中. 2019 年，全球已经销售了 1.47 亿套，2020 年销量预计会增加 10%. 令人惊讶的是，智能音箱已经达到了很高的语音识别能力和精确性. 这些都归因于高灵敏度的语音传感器和用来解释语音的复杂机器学习算法.

从正常讲话转换为文本需要两个过程：① 一个语音传感器将接收的声波转换为电信号；② 使用软件识别出语音中的词语. 对于第二个过程，电信号首先由模拟信号转换为数字信号，然后用快速傅里叶变换找出不同频率信号随时间的振幅变化. 用算法语言将单音与标准的音素进行比较，由此构成完整讲话. 在语音识别过程中，机器学习非常重要，可以用来提高精确度. 计算程序会记住我们对所说话的修正，因此在解读我们个人的声音时变得更加精确.

Audrey 项目与电容式传感器

高灵敏度声学探测器源于 19 世纪末. 最初的声音传感器是碳粉接触式麦克风，由美国的 E. Berliner 和 T. Edison，英国的 D. Hughes 独立发明. 这种麦克风将碳粉颗粒压缩在两片金属板之间，然后在两侧加上电压．传入的声波使得其中一个金属膜片产生振动．在压缩过程中，碳颗粒变形而增加了相互接触面积，使接触电阻下降引起电流增加．随着膜片运动使得声音可以通过电流变化记录下来．然而，直到1952年才首次实现语音识别技术．美国的贝尔电话实验室设立了"自动数字识别机"(Audrey)项目，自动数字识别机可以在普通电话中识别数字0～9，用于语音拨号，然而需要对用户声音进行训练，以及许多其他电子仪器．

从Audrey设立以来，语音识别的计算方面已经有了长足的发展，语音传感器也接受了严格考验．出现了铝带式麦克风、动圈式麦克风、碳粒麦克风等，但先后淡出市场，而电容式传感器却一直是主流．1916年美国西部电子工程实验室的E. C. Wente发明了电容传感器，利用一个电容器平板之间的电压与间距有关的物理效应，在一个固定的背板和一个运动的薄膜两面加上电压，随着外部声波振动，薄膜引起电容两端电压的变化，由此可以计算出不同频率声波引起的振幅变化．

贝尔电话实验室的G. Sessler等人于1962年发明了驻极体电容麦克风(ECM)．驻极体材料(如聚四氟乙烯)具有本征的表面电荷，可以在电容器两端保持固定的电压，从而降低了输入功率．直径为3～10 mm的ECM占据了麦克风市场大约50年时间．然而，减小传感器尺寸会导致信噪比和稳定性下降，特别是智能音箱与声音传感器在温度变化的环境中．当用于语音识别时，多数ECM传感器已经被微机电系统(MEMS)电容传感器所取代．智能音箱中的这种传感器直径约20～1000 mm. MEMS传感器与ECM的区别在于内部的模拟-数字转换电路．与ECM相比，MEMS器件对电子噪声不敏感，尺寸也更小，采用半导体工艺线加工，因而更易于批量制作．MEMS传感器的缺点是寿命不长，不适于恶劣的工作环境．沉积在膜片的颗粒、雨水和附着在膜片表面的空气层都会降低其灵敏度．

新的解决方案

尽管电容式传感器已经在工业界占据了数十年主导地位，但并非是未来发展的首选．美国Vesper公司设计了压电语音传感器，成为新的解决方案．这家2014年建立的公司最初的设计是源于公司CEO Bobby Littrelld博士的研究．

压电语音传感器采用压电材料制成的膜片，如锆钛酸铅压电材料，将机械能直接转换为电响应．当压电薄膜接收到声波时，其内部离子间距离会增长，从而产生电偶极子，使得结构中的离子形成能量最低的分布．这种偶极子只能存在于非中心对称结构晶体单胞中．偶极子在晶体中的累积效果会产生电压，电压随着晶体内应变的变化而变化．与电容式语音传感器相比，压电式传感器具有的优势是不会沾上污染物、空气或者水分，因此寿命更长．另外，这种器件是自供电的，节省了用于电池的空间．

然而，像这样的薄膜设备以及电容式设计，往往很难制备，需要在高真空甚至超高真空环境．需要选择合适的衬底，按照单胞的某一晶体取向生长薄膜，以便在机械应变条件下生长的偶极子均朝向同一方向．需要高温来提高原子的迁移性，使得原子在衬底的最低能量位置上形成理想点阵．然而，单晶的薄膜必须生长在有序的结构上，而柔性衬底是非晶结构，难于生长单晶薄膜．

向大自然学习

在语音识别领域中，韩国 KAIST 的团队发展了一种新的模仿人类听力的压电传感器.他们的压电传感器具有与人类耳蜗的基底膜类似的形状，因此，可以收集常规电容式传感器两倍的信息.这一优势源于，不仅可以收集含有所有频率的单一信号，从中提取频率与振幅信息，而且能在薄膜不同的位置获取多个信号.丰富的信息使得语音识别更加准确.这种设计的精确度和灵敏度占优势，可以获取远处的音频信号，并且能够分辨单个声音.

他们研究中的棘手问题是分析来自这些通道的信号，给出不同频率信号的相对振幅，这是由于振幅受到了通道共振行为的调制.该团队认为已经找到了适于这种探测器的通道数，但是必须在收集更多信息以提高精确度与适当大小的处理器之间取得平衡.

喉部传感器与新冠病毒

语音识别技术并不限于将传感器放置在房屋各个角落，或者你的口袋里.用于探测喉部振动而不是探测声波的传感器，对于声音几乎无法传播的场合是非常重要的，如在嘈杂的工业环境，或者人们佩戴笨重的防毒面具时.2019 年韩国的浦项科技大学对此做出了突破性工作，研制出柔性并且可以贴在皮肤上的电容传感器.这种传感器通过探测喉部环状软骨上的皮肤振动来感知人的声音.由于喉部皮肤的加速度与声压存在线性关系，因此，可以通过测量电容值的变化感知喉部加速度，进而转换为声压.团队制备了厚度小于 5 mm 的环氧树脂薄膜，用以模拟自然界中柔性的聚合物材料.

这类喉部传感器或许还可以用于诊断类似 COVID－19 的疾病，其症状表现在声带的振动上.美国麻省理工学院的研究发现，COVID－19 会通过影响喉部肌肉的复杂运动而改变发出的声音.他们将探测装置与手机小程序结合，可以用作早期 COVID－19 的筛选.

语音识别探测器的未来是面向应用的智能装置，如灵敏度高，能够识别作为密码或者指纹的个体声音信息.由于大流行，能够快速、批量检测呼吸道疾病，利用喉头监测器进行快速检测的技术很快会成为一种可行的诊断技术。

节选自《物理》2021 年第 50 卷第 1 期，智能音箱与声音传感器，作者：朱星.

第13章 波动光学

光学是研究光的行为、性质以及光与物质相互作用规律的学科.光学既是自然科学中历史最悠久的学科之一，又是当前科学领域中最活跃的前沿学科.它的研究对象已从可见光扩展到了电磁波全段，并与其他科学技术紧密结合，相互渗透，形成了许多交叉学科，如非线性光学、光电子学、全息技术、光子计算机等.正是由于人类对于光本性问题锲而不舍的探索，催生了近代物理两个伟大理论——量子理论和狭义相对论.

根据研究光的性质和规律的不同层次，通常把光学分为几何光学、波动光学和量子光学.几何光学是关于光传播的唯象理论，当观察研究光与宏观物体，即尺度远大于光波长的物体相互作用时，采用以光线为模型，以光的基本实验定律为基础，运用几何作图的方法，研究光在均匀介质中沿直线传播的规律，它得出的结论通常是波动光学在某些条件下的近似或极限，主要用来处理光的成像问题，是各种光学仪器设计的基础理论；当光与物体(尺度与光波长可比拟)相互作用时，则会表现出典型的波动特征，波动光学是从光的波动性出发，用光波这一模型来描述光的物理特征，研究光在传播过程中所发生的现象及遵循的规律，主要涉及光的干涉、衍射、偏振及光在各向异性介质中传播时的现象；量子光学则认为光具有波粒二象性，从光量子模型的性质出发，来研究光的辐射及光与物质相互作用规律.这三个分支是光学最基本的内容，它们既相互关联，又相对独立，各有其不同的研究领域和适用范围.

本章主要介绍波动光学，我们将追溯到物理学发展的历史长河中，采撷出一些构思精巧的经典光学实验，研究其现象和结论，体会从观察实验现象到形成理论体系的方法，领略光波动学说建立和完善的过程.

13.1 光的电磁理论

自然界姹紫嫣红、丰富多彩的景象都是通过光信息传递到我们眼睛中的，光现象是自然界最重要的现象之一，然而，光到底是什么？这个问题困扰了人类长达几个世纪.

13.1.1 光的微粒学说与波动学说之争

对于光本性问题的系统探讨，是从17世纪开始的.1665年，牛顿用三棱镜对太阳光进行了色散实验，发现太阳光通过棱镜折射后形成排列有序的彩色光带，由此得出了太阳光是一种由各种颜色光混合而成的复色光的结论.认为颜色是光的基本属性，各单色光在空间上的分离由光的本性决定，它使人类第一次认识到光的客观和定量特征.以牛顿为代表的一些科学家，根据光的直线传播性质，认为光是一种微粒流，微粒从光源飞出来，在均匀介质中遵从力学规律作匀速直线运动，这就是光的**微粒学说**. 根据这一学说，可以对光的反射和折射现象作出貌似合理的解释.但该学说也遇到许多无法解决的问题.例如，当两束光在空间相遇时，彼此为什么不受干扰？两束光的微粒为什么不发生碰撞？并且，利用微粒学说解释光的折射定律时，会得出光在水中的运动速度大于光在空气中运动速度的错误结论，当然，这一点限于当时的实验条件而无法鉴别.

与牛顿同一时代的荷兰物理学家惠更斯是光微粒学说的坚定反对者，他创立了光的**波动学说**，提出"光同声一样，是以球形波面传播"的，认为光是在一种特殊弹性介质中传播的机械波，并且是纵波，并用他提出的子波原理解释了光的反射和折射现象，得出了光在水中的传播速度小于光在空气中传播速度的正确结论.但作为波动的最基本特征的干涉和衍射现象，在当时很难观察到，加之惠更斯理论的一些其他缺陷，波动学说未被广泛接受，导致微粒学说统治了人类近两个世纪.

直到19世纪初，波动光学理论初步形成.托马斯·杨在1801年利用双缝实验观测到了光的干涉现象，并测定了光的波长.菲涅耳于1851年以杨氏干涉原理补充了惠更斯原理，形成人们所熟知的惠更斯-菲涅耳原理，并圆满地解释了光的干涉和衍射现象. 为解释马吕斯于1808年发现的光在两种介质分界面上反射时的偏振现象，托马斯·杨在1817年提出了光波和弦线中传播的机械波相仿的假设，认为光是一种横波.1862年，傅科实验验证了光在水中的传播速度小于光在空气中的传播速度，有力地支持了光的波动理论，加之其他一些光波动现象的陆续发现，到19世纪中叶，光的波动学说战胜了微粒学说.

13.1.2 光的电磁理论

虽然光的波动理论能够解释当时发现的许多实验现象，树立起了牢固的地位，但惠更斯、菲涅耳的波动理论与微粒学说一样，都是建立在机械论的基础之上，把光现象看作是一种机械运动过程，认为光是在某种特殊弹性介质——"以太"中传播的弹性波.因为光既能在真空中传播，也能在介质中传播，这就要求"以太"必须充满整个空间，浸入到一切能传播光的物质中；另一方面，光速是如此巨大，这就要求"以太"必须具有极大的弹性，但它又必须非常稀薄，因为没有发现天体及物体的运动受到阻碍等，实验也无法证实这种特殊弹性介质的存在，暴露出光的弹性波动理论存在严重的矛盾和缺陷.

1846年，法拉第发现了光的振动面在磁场中发生旋转的现象；1856年，韦伯发现了光在真空中的速度等于电流强度的电磁单位与静电单位的比值.这些发现表明光学现象与磁学、电学现象之间有内在的联系.

1865年，英国物理学家麦克斯韦集前人研究之大成，建立起经典电磁理论体系，预言了电磁波的存在，指出电磁波的速度与光速相同，认为光是一种电磁现象，即光是看得见的电磁波，把光现象与电磁现象进行了完美的统一.但电磁理论的建立并没有抛弃"以太"的概念，为此，物理学家投入了很大精力做了许多实验，期望能够发现"以太"的存在，但都以失败告终."以太"之谜成为物理学家的一块心病，困扰物理学界长达半个多世纪，直到1905年，爱因斯坦创立了著名的狭义相对论，从根本上否定了"以太"的存在，认为电磁波本身是一种特殊的物质，它不同于实物，相反，介质是电磁场本身，电磁波(包括光波)可以在自由空间传播而不需要其他介质.

根据麦克斯韦电磁波理论，电场强度矢量与磁感应强度矢量周期性变化在空间的传播形成电磁波，并且是横波.实验证明，电磁波中能引起视觉和使感光材料感光的主要原因是振动着的电场强度，因而在光磁波理论中，我们只关心电场的振动，并把电场的振动称为**光振动**，电场强度称为**光矢量**.

在电磁波中，能被人眼所感受的波长基本上在390～760 nm的狭窄范围内，对应的频率范围是$7.3\times10^{14}\sim4.5\times10^{14}$ Hz，这个范围的电磁波就是所谓的**可见光**. 光的颜色是由光波频率决定的，不同频率的可见光引起不同的颜色感觉. 具有单一频率的光称为**单色光**，由不同频率光波组成的光称为**复色光**. 可见光范围内所有频率光混合起来，给人的感觉是白色，就是所谓的**白色光(白光)**. 各单色光的频率和在真空中的波长与颜色的对应关系如表13.1.1所示.

表13.1.1　可见光七彩颜色对应的波长和频率范围

颜　色	中心频率/Hz	中心波长/nm	波长范围/nm
红	4.5×10^{14}	660	760～622
橙	4.9×10^{14}	610	622～597
黄	5.3×10^{14}	570	597～577
绿	5.5×10^{14}	550	577～492
青	6.5×10^{14}	460	492～450
蓝	6.8×10^{14}	440	450～435
紫	7.3×10^{14}	410	435～390

由于颜色是随频率连续变化的，上述的各种颜色的分界线带有人为约定的性质.

下面，根据光的电磁理论，给出描述光波动属性的一些基本量及其之间的关系.

人眼的视网膜或物理仪器所检测到的光波强弱，是由平均能流密度大小，即单位时间垂直通过单位面积的光波能量所决定的. 在各种光学实验中，重要的是比较各处光的相对强度，并不需要知道各处光强的绝对数值是多少，因此，在以后的讨论中，当谈到光强时，通常是指光波的相对强度. 根据电磁波的平均能流密度与其振幅平方成正比的关系，讨论光波在同一种介质中传播，不考虑量纲时，光强可取为

$$I=E_0^2 \tag{13.1.1}$$

式中，E_0为光矢量$\boldsymbol{E}$的振幅. 当光通过两种介质分界面时，如果需要比较两种介质中的光强，就要考虑与介质有关的电磁常数.

根据麦克斯韦电磁波理论，电磁波在真空中的传播速度为

$$c=\frac{1}{\sqrt{\varepsilon_0\mu_0}}$$

在实验误差范围内，c与光在真空中的传播速度相等，约等于$3\times10^8\ \mathrm{m\cdot s^{-1}}$.

光波在介质中的传播速度为

$$u=\frac{c}{\sqrt{\varepsilon_r\mu_r}} \tag{13.1.2}$$

将光波在真空中传播速度与在介质中传播速度之比定义为折射率，即

$$n=\frac{c}{u} \tag{13.1.3}$$

有

$$n = \sqrt{\varepsilon_r \mu_r} \tag{13.1.4}$$

一般情况下，绝大多数光学透明物质的折射率是由介质本身性质所决定的，其表征了介质的光学密度. 折射率大的介质相对于折射率小的介质而言，称为**光密介质**，反之称为**光疏介质**. 如水相对于空气是光密介质，而相对于玻璃则是光疏介质.

对于真空中速度为 c、频率为 ν、波长为 λ 的光波，有

$$c = \nu\lambda \tag{13.1.5}$$

频率只与光源有关，与介质无关，因此，光波在折射率为 n 的介质中传播时的速度为

$$u = \nu\lambda_n \tag{13.1.6}$$

可得出介质中的波长 λ_n 为

$$\lambda_n = \frac{u}{\nu} = \frac{c/n}{\nu} = \frac{\lambda}{n} \tag{13.1.7}$$

即同频率的光波，在介质中的波长小于真空中的波长.

综上所述，我们得出光是电磁波，其传播不需要介质，可以在真空中传播的结论. 那么，是不是关于光的本性问题就得到圆满答案了呢？回答是否定的，用“粒子”和“波动”这些经典物理概念是无法全面描述光本性的，在量子理论中，我们将看到光具有“波粒二象性”.

本章将从三个方面阐述光传播过程中表现出的波动属性，即光波的干涉、衍射、偏振现象，研究这些现象所遵循的规律及其理论解释，并介绍其在工程技术方面的一些应用.

13.2 光源　光波的叠加

13.2.1 光源　普通光源的发光机制

任何能发光的物体都称为**光源**. 常见的光源如太阳、日光灯和实验室常用的钠灯、水汞灯都属于**普通光源**.

根据原子理论，光源是由大量原子、分子等微观客体构成的，这些微观客体在吸收外界能量后跃迁至激发态，从极不稳定的激发态跃迁至较低能量激发态或基态时，以发光的形式释放出能量，如图 13.2.1 所示.

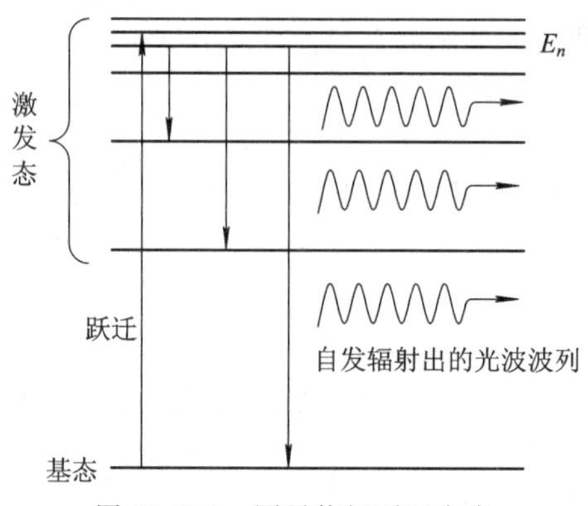

图 13.2.1　原子能级跃迁发光

光源要维持连续发光，就需要能量补给．依据能量供给方式的不同，一般把普通光源分为四类．

（1）电致发光光源：能将电能直接转化为光能的物体，如自然界中的闪电、应用广泛的发光二极管等．

（2）热辐射光源：利用热能激发而产生发光的物体．任何物体都有温度，处于不同温度时辐射出不同波段的电磁波，温度较高时就会辐射出可见光．太阳、白炽灯等属于热辐射光源．

（3）光致发光光源：利用光激发而引起发光的物体，如常用的日光灯、涂有荧光物质的路标指示牌等．

（4）化学发光光源：由于化学反应而导致的物体发光，如燃烧过程的发光、磷在空气中氧化发光等．

普通光源在受激跃迁辐射过程中，以自发辐射为主，每次跃迁辐射所经历的时间极短，只有约 10^{-8} s，这也是一个原子一次发光所持续的时间，因此，每个原子一次发光，只辐射出一列长度有限、频率一定的光波，称为**光波波列**．一般来说，光源中大量原子的激发和辐射是彼此独立、随机、间歇进行的．不同原子在同一时刻或者同一原子在不同时刻辐射的光波，其频率、初相位及振动方向是相互独立、无规则的．

普通光源中的原子辐射出大量长度有限、频率不等、振幅不同的光波波列，这些波列的叠加就形成具有一定波长或频率范围、波列长度有限的光波，为复色光．普通光源也称为**非单色光源**．纯单色光源是不存在的，常用分光器件或滤色片获得**准单色光**．我们常用的钠光灯可以看作是**准单色光源**．

13.2.2　光波的叠加

根据光的电磁理论，光在空间的传播表现为波动形式，那么光波在空间相遇时，也应该和机械波一样产生干涉现象，但在日常生活中，两盏灯同时照射在墙面上时，光的强度是两盏灯强度之和，并没有观察到和机械波相似的强弱变化情况，原因何在？这要从光波的相干叠加和非相干叠加说起．理论和实验表明，当光波强度不太大时，光波在空间的叠加满足波的叠加原理．

如图 13.2.2 所示，从单色光源 S_1、S_2 发出频率相同的两列简谐光波，其光矢量振动方程分别为

$$E_1 = E_{10}\cos\left(2\pi\nu t - \frac{2\pi}{\lambda_n}r_1 + \varphi_{10}\right)$$

$$E_2 = E_{20}\cos\left(2\pi\nu t - \frac{2\pi}{\lambda_n}r_2 + \varphi_{20}\right)$$

其中：ν 是光波频率；λ_n 为光波在介质中的波长，φ_{10} 和 φ_{20} 为两列光波的初相位．

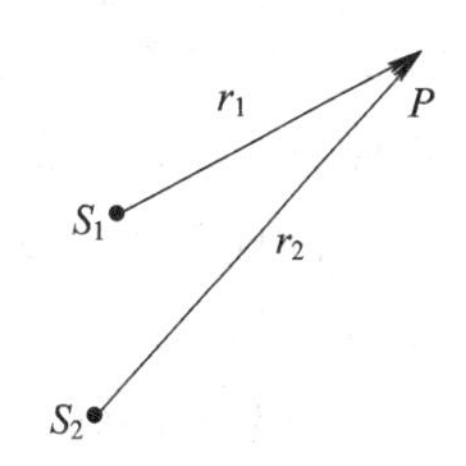

图 13.2.2　光波的叠加

这两列光波在同一均匀介质中的任意一点 P 相遇时，根据叠加原理，P 点的叠加是光矢量振动的叠加，其合振动为

$$E = E_0\cos(2\pi\nu t + \Delta\varphi)$$

如果 E_1 和 E_2 振动方向相同，则 P 点光矢量的振幅 E_0 为

$$E_0 = \sqrt{E_{10}^2 + E_{20}^2 + 2E_{10}E_{20}\cos\Delta\varphi} \tag{13.2.1}$$

式中，$\Delta\varphi$ 为两列光波在相遇位置 P 点的相位差，即

$$\Delta\varphi = (\varphi_{20} - \varphi_{10}) - \frac{2\pi}{\lambda_n}(r_2 - r_1) = \Delta\varphi_0 - \Delta\varphi_P \tag{13.2.2}$$

$\Delta\varphi$ 既与两列光波的初相位差 $\Delta\varphi_0$ 有关，也与两列光波因传播路径不同而产生的相位差 $\Delta\varphi_P$ 有关，E_0 与两列光波的振幅和相位差 $\Delta\varphi$ 都有关.

显然，合振动的振幅是随时间变化的，实际观察到的光强是在较长时间内的平均强度，合振动的平均相对强度是 E_0^2 对时间的平均值，即

$$\begin{aligned} I = \overline{E_0^2} &= E_{10}^2 + E_{20}^2 + 2E_{10}E_{20}\,\overline{\cos\Delta\varphi} \\ &= I_1 + I_2 + 2\sqrt{I_1 I_2}\,\overline{\cos\Delta\varphi} \end{aligned} \tag{13.2.3}$$

式中，I_1 和 I_2 分别为光源单独存在时在 P 点产生的光强，不随时间变化，合光强 I 取决于**干涉项** $\sqrt{I_1 I_2}\,\overline{\cos\Delta\varphi}$，下面分别讨论.

1. 非相干叠加

如果这两列光波分别由两个独立的普通光源发出，由于光源发光的随机性，两列光波的初相位差 $\Delta\varphi_0$ 也将瞬息万变，从而引起两列光波在 P 点的相位差 $\Delta\varphi$ 在 $0\sim2\pi$ 之间迅速变化，在所观察的时间内，$\overline{\cos\Delta\varphi}=0$，即干涉项为零，由式(13.2.3)得

$$I = \overline{E_0^2} = I_1 + I_2 \tag{13.2.4}$$

也就是说，在相对于光波周期较长时间内，观测到的光强是两列光波单独存在时光强之和，这种叠加就是**非相干叠加**.

2. 相干叠加

如果两列光波的初相位差 $\Delta\varphi_0$ 恒定，在空间任一点 P，相位差 $\Delta\varphi$ 的变化仅与其位置有关，不随时间变化，$\cos\Delta\varphi$ 就不是时间的函数，其对时间的平均值不会为零，叠加后的光强为

$$I = I_1 + I_2 + 2\sqrt{I_1 I_2}\cos\Delta\varphi \tag{13.2.5}$$

由此可见，光强 I 不仅与两列光波的光强有关，还取决于两列光波之间的相位差. 对于空间不同点，由于 r_1、r_2 不同，相位差 $\Delta\varphi$ 将取不同的数值，引起光波在相遇区域叠加形成稳定的、不均匀的光强分布，这种叠加就是**相干叠加**. 因光波的相干叠加而引起光强按空间周期性变化的现象称为**光的干涉**，空间分布图像称为**干涉图(花)样**.

下面我们讨论明暗条纹在空间形成的条件.

由式(13.2.5)知，当 $\Delta\varphi=\pm2k\pi(k=0, 1, 2, \cdots)$，即两列光波在相遇位置同相时，有

$$I_{\max} = I_1 + I_2 + 2\sqrt{I_1 I_2} \tag{13.2.6}$$

这些位置处光强最大，称为**干涉相长(加强)**.

若 $\Delta\varphi=\pm(2k+1)\pi(k=0, 1, 2, \cdots)$，即两列光波在相遇位置反相时，有

$$I_{\min} = I_1 + I_2 - 2\sqrt{I_1 I_2} \tag{13.2.7}$$

这些位置处光强最小，称为**干涉相消(减弱)**. 其中 k 称为**干涉级数**.

当相位差 $\Delta\varphi$ 为其他任意值时，相干叠加的光强介于最大与最小之间，是明暗条纹的

过渡区域.

可以发现，两列光波在整个叠加干涉区域的平均光强仍然为 I_1+I_2，这也表明，光的干涉本质上是光强(光的能量)在空间的重新分配. 光强的空间分布由相位差所决定，体现了参与相干叠加的光波之间相位空间分布情况，也就是说，干涉图样记录了相位信息. 这一概念是信息光学的基础，是全息照相的基本原理.

如果两列光波光强相等，即 $I_1=I_2=I_0$，由式(13.2.5)得

$$I=4I_0\cos^2\frac{\Delta\varphi}{2} \tag{13.2.8}$$

此时，$I_{max}=4I_0$，即为一列光波强度的4倍；$I_{min}=0$，即完全消光. 这种情况下，干涉图样的明暗对比度最大.

综上所述，两列光波产生稳定相干图样的条件为：

(1) 光矢量振动方向相同或不相互垂直；

(2) 频率相同；

(3) 相位差恒定.

满足上述条件的两列光波称为**相干光**. 在实验中，为了获得强弱对比清晰的干涉图样，还要求参与叠加的相干光波的强度差别不能太大.

能辐射出相干光波的光源称为**相干光源**，否则就称为**非相干光源**. 由普通光源发光机制可知，普通光源属于非相干光源，两个独立普通光源或同一光源上的不同部分辐射出的光波之间都无法产生稳定的干涉图像.

20世纪60年代发展起来的新型受激辐射源——激光器，其发光机理与普通光源不同，能辐射出单色性非常好的准单色光，是相干光源，在许多领域具有非常广泛的应用.

13.2.3 从普通光源获得相干光的方法

那么，怎样才能利用普通光源获得相干光呢？从光源的发光机制可以看出，要想得到相干光，只能是将同一原子在同一时刻所发出的一列光波分为几个部分，这几部分光波源来自于同一列光波，具有相同的频率，各原子的发光虽然快速地改变，但其相位及振动方向的改变总是同时发生的，这些光波在空间相遇时，就会产生相干叠加. 下面介绍两种方法.

1. 分波阵面法

与机械波相同，一列波在同一波阵面上各点的光振动始终具有相同的相位、频率和振动方向，因此，利用某些装置，在同一波阵面上设法分割出两个或多个部分，根据惠更斯原理，这不同部分可看作是发射相干子波的波源. 如图13.2.3所示，S_1 和 S_2 就是同一波阵面上的两个相干子波源，其发出的子波经过不同路径，在相遇区域 P 点就可以发生相干叠加. 把这种方法称为**分波阵面法**.

2. 分振幅法

设法将同一列光波分割成几列，这几列光波就是相干波. 如图13.2.4所示，利用光波在两种介质分界面上的反射和折射，将入射光分解为反射和折射(透射)光，就会产生相干叠加. 从能量的观点看，这种分解方式是将光波的能量分为几个部分，而光波能量正比于其振幅的平方，因此这种方法称为**分振幅法**.

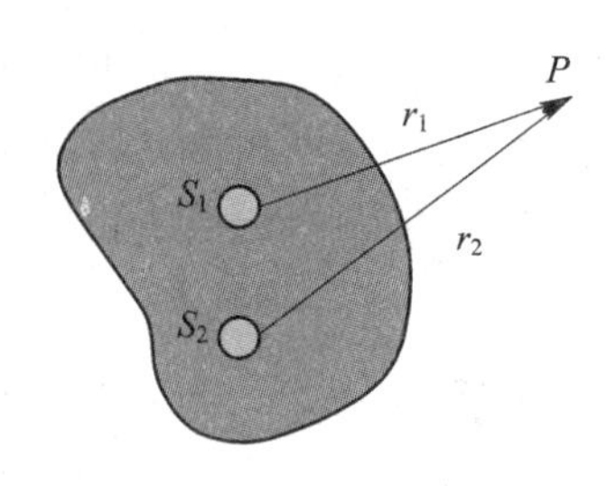

图 13.2.3 分割波阵面

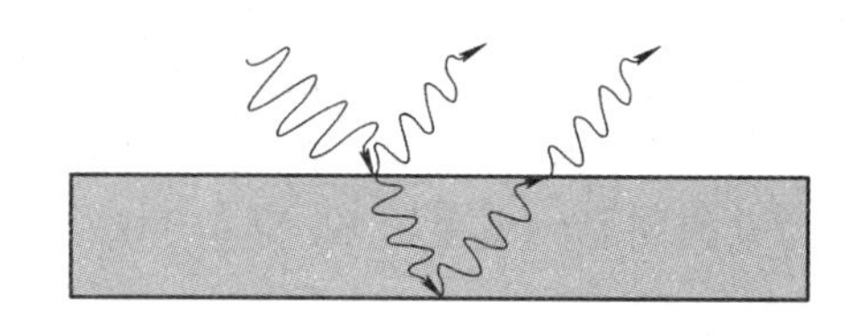

图 13.2.4 分割波列

可以看出，分波阵面法只利用了波阵面上很小几部分的能量；而分振幅法可以充分利用入射光的能量，所以在实际中的应用更为广泛.后面将分别讨论利用这两种方法产生双光束干涉的几种典型实验装置.

13.3 光程 光程差

由上一节讨论的光波相干叠加可知，当两列相干光在同一介质传播时，空间叠加区域光强的强弱分布取决于相位差 $\Delta\varphi=(\varphi_{20}-\varphi_{10})+\frac{2\pi}{\lambda_n}(r_2-r_1)$，而相位差 $\Delta\varphi$ 与两列光波在该介质中的传播路径有关. 为了便于计算相干光在不同介质中传播时产生的相位差，引入光程及光程差的概念.

13.3.1 光程

与机械波的波长概念一样，光波波长反映了光波的空间周期性，光波在其传播路径上每经过一个波长的距离，相位的改变为 2π. 由于光波的波长与折射率有关，因此，同频率的单色光在不同介质中传播同样的路程，产生的相位改变是不相同的. 如果光波在介质中传播的距离为 r，在改变相同的相位时，在真空中传播的路程为 r_0，则有

$$2\pi\frac{r}{\lambda_n}=2\pi\frac{r_0}{\lambda} \tag{13.3.1}$$

得

$$r_0=\frac{\lambda}{\lambda_n}r=nr \tag{13.3.2}$$

式(13.3.2)表明，在相位改变相同的情况下，光波在介质中传播 r 的路程和该光波在真空中传播 nr 的路程相当.

我们也可以从时间角度来讨论. 光波的传播速度与介质的折射率有关，因此同频率的单色光波在相同的时间内，在不同介质中传播的路程不同. 如果光波在时间 t 内，在介质中传播的距离为 r，那么在相同的时间内，在真空中走过的路程为

$$r_0=ct=nut=nr \tag{13.3.3}$$

所以，在相同的时间内，光波在真空中传播的路程是在折射率为 n 的介质中传播路程的 n 倍.

综上所述，把光波在介质中传播的路程与介质折射率的乘积 nr 定义为**光程**，记作 $\Delta=nr$. 光程是个折合量，其物理含义是指在相位改变相同或相同的时间内，把光在介质中

的传播路程折合为光在真空中相应传播的路程，这样是为了便于讨论光波在不同介质中的传播情况.光波只有在真空中传播时，其光程才等于路程.

如图13.3.1所示，一列光波从A点通过不同介质传播至B点时，总光程等于不同介质中传播的光程之和，即

$$\Delta=\sum_{i=1}^{m}n_ir_i$$

光程和路程一样，具有可加性.

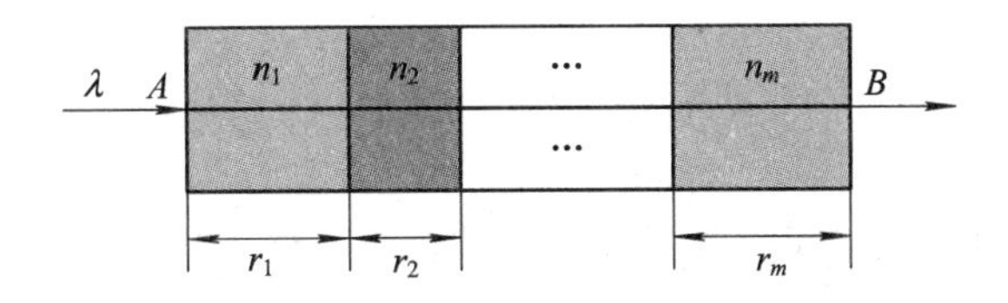

图13.3.1　光连续通过不同介质时的光程

13.3.2　相位差与光程差的关系

如图13.3.2所示，从两相干单色光源S_1和S_2发出的光波，经折射率分别为n_1和n_2的介质传播至P点相遇，由于传播路径不同而产生的相位差$\Delta\varphi_P$为

$$\Delta\varphi_P=2\pi\frac{r_2}{\lambda_2}-2\pi\frac{r_1}{\lambda_1}=2\pi\left(\frac{n_2r_2}{\lambda}-\frac{n_1r_1}{\lambda}\right)$$

则有

$$\Delta\varphi_P=\frac{2\pi}{\lambda}(n_2r_2-n_1r_1)=\frac{2\pi}{\lambda}\delta \tag{13.3.4}$$

其中

$$\delta=n_2r_2-n_1r_1 \tag{13.3.5}$$

表示两列光波到达P点时的**光程差**.因此，由于路径不同引起的相位差由光程差决定，在计算光波通过不同介质的相位差时，统一利用真空中的波长计算，可以简化运算.

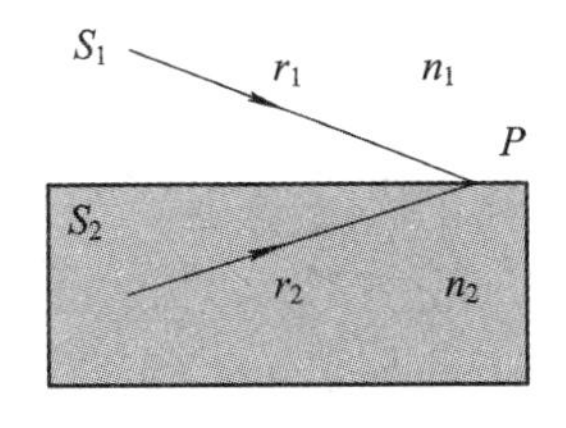

图13.3.2　光波经不同介质传播的光程差与相位差

当两列光波都在真空中传播时有

$$\delta=r_2-r_1 \tag{13.3.6}$$

只有在此特殊情况下，光程差等于路程差.

以后讨论的干涉和衍射实验装置，都采用从同一列波上获得相干光波的方法，各列相干光波的初相位一般都是相同的，即$\Delta\varphi_0=0$，故有

$$\Delta\varphi=\Delta\varphi_P=\frac{2\pi}{\lambda}(n_2r_2-n_1r_1)=\frac{2\pi}{\lambda}\delta \tag{13.3.7}$$

此时，干涉条纹明暗条件仅仅取决于光程差，由式(13.2.5)和式(13.2.7)知

当光程差满足

$$\delta = n_2 r_2 - n_1 r_1 = \pm k\lambda \qquad k = 0, 1, 2, \cdots \tag{13.3.8}$$

时，干涉相长，形成明纹.

当光程差满足

$$\delta = n_2 r_2 - n_1 r_1 = \pm (2k+1)\frac{\lambda}{2} \qquad k = 0, 1, 2, \cdots \tag{13.3.9}$$

时，干涉相消，形成暗纹.

无论是干涉现象还是以后讨论的衍射现象，本质上都是光波的相干叠加，形成的图样分布都具有以下共同特点：

(1) 光程差相等的点在空间构成同一级条纹，即条纹是 $\delta = n_2 r_2 - n_1 r_1$ 相等点的轨迹，在真空或空气中由路程差决定条纹形状；

(2) 两相邻的明纹或暗纹之间对应光程差的改变为一个波长 λ，相邻的明暗纹之间对应光程差的改变为 $\lambda/2$，这里的波长都是指真空中的波长.

因此，光程及光程差的概念非常重要，正确计算光程差是讨论光波相干叠加的关键. 计算光程差时，还需要注意以下两点.

1. 薄透镜的等光程性

在光学系统中，光路上一般都放置有薄透镜，如图 13.3.3(a)所示，光源(或物点) S 经薄透镜成像时，像点 S' 是亮点，说明各光波是同相位叠加的，也就是物点与像点之间光程相等. 同样，如图 13.3.3(b)和(c)所示，当平行光入射到透镜上，会聚在焦点或焦平面上，并在此点相互加强产生亮点时，也是同相位叠加. 由于平行光的同相位面(如图中 abc 面)

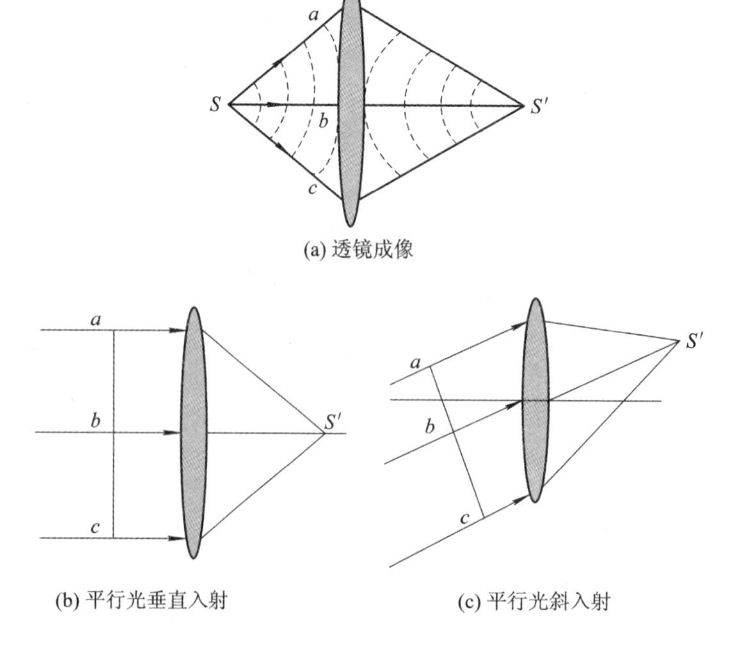

(a) 透镜成像

(b) 平行光垂直入射

(c) 平行光斜入射

图 13.3.3 薄透镜的等光程性

与光波方向垂直，所以从波阵面(abc 面)到会聚点 S'，各列光波光程是相等的. 因此**薄透镜不会产生附加光程差**，只是改变了光波传播的方向.

2. 半波损失

根据光的电磁理论，当光波从光疏介质正入射(入射角为 0°)或掠入射(入射角为 90°)到光密介质时，在两种介质的分界面上，反射光的相位与入射光的相位之间产生 π 的相位突变，这一变化相当于反射光光程改变了半个波长，也就是说增加或损失了半个波长，这种现象称为**半波损失**，即反射光与入射光在入射点“就地”产生的光程差为 $\pm\frac{\lambda}{2}$，也叫**附加光程差**. 其中 λ 为真空中波长，正负号的选取对计算干涉图样分布没有影响，本书统一取正号. 如果入射光从光密介质到光疏介质反射，则没有半波损失. 在任何情况下，折射光都不存在半波损失. 有无半波损失并不影响干涉图样的形状、间隔等特征，但明暗条纹位置互换. 因此存在反射光的情况下，计算光程差时，一定要注意是否存在半波损失.

例 13.3.1　单色平行光垂直照射到厚度为 e 的薄膜上，经上下两表面反射，如例13.3.1 图所示，若 $n_1<n_2$ 且 $n_2>n_3$，已知入射光在介质 n_1 中的波长为 λ_1，求反射光 1 和反射光 2 的光程差和相位差.

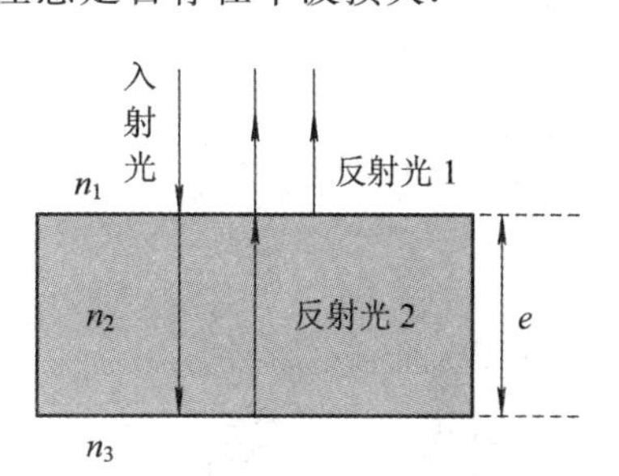

例 13.3.1 图

解　光程差由两部分组成：一是两列光波因路径不同产生的光程差，二是要考虑是否存在半波损失. 两列光波因传播路径不同产生的光程差为

$$\delta_0 = 2n_2e$$

由折射率大小关系知，薄膜上表面反射波存在半波损失，下表面反射时没有半波损失，故附加光程差为

$$\delta' = \frac{\lambda}{2} = \frac{n_1\lambda_1}{2}$$

总光程差为

$$\delta = \delta_0 + \delta' = 2n_2e + \frac{\lambda}{2} = 2n_2e + \frac{n_1\lambda_1}{2} \tag{1}$$

相位差为

$$\begin{aligned}\Delta\varphi &= \frac{2\pi}{\lambda}\delta = \frac{2\pi}{\lambda}\left(2n_2e + \frac{\lambda}{2}\right)\\ &= \frac{4n_2e\pi}{\lambda} + \pi = \frac{4n_2e\pi}{n_1\lambda_1} + \pi \end{aligned}\tag{2}$$

讨论：(1) 如果已知光波在介质 n_2 中的波长 λ_2，也可以利用路程差来计算相位差. 反射光 2 传播的路程为 $2e$，产生的相位差改变为

$$\varphi_2 = \frac{2\pi}{\lambda_2}2e = \frac{4\pi e}{\lambda_2}$$

考虑反射光 1 的相位突变，总相位差为

$$\Delta\varphi = \varphi_2 + \pi = \frac{4e\pi}{\lambda_2} + \pi$$

将 $\lambda_2 = \frac{\lambda}{n_2} = \frac{n_1\lambda_1}{n_2}$ 带入上式后和式(2)结果一样.

（2）如果 $n_1<n_2<n_3$，则光程差为

$$\delta = 2n_2e + \frac{\lambda}{2} - \frac{\lambda}{2} = 2n_2e$$

即上下表面都有半波损失时，在计算光程差时不需考虑. 三种介质折射率之间的大小关系在其他情况下是否存在半波损失，请读者考虑.

13.4 双缝干涉

在这一节中，将介绍两种利用分波阵面实现普通光源干涉的实验装置：杨氏双缝干涉和洛埃德镜实验. 这两个实验的结论为波动理论的建立起到了重要作用.

13.4.1 杨氏双缝干涉实验

托马斯·杨（Thomas Young，1773—1829 年），英国物理学家、医生、考古学家，波动光学的伟大奠基人，在光学、生理光学、材料力学等方面都有重要的贡献.

为了证实光波动学说的正确性，1801 年托马斯·杨用非常巧妙的方法得到了两个相干光源，进行了著名的光波干涉实验. 他用叠加原理解释了干涉现象，在历史上第一次测定了光的波长，为光波动学说的确立奠定了基础.

1. 杨氏双缝干涉实验装置

如图 13.4.1(a)所示，光源发出的单色光垂直照射到单缝 S 上，单缝 S 可看作是一个单色线光源，单缝 S 后又放有与 S 平行且等距离的两平行狭缝 S_1、S_2，两缝间距离很小，可看作是从同一波阵面上分割出的两个线状单色子波源，是相干光源，S_1、S_2 发出的两列子波在空间相遇，将会发生干涉现象. 在 S_1、S_2 后放置一平行于狭缝的接收屏 E，将会出现明暗相间、等间距的直线干涉条纹，如图 13.4.1(b)所示.

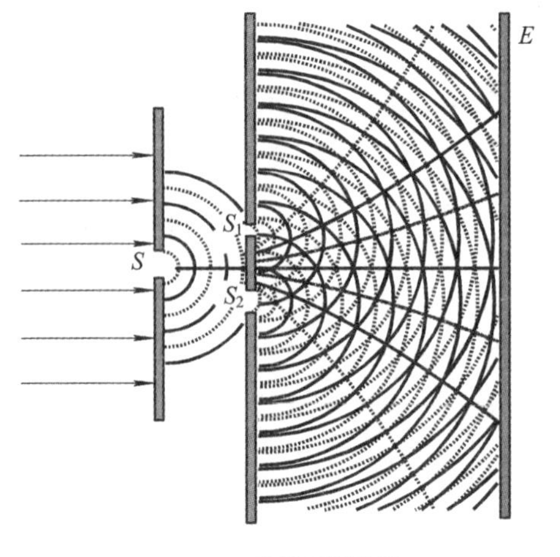

(a) 双缝干涉装置

(b) 双缝干涉条纹分布

图 13.4.1 杨氏双缝干涉实验

我们对杨氏干涉图样产生的物理机制作简单分析. 光源同一时刻发出大量(设有 N 列)互不相干的波列，其中第 i 个原子跃迁辐射出的一列光波经双缝 S_1、S_2 后，分出两列相干光，在接收屏上进行相干叠加，形成一个干涉图样，即一个光强分布 I_i，其满足公式(13.2.5). 不同原子跃迁辐射出的波列经双缝发出的子波之间是不相干的，光强可直接相加，所以，从双缝出射的两束光在接收屏上形成的总光强分布为 $I=\sum_{i=1}^{N} I_i$，形成干涉图样，也称为**双光束**干涉，其结果和其中一列波形成的干涉图样一致. 后面讨论的薄膜干涉也是同样的道理.

2. 双缝干涉的光程差

要分析干涉条纹明暗分布情况，首先讨论两列相干光波的光程差.

整个装置处于折射率为 n 的均匀介质中，如图 13.4.2 所示. 双缝的间距为 d，双缝到接收屏的距离为 D，一般情况下，d 的数量级小于毫米，而 D 的数量级可达到米. 设两狭缝 S_1、S_2 的中垂线 SO 与屏幕交于 O 点，即 $OS_1=OS_2$. S_1 和 S_2 到接收屏上任意一点 P 的距离分别为 r_1 和 r_2，P 到 O 点的距离为 x. 因为 $D\gg d$，所以到达屏上任意一点 P 的两列光波可近似看作是平行光，它们与双缝平面法线的夹角设为 θ.

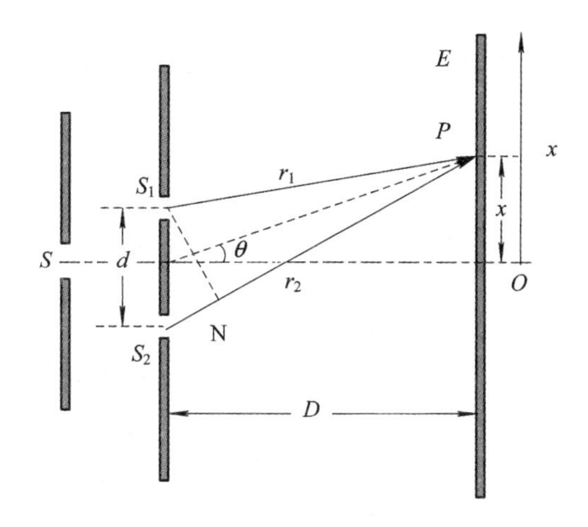

图 13.4.2　双缝干涉原理图

因两子光源 S_1、S_2 是相干光源，故其初相位差为零，其发出的两列光波到 P 点的光程差为 $\delta=n(r_2-r_1)$，作 S_1N 垂直于 S_2P，由几何关系可得

$$r_2-r_1=S_2N\approx d\ \sin\theta\approx d\ \tan\theta=d\,\frac{x}{D} \tag{13.4.1}$$

光程差为

$$\delta=n(r_2-r_1)=\frac{nd}{D}x \tag{13.4.2}$$

3. 干涉条纹分布情况

下面定量分析干涉条纹在接收屏上的位置分布及强度变化情况.

1) 明条纹

由明条纹条件公式(13.3.8)和式(13.4.2)有

$$\delta = \frac{nd}{D}x = \pm k\lambda \tag{13.4.3}$$

得明纹中心位置

$$x = \pm k\frac{D\lambda}{nd} \qquad k = 0, 1, 2, \cdots \tag{13.4.4}$$

式中，当 $k=0$ 时，$x=0$，对应的光程差为 $\delta=0$，在接收屏中心位置，为零级明条纹；$k=1$，2 的明条纹分别称为第一级、第二级明条纹. 正负号表示其他明纹在零级明纹两侧对称分布.

2）暗条纹

由暗条纹条件公式(13.3.9)有

$$\delta = \frac{nd}{D}x = \pm(2k+1)\frac{\lambda}{2} \tag{13.4.5}$$

得暗纹中心位置

$$x = \pm(2k+1)\frac{D}{d}\cdot\frac{\lambda}{2n} \qquad k = 0, 1, 2, \cdots \tag{13.4.6}$$

式中，正负号表示干涉条纹在零级明纹两侧对称分布.

3）光强分布

杨氏双缝干涉中，如果两狭缝宽窄相等，两列出射光波强度相等，则由式(13.2.8)得第 i 列光波经双缝后产生的干涉光强分布为

$$I_i = 4I_{i0}\cos^2\frac{\Delta\varphi}{2} = 4I_{i0}\cos^2\frac{\delta\pi}{\lambda} \tag{13.4.7}$$

狭缝发出的两束光在接收屏上的总光强分布为

$$I = \sum_{i=1}^{N} I_i = 4I_0\cos^2\frac{\delta\pi}{\lambda} \tag{13.4.8}$$

图 13.4.3 给出了双缝干涉光强与光程差的关系曲线，不同级明纹的光强都相等.

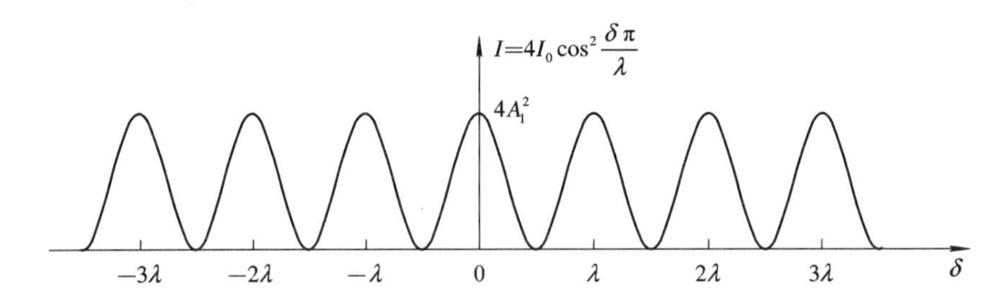

图 13.4.3　杨氏双缝干涉光强分布

4）条纹间距

相邻明纹中心或相邻暗纹中心的距离称为**条纹间距**，它反映干涉条纹光强分布的空间周期性. 明纹间距和暗纹间距可由式(13.4.4)和式(13.4.6)计算出，为

$$\Delta x = x_{k+1} - x_k = \frac{D\lambda}{nd} \tag{13.4.9}$$

上式表明条纹间距与级次 k 无关，说明双缝干涉条纹是等间距的. 由图 13.4.3 可以看出，明纹内各点光强并不相等，由最小逐步过渡到最大再过渡到最小，其中心位置最亮，暗纹情况也类似.

根据式(13.4.9)，Δx 正比于 $D/d(D/d\gg 1)$，其物理本质是把波长这个反映光波纵向空间周期性、难以直接观察的物理量，通过干涉的方法加以转化放大，变为可观察的横向干涉图样. 杨氏就是据此测定了光的波长. 也可以根据此式来测量介质的折射率等.

5）白光干涉

由式(13.4.4)和式(13.4.6)知，各级干涉条纹距零级明纹的距离与波长成正比. 如果入射光是白光，除零级明纹因各色光光程差都为零，各色光重叠仍为白色外，不同波长同级明纹的位置是不同的，并按波长由短到长的顺序，形成颜色依次由紫色到红色排列的彩色条纹带，称为**光谱**. 另外，波长较大的 k 级明纹，可能与波长较小的 $k+1$ 级明纹发生重叠，导致条纹模糊不清，因此，实验一般都是采用准单色光源.

综上所述，明暗条纹就是光程差相等的点在屏幕上的轨迹，**双缝干涉图样是平行于狭缝、等间距并对称分布在中央明纹两侧的直线条纹**. 当然，这是在满足 $D\gg d$ 条件下的近似情况.

例 13.4.1　如例 13.4.1 图所示，整个装置处于真空中，当光源沿平行狭缝所在面上下有微小移动时，干涉图样将如何移动？并求出图样移动和光源移动距离的关系.

解　分析：在这种情况下，干涉条纹的间距、形状并不发生变化，但干涉图样整体将发生移动，以跟踪零级明纹的移动情况来说明. 因为零级明纹对应于光程差为零的位置，光源移动到 S'后，零级明纹只有从 O 点移动到 P 点，才能保证两列波的光程差为零，整个干涉图样也就向上移动，故有

$$\delta_0=R_1+r_1-(R_2+r_1)=0$$

或

$$R_1-R_2=r_2-r_1$$

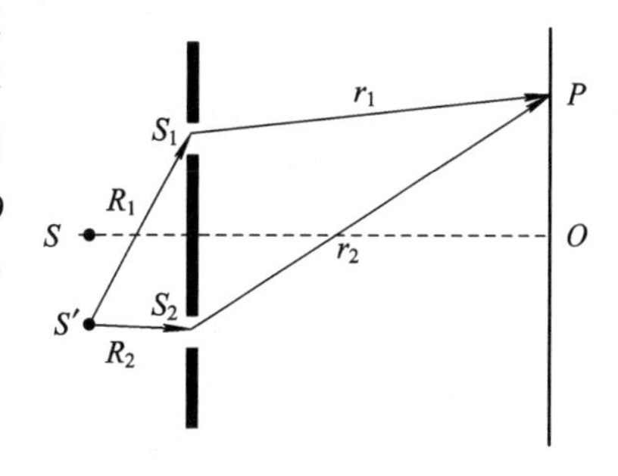

例 13.4.1 图

当光源向下移动时 $R_1>R_2$，也就要求 $r_2>r_1$，即条纹向上移动. 设光源移动距离为 $SS'=l$，零级条纹移动距离为 x，由式(13.4.1)有

$$r_1-r_2=\frac{dx}{D}$$

当光源到两狭缝的距离 R_1 和 R_2 远大于光源移动距离时，由几何关系也可以得出

$$R_1-R_2=\frac{dl}{R}$$

由此得出条纹移动的距离和光源移动距离的关系

$$x=-\frac{D}{R}l$$

负号表示干涉条纹移动方向与光源方向相反. 此式也是把微小变化量 l 进行光学放大，可用来测量微小位移. 当光源沿水平方向移动时，干涉图样不发生移动.

例 13.4.2　如例 13.4.2 图所示，处于空气中的双缝干涉装置，当用折射率 $n=1.58$ 的透明薄膜覆盖在其中一条狭缝 S_1 时，干涉条纹将如何移动？并分别讨论：

(1) 若入射单色光波长为 550 nm，薄膜厚度为 $e=8.53\times10^{-6}$ m，此时零级明纹将移动到原来的第几级明纹处？

(2) 若已知缝间距为 0.5 mm，接收屏幕到双缝的距离为 0.5 m，薄膜覆盖后发现屏上

的干涉条纹移动了 10 mm，求薄膜的厚度.

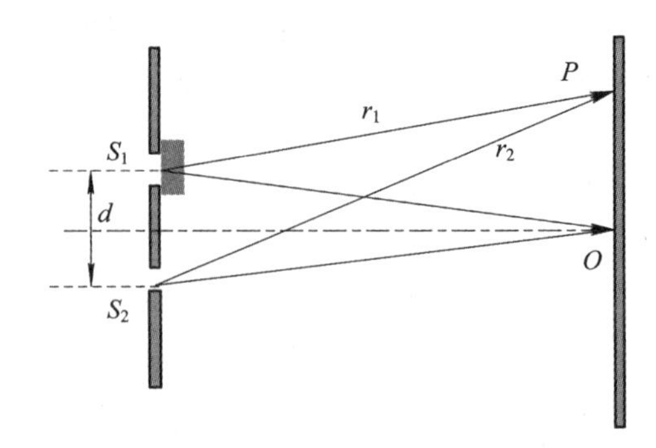

例 13.4.2 图

解 如例 13.4.2 图所示，没有盖薄膜时，零级明条纹在 O 点处. 当薄膜覆盖在缝 S_1 上后，光线 S_1P 的光程增大. 由于零级明条纹所对应的光程差为零，这时零级明条纹只有上移至 P 点才能使光程差为零，因此整个干涉图样也就向上移动.

(1) 依据题意，不覆盖薄膜时，设 P 点为第 k 级明纹，满足条件

$$r_2 - r_1 = k\lambda \tag{1}$$

覆盖薄膜后，近似认为光线垂直穿过薄膜，此时，因 P 点变为零级明纹，光程差满足

$$r_2-(r_1-e+ne)=0$$

即

$$r_2 - r_1 = (n-1)e \tag{2}$$

由式(1)和式(2)可得

$$(n-1)e=k\lambda$$

故有

$$k=\frac{(n-1)e}{\lambda}=\frac{(1.58-1)\times 8.53\times 10^{-6}}{550\times 10^{-9}}\approx 9$$

所以零级明纹移到原来的 9 级明纹处.

(2) 由题意知，零级明纹也向上移动了同样距离 $x=10$ mm，覆盖前，从两狭缝至 P 点的光程差由式(13.4.1)知

$$r_2-r_1=\frac{\mathrm{d}x}{D}$$

例 13.4.2

覆盖后，P 点处为零级明纹，有

$$r_2-r_1=(n-1)e$$

即

$$(n-1)e=\frac{\mathrm{d}x}{D}$$

解出

$$e=\frac{\mathrm{d}x}{(n-1)D}=\frac{0.5\times 10}{(1.58-1)\times 500}=1.72\times 10^{-2}\ \mathrm{mm}$$

利用双缝干涉条纹变动情况也可以测量透明薄膜的厚度、折射率等.

13.4.2　洛埃德镜干涉实验

在杨氏双缝干涉实验中，仅当缝 S_1、S_2、S 都足够窄时，才能保证 S_1、S_2 处的振动有相同相位，到达接收屏的波列具有相同的光程差，但这时光源辐射的光能绝大部分不能利用，干涉条纹常常不够明亮清晰. 洛埃德在1834年对杨氏干涉装置进行了改进，提出了一种更简单的产生双光束干涉的装置，该实验装置不但能产生更清晰的干涉现象，而且还证明了反射光存在半波损失.

图13.4.4为洛埃德镜干涉实验装置，整个装置处于空气之中，M 为一块平面反射镜，从狭缝 S_1 发出的光波，一束(图中①表示)直接射到接收屏 E 上，另一束(图中②表示)以接近90°的入射角(掠入射)经 M 反射后到达接收屏，这两束光波源自于同一波阵面，是相干光. 反射光可看作是由虚光源 S_2 发出的. S_1、S_2 构成一对相干线光源，两束光波在图示的阴影区域内相遇发生相干叠加，出现明暗相间、平行于狭缝的直线条纹.

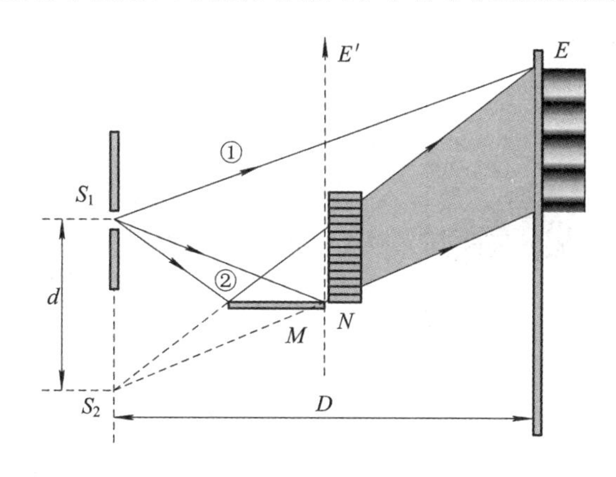

图13.4.4　洛埃德镜干涉实验装置

当将接收屏幕移到与反射镜边缘接触的位置 $E'N$ 时，入射光与反射光的路程相等，在 N 处应该出现明条纹，但实验却发现是暗纹，这表明直接入射到屏上的光波与由镜面反射的光波在 N 处的相位相反，即相位差为 π. 其他位置的条纹也都出现相同情况，即按杨氏干涉明纹公式(13.4.4)计算出应该出现明纹的位置，实际上出现的是暗纹. 因为直接射向屏幕的光是在空气或均匀介质中传播的，不可能有相位改变，所以只能是经镜子反射的光产生了相位突变 π，也就是有半波损失，产生附加光程差. 这一实验结果验证了电磁理论中关于半波损失的结论.

考虑到反射光有半波损失，屏幕上任意一点的光程差为

$$\delta = \frac{\mathrm{d}x}{D} + \frac{\lambda}{2} \tag{13.4.10}$$

因此，明暗条纹位置与杨氏干涉相反. 并且，洛埃德镜干涉装置只能在平面镜的上方入射光和反射光相遇的区域(图示阴影)内产生干涉图样.

例13.4.3　海岸边有一发射电磁波的天线装置，发射的电磁波波长为 λ，海轮上有一天线接收器，两天线都高出海面 H 米，如例13.4.3图所示. 若将海面看作水平反射面，当海轮自远处接近岸边，海轮上的天线第一次接收到电磁波信号的极大值时，两天线距离为

多远？

解 海轮接收器测得的信号有强弱变化，是因为直接到达接收器的电磁波与经海面反射的电磁波相互干涉的结果. 设海轮距岸边距离为 x 时，接收到信号极大值，考虑到存在半波损失，则两列波的波程差为

$$\delta=2L-x+\frac{\lambda}{2}=2\sqrt{H^2+\frac{x^2}{4}}-x+\frac{\lambda}{2}$$

满足极大条件

$$\delta=k\lambda \qquad (k=1, 2, 3, \cdots)$$

当第一次接收到极大信号时 $k=1$，有

$$2\sqrt{H^2+\frac{x^2}{4}}-x+\frac{\lambda}{2}=\lambda$$

得

$$x=\frac{4H^2}{\lambda}-\frac{\lambda}{4}$$

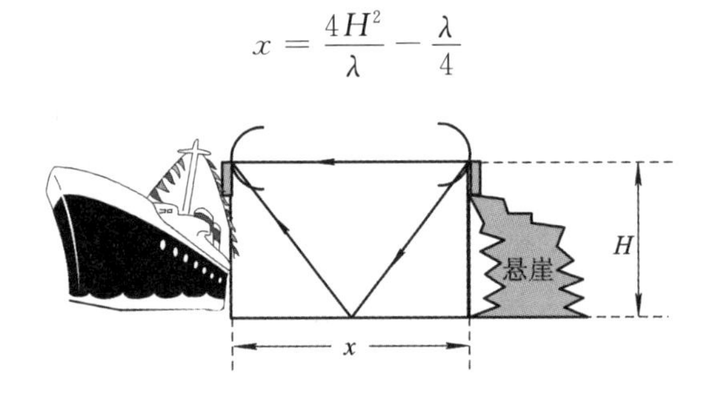

例 13.4.3 图

13.5 薄膜干涉

光照射在很薄的透明介质膜上，经薄膜上下两表面反射后，在空间一定区域相遇叠加所产生的干涉现象，称为**薄膜干涉**. 薄膜干涉属于分振幅干涉，是日常生活中常见的一类干涉现象. 在日光照射下，肥皂泡、油膜等呈现五彩缤纷的色彩，蝴蝶等昆虫翅膀绚丽多姿的花纹，都有着薄膜干涉的作用.

薄膜干涉条纹形状、图样形成的区域与薄膜表面形状、薄膜厚度是否均匀、光源是面光源还是点光源、入射光的照射角度等很多因素有关，不同条件导致薄膜干涉条纹形状各异，干涉区域也不尽相同，因此，薄膜干涉的全面讨论比较复杂. 下面讨论两类比较简单并且最具实用意义的薄膜干涉，即厚度均匀的薄膜产生的**等倾干涉**和厚度不均匀的薄膜形成的**等厚干涉**.

13.5.1 等倾干涉

1. 等倾干涉

如图 13.5.1 所示，厚度为 e、折射率为 n_2 的透明薄膜，处于折射率分别为 n_1 和 n_3 的介质中. 由单色光源发出的一列光波以入射角 i 入射到薄膜上表面，在 A 点被分割为两列

光波，一列形成反射光波1，另一列透射进入薄膜，形成折射光. 进入薄膜的折射光在薄膜下表面 B 点被反射到上表面 C，再折射回到原来介质，形成光波2. 两列光波1、2源自同一入射光波，是相干光，并且相互平行，其相干区域位于无穷远处. 通常利用透镜 L 将其会聚在置于透镜焦平面的接收屏上，产生相干叠加. 实际上，入射光在薄膜内可发生多次反射和折射，出射后都会产生相干叠加于同一位置. 但由于经多次反射后光强迅速下降，所以只需考虑两列光波1、2之间的干涉，并认为其光强近似相等.

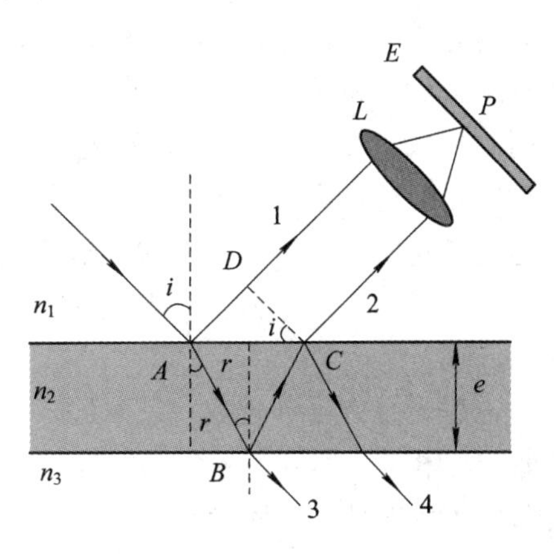

图 13.5.1 薄膜干涉

接收屏上 P 点的明暗情况是由两列相干光的光程差决定的. 作 $CD\perp AD$，因透镜不产生附加光程差，则 CP 与 DP 之间的光程相等，所以两列光的光程差是在波阵面 DC 之前产生的，由两部分构成，一是由于传播路径不同而产生的光程差，二是在薄膜上下表面反射时可能存在半波损失产生的附加光程差，则总光程差可表示为

$$\delta = n_2(AB+BC) - n_1 AD + \delta'$$

式中，δ' 为附加光程差，在不同折射率情况下，取值分别为

$$\delta' = \begin{cases} 0, & n_1 < n_2 < n_3 \text{ 或 } n_1 > n_2 > n_3 \\ \dfrac{\lambda}{2}, & n_1 < n_2 \text{ 且 } n_2 > n_3 \text{ 或 } n_1 > n_2 \text{ 且 } n_2 < n_3 \end{cases}$$

由几何关系

$$AB = BC = \frac{e}{\cos r}$$

$$AD = AC\sin i = 2e\tan r\sin i$$

可得

$$\delta = 2n_2\frac{e}{\cos r} - 2n_1 e\tan r\sin i + \delta' = \frac{2e}{\cos r}(n_2 - n_1\sin r\sin i) + \delta'$$

根据折射定律 $n_1\sin i = n_2\sin r$，有

$$\delta = \frac{2n_2 e}{\cos r}(1-\sin^2 r) + \delta' = 2n_2 e\cos r + \delta' \tag{13.5.1}$$

或

$$\begin{aligned}\delta &= 2n_2 e\sqrt{1-\sin^2 r} + \delta' \\ &= 2e\sqrt{n_2^2 - n_1^2\sin^2 i} + \delta'\end{aligned} \tag{13.5.2}$$

由此得出干涉明暗条纹条件

$$\delta = 2e\sqrt{n_2^2 - n_1^2\sin^2 i} + \delta' = \begin{cases} k\lambda, & k=1, 2, 3, \cdots (\text{明条纹}) \\ (2k+1)\dfrac{\lambda}{2}, & k=0, 1, 2, \cdots (\text{暗条纹}) \end{cases} \tag{13.5.3}$$

显然，对于厚度均匀的薄膜，光程差取决于倾角(入射角 i)，倾角不同，形成不同级的

干涉条纹．凡以相同倾角入射的所有光波，其反射光将有相同的光程差，形成同一级干涉条纹，这样的条纹称为**等倾干涉条纹**．如图13.5.2所示，单色点光源 S 发出的以相同倾角入射到薄膜表面上的光线都在同一圆锥面上，其反射光经透镜会聚在接收屏上同一圆周上．入射光倾角连续变化时，形成一系列**明暗相间、内疏外密的同心圆环**．薄膜厚度越大，干涉环越密集，有兴趣的读者自己讨论．

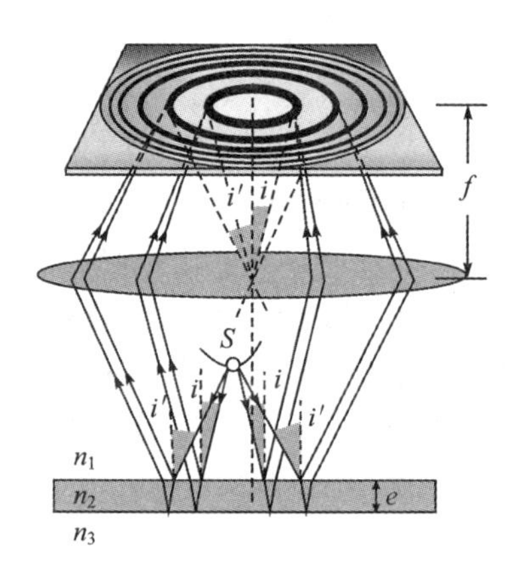

图 13.5.2　点光源的等倾干涉条纹

透射光也有干涉现象，只不过亮度较低，且与反射光明暗正好相反，即同一入射角，若反射光干涉为暗纹，则透射光干涉为明纹；反之亦然，这也是遵守能量守恒定律的必然结果．

2. 增透膜与增反膜

在现代光学仪器中，为减少入射光能量在透镜等光学器件表面上反射引起的损失，常在其表面上镀一层厚度均匀的透明薄膜（如 MgF_2），其折射率介于空气、玻璃之间，当膜的厚度适当时，可使某些波长的反射光因干涉而减弱，从而增加透过器件的光能，这种能使透射光增强的薄膜称为**增透膜**．

如图13.5.3所示，在折射率为 $n_3=1.60$ 的玻璃表面上镀一层厚度为 e、折射率为 $n_2=n=1.38$ 的氟化镁（MgF_2）薄膜，置于空气中，因此，在氟化镁薄膜上下表面反射的光都存在半波损失，就不需考虑附加光程差．由式(13.5.3)可知，当光波垂直入射（$i=90°$）时，反射光满足减弱条件

$$\delta = 2ne = (2k+1)\frac{\lambda}{2} \qquad k=0,1,2,\cdots$$

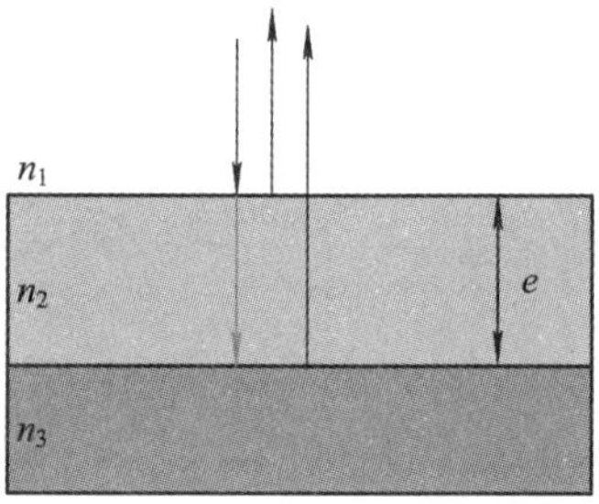

图 13.5.3　增透膜示意图

由此得出膜厚度为

$$e=\frac{(2k+1)\lambda}{4n} \tag{13.5.4}$$

时透射光增强．此时，对于某一波长的光波只能形成一级干涉条纹，视场中的光强是均匀分布的．镀膜的最小厚度（$k=0$）为 $e=\lambda/4n$，也称**光学厚度**．

由式(13.5.4)可知，一定厚度薄膜只能使得某一特定波长及其相近波长的光增强．在照相机和助视仪器镜头镀膜时，往往使膜厚对应于人眼最敏感波长 $\lambda=550$ nm 的黄绿光透射增强，这样的厚度恰好会使蓝光和红光反射满足干涉加强条件，因此在可见光照射下，镜头表面呈现蓝紫色或紫红色．

另一种镀膜使某一特定波长的反射光增强，透射光减弱，这种薄膜称为**增反膜**或**高反膜**，滑雪运动员戴的眼镜就镀有这种膜．选择膜的折射率大于空气和玻璃，如硫化锌（$n=2.40$），此时，膜的上表面有半波损失，而下表面没有半波损失，因此，在满足式(13.5.3)厚度的情况下，反射光得到加强．大家看到有些太阳镜呈现金色光泽，就是太阳镜上镀有薄膜，使得黄色光反射增强的缘故．

为了提高材料的透光率或反射率，常常在其上交替镀上低折射率和高折射率的多层膜，每层厚度均为$\lambda/4n$. 考虑到薄膜吸收问题，膜的层数一般控制在15层左右. 目前采用多层镀膜技术，可以镀制各种性能的膜，如彩色分光膜、隔热膜、冷光膜及干涉滤光片等，其应用非常广泛.

例 13.5.1 一束平行白光，垂直入射到置于空气中厚度均匀的薄膜上，薄膜的折射率为$n=1.4$，反射光中出现波长为400 nm和600 nm的两条暗线，求此薄膜的厚度.

解 因反射光有半波损失，两列光波的光程差为

$$\delta=2ne+\frac{\lambda}{2}$$

由于只有两条暗线，因此两个波长的暗纹级次应当只差一个级，即$\lambda_1=400$ nm的k级和$\lambda_2=600$ nm的$k-1$级，故有

$$2ne+\frac{\lambda_1}{2}=(2k+1)\frac{\lambda_1}{2}$$

及

$$2ne+\frac{\lambda_2}{2}=(2k-1)\frac{\lambda_2}{2}$$

分别得出

$$2ne = k\lambda_1 \tag{1}$$

$$2ne = (k-1)\lambda_2 \tag{2}$$

由式(1)、式(2)可得

$$k\lambda_1=(k-1)\lambda_2$$

解出

$$k=\frac{\lambda_2}{\lambda_2-\lambda_1}=\frac{600}{600-400}=3$$

也就是观察到第二级600 nm的暗纹和第三级400 nm的暗纹. 代入式(1)有

$$e=\frac{k\lambda_1}{2n}=\frac{3\times 400}{2\times 1.4}=428.6\ \text{nm}$$

由式(13.5.3)可以看出，当平行光以一定角度入射到厚度不均匀的薄膜上时，反射光的光程差随薄膜厚度不同而变化，形成不同级的干涉条纹. 同一级干涉条纹是由薄膜上厚度相同处所产生的反射光形成的，这样的条纹称为**等厚干涉条纹**. 下面重点讨论两种等厚干涉.

13.5.2 劈尖干涉

1. 劈尖干涉

如果薄膜上下表面都是平面但相互不平行，形成一定的夹角(劈尖角)，其厚度由薄到厚线性增加，如图13.5.4所示，则平行光以一定的角度照射在此薄膜上时，将形成等厚干涉条纹. 因薄膜形状是劈尖形，故称为**劈尖干涉**.

当薄膜劈尖角很小、厚度很薄、平行光入射角度不是很大时，两列相干光波就会在膜的表面附近相遇而发生干涉，可认为等厚干涉条纹位于薄膜的上表面.

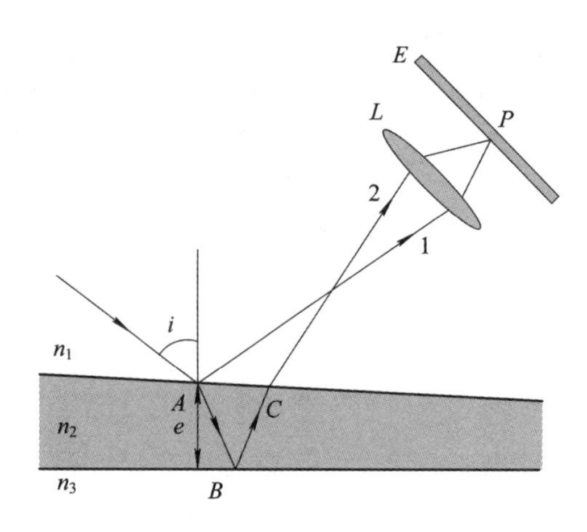

图 13.5.4　平行光斜入射的劈尖干涉

2. 垂直入射光的劈尖干涉

实验室常用的劈尖干涉装置如图 13.5.5 所示，使两块玻璃平板一端棱边接触，另一端夹入一厚度为 h 的薄片(或细丝)，这样就在两玻璃板之间形成角度为 θ 的劈形空气层，称为**空气劈尖**，两玻璃接触处为劈尖的棱边．若在两块玻璃平板之间充以折射率为 n 的透明介质，就形成不同材料的劈尖．

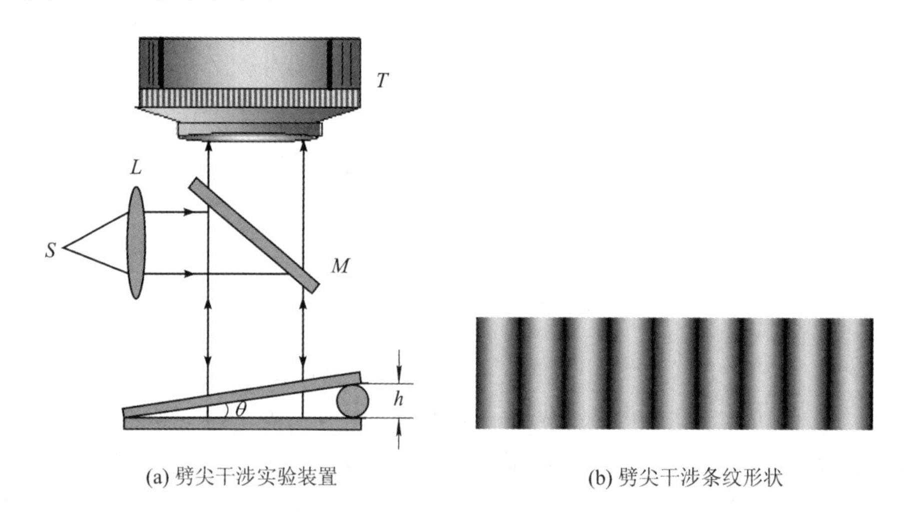

(a) 劈尖干涉实验装置　　(b) 劈尖干涉条纹形状

图 13.5.5　平行光垂直入射的劈尖干涉

下面以平行单色光垂直入射为例，分析折射率为 n 的劈尖反射光干涉条纹形成规律．单色光源 S 发出的光经透镜 L 后成平行光，经倾角为 $\pi/4$ 的半反射镜 M 反射后垂直($i=0$)射向劈尖，因 θ 角非常小，可近似认为入射光线既垂直于劈尖膜的上表面，也垂直于其下表面，从显微镜 T 中可观察到劈尖上表面形成的干涉图样．如果上下玻璃折射率相同都为 n_1，则无论 n 与 n_1 大小如何，两反射光的光程差都为

$$\delta = 2ne + \frac{\lambda}{2} \tag{13.5.5}$$

得劈尖干涉明暗纹条件

$$\delta = 2ne + \frac{\lambda}{2} = \begin{cases} k\lambda, & k = 1, 2, 3, \cdots \quad (\text{明条纹}) \\ (2k+1)\dfrac{\lambda}{2}, & k = 0, 1, 2, \cdots \quad (\text{暗条纹}) \end{cases} \tag{13.5.6}$$

上式表明，对于劈尖棱边处，有 $e=0$，$\delta=\lambda/2$，故为零级暗纹. 如果上下玻璃折射率不同，请读者根据三种折射率的大小讨论明暗纹条件.

由式(13.5.6)可得到相邻两明条纹或暗条纹所对应的薄膜厚度差 Δe 为

$$\Delta e = e_{k+1} - e_k = \frac{\lambda}{2n} = \frac{\lambda_n}{2} \tag{13.5.7}$$

即等于介质中波长的1/2，相邻明纹和暗纹对应的薄膜厚度差为介质中波长的1/4.

由图13.5.6，根据几何关系，可求出明纹或暗纹之间间距 l.

因

$$\Delta e = l\sin\theta$$

当 θ 很小时有

$$l = \frac{\Delta e}{\sin\theta} \approx \frac{\lambda}{2n\theta} = \frac{\lambda_n}{2\theta} \tag{13.5.8}$$

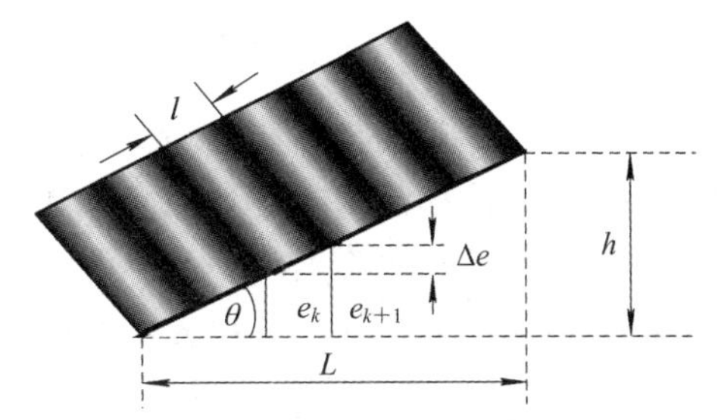

图13.5.6 劈尖干涉条纹分布

即条纹近似等间距. 对于一定波长的入射光，条纹间距与劈尖角 θ、介质折射率 n 成反比，因此，实验时一般采用空气膜，即 $n=1$，并通常要求 $\theta<1°$.

综上所述，每级干涉明纹或暗纹都与一定的膜厚 e 相对应，同一厚度对应同一级条纹，条纹的形状取决于薄膜厚度相同点(等厚线)的轨迹，而劈尖的等厚线是平行于棱边的直线，因此，**劈尖干涉条纹是一系列明暗相间、等间距、平行于棱边的直线条纹**. 需要强调的是，膜是指玻璃之间夹的空气膜或介质膜，而不是玻璃，玻璃因为厚度较大，采用普通光源不会产生干涉条纹.

3. 薄膜色

前面讨论的是单色光入射时的情况. 若采用一定波长范围的复色光，在一定的入射角 i 照射时，如果不同波长的光都满足薄膜干涉明纹公式(13.5.3)，即

$$\delta = 2e\sqrt{n^2 - n_1^2\sin^2 i} + \delta' = k\lambda_1 = (k+1)\lambda_2 = (k+2)\lambda_3 = \cdots$$

则不同波长、不同级次的条纹在同一位置处发生重叠，进行非相干叠加. 白光照射时，在同一位置处，因有些波长的光加强，有些波长的光减弱，还有一些波长的光介于强弱之间，这样就会产生不同波长、不同强度、不同干涉级次条纹的重叠，混合产生彩色条纹. 这种色彩是混合色而不是由单色组成的，称为**薄膜色**. 许多昆虫的翅膀因为厚度不均匀会产生不规则的美妙花纹、肥皂泡上五彩斑斓的色彩，都是薄膜色的效果.

4. 工程技术上的应用

1) 测量微小物体的厚度及细丝直径

将厚度为 h 的薄物体夹在两片玻璃之间，形成空气劈尖，用单色平行光垂直照射，如图13.5.6所示，因

$$h = L\tan\theta \approx L\theta$$

$$\theta = \frac{\lambda}{2l}$$

其中，l 为条纹间距，所以

$$h=\frac{L\lambda}{2l}$$

同样，利用此方法也可以测量微小角度和波长.

2）测量长度的微小改变

将劈尖表面向上或向下平移 $\lambda/2$ 距离，此时就会发现视场中某固定点处的干涉条纹在水平方向移动了一条，光波在劈尖内往返一次所引起的光程差就增加或减少一个波长 λ. 数出移过条纹的数目 N，就可以测得劈尖表面移动的距离为

$$\Delta h=N\frac{\lambda}{2}$$

图 13.5.7 所示的干涉膨胀仪，就是利用此原理来精确测量固体样品的热膨胀系数. 其主要部分为一个热胀系数极小的石英环，在环内放置一上表面预先磨成斜面的待测样品，石英环上面放置一光学平玻璃，使它们之间形成一空气劈尖. 当样品加热膨胀时，空气劈尖下表面位置升高，测量出移动的条纹数目，就可以计算出样品膨胀的长度，从而计算出样品的热膨胀系数.

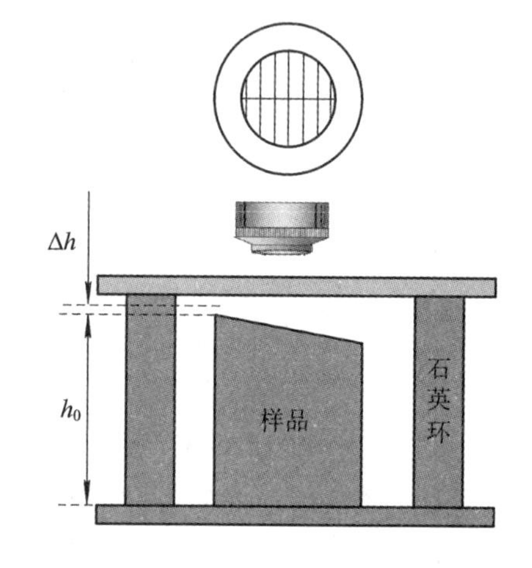

图 13.5.7 干涉膨胀仪示意图

3）检测样品表面的平整度

将待测平板工件(如玻璃金属抛光面等)放在一块光学平玻璃(称为光学平晶)板上，在平晶与工件表面之间形成空气劈尖. 观察干涉条纹，如果形成的条纹是非直线条纹，就说明工件表面凹凸不平.

例 13.5.2 利用劈尖干涉可对工件表面微小缺陷进行检验. 当波长为 λ 的单色光垂直入射时，观察到干涉条纹如例 13.5.2 图(a)所示. 问：

(1) 不平处是凸的还是凹的?

(2) 凹凸不平的高度为多少?

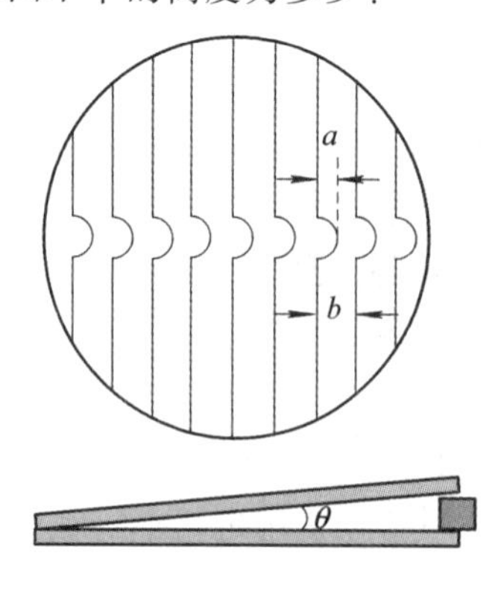

(a)

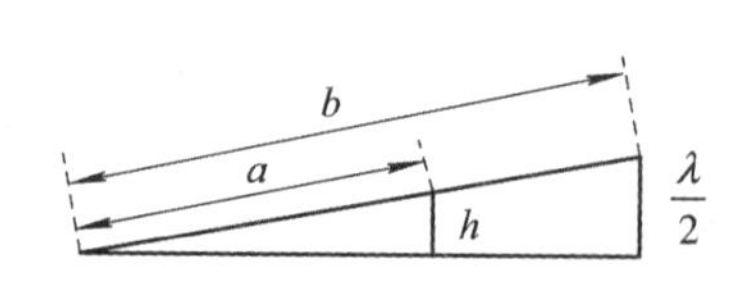

(b)

例 13.5.2 图

解　(1) 对于等厚干涉，同一级条纹上各点对应的空气层厚度相等，由于同级干涉条纹弯曲方向上远离棱边，因此只有凸起才能保证同级条纹对应的空气层厚度相等，所以不平处是凸的.

(2) 如例 13.5.2 图(b)所示，干涉条纹间距是 b 时，对应的空气层厚度为 $\lambda/2$，间隔为 a 时，对应的空气层厚度设为 h，则由相似三角形关系得

$$\frac{\lambda/2}{h}=\frac{b}{a}$$

因此有

$$h=\frac{a}{b}\cdot\frac{\lambda}{2}$$

例 13.5.3　在 Si 的表面上镀一层厚度均匀的 SiO_2 薄膜. 为了测量薄膜厚度，将该膜的一端腐蚀成劈形(示意图中的 AB 段). 现用波长为 600.0 nm 的平行光垂直照射，观察反射光形成的等厚干涉条纹. 此时可观察到劈尖上出现了 8 条暗纹，且第 8 条恰好在劈尖端点 B 处，求 SiO_2 薄膜的厚度.（Si 的折射率为 3.42，SiO_2 的折射率为 1.50）

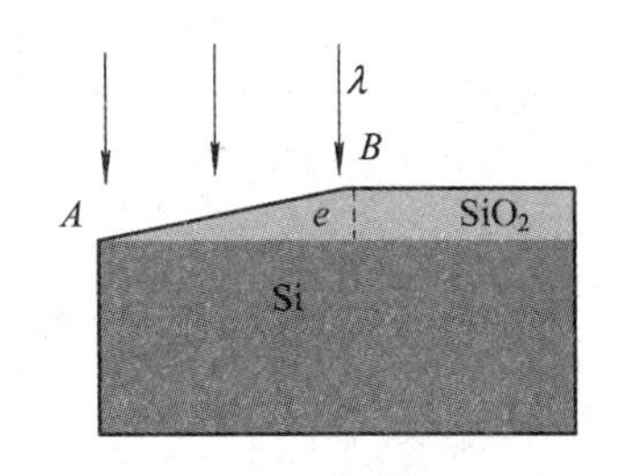

例 13.5.3 图

解　SiO_2 薄膜上下表面反射都有半波损失，没有附加光程差. 设膜厚为 e，因 B 处是暗纹，由暗纹条件得

$$2ne=(2k+1)\frac{\lambda}{2},\ k=0,1,2,\cdots$$

在这种情况下，棱边 A 处是明纹.

B 处的第 8 条暗纹对应第七级暗纹，$k=7$，代入上式有

$$e_7=\frac{(2k+1)\lambda}{4n}=1.5\times10^{-3}\ \text{mm}$$

例 13.5.3

另解　8 条暗纹共有 7 个暗纹间隔，因棱边 A 处为明纹，从棱边到 B 处共有 7.5 个条纹间隔，每个条纹间隔对应的厚度差为$\frac{\lambda_n}{2}$，所以棱边与 B 处的厚度差，也就是 B 处的厚度为

$$e=7.5\times\frac{\lambda_n}{2}=7.5\times\frac{\lambda}{2n}=1.5\times10^{-3}\ \text{mm}$$

如果 B 处恰好是明纹，请读者讨论这种情况下的薄膜厚度.

13.5.3　牛顿环

“牛顿环”现象是牛顿于 1675 年首先发现的. 牛顿用他信奉的微粒学说来解释牛顿环的形成，但其解释不能完全令人满意，有趣的是该现象倒成为光波动学说的有力证据.

1. 牛顿环实验

如图 13.5.8 所示，将一曲率半径 R 很大的平凸透镜曲面与一平面玻璃接触，其间形成一层平凹球形的空气或其他透明介质薄膜，这种薄膜厚度相同处的轨迹是以接触点为中心的同心圆. 若以单色平行光入射到薄膜上，在薄膜的上表面或下表面处就会观察到一系

列明暗相间的同心圆环图样，这种等厚干涉条纹称为**牛顿环**.

设上下玻璃的折射率相同且为 n_1，薄膜的折射率为 n，讨论平行单色光垂直入射时反射光的干涉情况. 和劈尖干涉一样，干涉明暗条件为

$$\delta = 2ne + \frac{\lambda}{2} = \begin{cases} k\lambda, & k = 1, 2, 3, \cdots \quad (\text{明条纹}) \\ (2k+1)\dfrac{\lambda}{2}, & k = 0, 1, 2, \cdots \quad (\text{暗条纹}) \end{cases} \tag{13.5.9}$$

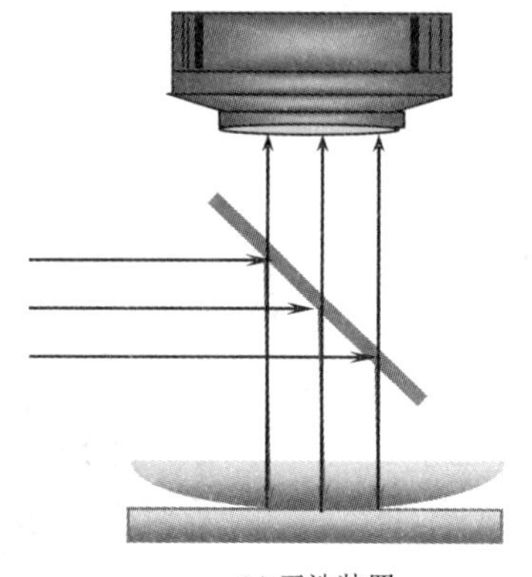

(a) 干涉装置

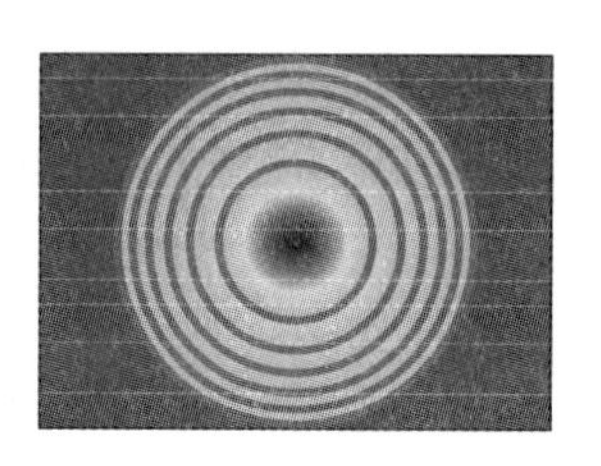

(b) 干涉图样

图 13.5.8 牛顿环实验干涉装置及干涉图样

讨论牛顿环明环和暗环半径. 若半径为 r 的环对应的膜厚度为 e，由图 13.5.9 所示的几何关系知

$$(R-e)^2 + r^2 = R^2$$

略去高阶小量 e^2 可得

$$e = \frac{r^2}{2R} \tag{13.5.10}$$

反射光的光程差为

$$\delta = 2ne + \frac{\lambda}{2} = \frac{nr^2}{R} + \frac{\lambda}{2} \tag{13.5.11}$$

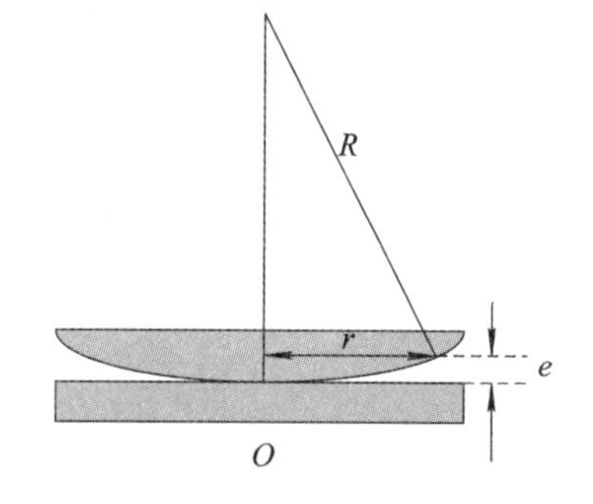

图 13.5.9 牛顿环干涉原理分析

根据相干条件式(13.5.9)可得明暗环半径

$$r = \begin{cases} \sqrt{\dfrac{(k-1/2)R\lambda}{n}}, & k = 1, 2, 3, \cdots \quad (\text{明条纹}) \\ \sqrt{\dfrac{kR\lambda}{n}}, & k = 0, 1, 2, \cdots \quad (\text{暗条纹}) \end{cases} \tag{13.5.12}$$

上式表明，牛顿环中心为零级暗环，离中心愈远，光程差愈大，级次越高. 因薄膜厚度是非线性增加的，明暗环半径与 k 的平方根成正比，因此条纹间距不等，级次越高，条纹间距愈小. 用白光照射时将产生彩色圆环.

如果玻璃平板和平凸透镜的折射率不同，请读者根据三种折射率大小讨论明暗环情况.

综上所述，**牛顿环还是一系列明暗相间、间距不均匀的同心圆环**.

2. 工程技术应用

1) 测量平凸透镜半径、光波长、透明介质折射率

在实验中，由于两玻璃的变形、灰尘等因素的影响，观察到的牛顿环中心是有一定大

小的暗斑，而不是个点，暗斑级数不再是最小级，其他环的级数也就无法确定；另外，暗斑中心难以定位，环的半径就不易测量准确，因此在实际测量时，用读数显微镜测量第 k 个和 $k+m$ 个环的直径 d_k 和 d_{k+m}，如图 13.5.10 所示.

由式(13.5.12)，得

$$r_{k+m}^2 - r_k^2 = \frac{(k+m)R\lambda - kR\lambda}{n}$$

$$\lambda = \frac{(r_{k+m}^2 - r_k^2)n}{mR}$$

及

$$R = \frac{r_{k+m}^2 - r_k^2}{m\lambda} \cdot n$$

即有

$$R = \frac{d_{k+m}^2 - d_k^2}{4m\lambda} \cdot n$$

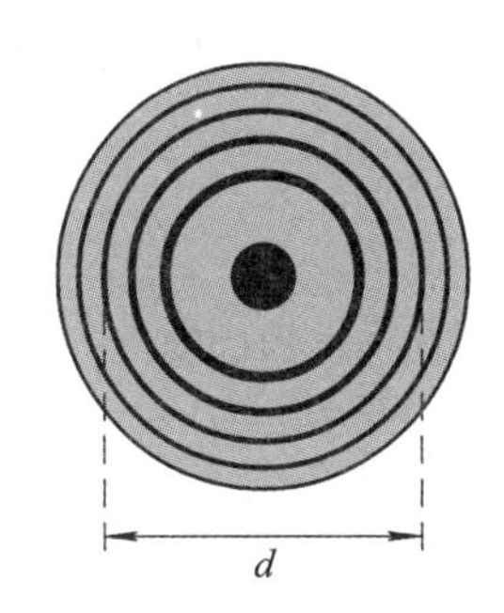

图 13.5.10　牛顿环测量透镜半径

利用此式也可以测量波长和介质折射率.

2) 检验透镜曲率半径及表面的平整度

如图 13.5.11 所示，将标准件置于待测透镜之上，如果待测透镜曲率半径与标准件存在差异，则两者间形成空气薄膜，单色平行光垂直入射时，将观察到牛顿环. 如果形成的是不规则的干涉环，则说明待测透镜表面平整度不符合要求. 条纹越稀疏，待测件与标准件间的差异越小. 如果没有出现条纹，则说明待测件与标准件完全密合，为合格产品.

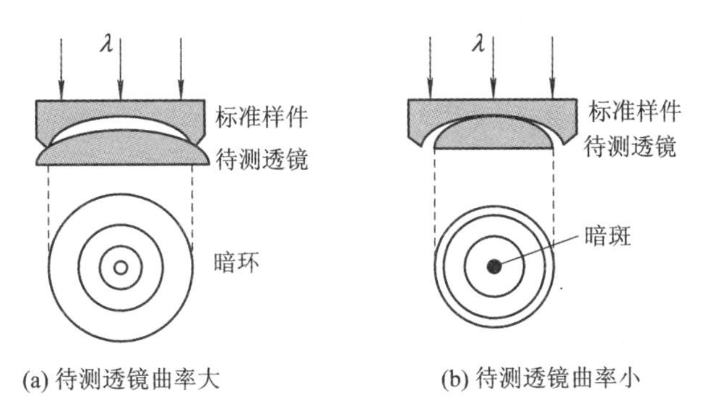

图 13.5.11　透镜检测示意图

对于图 13.5.11(a)，待测透镜曲率半径比标准件大，形成的空气膜中心处厚度大，边缘处厚度为零，零级暗纹出现在边缘，而且牛顿环内密外疏，当对待测透镜稍加压力时，条纹向内陷；当待测透镜曲率半径比标准件小时，如图 13.5.11(b)所示，零级暗纹出现在中心处，牛顿环内疏外密，当施加压力时，条纹向外扩散. 由此可以判定待测透镜曲率半径与标准件的差异情况.

例 13.5.4　例 13.5.4 图所示为测量油膜折射率的实验装置，置于空气之中，一油滴置于平面玻璃片上，并缓慢展开成球冠形油膜. 当波长为 600 nm 的单色光垂直入射时，可观察到油膜反射光所形成的干涉条纹. 已知油膜的折射率 $n=1.20$，玻璃的折射率 $n_2=1.50$. 问：当油膜中心最高点与玻璃片的上表面相距 $h=875$ nm 时，产生明纹的条数及各明纹处薄膜的厚度是多少？中心点的明暗程度如何？若油膜展开，条纹如何变化？

解 此油膜干涉属于牛顿环干涉. 光在油膜上下表面反射时，都存在半波损失. 故不考虑附加光程差，由明纹条件

$$\delta = 2h_k n = k\lambda$$

得

$$h_k = \frac{k}{2n}\lambda$$

因此，当 $k=0$ 时，有

$$h_0 = 0$$

$k=1$ 时，有

$$h_1 = 250\ \text{nm}$$

$k=2$ 时，有

$$h_2 = 500\ \text{nm}$$

$k=3$ 时，有

$$h_3 = 750\ \text{nm}$$

$k=4$ 时，有

$$h_4 = 1000\ \text{nm}$$

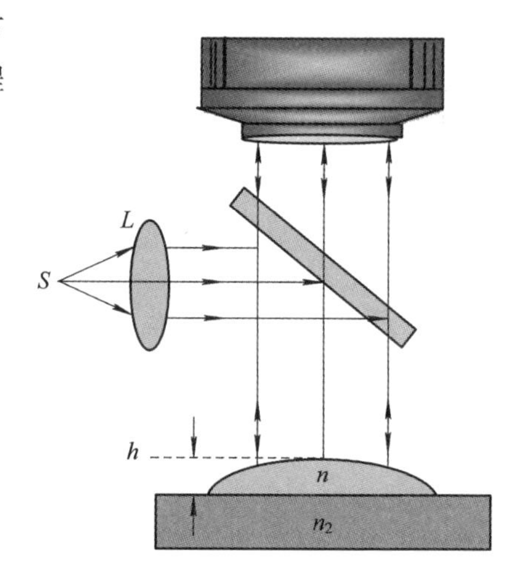

例 13.5.4 图

所以能看到四条明纹. 由于油膜厚度为 875 nm，恰好位于第三级和第四级的明纹对应的厚度中间，故中心点为暗纹.

由以上分析知，当油滴展开时，条纹数减少，条纹间距变大.

例 13.5.5 如例 13.5.5 图所示，在牛顿环装置的平凸透镜与平板玻璃之间有一小缝隙 e_0，已知平凸透镜的曲率半径为 R，若用波长为 λ 的单色光垂直照射，求反射光形成的牛顿环的各暗环半径.

解 设某暗环半径为 r，并设 $e_0=0$. 根据几何关系，近似有

$$e = \frac{r^2}{2R} \tag{1}$$

考虑 e_0 及半波损失，光程差为

$$\delta = 2e + 2e_0 + \frac{\lambda}{2}$$

根据干涉减弱条件

$$2e + 2e_0 + \frac{\lambda}{2} = (2k+1)\frac{\lambda}{2}, \qquad k = 1, 2, 3, \cdots \tag{2}$$

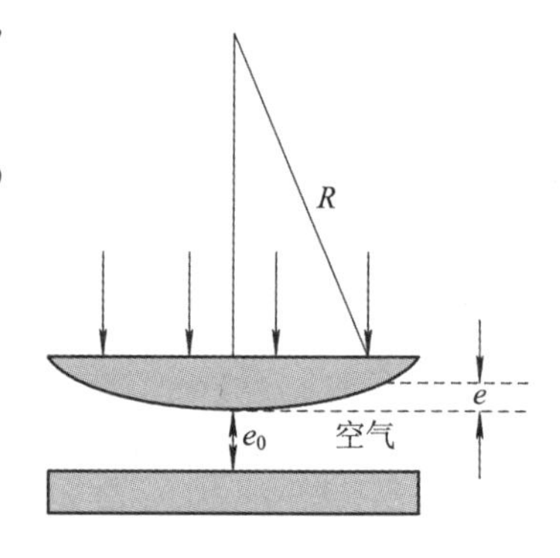

例 13.5.5 图

把式(1)代入式(2)可得

$$r = \sqrt{R(k\lambda - 2e_0)}, \quad k\ \text{为整数}, k \geqslant 2e_0/\lambda$$

显然，中央明纹或暗纹的级数由 e_0 决定. 只有当 $e_0=0$ 时，中央才会是零级暗纹.

讨论：

(1) $e_0\uparrow r\downarrow$，看到条纹内陷；

(2) $e_0\downarrow r\uparrow$，看到条纹向外冒出.

13.6　迈克尔逊干涉仪

迈克尔逊干涉仪是一种利用分振幅法实现双光束干涉的装置，迈克尔逊于 1881 年设计，1887 年与美国物理学家莫雷合作，进行了测定以太风的实验，这是科学史上著名的零结果实验，其结论动摇了经典物理学的基础，被认为是狭义相对论的一个重要实验依据. 该干涉仪设计精巧，用途广泛，是许多近现代干涉测量仪器的鼻祖. 迈克尔逊因发明干涉仪和光速的测量而获得 1907 年的诺贝尔物理学奖.

迈克尔逊干涉仪基本构造如图 13.6.1 所示，M_1 和 M_2 是一对互相垂直的平面反射镜，M_2 固定不动；M_1 可以在与其垂直的导轨上作微小平移. G_1 称作分光板，其后表面镀银，可以半透射和半反射，作用是将入射光线分成振幅相近的反射光和透射光；G_2 称为补偿板，厚度与 G_1 相同，但其表面不镀膜，作用是使光束穿过厚度相同的玻璃，从而避免光束之间产生较大的光程差. G_1 和 G_2 与水平方向成 45°角放置.

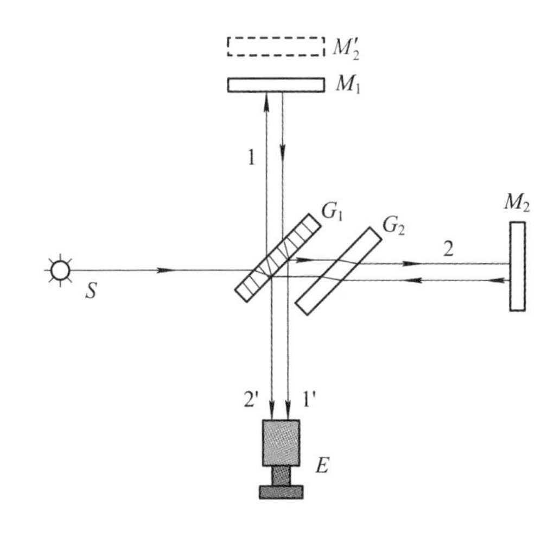

图 13.6.1　迈克尔逊干涉仪

来自光源 S 的光波，投射于分光板 G_1，被分成光束 1 和光束 2，光束 1 在薄银层上反射，向 M_1 传播，经过 M_1 反射再穿过 G_1 向 E 处传播，如图中光线 1′；光束 2 穿过薄银层和 G_2，向 M_2 传播，经 M_2 反射后再穿过 G_2，经薄银层反射也向 E 处传播，如图中光线 2′。因此光束 1′和光束 2′为两束相干光，在 E 处相遇时会形成相干叠加条纹.

对于 E 处的观察者，由于 G_1 实质是反射镜，使附近形成 M_2 的虚像 M_2'，就好像两束相干光是从 M_1 与 M_2'反射而来，形成的干涉图样与 M_1 和 M_2' 之间的“空气膜”产生的一样.

调节 M_1 和 M_2 支架上的螺旋，可以改变其方向，当其互相严格垂直时，M_1 与 M_2' 之间形成平行平面空气膜，这时可以观察到等倾条纹；用扩展光源照射，形成的是一组明暗相间的同心圆环干涉条纹. 当 M_2 作微小平移时，圆形条纹不断从中心冒出或向中心收缩.

当 M_1 与 M_2 不严格垂直时，M_2、M_1 之间形成空气劈尖，形成等厚干涉条纹，当 M_1 作微小平移时，这时会观察到干涉图样的相应变化.

无论对于等倾干涉还等厚干涉，当 M_1 位置变化时，条纹变化数目 N 与移动距离 d 的关系为

$$d=N\frac{\lambda}{2}$$

迈克尔逊干涉仪应用如下：

(1) 在光谱学中，应用精确度极高的近代干涉仪可以精确地测定光谱线的波长及其精细结构；形成以波长数量级确定国际“标准米”标准.

(2) 迈克尔逊干涉仪的两臂中便于插放待测样品，由条纹的变化测量有关参数，精度高. 比如测定介质(气、液、固体)折射率或微小厚度等.

例 13.6.1 迈克尔逊干涉仪可用来测单色光的波长. 当移动 M_1 的距离 $d=0.3220$ nm 时，测得条纹移动数目为 1024 条，求单色光的波长. 若在干涉仪的 M_2 前插一薄玻璃片($n=1.632$)时，可观察到有 150 条干涉条纹向一方移过，已知 $\lambda=500$ nm，求玻璃片的厚度.

解 由 $d=N\frac{\lambda}{2}$知：

$$\lambda=\frac{2d}{N}=628.3\ \text{nm}$$

设玻璃片的厚度为 t，则由其引起增加的光程差为 $2(n-1)t$，故

$$2(n-1)t=N\lambda$$

$$t=\frac{N\lambda}{2(n-1)}=5.93\times10^{-5}\ \text{m}$$

13.7 光波的衍射

俗语“只闻其声、不见其人”，是说已经听到某人的声音，却没有看见这个人，这里面蕴含着深刻的物理现象：一方面，说明声音可以绕过障碍物传到我们的耳朵，也就是声波可以产生衍射现象；另一方面，光波并没有像声波一样能够绕过障碍物而到达我们的眼睛，即光线是沿直线传播的. 日常生活的这些经验，使得光波的直线传播观念根深蒂固，但一系列实验结果发现，光也会绕过障碍物而发生衍射现象，这从另一个方面证明了光具有波动属性.

13.7.1 光的衍射现象

日常生活中，一定条件下，也可以观察到光的衍射现象. 例如，眯上眼睛，交叉的睫毛就会使灯光在眼前形成彩色光晕；在夜间，透过窗纱眺望远处的灯光，会看到光源周围有美丽的辐射状光芒；“月晕”“佛光”等现象，也存在着衍射的情况. 只是一般情况下，光波的衍射不明显、不易被观察到，这是由于光的波长很短，普通光源不是相干面光源的缘故. 要能够明显地观察到光的衍射现象，就必须满足一定的要求.

让我们来观察一些实验现象. 光源 S 发出的单色光照射在衍射屏 K 上，衍射屏是狭缝、小孔或细丝等微小障碍物. 以宽度可调的狭缝屏为例，如图 13.7.1(a)所示，当缝宽比较大时，在接收屏 E 上呈现一个与狭缝形状相似的矩形亮斑，即狭缝的像，其他区域光强为零，当缝宽逐渐缩小时，狭缝的像宽也随之减小，符合几何光学直线传播规律. 但当缝宽继续缩小到一定程度时，如图 13.7.1(b)所示，接收屏上的图样亮度降低，但范围扩大，光线进入接收屏上的几何阴影区，并出现了明暗相间的直线条纹分布. 如果

把衍射屏 K 换成很小的圆盘，如图 13.7.2 所示，则接收屏出现明暗相间的圆环状图样分布，更奇妙的是，无论接收屏是靠近还是远离圆盘，在图样中心始终是亮斑，这个亮斑也称为菲涅耳斑(泊松亮斑). 其他一些不同形状的衍射屏也会得到与其形状相似的衍射条纹，如图 13.7.3 所示.

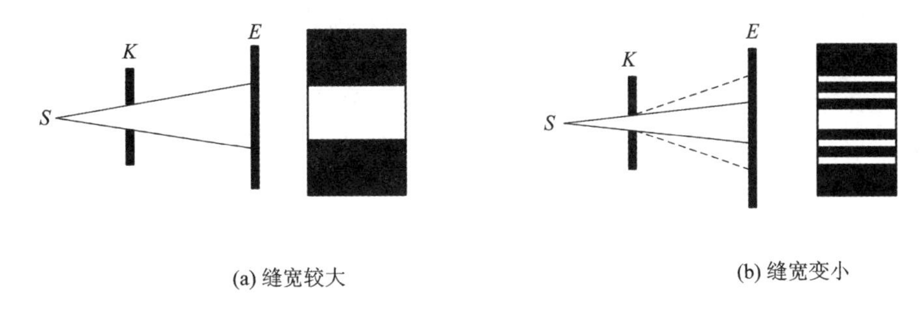

图 13.7.1　狭缝衍射现象

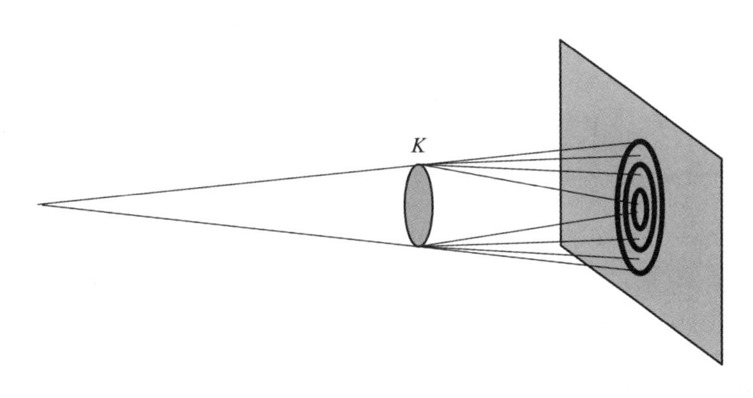

图 13.7.2　圆盘衍射现象

图 13.7.3　刀片的衍射现象

由以上实验现象可以得出如下结论：

(1) 衍射是否明显，取决于障碍物线度与光波长之间的相对大小，当光波长与障碍物的线度可比拟时，衍射效应才显著.

(2) 衍射光不仅绕过了障碍物，并且在物体的几何像边缘附近还出现明暗相间的条纹，也就是引起了出射光强的重新分布.

(3) 光波在衍射屏上的某个方位受到限制，则衍射图样就沿该方向扩展；衍射孔的线度越小，对光波的限制越大，衍射图样就扩展得越厉害，即衍射效应越明显.

这种光波遇到障碍物时，偏离直线传播而进入几何阴影区域，并在接收屏上出现光强分布不均匀的现象，称为**光衍射现象**.

根据衍射系统光源、衍射屏、接收屏之间的距离关系，将衍射分为两类. 当衍射屏到光源和接收屏距离都为有限远或其中之一有限远时，产生的衍射现象属于**菲涅耳衍射**，图13.7.4(a)为这类衍射实验装置示意图；当衍射屏到光源和接收屏距离均为无限远，即照射到衍射屏上的入射光和从衍射屏出射的衍射光都是平行光时，产生的衍射现象是**夫琅禾费衍射**. 夫琅禾费衍射在实验中要借助两个凸透镜来实现，如图13.7.4(b)所示，点光源位于透镜 L_1 焦点上，产生平行入射光，透镜 L_2 将衍射光会聚在位于其焦平面的接收屏 E 上，以便于观察衍射图样.

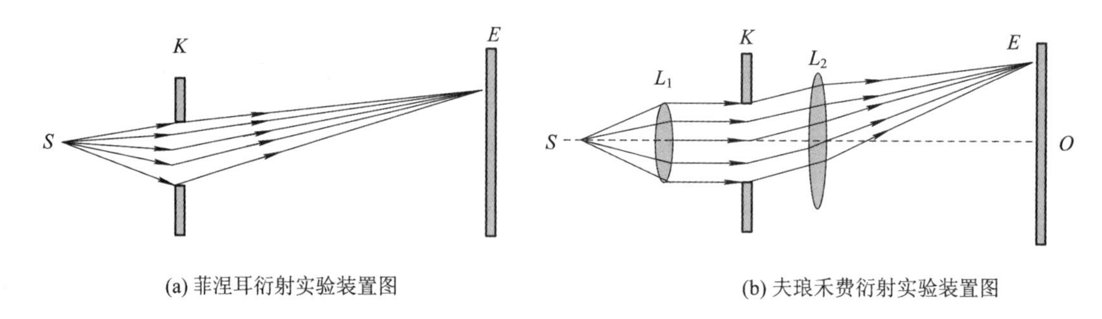

(a) 菲涅耳衍射实验装置图

(b) 夫琅禾费衍射实验装置图

图 13.7.4　衍射的分类

菲涅耳衍射是普遍存在的一类衍射，夫琅禾费衍射只是它的一个特例. 由于夫琅禾费衍射数学处理比较简单，而且在现代光学中具有广泛应用，因此，本章仅对夫琅禾费衍射进行讨论.

13.7.2　惠更斯-菲涅耳原理

在机械波中，曾用惠更斯提出的子波概念，定性解释了机械波绕过障碍物，改变传播方向的现象，却无法解释机械波衍射的强弱分布现象，原因是惠更斯原理的子波概念不涉及子波的强度和相位问题.

1818年，法国科学院举行了悬赏征文活动，其竞赛题目之一是“利用精密的实验确定光的衍射效应”，目的是支持牛顿的微粒学说. 但菲涅耳在提交的征文中，根据惠更斯提出的“子波”假设，补充了描述子波的基本特征——相位和振幅的定量表示式，提出了“子波相干叠加”原理，圆满地解释了光的衍射效应. 微粒说的拥护者、评奖委员之一的著名数学家泊松，运用菲涅耳理论推导圆盘衍射时，得到令人惊奇的结果，圆盘的影子中心出现亮点，泊松认为这是荒唐的. 为此，另一位委员阿拉果做了我们在前面介绍过的圆盘衍射实验，证实了菲涅耳理论的正确性，后人戏谑地称这个亮点为泊松亮点，菲涅耳获得了竞赛胜利. 从此，光的波动学说才逐步被大多数人所接受. 菲涅耳发展了惠更斯原理，开创了光学研究新阶段，被誉为“物理光学的缔造者”.

经菲涅耳补充发展后的惠更斯原理，称为**惠更斯-菲涅耳原理**. 该原理可定性的表述为：波前上的每个小面元都可以看成是一个新的子波源，各子波源均发出子波，波传播方向上任意一点的光振动就是各子波在该点的相干叠加. 如图13.7.5所示，设波面 S 是光波在某时刻的波前，菲涅耳指出，波前上任一小面元 dS 所发出的子波满足：

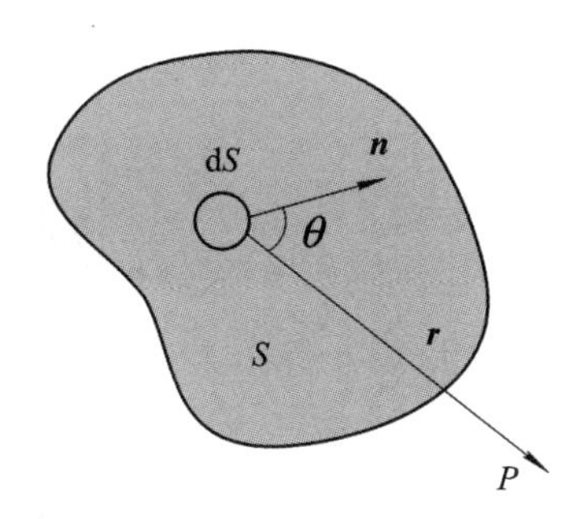

图 13.7.5 菲涅耳原理图

(1) 子波在 P 点所引起的光振动振幅，与 $\mathrm{d}S$ 的面积成正比；与 P 点到面元 $\mathrm{d}S$ 的距离 r 成反比；与位置矢量 $\boldsymbol{r}$ 和面元 $\mathrm{d}S$ 法线 $\boldsymbol{n}$ 的夹角 θ 有关，并随 θ 的增大而减小.

(2) 波面是等相位面，因而所有子波都具有相同的初相位(可设其为零). 子波到达 P 点处的相位，由光程 $\delta=nr$ 决定

$$\varphi=\frac{2\pi\delta}{\lambda}$$

面元 $\mathrm{d}S$ 在真空中 P 点引起的光矢量大小可表示为

$$\mathrm{d}E=C\frac{K(\theta)}{r}\cos\left(\omega t-\frac{2\pi}{\lambda}r\right)\mathrm{d}S \tag{13.7.1}$$

式中，C 为比例系数. $K(\theta)$ 是随 θ 增大而缓慢减小的函数，称为**倾斜因子**. 当 $\theta=0$ 时，$K(\theta)$ 最大，可取为 1；当 $\theta\geqslant\pi/2$ 时，$K(\theta)$ 最小，为 0，说明没有向后传播的子波.

P 点光矢量的大小就是整个波面 S 上各面元所引起光矢量大小的相干叠加，即

$$E=\iint_S C\frac{K(\theta)}{r}\cos\left(\omega t-\frac{2\pi}{\lambda}r\right)\mathrm{d}S \tag{13.7.2}$$

式(13.7.2)称为**菲涅耳积分公式**，是惠更斯-菲涅耳原理的数学表达式. 利用此式，原则上可以计算各种衍射问题，但大部分情况下，积分运算十分复杂，需借助计算机进行数值计算，只有当衍射屏具有对称性，即 S 对通过 P 点的波面法线具有旋转对称性时，才能够比较容易地求解.

菲涅耳积分公式的物理本质是对波前作无限分割，进行叠加计算. 对一些具有简单对称性的衍射屏，可以通过对波前巧妙分割，将无限叠加的积分运算，简化为有限叠加的代数运算，这就是**菲涅耳半波带法**. 下面采用此方法来讨论单缝夫琅禾费衍射.

13.7.3 单缝夫琅禾费衍射

1. 实验装置及衍射图样

图 13.7.6 为单缝衍射的实验装置示意图，讨论将整个装置处于空气或真空中的情况. 光源 S 发出的单色光经透镜 L_1 后变成平行光，垂直入射到宽为 a 的狭缝平面上，根据惠更斯-菲涅耳原理，狭缝处波振面上各点可看作子波波源，发出沿不同方向传播的相干平行光波(衍射光)，被透镜 L_2 会聚到在其焦平面处的接收屏 E 上，产生相干叠加，在屏幕上可以观察到衍射条纹(图样). 衍射光波与狭缝处波面法线的夹角 θ 称为**衍射角**. 与干涉条纹一样，衍射条纹也是光程差相同的衍射光与接收屏相交的轨迹，形成平行于狭缝且对称

分布的直线条纹.

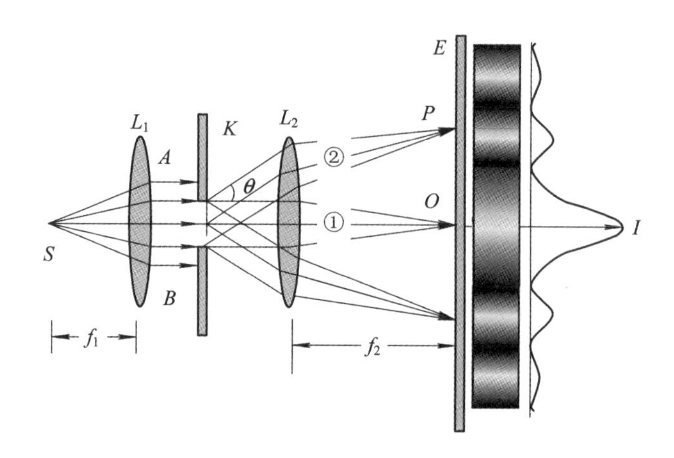

图 13.7.6　单缝衍射实验装置

2. 菲涅耳半波带法

首先讨论衍射角 θ 为零的平行光束①的情况，如图 13.7.6 所示，沿该方向衍射的平行光束经透镜汇聚于焦点 O 处，因从波面 AB 发出时各子波相位相同，透镜不产生附加光程差，光束中的各子波传播经历相同的光程，因而相干加强，在 O 点形成明纹中心，称为**零级明纹**. 在垂直入射的情况下，该明纹中心恰好对应于狭缝中央位置，所以也叫**中央明纹**. 实际上，零级衍射明纹中心对应着几何光学中障碍物（或光源）所成像中心的位置，这个结论具有普遍意义. 利用这个特点，可以很方便地找出中央明纹的位置.

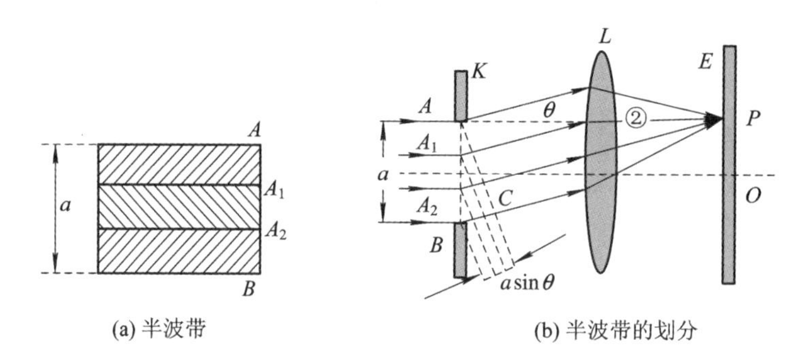

(a) 半波带　　(b) 半波带的划分

图 13.7.7　菲涅耳半波带法

下面来讨论衍射角不为零的平行光束②的情况. 光束②被透镜汇聚于接收屏上 P 点，但光束中各子波的光程并不相等. 如图 13.7.7(b)所示，作垂直于各平行光的平面 AC，即 $AC\perp BC$，由透镜的等光程性知，从 AC 面上各点到 P 点光程相等，这束平行衍射光的光程差取决于从狭缝处各点到达 AC 面时的光程差，狭缝边缘 A 和 B 处的子波源发出的两波列光程差最大，为

$$\delta = BC = a\sin\theta \tag{13.7.3}$$

其他各子波源发出的波列之间的光程差是连续变化的，计算比较麻烦，为此，我们采用菲涅耳提出的半波带法来讨论. 设想作一系列相距为半个波长、平行于面 AC 的平面，在某一衍射角时，这些平面恰好能把 BC 分成 N 等份，它们同时将单缝处的波阵面 AB 分成面

积相等的 N 个部分，这样的每一个部分称为一个波带. 在图 13.7.7(a)中，波阵面 AB 恰好被分成 AA_1、A_1A_2、A_2B 三个波带，这样的波带就是**菲涅耳半波带**. 在给定缝宽 a 和入射光波长 λ 的情况下，半波带的数目仅与衍射角 θ 有关，即

$$N = \frac{\delta}{\lambda/2} = \frac{a\sin\theta}{\lambda/2} \tag{13.7.4}$$

因每个半波带面积相等，包含的子波源数目相等，相邻半波带上两个对应子波源发出的波列到达 P 点时，光程差都是 $\lambda/2$，强度可近似认为相等，各子波两两干涉相消，在 P 点叠加的总光强也就为零. 所以，在某个衍射角方向上，当 $N=2k$(k 为不为零的正整数)时，狭缝处波阵面恰好被分成偶数个半波带，在 P 点叠加形成的是暗纹中心；当 $N=2k+1$ 时，狭缝处波阵面恰好被分成奇数个半波带，两两抵消后，还剩余一个半波带发出的光波，在 P 点形成明纹. 如果 N 是非整数，也就是狭缝处波阵面不能被分成整数个半波带，则 P 点介于明暗之间.

3. 衍射明暗纹条件

上述明暗纹条件可用数学公式表示为

$$a\sin\theta = 0 \quad (\text{中央明条纹中心}) \tag{13.7.5}$$

$$a\sin\theta = \pm 2k\frac{\lambda}{2} = \pm k\lambda,\ k = 1, 2, 3, \cdots \quad (\text{暗条纹中心}) \tag{13.7.6}$$

$$a\sin\theta = \pm\frac{(2k+1)\lambda}{2},\ k = 1, 2, 3, \cdots \quad (\text{明条纹中心}) \tag{13.7.7}$$

式中，k 称为衍射级次. 式中正负号表示明暗条纹以中央明条纹为中心，在两侧对称分布，依次是第一级($k=1$)、第二级($k=2$)、…暗纹和明纹，也称次级条纹.

需要注意的是，式(13.7.6)、式(13.7.7)中不包括 $k=0$ 的情况. 因为对式(13.7.6)，当$k=0$ 时，光程差为零，对应于中央明纹中心，不符合该公式的含义；而对于式(13.7.7)，当 $k=0$ 时，虽然对应于一个半波带形成的明纹，但其仍处于中央明纹的区域内，不形成独立的明纹. 另外，上述两式与杨氏双缝干涉明暗纹公式在形式上恰好相反，但相干叠加本质是一样的，不要混淆. 请读者自行讨论衍射装置处于折射率为 n 的透明介质时的明暗条纹公式.

4. 衍射图样讨论

单缝衍射的基本特征和性质如下.

1) 光强分布

中央明纹最亮，这是因为中央明纹对应着衍射角 $\theta=0$，狭缝处波阵面上的所有子波到达 O 点时干涉加强. 随着衍射级数 k 增加，对应衍射角 θ 变大，狭缝处的半波带数目 N 越多，每个半波带面积愈小，而各相邻的半波带发出的子波叠加相消，剩余的一个半波带发出光强也就很小，明纹强度迅速减小. 单缝衍射光强随衍射角变化情况如图 13.7.8 所示.

2) 明条纹宽度

如图 13.7.9 所示，相邻暗纹对应的衍射角之差称为明纹角宽度，相邻暗条纹之间的距离称为明纹宽度.

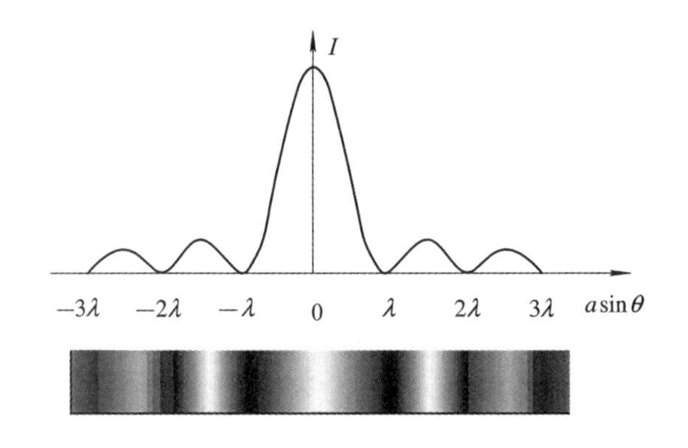

图 13.7.8　单缝衍射光强分布

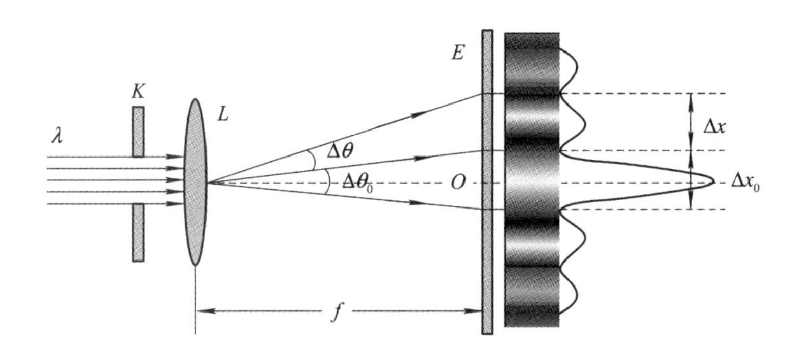

图 13.7.9　单缝衍射条纹分析

由暗纹公式(13.7.5)可知，k 级暗纹对应的衍射角为

$$\theta_k \approx \sin\theta_k = \pm k\frac{\lambda}{a}$$

得中央明纹的角宽度为

$$\Delta\theta_0 = \theta_1 - \theta_{-1} = 2\frac{\lambda}{a} \tag{13.7.8}$$

其他各级明纹的角宽度为

$$\Delta\theta = \theta_{k+1} - \theta_k = \frac{\lambda}{a} \tag{13.7.9}$$

各级暗纹在接收屏上的位置为

$$x_k = f\tan\theta_k \approx f\sin\theta_k = \pm k\frac{f\lambda}{a} \tag{13.7.10}$$

中央亮纹线宽度即为正负一级暗纹之间的距离，有

$$\Delta x_0 = 2x_1 = \frac{2f\lambda}{a} \tag{13.7.11}$$

衍射角比较小时，其他各级明纹线宽度约为

$$\Delta x = x_{k+1} - x_k = \frac{f\lambda}{a} \tag{13.7.12}$$

可以看出，中央明纹的角宽度和线宽度都是其他次级明纹的两倍.

由以上讨论可知，衍射图样与缝宽有关，对于波长λ确定的单色光，缝宽a增大时，次级明纹向中央明纹靠拢，衍射将变得不明显. 当$a \gg \lambda(\lambda/a \to 0)$时，各级衍射条纹向中央靠拢，密集到无法分辨，只显示一条明条纹，这条明纹就是狭缝经过透镜所成的几何像，此时，符合光的直线传播规律. 实际上，无论是直线传播还是衍射现象，光的传播都是按惠更斯-菲涅耳原理所述方式进行的. 光的衍射是光传播的最基本形式，是光的波动性的最基本表现，直线传播是衍射的极限形式，也就是说几何光学是波动光学在$\lambda/a \to 0$时的极限情况.

3) 白光的衍射

条纹在屏幕上的位置与波长成正比，如果入射光为白光，则在衍射图样中，除中央明纹因各单色光的非相干叠加仍然混合成白色条纹外，其两侧各级明纹是由紫到红的彩色条纹；随着衍射级次的增大，也会发生重叠现象.

4) 衍射屏、光源及透镜相对位置变化时对衍射图样的影响

当单缝平行于接收屏上下或左右移动时，单缝衍射条纹的位置仅取决于衍射角. 根据透镜成像原理，衍射图样并不随狭缝的位置不同而改变，如图 13.7.10(a)所示. 也就是说，如果衍射屏上有多个狭缝，则每个狭缝的衍射图样将完全重叠在一起. 但是，当入射的平行光方向改变(或光源上下移动)时，衍射图样将整体上下平移. 在图 13.7.10(b)所示情况下，根据中央明纹对应几何成像点，可以确定衍射图样向上移动.

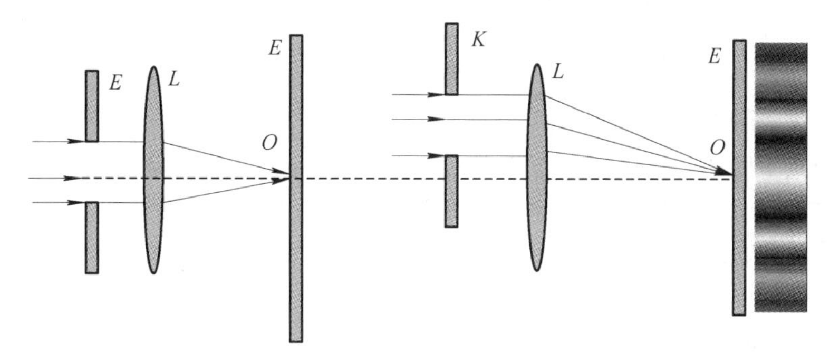

(a) 狭缝上下移动对衍射图样没有影响

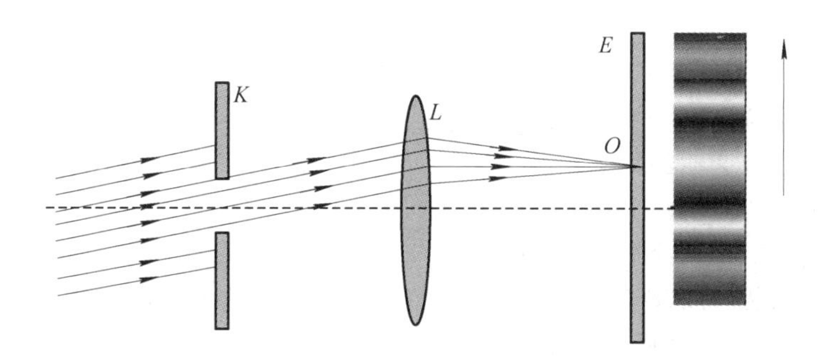

(b) 斜入射引起衍射图样整体移动

图 13.7.10　衍射图样的动态变化情况

从以上讨论可知，菲涅耳半波带法虽然不是很精确，但构思精妙，物理思想清晰，可

以比较简单地得出衍射图样的一些基本特征.

例 13.7.1 用波长为 λ 的单色平行光垂直入射到单缝 AB 上，如例 13.7.1 图所示.

(1) 若接收屏上 P 点到狭缝两边缘处 A、B 点的光程差为 $AP-BP=2\lambda$，问对 P 点而言，狭缝处波阵面可被分为几个半波带？P 点处是明纹还是暗纹？是哪一级？

(2) 若 $AP-BP=1.5\lambda$，则 P 点情况又是怎样？对接收屏另一点 Q 来说，$AQ-BQ=2.5\lambda$，则 Q 点是明纹还是暗纹？P、Q 二点相比哪点较亮？

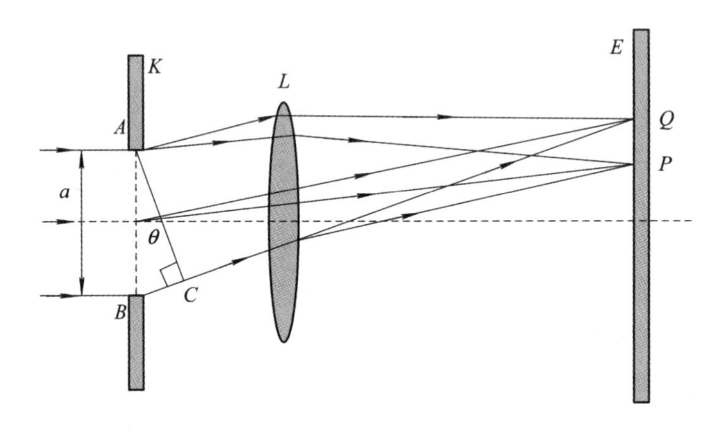

例 13.7.1 图

解 (1) 由式(13.7.3)计算出狭缝处波阵面能划分出的半波带数目

$$N=\frac{2\lambda}{\lambda/2}=4$$

为偶数个半波带，所以 P 点是暗点.

由 $N=2k=4$ 可知，$k=2$ 是第二级暗纹.

(2) 同样，可计算出与 P 点对应狭缝可划分出 3 个半波带，因此 P 点为亮点. Q 点对应 AB 上半波带数目为 5，也为亮点. P、Q 对应的衍射条纹级数分别由

$$2k_Q+1=5,\ 2k_P+1=3$$

可知

$$k_Q=2,\ k_P=1$$

所以 P 点较亮.

例 13.7.2 用单色平行可见光，垂直照射到宽为 $a=0.5$ mm 的单缝上，在缝后放一焦距 $f=1$ m 的透镜，在位于焦平面的观察屏上形成衍射条纹. 已知屏上离中央纹中心为 1.5 mm 处的 P 点为明纹，求：

(1) 入射光的波长；

(2) P 点的明纹级数和对应的衍射角，以及此时单缝波面可分出的半波带数；

(3) 若将该装置放置于折射率为 1.33 的水中，求中央明纹的宽度.

解 (1) 由单缝衍射明纹公式

$$a\sin\theta=\pm\frac{(2k+1)\lambda}{2},\qquad k=1,\ 2,\ 3,\ \cdots$$

有

$$\lambda=\frac{2a\sin\theta}{2k+1}\tag{1}$$

根据几何关系，当θ很小时有

$$\sin\theta \approx \tan\theta = \frac{x}{f} \tag{2}$$

由式(1)、式(2)得

$$\lambda = \frac{2ax}{(2k+1)f} = \frac{2\times0.5\times1.5}{(2k+1)\times1\times10^{3}} = \frac{1.5\times10^{-3}}{2k+1}\quad \text{mm}$$

因此，当$k=1$时，

$$\lambda = 500\ \text{nm}$$

当$k=2$时，

$$\lambda = 300\ \text{nm}$$

在可见光范围内，入射光波长为$\lambda=500$ nm.

(2) P点为第一级明纹，$k=1$，则

$$\theta \approx \sin\theta = \frac{3\lambda}{2a} = 1.5\times10^{-3}\ \text{rad}$$

例 13.7.2

半波带数为

$$2k+1=3$$

(3) 中央明纹宽度为

$$\Delta x = 2f\frac{\lambda}{an} = 2\times1\times\frac{5000\times10^{-10}}{0.5\times10^{-3}\times1.33} \approx 1.2\times10^{-3}\ \text{m}$$

13.7.4 圆孔的夫琅禾费衍射　光学仪器的分辨本领

大多数光学仪器上所用的透镜、光阑等限制光波传播的光学元件为圆形，因此研究圆孔衍射对于分析光学仪器的成像质量是必不可少的，具有重要的实际意义.

1. 圆孔的夫琅禾费衍射

如图 13.7.11 所示，单色平行光垂直入射到小圆孔上时，在透镜L焦平面处的接收屏E上呈现中央为圆形亮斑、周围是一系列明暗相间同心圆环组成的衍射图样. 这就是圆孔的夫琅禾费衍射.

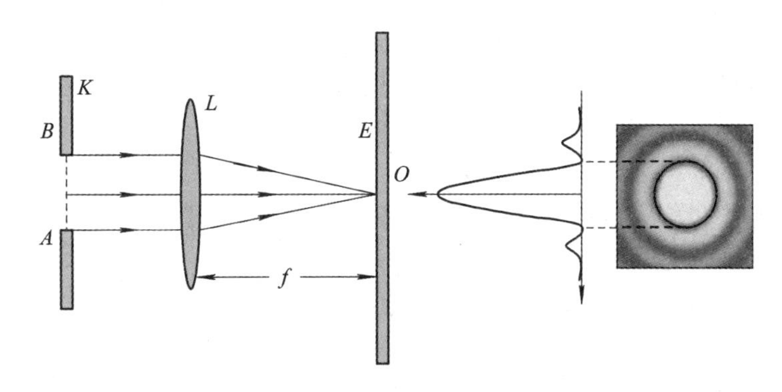

图 13.7.11　圆孔的夫琅禾费衍射

在圆孔衍射图样中，中央的圆形亮斑称为艾里斑，它集中了圆孔衍射光能的84%. 而第一亮环和第二亮环的强度分别只有中央亮斑强度的1.74%和0.41%，其余亮环的强度就更弱了. 艾里斑的中心就是几何光学像点，其大小由第一暗环的角位置θ_1决定. 如果圆

孔的直径为 D,入射单色光波长为 λ,透镜的焦距为 f. 如图 13.7.12 所示,第一级暗环的角位置由下式给出

$$\sin\theta_1 = 1.22\frac{\lambda}{D} \tag{13.7.13}$$

此式与单缝衍射第一级暗纹公式相对应,因数 1.22 反映了两者几何形状的不同.

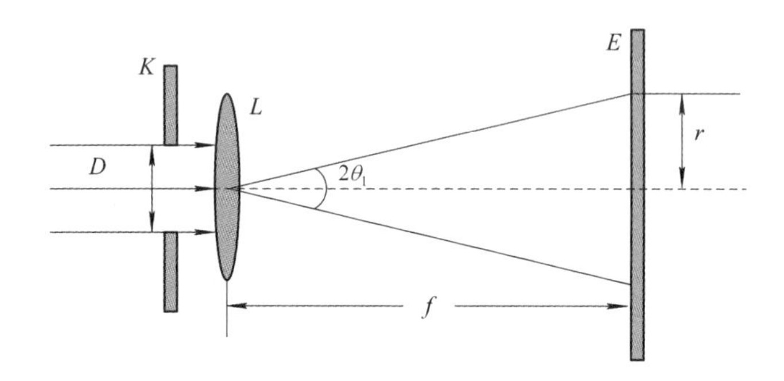

图 13.7.12 艾里斑对透镜中心的张角

艾里斑的半径对透镜中心的张角为

$$\theta_0 = \theta_1 = 1.22\frac{\lambda}{D} \tag{13.7.14}$$

称为艾里斑的**半角宽度**(**角半径**).

艾里斑的半径大小为

$$r = f\theta_0 = 1.22\frac{f\lambda}{D} \tag{13.7.15}$$

由此可知,孔径越小,波长越大,衍射现象越明显. 增大孔径,可使艾里斑缩小,成像变得清晰. 当 $D\gg\lambda$ 时,$\theta_1\to 0$,艾里斑就是圆孔(或点光源)的几何像.

2. 光学仪器的分辨本领

在利用光学仪器观察物体成像时,如果仅从几何光学的观点来看,只要消除了各种像差,总能通过提高放大率的方法,把任何微小物体或远处的物体放大到清晰可见,物体上无论多么微小的细节,都可以清晰地在像面上观察到. 但实际上,光波通过光学仪器中的光阑、透镜等限制光波传播的元件时,将会产生衍射,光学仪器所成的像并不是理想的几何像点,而是会呈现出衍射图样. 光学仪器分辨物体细节的能力将受到衍射作用的限制.

如图 13.7.13 所示,设 S_1、S_2 为距透镜 L 很远的两个物点(或非相干点光源),对透镜张角为 θ,由它们发出的光可以看作平行光,透镜的边框相当于一圆孔,S_1、S_2 发出的光通过 L 在焦面上可形成衍射图样. 如果 S_1、S_2 相离较远,则其衍射中心也相距较远,如图 13.7.13(a)所示,完全可以分辨出这两个物点的像. 如果 S_1、S_2 相距很近,它们的衍射图样大部分重叠而产生非相干叠加,如图 13.7.13(b)所示,则分辨不出两个像点.

光学仪器能分辨出两个物点之间的最小距离是多大呢? 瑞利提出了一个判断标准,称为**瑞利判据**. 瑞利指出,如果一个物点的衍射图样的中央最大(艾里斑)恰好与另一个物点的衍射图样的第一级暗纹重合时,也就是这两个艾里斑中心之间的距离恰好等于每一个艾里斑的半径,如图 13.7.13(c)所示. 此时,两个衍射图样重叠区域的光强约为单个衍射图样中央最大处光强的 80%,恰好能被大多数人的视觉所分辨.

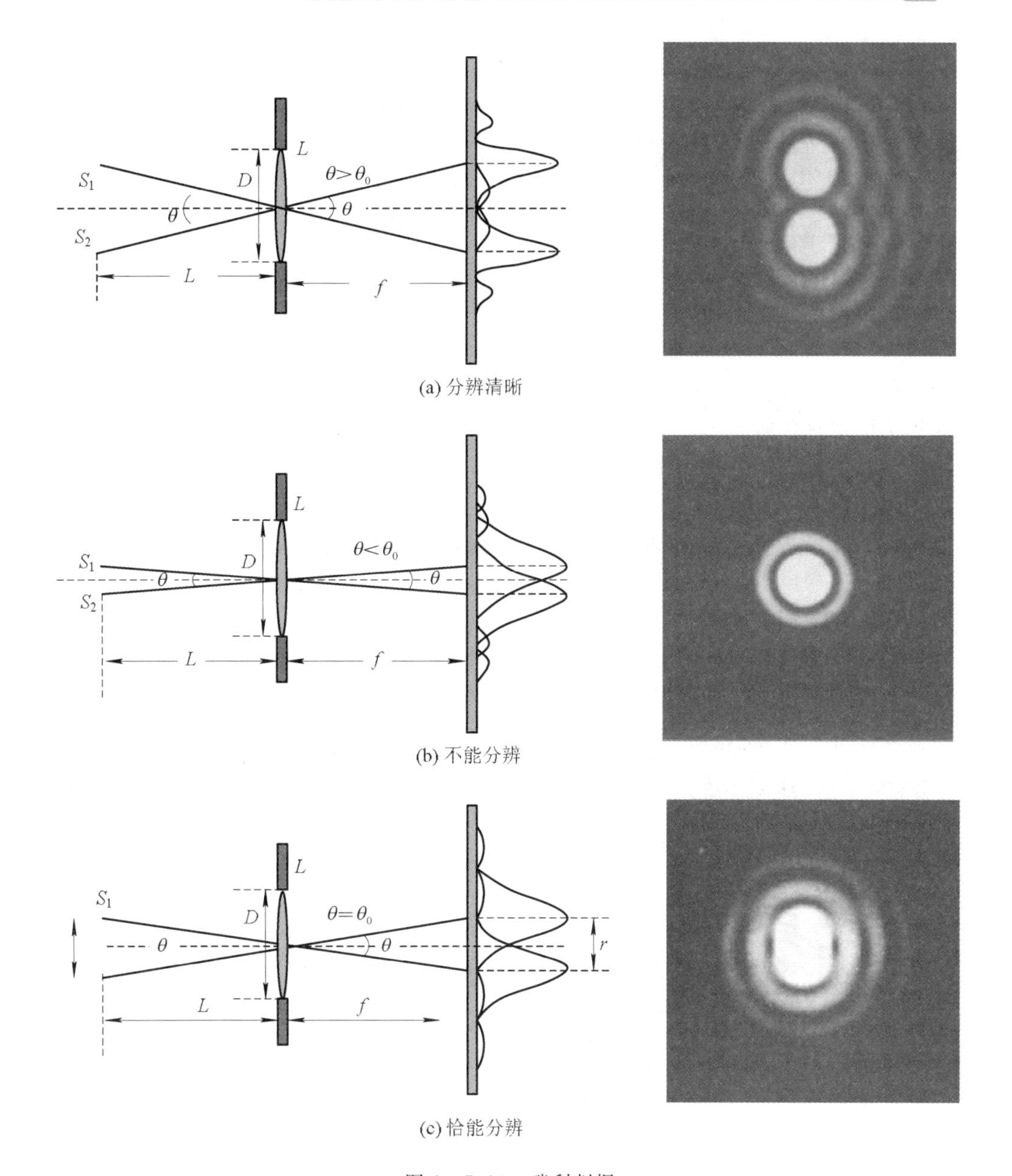

图 13.7.13 瑞利判据

根据瑞利判据，当两物点恰好能被分辨时，这两个物点的艾里斑中心对透镜张角，也就等于艾里斑的半角宽度，即

$$\theta_R = \theta_0 = 1.22\frac{\lambda}{D} \tag{13.7.16}$$

θ_R 也称为光学仪器的**最小分辨角**. 最小分辨角与仪器的孔径成反比，与光波的波长成正比. 此时两个物点的最小距离为

$$d = L\theta_R \tag{13.7.17}$$

衡量望远镜的一个重要指标是其分辨本领，定义为其最小分辨角的倒数，即

$$R = \frac{1}{\theta_R} = \frac{D}{1.22\lambda} \tag{13.7.18}$$

在设计制造望远镜时，总是让其物镜成为限制成像光束大小的通光孔，物镜的直径 D 就是整个望远镜的孔径，望远镜的分辨本领取决于物镜的直径．因此，一般采用大口径的物镜，来提高望远镜的分辨本领．在天文观察中，哈勃太空望远镜凹面镜的直径达 2.4 m，角分辨率约为 $0.1'$，差不多是人眼睛分辨率的 1500 倍．目前正在设计制造的太空望远镜的物径可达 8 m，天文学家希望利用其能够观察到“宇宙大爆炸”初期的情形．

显微镜的工作原理与望远镜不同，其分辨本领不能用式(13.7.18)计算，但其分辨本领仍然与所用光波长成反比．利用可见光工作的显微镜，光波长最小为 400 nm，其能分辨的最小距离为 200 nm，最大放大倍数约为 2000，这已经是光学显微镜的极限．20 世纪 20 年代发现了电子具有波动性，而其波长非常短，可达 0.1 nm 的数量级，因此电子显微镜的分辨本领是光学显微镜分辨本领的数千倍，可获得极高的分辨率，是研究微观领域的重要分析仪器．

例 13.7.4 一般人眼在正常亮度下的瞳孔直径约为 3 mm，人眼最敏感的波长为 550 nm，问：

（1）人眼的最小分辨角有多大？

（2）能分辨出距离眼睛 25 cm(明视距离)处两物点之间的最小间距为多大？

解 只考虑眼睛瞳孔的衍射效应．

（1）根据瑞利判据，眼睛的最小分辨角为

$$\theta_R = 1.22\frac{\lambda}{D} = \frac{1.22 \times 5.5 \times 10^7 \text{ m}}{3 \times 10^3 \text{ m}} = 2.2 \times 10^4 \text{ rad}$$

（2）能分辨的最小距离

$$d = L\theta_0 = 25 \text{ cm} \times 2.2 \times 10^4 = 0.055 \text{ mm}$$

13.8 光栅衍射及光栅光谱

在单缝衍射中，当狭缝较宽时，虽然明纹较亮，但相邻明纹之间的间距很小，难以分辨；若狭缝很窄，明纹之间的间距虽然比较宽，但是亮度却显著减小，因此很难精确测量衍射条纹间距，也不能精确测量入射光波长等物理量．而且，因为只有一条狭缝，衍射出的光能量只占入射光能量的极小部分，光能的利用率极低，应用受到很大限制．对于实际应用来说，衍射图样最好是明纹，既十分明亮又很狭窄，边缘清晰且间隔较宽．本节讨论的光栅就可以获得具有这样特点的衍射图样．

13.8.1 光栅衍射

普遍地讲，具有周期性的空间结构或光学性能(如透射率、折射率)的衍射屏称为**光栅**．光栅种类很多，有透射光栅和反射光栅，平面光栅和凹面光栅等．光栅是光谱仪、单色仪等许多光学精密测量仪器的重要器件，在现代信息光学中也有重要应用．

在一块透明的玻璃片上，刻画出大量互相平行、等宽、等间距的刻痕，刻痕为不透光部分，两刻痕之间可以透光，相当于一狭缝，这种大量等间距、等宽的平行狭缝所构成的器件就是一种平面透射光栅，如图13.8.1所示. 设光栅透光部分宽度(缝宽)为a，不透光部分宽度(刻痕宽度)为b，则$d=a+b$称作**光栅常数**. 光栅常数是衡量光栅空间周期性的一个重要参数，一般情况下，光栅常数的数量级约为$10^{-5}\sim10^{-6}$ m，其倒数$1/d$表示单位长度上的狭缝条数，称为光栅密度. 若光栅宽度为L，则光栅总狭缝数N为

$$N=\frac{L}{d}$$

现代精密光刻技术能在每毫米内刻制出数千条狭缝，光栅总缝数可达10^5条左右.

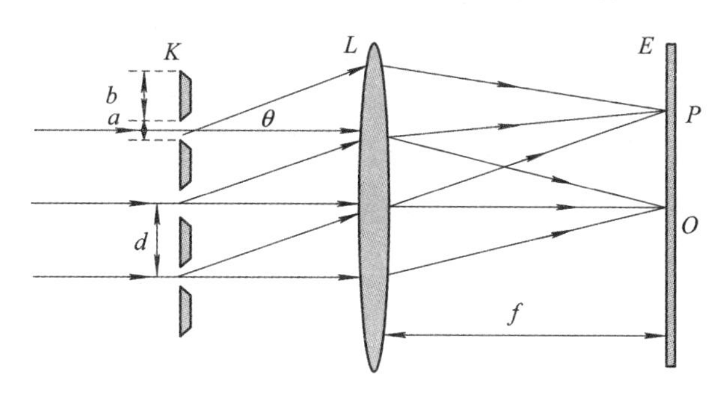

图13.8.1　平面透射光栅

1. 平面透射光栅的夫琅禾费衍射

如图13.8.1所示，以平行单色光垂直入射到光栅衍射屏上，在接收屏上会形成一系列明暗相间、平行于光栅狭缝的直线条纹. 实验发现，光栅衍射图样与单缝衍射图样有明显的差别，其主要特点是：明条纹细锐而明亮、条纹之间有较宽较暗的背景. 如图13.8.2所示，随着光栅密度的增加，明条纹越来越细，也更加明亮；与此同时，明条纹之间的暗区也越来越宽，也更加昏暗. 这些细锐明亮的条纹也称为**谱线**.

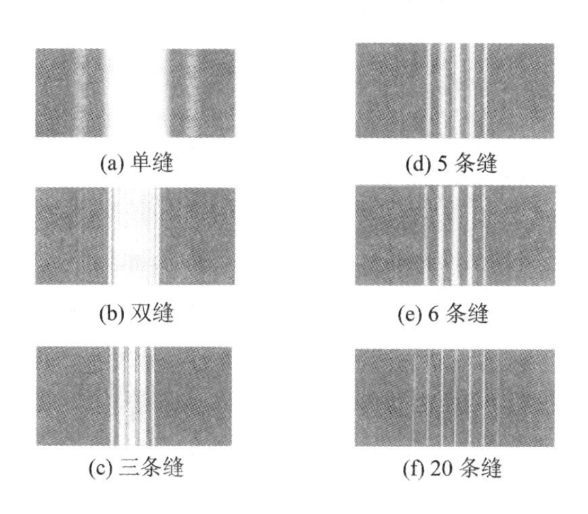

图13.8.2　多缝衍射图样

为何光栅衍射和单缝衍射图样有如此大的差异呢？

当单色平行光垂直入射到光栅时，在每条狭缝上都将按单缝衍射规律发生衍射，形成如图13.8.3(a)所示的衍射条纹，由上节讨论可知，每一条狭缝在接收屏上产生的衍射条纹分布只与衍射角有关，与狭缝位置无关，因此，每条狭缝衍射出的同一级明纹位于接收

屏上同一位置，由于各条狭缝位于同一波面上，来自不同狭缝的衍射光都是相干光，将产生相干叠加，引起光能量的重新分配，形成更加细锐明亮的图样，如图 13.8.3(b)所示.

(a) 一条狭缝的衍射条纹

(b) 光栅所有狭缝明纹相干叠加产生的谱线

图 13.8.3　光栅衍射图样的形成

所以，对于光栅衍射，既存在着每一条狭缝的衍射，也有来自于不同狭缝衍射出的光波之间的干涉，我们从这两方面对光栅衍射图样的光强分布作定性分析.

首先，讨论光栅 N 条狭缝之间的干涉. 忽略每条狭缝的衍射效应，而只考虑其狭缝之间的波列干涉，当狭缝等宽时，可看作 N 个光强相等的相干线光源，多缝干涉光强分布如图 13.8.4(a)所示，形成一系列的强度很大的明纹，称**主明纹**或**主极大**；也产生一系列较弱的明纹，称**次级明纹**或**次极大**. 无论主极大还是次极大，其各级的光强相等. 在相邻的两个主极大之间，有 $N-1$ 个暗纹；在这 $N-1$ 个暗纹之间，有 $N-2$ 个次极大. N 越大，次极大相对于主极大的强度越小，即次级明纹几乎看不见，在两主极大之间实际上形成了很宽的暗区.

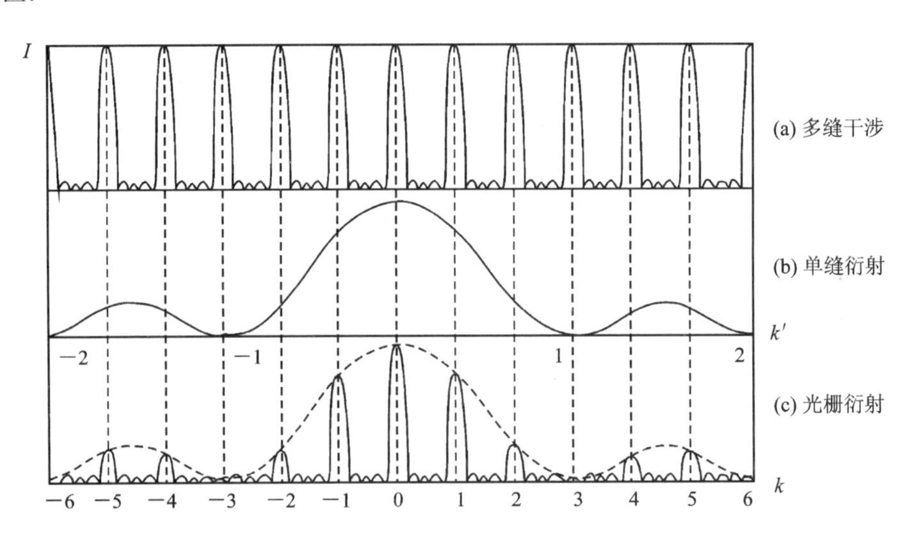

图 13.8.4　光栅衍射条纹光强分布

进一步考虑到单缝的衍射效应，每条狭缝衍射出的光波，在不同衍射方向上的光强实际上是不相等的，其衍射光强分布如图 13.8.4(b)所示，单缝衍射会改变多缝干涉各主极大的强度，或者说**各主极大的光强分布受到单缝衍射光强分布的调制**，但主极大位置只由多缝干涉决定，最后形成**光栅衍射的强度分布是单缝衍射和多缝干涉的综合结果**，如图13.8.4(c)所示. 可以看出，各主极大的强度变化形成一个“包络线”(图中虚线)与单缝衍射强度分布曲线一样. 前面讨论的杨氏双缝干涉，就是没有考虑单缝衍射效应时的双光束干涉.

当光栅缝宽非常小时，每条狭缝衍射的中央明纹就会几乎占据整个接收屏，观察到的光栅衍射图样就只是各狭缝衍射中央明纹之间干涉形成的条纹，如图13.8.4(c)中的零级、正负一级、正负二级谱线，其余各级将观察不到.

2. 光栅方程

光栅衍射谱线的形成，是单缝衍射和多缝干涉共同作用的结果，通过计算从各条狭缝衍射出的光波之间相干叠加满足的加强条件，给出光栅衍射主极大(谱线)形成的必要条件.

如图13.8.5所示，衍射装置处于空气之中，波长为λ的单色平行光垂直入射在平面透射光栅上，从光栅任意两条相邻狭缝沿衍射角θ方向发出的光波，被透镜会聚到接收屏上P点时，光程差相等，都为

$$\delta=(a+b)\sin\theta$$

当光程差恰好为λ的整数倍时，各狭缝发出的光相干叠加得到加强. 因此，光栅衍射产生谱线的条件是衍射角θ满足

$$(a+b)\sin\theta=\pm k\lambda \qquad (k=0,1,2,\cdots) \tag{13.8.1}$$

式(13.8.1)称为**光栅方程**. 式中对应于$k=0$的条纹叫中央明纹(零级谱线)，$k=1$、2、…的明纹称为第1、2、…级谱线. 正负号表示各级谱线对称分布在零级谱线两侧.

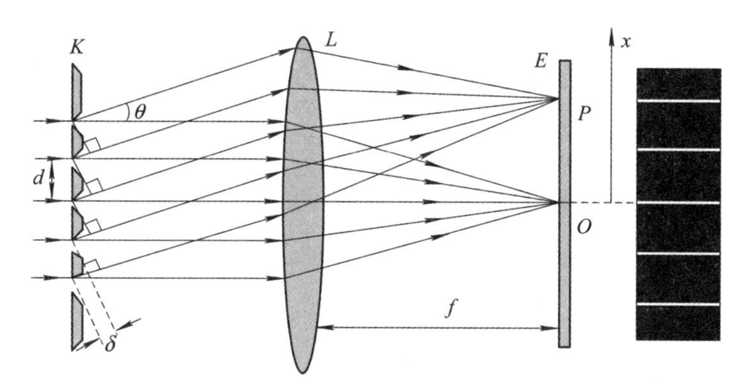

图13.8.5 光栅衍射谱线形成

3. 光栅缺级现象

前面在讨论光栅方程时，只考虑了多缝干涉因素，并没有考虑每一条单缝的衍射效应. 实际上，对于一定的θ角，尽管满足光栅明纹条件，但如果各单缝在这一方向上的衍射光强为零，叠加的光强也必然为零，该方向的谱线并不出现，这种现象称为光栅的**缺级**，体现了单缝衍射的调制作用，也就是当衍射角θ同时满足光栅方程

$$(a+b)\sin\theta=\pm k\lambda, \qquad k=0,1,2,\cdots$$

和单缝衍射暗纹条件

$$a\sin\theta=\pm k'\lambda, \qquad k'=1,2,3,\cdots$$

时，光栅衍射将产生缺级．两式相除有

$$\frac{a+b}{a}=\frac{k}{k'}$$

由此可得出光栅谱线所缺的级次为

$$k=\pm\frac{a+b}{a}k',\qquad k'=1,\ 2,\ 3,\ \cdots \tag{13.8.2}$$

例如：$\frac{a+b}{a}=3$ 时，缺的级数为 $k=\pm 3k'(k'=1,\ 2,\ 3,\ \cdots)$，即$\pm 3$，$\pm 6$，…级谱线并不会出现，此处将出现暗纹，如图 13.8.4(c)所示．一般来说，当光栅常数是缝宽的 m 倍时，即 $d=ma$ 时，$k=\pm mk'(k'=1,\ 2,\ 3,\ \cdots)$的级次都缺．因此，光栅方程只是衍射明纹的必要条件．在设计光栅时，为了获得明亮、清晰、间距大的谱线，往往有意使光栅衍射产生缺级现象．

4. 光栅衍射条纹的分布特征

1）相邻两谱线间距

由光栅方程，各级谱线在接收屏上的位置为

$$x_k=f\tan\theta_k\approx f\sin\theta_k=\pm k\frac{f\lambda}{a+b}\qquad(k=0,\ 1,\ 2,\ \cdots) \tag{13.8.3}$$

可得谱线间距

$$\Delta x=x_{k+1}-x_k=\frac{f\lambda}{a+b} \tag{13.8.4}$$

与波长成正比、光栅常数成反比．当然，如果有缺级，还需考虑缺级的因素．

2）接收屏上呈现的谱线条数

由于衍射角 θ 不可能大于$\frac{\pi}{2}$，因此，理论上能观察到谱线最大的级数是

$$k_{\max}=\left[\frac{a+b}{\lambda}\right]_{\text{取整}} \tag{13.8.5}$$

没有缺级时，若$\frac{a+b}{\lambda}$不是整数，则可以产生 $2k_{\max}+1$ 条谱线；若$\frac{a+b}{\lambda}$恰好为整数，则可以产生 $2k_{\max}-1$ 条谱线．如果有缺级，则需要把所缺的总谱线数减掉，如例 13.8.2．

13.8.2 光栅光谱和光栅的色分辨本领

1. 光栅光谱

以上的讨论都只限于单色光入射的情况，如果用复色光照射，由式(13.8.3)可知，除中央明纹外，不同波长同一级谱线的位置不相同，并按波长由短到长的顺序向外依次分开排列，这就是光栅的色散作用．在光栅衍射图样中就有几组不同颜色的谱线．把波长不同的同一级谱线构成的集合称为**光栅光谱**．如果是白光照射，则光栅中央明纹仍为白色，无色散，位置居中，其余各级明纹都形成紫色谱线靠近中央明纹、红色谱线在外缘、连续排列的光谱带，各级光谱对称排列在中央明纹两侧，如图 13.8.6 所示．同一级光谱中，不同波长谱线间的距离随着光谱级次的增大而增加，并且第二级和第三级发生重叠，级次越高，重叠越多，故实际使用时，需要用滤光片过滤掉不需要的谱线．显然，光栅光谱与棱镜光谱有显著区别，光栅光谱有许多级，每级是一组光谱，而棱镜光谱只有一组．

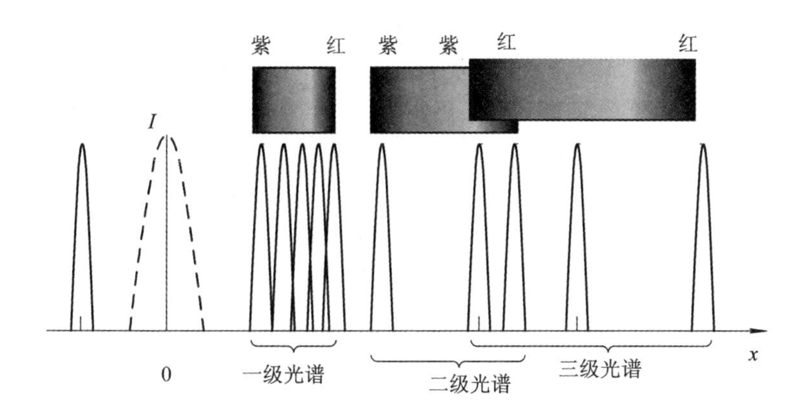

图 13.8.6　白光衍射光谱

2. 光栅的色分辨本领

对于复色光，同一级衍射光谱中，每一条谱线都有一定的宽度．如果波长差为 $\delta\lambda$ 的两条谱线靠得很近，则由于相互重叠过多而无法分辨．一般用分辨本领表示光栅对不同波长光谱线的分辨能力，定义为

$$R=\frac{\lambda}{\delta\lambda_{\min}} \tag{13.8.6}$$

式中，$\delta\lambda_{\min}$表示可分辨的最小波长间隔．显然，分辨本领是针对波长的分辨，所以称为**色分辨本领**，是衡量光栅性能的重要技术指标．

根据瑞利判据，当波长为 λ 的 k 级明纹与同级光谱中波长为 $\lambda+\delta\lambda_{\min}$的第一个极小值重合时，这两条谱线恰能被分辨，通过计算有

$$R=\frac{\lambda}{\delta\lambda_{\min}}=kN \tag{13.8.7}$$

可见，光栅色分辨本领与光谱级次和光栅的狭缝数目 N 成正比．光栅的狭缝数目一般可达成千上万条，其色分辨本领远大于棱镜．虽然在狭缝数目一定时，光谱级次越高，色分辨本领越强，但由于受单缝衍射调制作用，级次越高，光强度越弱，另外还存在光谱重叠现象，因此很少利用高级次的光谱来提高色分辨本领．

因为光栅具有非常高的色分辨本领，使得光栅成为现代光谱分析仪器中的重要精密分光器件．各种不同元素或聚合物都有各自不同的特征光谱，利用光谱分析仪器，可测量出物质的光谱，通过与各种元素的特征谱线进行比较，从而可以确定该种物质的成分，并从对应谱线的强度确定物质中各种元素的含量．在天文学中，就是利用此方法来分析茫茫宇宙中的恒星和星云成分的．

13.8.3　干涉与衍射的区别及联系

干涉与衍射都是波动的基本特征．在前面讨论杨氏双缝干涉时，只考虑了缝间光波之间的干涉；而讨论光栅衍射时，既考虑缝间干涉又需要考虑每条狭缝衍射的影响．那么干涉与衍射之间有什么区别与联系呢？

光的干涉有两类情况，一类是分波振幅干涉，如薄膜干涉，利用透明膜等，把一列光波的振幅分成两个或多个部分；另一类是分波阵面干涉，如杨氏双缝干涉，把同一列波的

波阵面分割为有限几部分或彼此离散的无限多个部分，每条狭缝要求足够小，以至于可以认为其中仅包含一条子波源．它们的共同特点是参与相干叠加的光波是有限条，或虽然有无限多条，但各光波之间是彼此离散的、不连续的、可数的，在相干叠加时可以采用求和的方法解决，形成光强分布和间距都比较均匀的图样．

而衍射则是连续分布的无限多个点光源（或线光源）发出的光波之间的相干叠加．如单缝衍射，其狭缝几何尺寸可以和光的波长相比拟，狭缝中包含连续分布的无限多条子波源，衍射图样是由连续分布在波前上的无限多条子波源发出的子波相干叠加的结果．在数学处理上是一个求积分过程．衍射图样随着障碍物的线度、形状的不同而不同，其中央明纹的亮度远大于其他明纹，光强分布很集中，宽度也几乎是其他明纹的两倍．

对于多缝衍射，如光栅衍射，衍射和干涉并存．当光栅缝宽很小时，在衍射对于干涉条纹的调制作用不大的情况下，光栅衍射也称为多缝干涉，杨氏双缝干涉就属于此种情况．

因此，干涉和衍射都是光波的相干叠加，从而引起光波能量的重新分配，形成稳定的图样，其物理本质上并无区别，只是在形成条件、采用的数学手段、产生的光强分布规律上有所差异．

例 13.8.1 一平面衍射光栅，每厘米有 400 条狭缝，缝宽为 $a=1\times10^{-5}$ m，在光栅后放一焦距 $f=1$ m 的凸透镜，现以 $\lambda=500$ nm 的单色平行光垂直照射光栅，求：

(1) 单缝衍射中央明条纹宽度；

(2) 在单缝中央明纹内，有几个光栅衍射主极大？

解 (1) 由单缝衍射中央明纹宽度公式可得

$$\Delta x_0 = 2\frac{\lambda}{a}f = 2\times\frac{500\times10^{-9}}{1\times10^{-5}}\times1 = 0.1\ \text{m}$$

(2) 在由单缝衍射第一级暗纹公式 $a\sin\theta=\lambda$ 所确定的衍射角 θ 内，包含的衍射主极大最大级数设为 $k_{\max}$，即

$$a\sin\theta = \lambda \tag{1}$$

$$d\sin\theta = k_{\max}\lambda \tag{2}$$

式(1)、(2)联立，得

$$k_{\max} = \frac{a+b}{a} = 2.5$$

因为 $k_{\max}$ 应为整数，所以 $k_{\max}=2$，包含的主极大级数为 $k=0$、±1、±2，共有 5 个主极大．

例 13.8.2 波长为 600 nm 的单色光垂直入射到平面光栅上，有两个相邻的主极大分别出现在 $\sin\theta_1=0.2$ 和 $\sin\theta_2=0.3$ 处，第四级为缺级．

(1) 求光栅常数 d；

(2) 求光栅狭缝最小宽度；

(3) 试列出在光屏上呈现的全部谱线级数．

例 13.8.2

解 (1) 根据光栅方程 $d\sin\theta=k\lambda$，有

$$d(\sin\theta_2-\sin\theta_1) = (k+1)\lambda - k\lambda$$

$$d = \frac{\lambda}{\sin\theta_2-\sin\theta_1} = \frac{600}{0.3-0.2} = 6000\ \text{nm}$$

(2) 由缺级条件

$$k=\pm\frac{d}{a}k',\qquad k'=1,2,3,\cdots$$

第四级为缺级时，最小缝宽为 $k'=1$，

$$a=\frac{d}{4}=1.5\times10^{-3}\ \text{mm}$$

(3) 在光栅方程中衍射角最大取$\frac{\pi}{2}$，最大衍射级数为

$$k_{\max}=\frac{d}{\lambda}=\frac{6000}{600}=10$$

缺的级数为

$$k=\pm\frac{d}{a}k'=\pm4k',\qquad k'=1,2,3,\cdots$$

故±4，±8级缺级，而且，第10级恰好对应 $\theta=\frac{\pi}{2}$，也将无法接收到，所以屏上应显示的谱线级数为 $k=0$、±1、±2、±3、±5、±6、±7、±9，共15条.

例 13.8.3 用范围在750～400 nm的可见光垂直照射光栅，衍射光谱中，一级光谱和二级光谱是否重叠？二级和三级又怎样？若重叠，则重叠范围是多少？

解 令红光 $\lambda_1=750$ nm，紫光 $\lambda_2=400$ nm.

要得到完整的光谱，红光第 k 级衍射角 θ_k 要小于紫光的第 $k+1$ 级衍射角 θ_{k+1}，即

$$\sin\theta_k<\sin\theta_{k+1}$$

由光栅方程有

$$\sin\theta=\frac{k\lambda}{d}$$

得

$$\frac{k\lambda_1}{d}<\frac{(k+1)\lambda_2}{d}$$

解出

$$k<\frac{\lambda_2}{\lambda_1-\lambda_2}=\frac{400}{750-400}=1.1$$

可见只有第一级光谱能完整呈现，也就是第一级和第二级光谱没有重叠区域，其余各级之间都有重叠.

设二级光谱中波长为 λ_3 的谱线与三级光谱中波长为 $\lambda_2=400$ nm 的谱线重合，则

$$\frac{k_2\lambda_3}{d}=\frac{k_3\times\lambda_2}{d}$$

$$\lambda_3=\frac{400\times3}{2}=600\ \text{nm}$$

同样，三级光谱中波长为 λ_4 的谱线与二级光谱中波长为 $\lambda_1=750$ nm 的谱线重合，则

$$\frac{k_3\lambda_4}{d}=\frac{k_2\lambda_1}{d}$$

$$\lambda_4=\frac{2\times750}{3}=500\ \text{nm}$$

所以二级光谱的 600～750 nm 和三级光谱的 400～500 nm 重叠.

若将光栅换成双缝，则结论相同.

13.9 光的偏振

光的干涉和衍射现象都充分显示了光的波动性，证实光是一种波动. 但还不能由此确定光是纵波还是横波，因为无论纵波和横波都可以产生干涉和衍射. 实际上，从 17 世纪末到 19 世纪初的百多年间，即使相信光波动学说的人，都认为光波像空气中传播的声波一样是纵波，但用光的纵波观点无法解释马吕斯于 1809 年发现的光的偏振性. 直到 1817 年，托马斯·杨和菲涅耳各自独立提出了光是横波的观点，解释了当时发现的各种光的偏振现象. 麦克斯韦电磁理论的建立，认为光是可以在自由空间传播的横波，是由沿横向振动的电场矢量和磁场矢量构成的，光的横波理论体系才得以完善.

13.9.1 横波的偏振性

1. 光的偏振性

以机械波为例，讨论横波与纵波的不同之处. 将弹性细绳一端固定，手持另一端上下抖动，于是就在绳子上产生横波，该绳子上的各质元都在同一平面内振动，该面称为**振动面**，也就是振动方向与传播方向组成的面. 在传播路径上，放置一狭缝装置，当狭缝长度方向在振动面内时，如图 13.9.1(a)所示，横波可以通过此狭缝；当狭缝长度方向与振动面垂直时，如图 13.9.1(b)所示，则该横波就被挡住，不能再继续传播，这种现象称为波的**偏振现象**，狭缝的方向称为**偏振化方向(透振方向)**. 但对于纵波，无论狭缝怎样放置，都可以通过.

为何横波和纵波会产生如此不同的现象呢？这是因为纵波的振动方向与传播方向一致，振动方向只有一个，在包含波传播方向的任何平面内，其振动均相同，没有哪一个更特殊，也就是振动对传播方向具有对称性；而横波振动方向与传播方向垂直，其振动面与其他不包含振动的任何平面都是不相同的.

在图13.9.1 中，波的振动方向始终在一个面内，其他方向没有振动；而在图 13.9.2 中，虽然在与波垂直的各个方向都有振动，但振幅可能并不相等. 这种波振动相对于传播方向的不对称性称为波的**偏振性**. 偏振性是一切横波的共同特征，只有横波才具有偏振现象. 偏振现象是区别横波与纵波的一个明显标志.

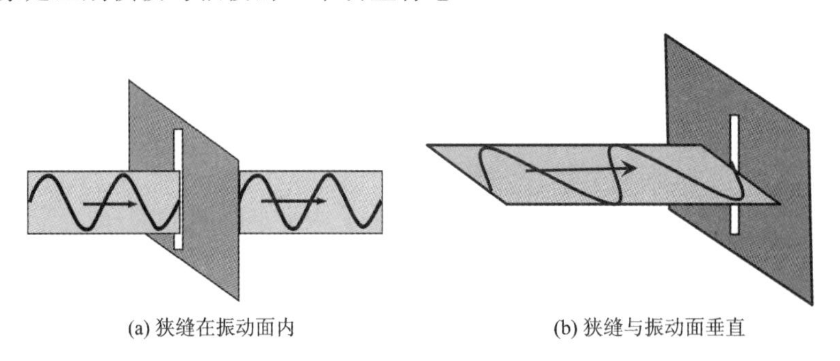

(a) 狭缝在振动面内　　(b) 狭缝与振动面垂直

图 13.9.1 波的偏振现象

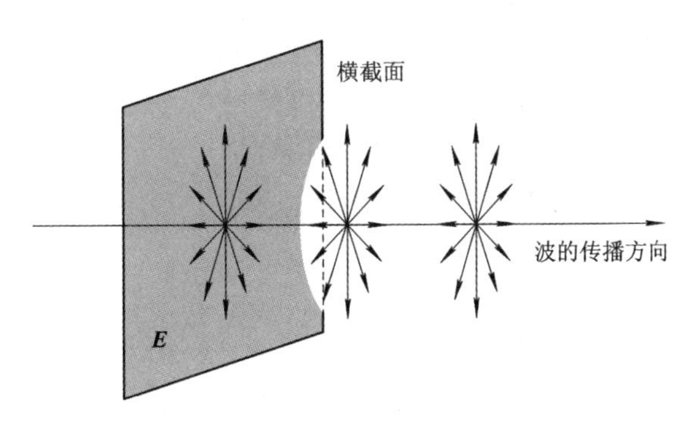

图 13.9.2　波的偏振性

根据麦克斯韦电磁波理论，光矢量 **E** 的振动方向与光的传播方向垂直，所以光波是横波．那为何不易观察到光的偏振现象呢？这是因为一方面普通光源发出的光波在自由空间传播时不具有偏振性，另一方面，即使具有偏振性的光波，人的眼睛也是无法辨别的．

2. 光的偏振态

图 13.9.1 和图 13.9.2 两种类型的波中，在与波的传播方向垂直的平面(横截面)内，波振动矢量的分布显然不同，另外还可能有各种其他不同的振动状态，光矢量在与光传播方向垂直平面内的分布状态称为光的**偏振态**．根据偏振态的不同，把光一般分为五类：自然光、线偏振光、部分偏振光、椭圆偏振光和圆偏振光．我们对其中的三种，即线偏振光、非偏振光(自然光)和部分偏振光作简单介绍．

1) 线偏振光

如图 13.9.3(a)所示，在光的传播过程中，只包含一种振动，其振动方向始终保持在同一平面内，这种光称为**平面偏振光**．也就是在垂直于光传播方向的平面内，光矢量只沿某一个固定方向振动，方向不变，只随时间改变大小，光矢量端点运动的轨迹为一条直线，所以平面偏振光也称为**线偏振光**．

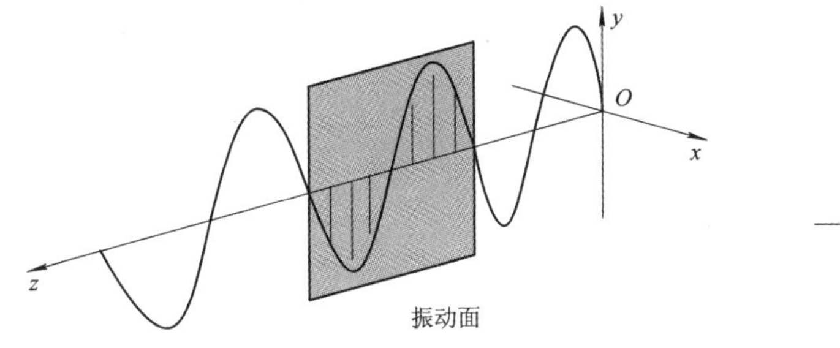

(a) 振动面在y-z面内的线偏振光

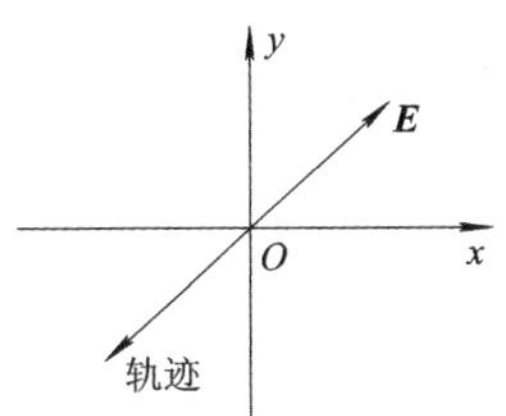

(b) 光矢量振动轨迹在一、三象限的线偏振光

图 13.9.3　线偏振光的偏振态

为了简明表示光的传播，用与传播方向垂直的带箭头短线表示在纸面内的光振动，而用点表示和纸面垂直的光振动．图 13.9.4(a)、(b)所示分别表示振动面在纸面内和振动面与纸面垂直的线偏振光．

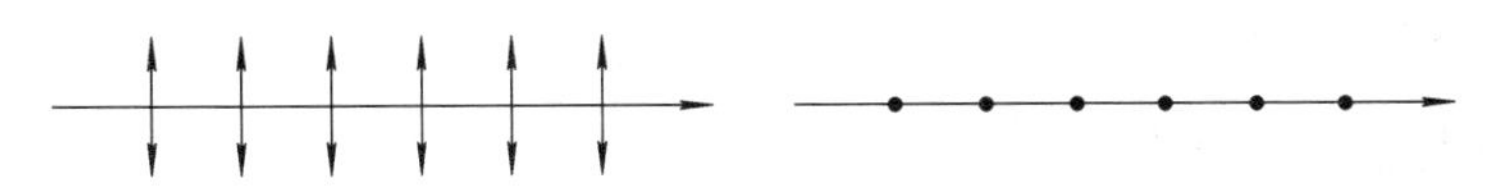

(a) 振动方向在纸面内的线偏振光　　(b) 振动方向垂直纸面的线偏振光

图 13.9.4　线偏振光的图线表示方法

2）非偏振光

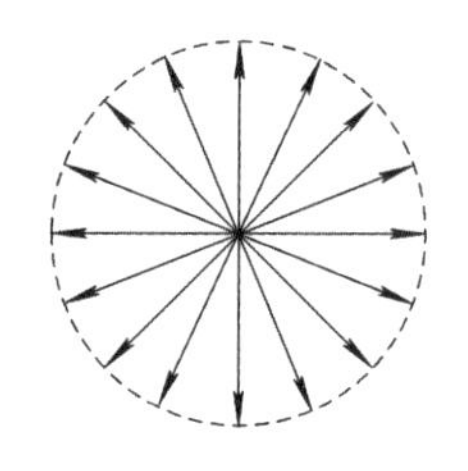
图 13.9.5 自然光光矢量呈对称分布

在垂直于光波传播方向的平面内，光矢量具有一切可能方向，且振幅在所有方向上相同，这种光矢量对称于传播方向均匀分布的光称为**非偏振光(自然光)**，如图 13.9.5 所示. 凡其振动失去这种对称性的光统称为**偏振光**.

我们知道，普通光源发出的光是由光源中大量原子(分子)随机跃迁辐射出的大量波列构成的. 虽然每个原子或分子每次发出的波列是线偏振光，但各个原子或分子发出的光具有随机性和间歇性的特点，各原子发出的波列不仅初相位彼此不同，而且振动方向也各不相同. 光源中大量原子发出光的总和，实际上包含了一切可能的振动方向，而且平均说来，没有哪个方向上的光振动比其他方向占优势，因而表现为在不同方向上有相同的振幅. 所以普通光源发出的是自然光，无法直接显示出偏振性.

自然光中任何一个方向的光矢量，都可以分解成两个相互垂直方向的分量，所有光矢量的振幅在这两个方向上投影的矢量和为 A_x 和 A_y，这两个垂直方向分量的振幅相等，如图 13.9.6 所示. 也就是说，**自然光可用两个相互独立、没有固定相位关系、等振幅且振动方向相互垂直的线偏振光表示**. 图 13.9.7 为自然光的图线表示法，在其传播方向上，用圆点和短线分别表示两相互垂直的光振动，且等距离地交错、均匀画出，表示两者振幅相等、能量相等. 但要注意的是，自然光的这两个垂直分量无固定的相位关系，所以不能合成为线偏振光.

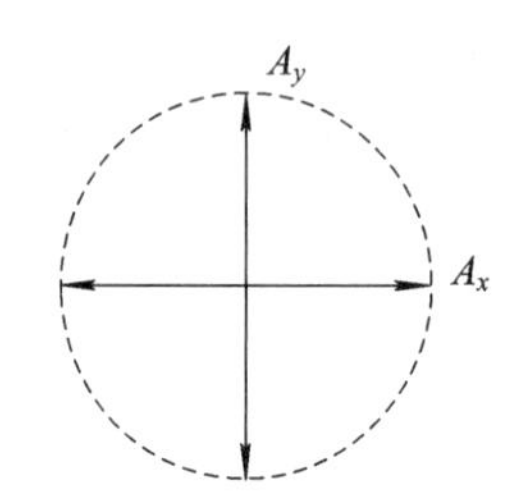

图 13.9.6 自然光的分解

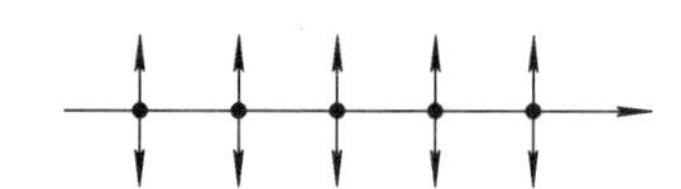
图 13.9.7 自然光的图线表示方法

如果自然光的强度为 I_0，根据 A_x 和 A_y 的非相干叠加，应该有

$$I_0 = A_x^2 + A_y^2$$

令 $I_x = A_x^2$，$I_y = A_y^2$，则

$$I_x = I_y = \frac{I_0}{2} \tag{13.9.1}$$

也就是说，两个线偏振光的光强都等于自然光的强度的一半.

3）部分偏振光

在垂直于光传播方向的平面内，光矢量具有一切可能方向，但不同方向上的振幅不等，在两个互相垂直的方向上振幅分别具有最大值和最小值，具有这种特点的光称为**部分偏振光**. 图 13.9.8 表示在垂直光传播方向的平面内，光矢量的振动分布. 部分偏振光可看作是由大量的、无固定相位关系、振幅不同的线偏振光组成的，其分解如图 13.9.9 所示. 部分偏振光的偏振态介于线偏振光与自然光之间.

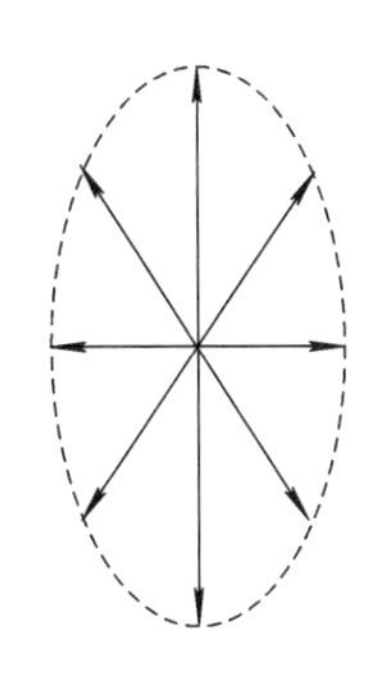

图 13.9.8 部分偏振光光矢量分布

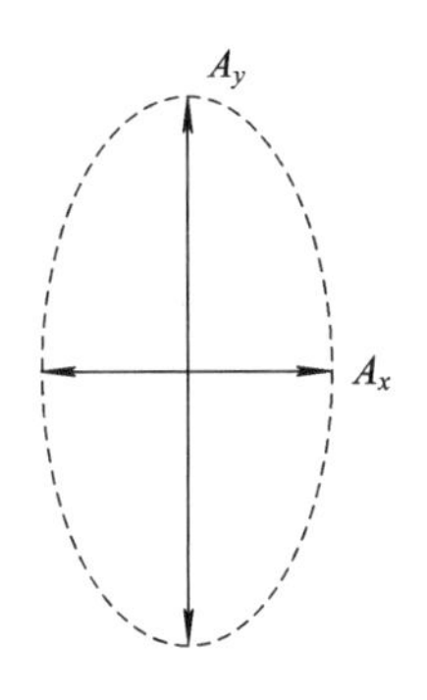

图 13.9.9 部分偏振光的分解

和自然光一样，部分偏振光中任何一个方向的光矢量，也都可以分解成两个相互垂直方向的分量，只是所有光矢量的振幅在这两个方向上投影的矢量和并不相等，因此部分偏振光**可用两个相互独立、没有固定相位关系、不等振幅且振动方向相互垂直的线偏振光表示**. 图 13.9.10 为部分偏振光的图线表示，分别是光振动平行于纸面较强的部分偏振光和光振动垂直于纸面较强的部分偏振光.

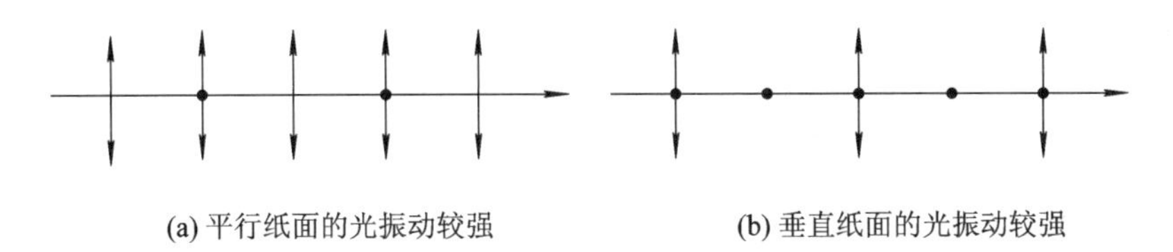

(a) 平行纸面的光振动较强
(b) 垂直纸面的光振动较强

图 13.9.10 部分偏振光的图线表示方法

自然界中，目之所及，无论是蓝天白云，还是湖光山色，太阳发出的自然光经景物反射后，映入眼帘时，绝大部分是部分偏振光.

13.9.2 偏振光的产生与检验

1809 年的一个黄昏，马吕斯在巴黎的家中伫立窗前，欣赏不远处沐浴在夕阳中的卢森堡宫，一抹阳光被卢森堡宫的玻璃窗反射到他的眼中. 他随手拿起一块方解石去观察这束光，光波在方解石中形成两束美丽的折射光. 当他转动方解石时，发现其中一束光突然消失，这一奇妙现象使他领悟到：自然光经玻璃反射后特性发生了变化，由此发现了光的偏振性，同时也发现了一种产生和检验线偏振光的方法.

普通光源发出的是自然光，从自然光获得偏振光的过程为**起偏**，用于从自然光中获得偏振光的器件称为**起偏器**. 把检验偏振光的过程叫**检偏**，用于鉴别光偏振状态的器件称为**检偏器**，用来产生偏振光的器件同样可以用来检验偏振光，统称作**偏振器**.

偏振器有各种各样不同的结构，它们主要利用物质的二向色性、光的反射与折射、晶体的双折射等物理机制，从普通光源获得偏振光. 下来我们讨论其中的两种方法.

1. 利用二向色性产生线偏振光

二向色性是指有些介质对不同方向电振动矢量具有选择性吸收的性质. 例如天然的电气石，它能强烈地吸收某一方向的电矢量，光在该方向上通过很少；而对与之垂直方向的电矢量吸收较少，光在该方向通过得最多.

现在广泛使用的**人造偏振片**，是把经加热拉伸的聚乙烯醇片，浸入碘液处理后制成的二向色性片. 当自然光照射到偏振片上时，沿长链分子方向排列的碘原子就会吸收此方向的电场分量，而与之垂直的电场分量几乎不受影响，结果透射光就成为线偏振光. 偏振片上能透过光矢量振动的方向称为它的偏振化方向. 为了便于使用，在偏振片上标出记号“↕”，表明该偏振片的偏振化方向.

接下来讨论线偏振光通过偏振片后光强的变化规律. 如图 13.9.11 所示，偏振片 P_1、P_2 平行放置，它们偏振化方向之间的夹角为 θ. 令强度为 I_0 的自然光垂直入射在检偏器 P_1 上，则出射光就是振动方向平行于 P_1 偏振化方向的线偏振光，设其振动矢量的振幅为 A_1，光强为 I_1，显然 $I_1=I_0/2$. 这束线偏振光入射到 P_2 上，将此线偏振光的光矢量沿与 P_2 偏振化方向平行和垂直的两个方向分解，如图 13.9.12 所示，即有

$$A_{/\!/} = A_1\cos\theta, \qquad A_{\perp} = A_1\sin\theta$$

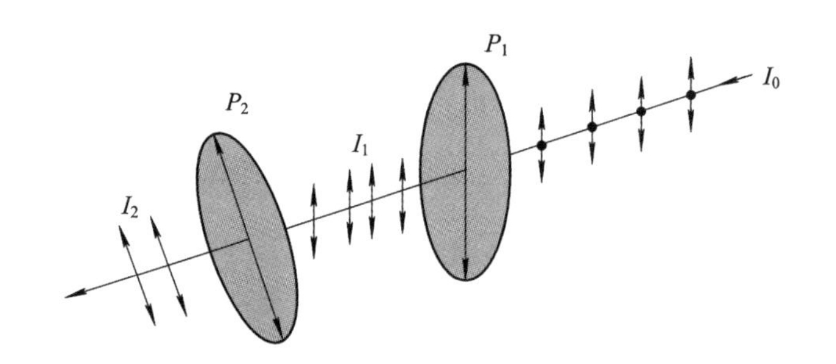

图 13.9.11　自然光的起偏和检偏

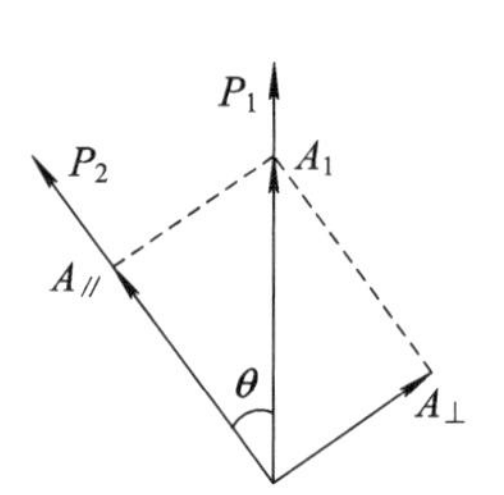

图 13.9.12　线偏振光的分解

其透射出的光矢量振幅为 A_2，光强为 I_2，则

$$I_2 = A_{/\!/}^2 = A_1^2\cos^2\theta = I_1\cos^2\theta \tag{13.9.2}$$

此式是马吕斯 1809 年由实验发现的，称为**马吕斯定律**. 它表明透过一偏振片的光强等于入射线偏振光光强乘以入射偏振光的光振动方向与偏振片偏振化方向夹角余弦的平方.

由此可见，当 P_1 和 P_2 偏振化方向平行，即 $\theta=0$ 或 $\theta=\pi$ 时，$I_1=I_2=I_0/2$，透射光强度最大；当 P_1 和 P_2 偏振化方向垂直，即 $\theta=\pi/2$ 或 $\theta=3\pi/2$ 时，$I_2=0$，出现所谓的消光现象；θ 为其他角度时，透射光的强度介于 0 与 I_1 之间.

由此得出如下结论：

(1) 线偏振光入射到偏振片上后，以入射光线为轴，偏振片旋转一周，发现透射光两次最亮和两次消光，此时偏振片起到检偏作用，是检偏器；

(2) 若自然光入射到偏振片上，以入射光线为轴偏振片转动一周，则透射光光强不变；

(3) 若部分偏振光入射到偏振片上，以入射光线为轴转动偏振片一周，则透射光有两次最亮和两次最暗(但不消光).

例 13.9.1　如例 13.9.1 图所示，三偏振片平行放置，P_1、P_3 偏振化方向垂直，自然光垂直入射到偏振片 P_1、P_2、P_3 上. 问：

(1) 当透过 P_3 光的光强为入射自然光光强的 1/8 时，P_2 与 P_1 偏振化方向夹角为多少？

(2) 若要使得透过 P_3 光的光强为零，P_2 如何放置？

(3) 能否找到 P_2 的合适方位，使最后透射光强为入射自然光强的 1/2？

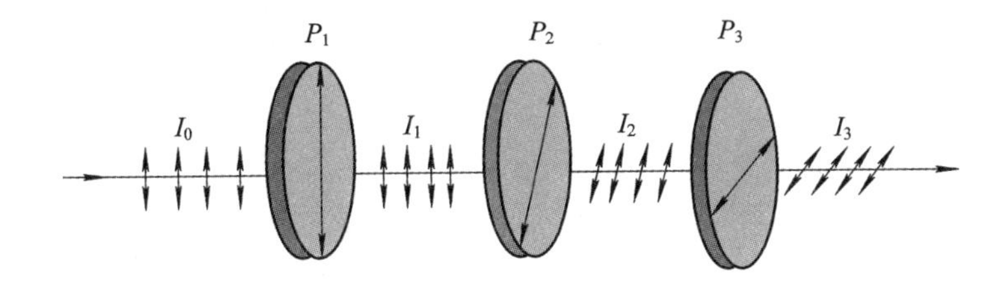

例13.9.1图

解　(1) 设 P_1、P_2 偏振化方向之间的夹角为 θ，自然光强为 I_0，经 P_1 出射光强为

$$I_1=\frac{I_0}{2}$$

经 P_2 出射光强 I_2 为

$$I_2=I_1\cos^2\theta=\frac{1}{2}I_0\cos^2\theta \tag{1}$$

经 P_3 后出射光的光强 I_3 为

$$I_3=I_2\cos^2\left(\frac{\pi}{2}+\theta\right)=I_2\sin^2\theta=\frac{1}{2}I_0\cos^2\theta\sin^2\theta=\frac{1}{8}I_0\sin^2 2\theta \tag{2}$$

当 $I_3=I_0/8$ 时，

$$\sin^2 2\theta=1\Rightarrow\theta=45°$$

(2) 由 $I_3=I_0/8\ \sin^2 2\theta$，当 $I_3=0$ 时，$\sin^2 2\theta=0\Rightarrow\theta=0°$或$90°$，即 P_2 与 P_1 之间的偏振化方向平行或垂直.

(3) 由 $I_3=I_0/8\ \sin^2 2\theta$，当 $I_3=I_0/2$ 时，$\sin^2 2\theta=4$，无意义.

所以，找不到 P_2 的合适方位，使 $I_3=I_0/2$.

讨论：透过 P_3 光强的最大值是多少？

由式(2)知，当三个偏振片的偏振化方向之间的角为45°时，有

$$I_{3\max}=\frac{1}{8}I$$

2. 反射光和折射光的偏振　布儒斯特定律

自然光在两种各向同性介质分界面上反射和折射时，不但光的传播方向要改变，而且光的偏振状态也要改变，反射光和折射光都是部分偏振光. 如图13.9.13所示，其中反射光是垂直于入射面光振动占优的部分偏振光，而折射光则是平行于入射面光振动占优的部分偏振光.

1812年，英国科学家布儒斯特在实验研究中发现，反射光和折射光的偏振化程度与入射角 i 有关，光从折射率为 n_1 的介质进入折射率为 n_2 的介质，当入射角满足

$$\tan i_0=\frac{n_2}{n_1} \tag{13.9.3}$$

时，反射光为光振动与入射面垂直的线偏振光，而折射光仍为部分偏振光，这就是**布儒斯特定律**. 其中 i_0 称为**起偏角**或**布儒斯特角**，如图13.9.14所示.

可以证明，当 $i=i_0$ 时，即以起偏角入射时，反射光线与折射光线相互垂直.

由折射定律

$$\frac{\sin i_0}{\sin r_0}=\frac{n_2}{n_1}$$

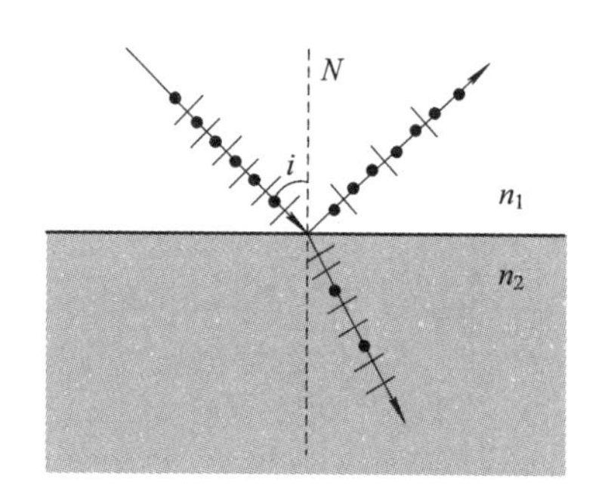

图 13.9.13 反射光和折射光的偏振性

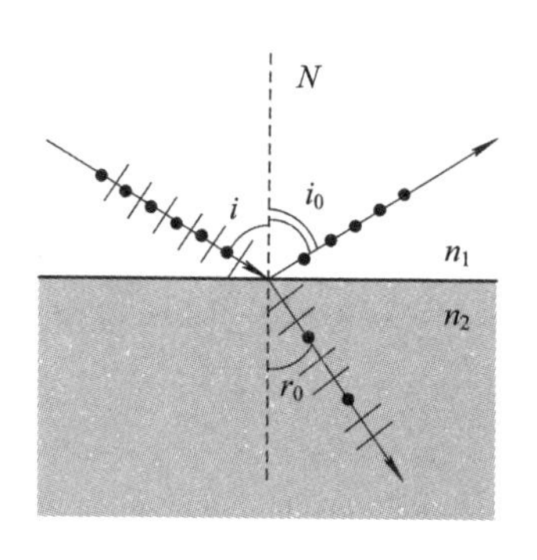

图 13.9.14 布儒斯特角

又由式(13.9.3)知

$$\frac{\sin i_0}{\sin r_0}=\tan i_0=\frac{\sin i_0}{\cos i_0}$$

即

$$\sin r_0=\cos i_0=\sin\left(\frac{\pi}{2}-i_0\right)$$

有

$$i_0+r_0=\frac{\pi}{2} \tag{13.9.4}$$

例如，自然光从空气中入射在玻璃($n=1.50$)表面反射时，起偏角 $i_0=56.3°$. 自然光从空气入射在水面($n=1.33$)而反射时，起偏角 $i_0=53.1°$.

实际上，对于普通的光学玻璃，其反射所获得的线偏振光仅占入射自然光总能量的7.5%，即90%以上的光都成为透射光，仅由一块玻璃片获得的反射偏振光强度是很弱的. 为了增大反射光的强度和折射光的偏振化程度，可以用一些相互平行、由相同玻璃片组成的**玻璃片堆**，如图 13.9.15 所示. 当自然光以布儒斯特角入射到玻璃片堆上时，除反射光为偏振光外，经多次折射后，折射光的偏振化程度将越来越高，最后的透射光也就成为偏振光，并且反射和透射出的偏振光，其振动面相互垂直.

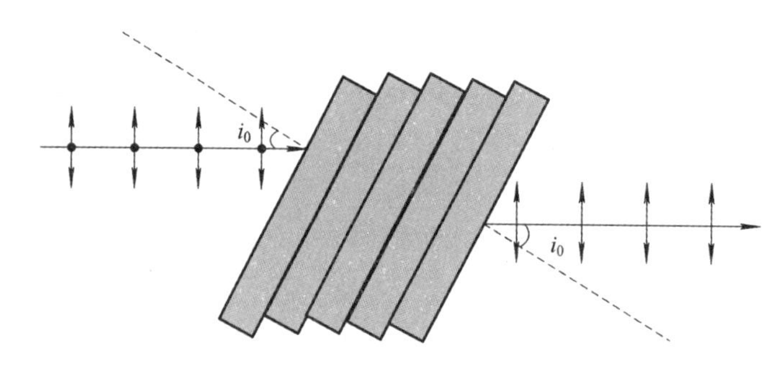

图 13.9.15 玻璃片堆

例 13.9.2 在如例 13.9.2 图所示的杨氏双缝干涉实验装置中，作下述变动，能否看到干涉条纹？并简述理由.

(1) 在单色自然光源 S 后加一偏振片 P；

(2) 在(1)情况下，再加 P_1、P_2，P_1 与 P_2 偏振化方向垂直，P 与 P_1、P_2 偏振化方向

成45°角；

(3) 在(2)情况下，再在接收屏前加偏振片 P_3，P_3 与 P 偏振化方向一致.

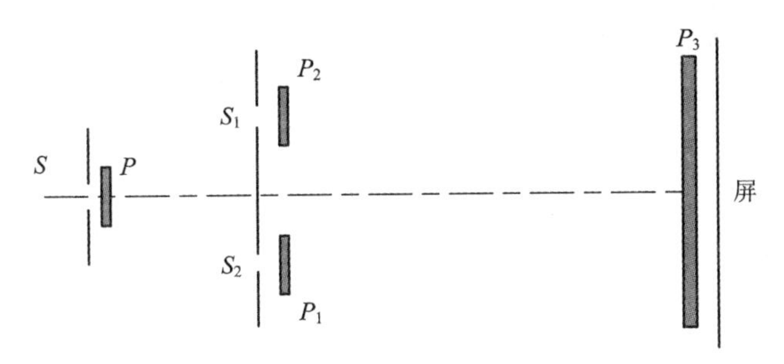

例 13.9.2 图

解 (1) 自然光经偏振片 P 后，成为光强减半的线偏振光，狭缝 S_1、S_2 仍然处于同一线偏振光的同一波阵面上，S_1、S_2 可以看作两个相干子波源，发出的子波满足相干条件，干涉条纹的位置与间距和没有 P 时一致，只是明纹强度减半.

(2) 由于从 P_1、P_2 射出的线偏振光方向相互垂直，不满足干涉条件，故无干涉现象.

(3) 从 P 出射的线偏振光经 P_1、P_2 后虽然偏振化方向改变了，但经过 P_3 后它们振动方向又相同了，满足相干条件，故可看到干涉条纹.

本 章 小 结

知识单元	基本概念、原理及定律	公　　式
光波的叠加	相位差	$\Delta\varphi=(\varphi_{20}-\varphi_{10})-\frac{2\pi}{\lambda_n}(r_2-r_1)$
	平均光强	$I=I_1+I_2+2\sqrt{I_1I_2}\cos\Delta\varphi$
	相干叠加	$I_{\max}=I_1+I_2+2\sqrt{I_1I_2}$　（干涉相长） $I_{\min}=I_1+I_2-2\sqrt{I_1I_2}$　（干涉相消）
	光程和光程差	$\Delta=nr$ $\delta=n_2r_2-n_1r_1$
双缝干涉	光程差	$\delta=n(r_2-r_1)=\frac{nd}{D}x$
	明暗纹条件	明纹：$\delta=\frac{nd}{D}x=\pm k\lambda$　$(k=0, 1, 2, \cdots)$ 暗纹：$\delta=\frac{nd}{D}x=\pm(2k+1)\frac{\lambda}{2}$　$(k=0, 1, 2, \cdots)$
	条纹间距	$\Delta x=x_{k+1}-x_k=\frac{D\lambda}{nd}$

续表

知识单元	基本概念、原理及定律	公　　式
等倾干涉	光程差	$\delta=2e\sqrt{n_2^2-n_1^2\sin^2 i}+\delta'$ $\delta'=\begin{cases}0 & n_1<n_2<n_3\ 或\ n_1>n_2>n_3\\ \dfrac{\lambda}{2} & n_1<n_2\ 且\ n_2>n_3\ 或\ n_1>n_2\ 且\ n_2<n_3\end{cases}$
	垂直入射	$\delta=2ne+\delta'$
	增透膜	$\delta=2ne+\delta'=\left(k+\dfrac{1}{2}\right)\lambda$
等厚干涉	光程差	$\delta=2e\sqrt{n_2^2-n_1^2\sin^2 i}+\delta'$
	垂直入射	$\delta=2ne+\delta'$
	劈尖干涉	薄膜厚度差：$\Delta e=e_{k+1}-e_k=\dfrac{\lambda}{2n}$ 条纹间距：$l=\dfrac{\Delta e}{\sin\theta}\approx\dfrac{\lambda}{2n\theta}$
	牛顿环	$\delta=2ne+\dfrac{\lambda}{2}=\dfrac{nr^2}{R}+\dfrac{\lambda}{2}$ $r=\begin{cases}\sqrt{\dfrac{(k-\frac{1}{2})R\lambda}{n}}, & k=1,2,3,\cdots\ （暗环半径）\\ \sqrt{\dfrac{kR\lambda}{n}}, & k=0,1,2,\cdots\ （明环半径）\end{cases}$
夫琅禾费衍射	单缝衍射的明暗纹条件	中央明纹：$a\sin\theta=0$ 明纹：$a\sin\theta=\pm(2k+1)\dfrac{\lambda}{2}$ $(k=1,2,3,\cdots)$ 暗纹：$a\sin\theta=\pm 2k\dfrac{\lambda}{2}=\pm k\lambda$ $(k=1,2,3,\cdots)$
	中央明纹宽度	$\Delta x_0=x_1-x_{-1}=2\dfrac{f\lambda}{a}$
	中央明纹角宽度	$\Delta\theta_0=\theta_1-\theta_{-1}=2\dfrac{\lambda}{a}$
	圆孔夫琅禾费衍射	$\theta=1.22\dfrac{\lambda}{D}$ 分辨角：$\theta_R=\theta_1=1.22\dfrac{\lambda}{D}$ 分辨率：$R=\dfrac{1}{\theta_R}=\dfrac{D}{1.22\lambda}$
光栅衍射	光栅方程	$\delta=(a+b)\sin\varphi=\pm k\lambda$ $(k=0,1,2,3,\cdots)$
	缺级	$k=\pm\dfrac{a+b}{a}k'$ $(k'=1,2,3\cdots)$

习题十三

1. 在下列说法中，正确的是(　　).

A. 在一个单色光源所发射的同一波面上任意选取的两子光源，为相干光源

B. 同一单色光源所发射的任意两束光，可视为两相干光束

C. 只要是频率相同的两个独立光源都可视为相干光源

D. 两相干光源发出的光波在空间任意位置相遇都会产生干涉现象

2. 真空中波长为 λ 的单色光，在折射率为 n 的均匀透明介质中，从 A 点沿某一路径到 B 点，路径的长度为 L，A、B 两点光振动相位差记为 $\Delta\varphi$，则(　　).

A. $L=3\lambda/(2n)$，$\Delta\varphi=3\pi$

B. $L=3\lambda/(2n)$，$\Delta\varphi=3n\pi$

C. $L=3n\lambda/2$，$\Delta\varphi=3\pi$

D. $L=3n\lambda/2$，$\Delta\varphi=3n\pi$

3. 用白光源进行双缝干涉实验，若用一纯红色的滤光片遮盖一条缝，用一个纯蓝色的滤光片遮盖另一条缝，则(　　).

A. 干涉条纹的宽度将发生变化

B. 产生红光和蓝光的两套彩色干涉条纹

C. 干涉条纹的位置和宽度、亮度均发生变化

D. 不发生干涉条纹

4. 在双缝干涉实验中，两条狭缝原来宽度相等，若其中一缝略微变宽，则(　　).

A. 干涉条纹间距变宽

B. 干涉条纹间距不变，但光强极小处的亮度增加

C. 干涉条纹间距不变，但条纹移动　　D. 不发生干涉现象

5. 两块平板玻璃构成空气劈尖，左边为棱边，用单色平行光垂直入射，若上面的平玻璃慢慢地向上平移，则干涉条纹(　　).

A. 向棱边方向平移，条纹间隔变小　　B. 向棱边方向平移，条纹间隔变大

C. 向棱边方向平移，条纹间隔不变　　D. 向远离棱边方向平移，条纹间隔不变

E. 向远离棱边方向平移，条纹间隔变小

6. 把一平凸透镜放在平板玻璃上，构成牛顿环装置，当平凸透镜慢慢地向上平移时，由反射光形成的牛顿环(　　).

A. 向外扩张，条纹间隔变大　　B. 向中心收缩，环心呈明暗交替变化

C. 向外扩张，环心呈明暗交替变化　　D. 向中心收缩，条纹间隔变小

7. 在单缝夫琅禾费衍射实验中，波长为 λ 的单色光垂直入射单缝上，狭缝宽度 $a=4\lambda$，对应衍射角为 30°的方向上，单缝处波阵面可分成的半波带数目为(　　).

A. 2 个　　B. 4 个　　C. 6 个　　D. 8 个

8. 某波长的光垂直入射到衍射光栅上，光波在屏幕上只能出现零级和一级主极大，欲使屏幕上出现更高级次的主极大，应该(　　).

A. 换一个光栅常数较大的光栅　　B. 换一个光栅常数较小的光栅

C. 将光栅向靠近屏幕的方向移动　　D. 将光栅向远离屏幕的方向移动

9. 某单色光垂直入射到每厘米有 5000 条狭缝的光栅上，在第四级明纹中观察到的最大波长小于(　　)(1 Å$=10^{-10}$ m).

A. 4000 Å　　B. 4500 Å　　C. 5000 Å　　D. 5500 Å

10. 两偏振片组成起偏器及检偏器，当它们的偏振化方向成 60°时，观察一个强度为 I_0 的自然光光源，所得的光强是(　　).

A. $I_0/2$　　B. $I_0/8$　　C. $I_0/6$　　D. $3I_0/4$

11. 自然光垂直照射到两块互相重叠的偏振片上，如果透射光强为入射光强的一半，两偏振片的偏振化方向间的夹角为多少？如果透射光强为最大透射光强的一半，则两偏振片的偏振化方向间的夹角又为多少？(　　)

A. 45°，45°　　B. 45°，0°　　C. 0°，30°　　D. 0°，45

12. 光强均为 I_0 的两束相干光相遇而发生干涉时，在相遇区域内有可能出现的最大光强是________.

13. 如习题 13 图所示，A、B 为两相干光源，距水面的垂直距离相等. 两光源发出的相干光在水面 P 处的相位差为________，光程差为________(已知 $AP=BP=r$，光在真空中的波长为 λ，水的折射率为 n).

14. 单色平行光垂直照射在薄膜上，经上、下两表面反射的两束光发生干涉，如习题 14 图所示，若薄膜的厚度为 e，且 $n_1<n_2$，$n_2>n_3$，λ 为入射光在真空中的波长，则两束反射光的光程差为________.

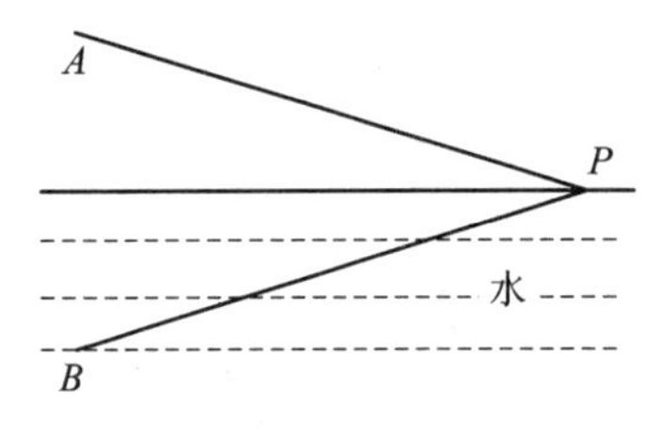

习题 13 图

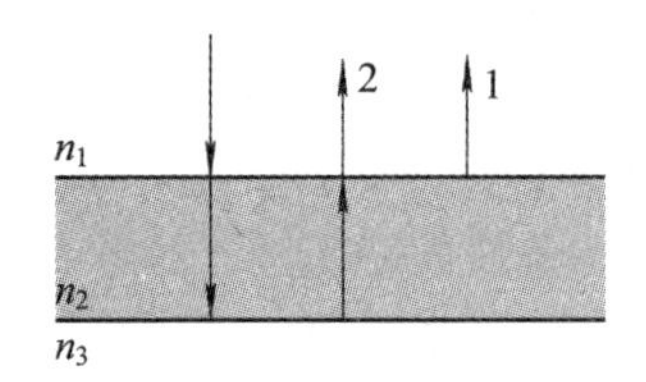

习题 14 图

15. 如习题 15 图所示的单缝夫琅禾费衍射装置中，用波长为 λ 的单色光垂直入射在单缝上，若 P 点是衍射条纹中的中央明纹旁第二个暗条纹的中心，则由单缝边缘的 A、B 两点分别到达 P 点的衍射光线光程差是________.

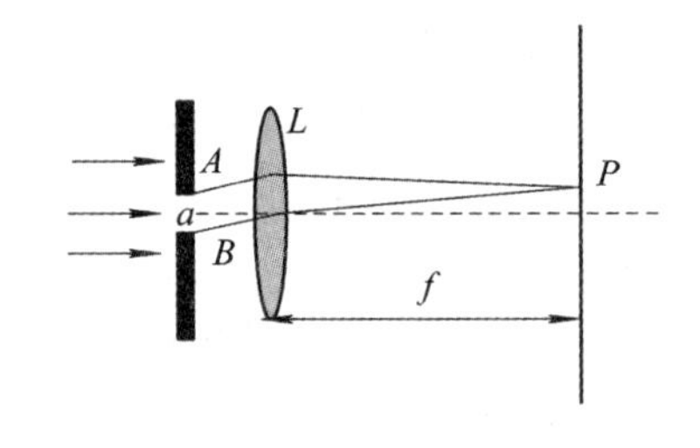

习题 15 图

16. 在单缝的夫琅禾费衍射实验中，屏上第三级暗纹对应于单缝处波面可划分为________个半波带，若将缝宽缩小一半，则原来第三级暗纹处将是________纹.

17. 用平行的白光垂直入射在平面透射光栅上时，波长为 $\lambda_1=440$ nm 的第 3 级光谱线将与波长为 $\lambda_2=$________ nm 的第 2 级光谱线重叠.

18. 检验自然光、线偏振光和部分偏振光时，使被检验光垂直入射到偏振片上，然后旋转偏振片. 若从偏振片射出的光线__________，则入射光为自然光；若射出的光线__________，则入射光为部分偏振光；若射出的光线__________，则入射光为完全偏振光.

19. 在杨氏双缝干涉实验中，用波长为 5.0×10^{-7} m 的单色光垂直入射到间距为 $d=0.5$ mm 的双缝上，屏到双缝中心的距离 $D=1.0$ m. 整个装置处于真空中，求：

(1) 屏上中央明纹第 10 级明纹中心的位置；

(2) 条纹宽度；

(3) 用一云母片($n=1.58$)遮盖其中一缝，中央明纹移到原来第 8 级明纹中心处，云母处的厚度是多少？

20. 处于真空中的杨氏双缝实验装置，光源波长 $\lambda=6.4\times10^{-5}$ cm，两狭缝间距 $d=0.4$ mm，光屏离狭缝距离 $r_0=50$ cm. 试求：

(1) 光屏上第一亮条纹和中央亮纹之间的距离；

(2) 若有 P 点离中央亮纹的距离 $y=0.1$ mm，两束光在 P 点的相位差是多少？

21. 在平玻璃板 B 上，放置一柱面平凹透镜 A，曲率半径为 R，如习题 21 图所示. 现用波长为 λ 的平行单色光自上方垂直往下照射，观察 A 和 B 间空气薄膜的反射光的干涉条纹，设空气膜的最大厚度 $d=2\lambda$.

(1) 干涉图样是什么形状？

(2) 求明、暗条纹的位置(用 r 表示).

(3) 总共能形成多少条明条纹？

(4) 若将玻璃片 B 向下平移，条纹如何移动？

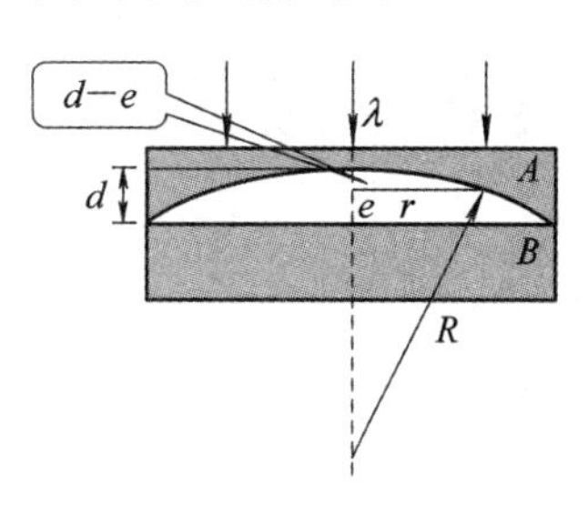

习题 21 图

22. 在折射率为 1.50 的玻璃板上有一层折射率为 1.30 的油膜. 已知对于波长为 500 nm 和 700 nm 的垂直入射光都发生反射相消，而这两波长之间没有别的波长光反射相消，求此油膜的厚度.

23. 波长 600 nm 的单色平行光，垂直入射到缝宽 $a=0.6$ mm 的单缝上，缝后有一焦距为 $f=60$ cm 的透镜. 在透镜焦平面观察到的中央明纹宽度为多少？两个第三级暗纹之间的距离为多少？

24. 用波长 $\lambda_1=400$ nm 和 $\lambda_2=700$ nm 的混合光垂直照射单缝，在衍射图样中 λ_1 的第 k_1 级明纹中心位置恰与 λ_2 的第 k_2 级暗纹中心位置重合，求满足条件最小的 k_1 和 k_2.

25. 用 $\lambda=600$ nm 的单色光垂直照射在宽为 3 cm、共有 5000 条缝的光栅上. 问：

(1) 光栅常数是多少？

(2) 第二级主极大的衍射角 θ 为多少？

(3) 光屏上可以看到的条纹的最大级数是多少？

26. 一缝间距 $d=0.1$ mm，缝宽 $a=0.02$ mm 的双缝，用波长 $\lambda=600$ nm 的平行单色光垂直入射，双缝后放一焦距为 $f=2.0$ m 的透镜.

(1) 单缝衍射中央亮条纹的宽度内有几条干涉主极大条纹？

(2) 在这双缝的中间再开一条相同的单缝，中央亮条纹的宽度内又有几条干涉主极大？

27. 在通常的环境中，人眼的瞳孔直径为 3 mm. 设人眼最敏感的光波长为 $\lambda=550$ nm，人眼最小分辨角为多大？如果窗纱上两根细丝之间的距离为 2.0 mm，人在多远处恰能分辨？

28. 登月宇航员声称在月球上唯独能够用肉眼分辨的地球上的人工建筑是中国的长城. 你依据什么可以判断这句话是否是真的？需要哪些数据？

29. 自然光入射到重叠在一起的两块偏振片上.

(1) 如果透射光的强度为最大透射光强度的 1/3，问两偏振片的偏振化方向之间的夹角是多少？

(2) 如果透射光强度为入射光强度的 1/3，问两偏振片的偏振化方向之间的夹角又是多少？

30. 一束光强为 I_0 的自然光，相继垂直通过两个偏振片 P_1、P_2 后出射光强为 $I_0/4$. 若以入射光线为轴旋转 P_2，要使出射光强为零，P_2 至少应转过的角度是多少？

阅读材料之物理科技(二)

量子点电致发光的黎明

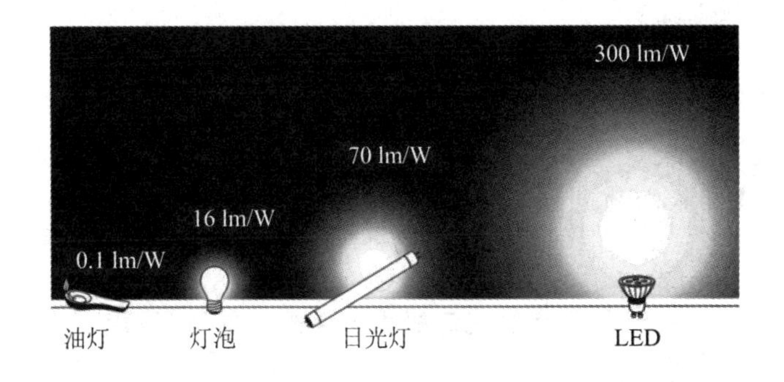

1 引　　言

电致发光——通过电激发半导体材料将电直接转化为光——使得人类用一种前所未有的高效、便捷、自如的方式去“产生”和“操控”光. 发光二极管(**LED**)带来的固态照明革命，便是电致发光改变日常生活的例子.

在20世纪后半叶，基于Ⅲ-Ⅴ族半导体的无机**LED**的发展，让电致发光的白光光源进入了千家万户. 这种新一代固态照明光源，无论在能量转换效率上，还是在使用寿命上，均远远超过了传统的白炽灯与荧光灯. 诺贝尔奖委员会的授奖评语说道：“白炽灯照亮了20世纪，而21世纪将被**LED**照亮.”

传统无机**LED**照明光源的实用化，并不是电致发光技术的极限与终点，它另一个更绚丽的舞台在显示领域. 正如绘画技艺的成熟并没有阻止摄影术的诞生，人类对极致感官的追求是永无止境的. 与照明应用中高功率、高效率和长寿命等性能要求不同，信息时代的显示应用还呼唤着具有更低工作电流、更高纯色彩、更广阔色域的单色光源. 同时，下一代屏幕还需支持柔性、大面积衬底，以应用于便携、可穿戴的新型电子设备.

在显示技术变革的时代背景下，利用胶体量子点(**colloidal quantum dot，QD**)作为发光材料，通过溶液法制作加工的量子点**LED(QLED)**便应运而生.

2 胶体量子点材料：从诞生到应用

所谓胶体量子点，是指基于无机半导体纳米晶的一种纳米材料。早在1981年，**A. I. Ekimov** 等人发现在玻璃基质中 **CuCl** 纳米晶有吸收峰蓝移现象，并第一次用势箱模型解释了量子尺寸效应——光学带隙与纳米晶尺寸的关系。1980年代，贝尔实验室的 **L. E. Brus** 等人合成出了一大类Ⅱ-Ⅵ族半导体的溶液纳米晶，在胶体溶液中发现其量子尺寸效应，并对量子点电子结构模型作出改进，触发对胶体量子点及其光致发光性能的广泛研究。

胶体量子点最基本的特性是量子限域效应。当纳米晶的尺寸减小到可以与材料激子玻尔半径相比或者更小时，其能带结构会由准连续的结构变成分立的类分子能级结构。这种变化一方面使量子点材料的吸收光谱和发射光谱分裂，另一方面也使得带隙宽度增大，吸收峰和发射峰蓝移。因此，人们意识到量子点材料，特别是 **CdSe** 和 **CdS** 等Ⅱ-Ⅵ族胶体量子点材料，可以通过合成控制其尺寸来调整发光波长，这在光电、生物材料等领域具有巨大的应用潜力。

胶体量子点产业化的第一波浪潮依靠的是其理想的光致发光特性，这也预示着其后浪，即第二代量子点显示技术——主动发光量子点显示(**AM-QLED**)——产业化的潜能。这项技术不再通过其他光源来激发量子点，也就是说，不再是利用胶体量子点的光致发光，而是直奔更为激动人心的电致发光，直接采用红、绿、蓝三基色的电致发光 **QLED** 像素进行显示。

3 量子点发光二极管器件的发展与瓶颈

量子点电致发光技术的发展自然也不是一蹴而就的。事实上，自1993年起人们便开始了将胶体量子点应用于电致发光器件——**QLED** 的探索。伴随着量子点化学合成方法的进步(核壳结构与表面配体设计等)与更多有机、无机载流子传输材料的发展，溶液工艺制备的 **QLED** 原型器件终于在21世纪第二个10年中，效率达到了与当时有机体系 **OLED** 媲美的性能，并且在色纯度上远胜于 **OLED**。

如前所述，胶体量子点作为一个光致发光材料，发光效率已近乎完美。但有着完美光致发光效率的量子点材料，在 **LED** 器件中的电致发光效率却常常不理想。那么，光致发光与电致发光的最大区别在何处？

3.1 光激发与电激发

类比于“材料吸收光子跃迁至激发态(光激发)，激发态辐射复合”的光致发光过程，电致发光是“材料在电压驱动下产生激发态(电激发)，激发态进而辐射复合发出光子”的过程。在量子点中，最高效率的激发态是以“电子-空穴对”形式存在的“激子”。

光致发光过程中，成对的电子与空穴能够“瞬间”被光泵浦产生。与此不同，电致发光的激发态形成有更复杂的过程。首先，空穴与电子分别从 **LED** 的正、负两极进入器件，并经过载流子传输层向发光层输运。随后，空穴与电子分别从两侧注入至发光层，最后两种载流子在发光层中组合成激子。

3.2 “一锅煮”的电激发

或许是被 **LED** 绚丽的发光所吸引，物理人更擅长于研究器件中激子的发光特性，比如

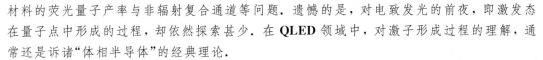

材料的荧光量子产率与非辐射复合通道等问题．遗憾的是，对电致发光的前夜，即激发态在量子点中形成的过程，却依然探索甚少．在 **QLED** 领域中，对激子形成过程的理解，通常还是诉诸“体相半导体”的经典理论．

Langevin 复合以及载流子平衡的概念，曾经对有机 **OLED** 的发展起到了重要的指导作用．但在这里，当我们用“一锅煮”的思维去看待 **QLED** 中激子产生过程时，却发现了传统宏观图像的局限．

3.3 宏观图像的失效

器件实际电致发光性能与预测性能的巨大矛盾，说明使用传统半导体的宏观图像去认识 **QLED** 工作机制似乎不是那么合适——我们忽视了量子点的独特性质．

因此，必须从微观(单量子点)的角度去探析 **QLED** 的电激发机制．换言之，这里的关键科学问题就演变成：在载流子的海洋中，载流子是如何于量子点上一一配对而形成电子-空穴对的？

4 新手段探索新现象

要回答上述问题，就必须将 **LED** 的工作机制推进到单个发光体的层次．做到这一点，是前所未有的挑战．为了实现它，笔者所在团队经历了漫长的探索过程，看起来小有收获．我们合作研究，发明了一个理想的模型系统：单量子点电致发光器件．这个器件的传输材料和结构与典型的 **QLED** 别无二致，差别仅仅在于发光层为单颗分散的量子点．通过使用绝缘聚合物填充量子点之间的空隙，这个器件完全抑制了电子传输层与空穴传输层的接触，而表现出纯粹的、稳定的单激子态电致发光．

4.1 量子点电激发的微观图像

当通过数据拟合排除电致发光信号，提取出光致发光信号后，可以看到其中除了基态量子点的光致发光信号外，还捕捉到负电态量子点的光致发光信号．这说明，电激发向量子点引入了一个额外的负电中间状态，并且单颗量子点在器件中的电激发有一条确定的途径：基态-负电中间态-激子态．换言之，电子-空穴对在单颗量子点中的形成，总是以一颗电子注入，随后一颗空穴注入的“分步反应”进行的．

4.2 限域增强的库仑作用

值得指出的是，这样优美、简洁的交替注入机制，与器件的结构与材料的性质是密不可分的．由于材料特性的原因，向中性量子点注入电子的能力远大于注入空穴，因而第一步反应总是一颗电子的注入．由于量子点具有极小尺寸，载流子限域作用会使量子点被一颗电子占据以后变得十分“拥挤”．以能量的观点来看，负电态量子点的电子势能会显著升高，因而调制了后续载流子的注入势垒．如此被载流子限域作用增强的库仑效应，在抑制了多余电子注入的同时，有效地增强了空穴注入的能力．

因此，在量子点电致发光中，所谓平衡注入并不是指电子与空穴齐头并进的方式．当向中性量子点注入电子和注入空穴的能力有差异时，电子先行一步、空穴借力而上的交替注入方式，是普遍存在的一种动态载流子平衡．

4.3 微观图像阐释宏观器件

通过模型系统所揭示的电子-空穴交替注入微观电激发图像，也适用于 **QLED** 器件的激子形成机制，并且很好地化解了 **QLED** 器件之性能与宏观电激发图像的矛盾.

有了对电激发的全新微观认识，**QLED** 理想电致发光性能与“电子易注入”的表象也就不再矛盾——量子点个体的限域增强库仑作用能在微观层面保障载流子的动态平衡. 因此，以量子点(或其他具有载流子限域效应的纳米发光材料，如钙钛矿纳米晶)作为发光中心的器件，对电子与空穴在注入能力上的差异会有很大范围的容忍度，这是量子点作为电致发光材料此前未被揭晓的一大本征优势.

节选自《物理》2020 年第 49 卷第 12 期，量子点电致发光的黎明，作者：邓云洲，金一政.

第 14 章　狭义相对论基础

1864 年，麦克斯韦建立了电磁场的基本方程组，并推断光是一种电磁波，标志着人们对电磁学、光现象有了更深入、更本质的了解. 人们利用经典力学的时空理论讨论电动力学方程，发现在伽利略变换下麦克斯韦方程及其导出的方程(如亥姆霍兹方程、达朗贝尔等方程)在不同惯性系下形式不同，这一现象应当怎样解释? 经过几十年的探索，在 1905 年终于由爱因斯坦创建了狭义相对论，解决了这一问题.

爱因斯坦发表了狭义相对论的奠基性论文《论运动物体的电动力学》，提出了狭义相对论的基本原理，第一条是相对性原理，第二条是光速不变性.

狭义相对论的体系简单明了，仅从两条基本原理出发，变革了从牛顿以来形成的时空观念，揭示了时间与空间的统一性和相对性，建立了新的时空观. 狭义相对论不但解释了经典物理学所不能解释的物理现象，而且预言了不少新的效应. 它指出光速是极限速度，指出不同地点的同时性只有相对意义，预言了长度收缩和时钟变慢，给出了质量随速度变化公式和质能关系. 狭义相对论建立以后，在量子场论、粒子物理学、天文学、天体物理学等领域获得了成功应用，成为研究高速粒子不可缺少的理论，对物理学起到了巨大的推动作用.

然而在 1907 年前后，爱因斯坦逐渐发现狭义相对论理论上的局限性，第一是定义惯性系引起的困难，第二是万有引力引起的困难. 为了解决以上困难，爱因斯坦用了十年时间建立起了广义相对论.

广义相对论把相对性原理推广到非惯性参照系和弯曲时空，从而建立了新的引力理论. 就在广义相对论取得巨大成就的同时，以玻尔为首的哥本哈根学派创建的量子力学也取得了重大突破，二者都在理论和实验上取得了巨大的成功. 然而物理学家们很快发现，这两大理论并不相容，如何让这两种基本理论相互协调，是当下物理学最困难的几个问题之一.

本章主要介绍狭义相对论产生的背景和实验基础、爱因斯坦狭义相对论基本假设和洛伦兹变换、狭义相对论的时空观、相对论质点动力学.

14.1　狭义相对论产生的背景和实验基础

狭义相对论是为了解决麦克斯韦电磁理论与旧时空理论的矛盾而产生的，为了阐述狭义相对论，我们首先回顾一下在力学中介绍过的绝对时空理论以及与之相应的力学相对性原理.

14.1.1 绝对时空理论和力学相对性原理

1. 伽利略变换

如图 14.1.1 所示，有两个惯性系 S、S'，相应坐标轴平行，S'相对 S 以 $\boldsymbol{v}$ 沿 x 正向匀速运动，$t=t'=0$ 时，O 与 O'重合.

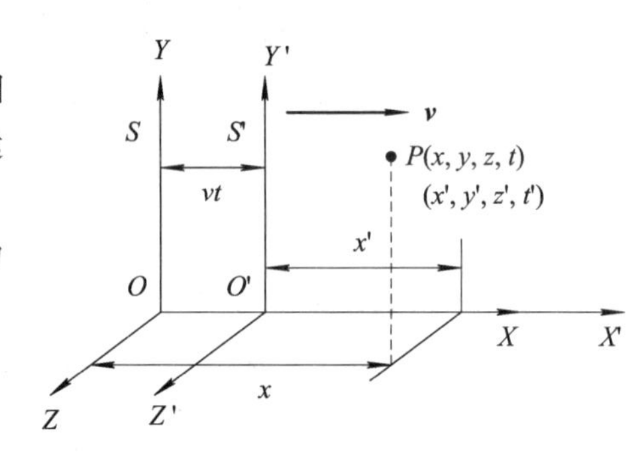

图 14.1.1 伽利略坐标变换示意图

现在考虑 P 点发生的一个事件，按经典力学观点，可得到两组坐标关系为

$$\begin{cases} x' = x - vt \\ y' = y \\ z' = z \\ t' = t \end{cases} \quad \text{或} \quad \begin{cases} x = x' + vt \\ y = y' \\ z = z' \\ t = t' \end{cases} \tag{14.1.1}$$

式(14.1.1)是伽利略变换及逆变换公式.

可以看出，一个物理事件在两个特殊相关惯性系中的时空坐标由伽利略变换联系着. 伽利略变换集中地体现了绝对时空理论，即“同时”性，两个事件的时间间隔、空间两点距离是绝对的，与观测参考系的选择无关.

2. 经典力学时空观

1）时间间隔的绝对性

设有两个事件 P_1、P_2，在 S 系中测得发生时刻分别为 t_1、t_2；在 S'系中测得发生时刻分别为 t_1'、t_2'. 在 S 系中测得两个事件发生的时间间隔为 $\Delta t=t_2-t_1$，在 S'系中测得两个事件发生的时间间隔为 $\Delta t'=t_2'-t_1'$. 因为 $t_1'=t_1$、$t_2'=t_2$，所以 $\Delta t'=\Delta t$.

此结果表示在经典力学中无论从哪个惯性系来测量两个事件的时间间隔，所得结果都是相同的，即时间间隔是绝对的，与参照系无关.

2）空间间隔的绝对性

设一棒静止在 S'系上，沿 x'轴放置，在 S'系中测得棒两端的坐标为 x_1'、$x_2'(x_2'>x_1')$，棒长为 $l'=x_2'-x_1'$，在 S 系中同时测得棒两端的坐标分别为 x_1、$x_2(x_2>x_1)$，则棒长为 $l=x_2-x_1=(x_2'-vt)-(x_1'-vt)=x_2'-x_1'$，即 $l'=l$.

此结果表示在不同惯性系中测量同一物体长度时，所得长度相同，即空间间隔是绝对的，与参照系无关.

上述结论是经典时空观(绝对时空观)的必然结果，它认为时间和空间是彼此独立的、互不相关的，并且独立于物质和运动之外的(不受物质或运动的影响)某种东西.

3. 力学相对性原理

由伽利略变换式(14.1.1)，对等式两边求关于时间的导数，可得

$$\begin{cases} v_x' = v_x - v \\ v_y' = v_y \\ v_z' = v_z \end{cases} \quad \text{及} \quad \begin{cases} v_x = v_x' + v \\ v_y = v_y' \\ v_z = v_z' \end{cases} \tag{14.1.2}$$

(注意：$t'=t$，$dt'=dt$)

式(14.1.2)是伽利略变换下的速度变换公式.

对式(14.1.2)两边求关于时间的导数，有

$$\begin{cases} a_x' = a_x \\ a_y' = a_y \\ a_z' = a_z \end{cases} \tag{14.1.3}$$

式(14.1.3)表明：从不同的惯性系中所观察到的同一质点的加速度是相同的，即物体的加速度对伽利略变换是不变的. 进一步可知，牛顿第二定律对伽利略变换是不变的.

我们在力学中讲过，牛顿定律适用的参照系称为惯性系，凡是相对惯性系作匀速直线运动的参照系都是惯性系. 即是说，牛顿定律对所有这些惯性系都适用，或者说**牛顿定律在一切惯性系中都具有相同的形式**，这就是力学相对性原理.

伽利略变换、绝对时空理论、力学相对性原理、牛顿方程的协变性以及经典速度相加定理，作为基本要素共同构成了旧物理学的基本原理. 由于绝对时空理论和我们日常生活经验吻合，以及牛顿力学的巨大成功，在 19 世纪 50 年代以前，几乎无人怀疑过这些原理的正确性或其适用范围.

14.1.2 麦克斯韦电磁理论与旧物理学的矛盾

我们设想一个刚性短棒两端带等量异号的点电荷 $\pm q$，静止在 S' 系中，棒与 X 方向成 θ 角放置(见图 14.1.2). 在 S' 系中两个电荷静止，相互作用引力的大小由库仑定律给出，方向沿棒轴线，棒显然不会受到力矩的作用. 当 S' 系相对 S 系以速率 $\boldsymbol{v}$ 沿公共 X 轴运动时，在 S 系中观测到两点电荷 $\pm q$ 都沿 X 方向运动，每个电荷都在对方所在点激发方向如图 14.1.2 所示的磁场中. 由洛伦兹力公式

$$\boldsymbol{f} = q\boldsymbol{v} \times \boldsymbol{B} \tag{14.1.4}$$

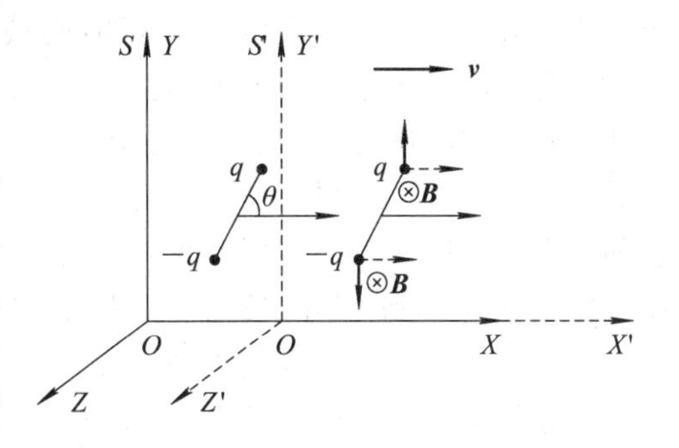

图 14.1.2 伽利略变换下的洛伦兹力

可知，每个电荷除受到另一个电荷的吸引力之外，还受到另一个电荷电流的磁作用力. 这一对磁作用力与运动方向垂直，使棒受到一个逆时针转动的力偶矩的作用. 显然，这一结果不可能由伽利略变换得出，表明电磁现象的规律不满足力学相对性原理. 描述电荷之间作用力的公式不可能在伽利略变换下保持形式不变. 所以，包括麦克斯韦方程组在内的电磁现象的基本规律，在伽利略变换下不可能保持形式不变.

其次，由麦克斯韦方程组可以得出电磁波在真空中的传播速度 $c=1/\sqrt{\mu_0\varepsilon_0}$，且与观测参考系或光源运动无关，这与经典速度相加定理是矛盾的. 根据经典速度相加定理，若电磁波在 S 系速度是 $\boldsymbol{c}$，S' 系相对 S 系以 $\boldsymbol{u}(\boldsymbol{u}=\boldsymbol{c}-\boldsymbol{v})$ 作匀速直线运动，则在 S' 系中电磁波传播的速度为

$$u' = \sqrt{c^2 + v^2 - 2c \cdot v} \tag{14.1.5}$$

所以在 S' 系中，电磁波速 $u' \neq c$，且大小依赖于电磁波传播方向. 这与麦克斯韦电磁理论是完全矛盾的.

既然麦克斯韦电磁理论的基本方程在伽利略变换下，从一个惯性系到另一个惯性系不能保持形式不变(协变)，这些方程就只能在某一个特殊的参考系中成立. 那么使麦克斯韦电磁理论成立的那个特殊参考系是什么呢？

19 世纪的物理学家对电磁波的认识仍未脱离机械波的模式，他们认为电磁波应当像声波、固体中的弹性波一样，需凭借某种介质才能传播. 当时假设能传播电磁波的这种介质是“以太”. 由于电磁波可以在整个宇宙空间中传播，还必须假设以太介质充满全空间，并且宇宙以太就其整体来说应当是静止的(说宇宙以太整体的运动显然是没有意义的). 于是相对以太静止的参考系(本质上就是牛顿的绝对静止的参考系)就自然地被认为是使麦克斯韦电磁理论成立的特殊参考系.

如果宇宙空间充满以太，地球就是在“以太海洋”中运动，在地球表面应当存在强劲的以太风(地球运动速度约为 30 公里/秒). 若能测得在地球表面光沿不同方向传播的速度，就可以确定以太的存在，并测出地球相对以太(绝对静止参考系)的绝对运动速度. 于是测定地球相对以太的运动速度就成为 19 世纪末物理学研究的一个重要课题.

14.1.3 迈克尔逊-莫雷实验

引入“以太”后，人们认为麦氏方程只对与“以太”固连的绝对参照系成立，那么可以通过实验来确定一个惯性系相对以太的绝对速度. 一般认为地球不是绝对参照系. 可以假定“以太”与太阳固连，这样应当在地球上做实验来确定地球本身相对“以太”的绝对速度，即地球相对太阳的速度. 为此，人们设计了许多精确的实验(爱因斯坦也曾设计过这方面的实验)，其中最著名、最有意义的实验是迈克尔逊-莫雷实验(1887 年). 迈克尔逊-莫雷实验的结果是地球相对“以太”静止，即地球相对太阳的速度是零(后来的许多次类似实验，精度越来越高，1972 年的激光实验也得到同样结论)，这一结果引起很大轰动.

迈克尔逊-莫雷实验装置如图 14.1.3 所示，这就是对光波进行精密测量的迈克尔逊干涉仪. 整个装置可绕垂直于图面的轴线转动，并保持 $PM_1 = PM_2 = L$ 固定不变. 设地球相对于绝对参照系的运动自左向右，速度为 $\boldsymbol{v}$.

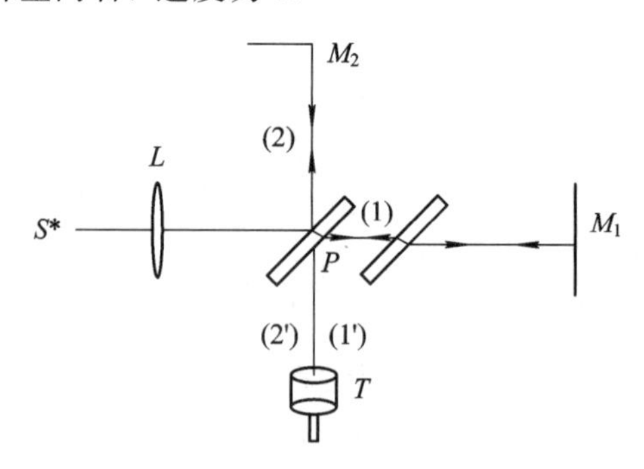

图 14.1.3 迈克尔逊干涉仪实验装置示意图

(1) 光从 $P \to M_1$，再从 $M_1 \to P$ 所用时间.

光从 $P \to M_1$ 再从 $M_1 \to P$ 所用时间为

$$t_1 = \frac{L}{c-v} + \frac{L}{c+\tau} = \frac{2Lc}{c^2-v^2} = \frac{\frac{2L}{c}}{1-\frac{v^2}{c^2}}$$

$$\approx \frac{2L}{c}\left[1+\frac{v^2}{c^2}+\frac{v^4}{c^4}+\cdots\right] = \frac{2L}{c}\left(1+\frac{v^2}{c^2}\right) \quad (v \ll c) \qquad (14.1.6)$$

(2) 光从 $P \to M_2$，再从 $M_2 \to P$ 所用时间.

设光从 $P \to M_2$ 时，其相对仪器速度 $\boldsymbol{v}_1$，相对以太速度为 $\boldsymbol{c}_1$，设光从 $M_2 \to P$ 时，其相对仪器速度为 $\boldsymbol{v}_2$，相对以太速度为 $\boldsymbol{c}_2$，如图 14.1.4 所示.

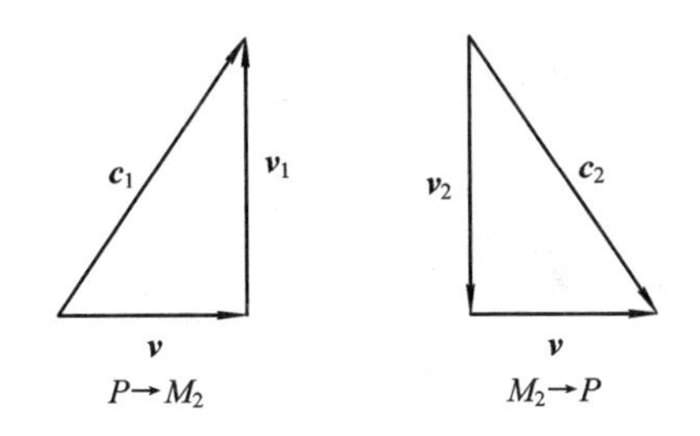

图 14.1.4　光从 $P \to M_2$，再从 $M_2 \to P$ 的矢量示意图

可得

$$v_1 = v_2 = \sqrt{c^2 - v^2} \qquad (14.1.7)$$

所以光从 $P \to M_2 \to P$ 所用时间为

$$t_2 = \frac{L}{v_1} + \frac{L}{v_2} = \frac{2L}{v_1} = \frac{\frac{2L}{c}}{\sqrt{1-\frac{v^2}{c^2}}} \approx \frac{2L}{c}\left(1+\frac{v^2}{2c^2}\right) \qquad \left(对\frac{1}{\sqrt{1-\frac{v^2}{c^2}}}作泰勒级数展开\right)$$

从 S' 系来看(地球上或仪器上)，P 点发出的光到达望远镜的时间差为

$$\Delta t = t_1 - t_2 = \frac{2L}{c}\left(1+\frac{v^2}{c^2}\right) - \frac{2L}{c}\left(1+\frac{v^2}{2c^2}\right) = \frac{Lv^2}{c^3} \qquad (14.1.8)$$

于是，两束光光程差为 $\delta = c\Delta t = \frac{Lv^2}{c^2}$. 若把仪器旋转 90°，则前、后两次的光程差为 $2\delta = \frac{2Lv^2}{c^2}$. 在此过程中，应有 $\Delta N = \frac{2\delta}{\lambda} = \frac{2Lv^2}{\lambda c^2}$ 条条纹移过某参考线. 式中 λ、c 均为已知，如能测出条纹移动的条数 ΔN，即可由上式算出地球相对以太的绝对速度 v，从而把“以太”作为绝对参照系.

在迈克尔逊-莫雷实验中，L 约为 10 m，光波波长为 500 nm，再把地球公转速度 $4.3 \times 10^4\ \mathrm{m \cdot s^{-1}}$ 代入，则得 $\Delta N = 0.4$. 因为迈克尔逊干涉仪非常精细，精确度达到 0.01，所以，迈克尔逊和莫雷应当毫无困难地观察到有 0.4 条条纹移动. 而实验上观测到的条纹移动上限为 0.01 个，仅是预期值的 1/40. 当然实验可能存在误差，迈克尔逊本人以及以后其他人采取各种方法，不断改进实验精度，考虑到可能的其他因素的影响，还采用来自恒星的光线；激光出现后，还有人使用高度单色的激光，并在不同季节、不同地点多次重复实验，都没有观察到预期的干涉条纹的移动.

迈克尔逊-莫雷实验原理是：假设存在有“以太”，电磁波在以太中速度为 c ，在相对以太运动的地球参考系中，由经典速度相加定理，光速应表现出方向上的差别．实验的否定结果表明，在地球参考系中光速沿各个方向大小相同，没有方向的差别．由于地球的轨道运动在不同时刻取不同方向，在一年内不同时间的实验相当于在不同惯性系中的实验．迈克尔逊-莫雷实验表明光速不依赖于观测参考系，不满足经典速度相加定理，在所有惯性系中的速度都是 c．这一方面蕴含着电磁波的规律不依赖于某一特殊的参考系，另一方面也表明去掉臆想的电磁波的机械波性质，引进“以太”作为使麦克斯韦电磁理论成立的特殊参考系是没有必要的．

14.2 爱因斯坦狭义相对论基本假设和洛伦兹变换

14.2.1 狭义相对论的基本原理

1905 年，爱因斯坦发表了一篇关于狭义相对论的假设的论文，提出了两个基本假设．

1. 相对性原理

爱因斯坦指出存在一种更普遍的自然规律：即不但不能用力学方法，而且也不能用电磁学、光学等一切物理学方法确定某个惯性系是特殊的．在实验室进行的任何物理实验都不能确定实验室是处在静止状态或匀速直线运动状态．它表明：

物理学规律在所有惯性系中都是相同的，或物理学定律与惯性系的选择无关，所有的惯性系都是等价的．

这一假说称为物理学相对性原理．

2. 光速不变原理

只承认物理学相对性原理，电磁理论和绝对时空的矛盾仍未解决．如果麦克斯韦方程组是正确的，那么电磁波在任何惯性系中的速度都是 c，而这与伽利略变换矛盾．如何解决这个矛盾呢？爱因斯坦决定放弃绝对时空理论，修改伽利略变换，使上述矛盾得到解决．爱因斯坦认为，既然实验证明光速与观测参考系无关，光速不变又集中反映了和伽利略变换的矛盾，修改伽利略变换就要从光速问题入手，于是他又提出了第二个假设：

真空中光在一切惯性系中的速度都是 c，与光源（或观测参考系）运动无关．

这个假说称为光速不变原理．

物理学相对性原理和光速不变原理共同构成了狭义相对论的理论基础．

14.2.2 洛伦兹变换

爱因斯坦的假设否定了伽利略变换，所以需要导出新的时空关系．下面我们根据狭义相对论的两条基本原理，来推导新的时空坐标变换关系．

如图 14.2.1 所示，设有一静止惯性参照系 S，另一惯性系 S' 沿 X 轴正向相对 S 以 $\boldsymbol{v}$ 匀速运动，$t=t'=0$ 时，相应坐标轴重合．一事件 P 在 S、S' 上的时空坐标 (x, y, z, t) 与 (x', y', z', t') 的变换关系如何呢？

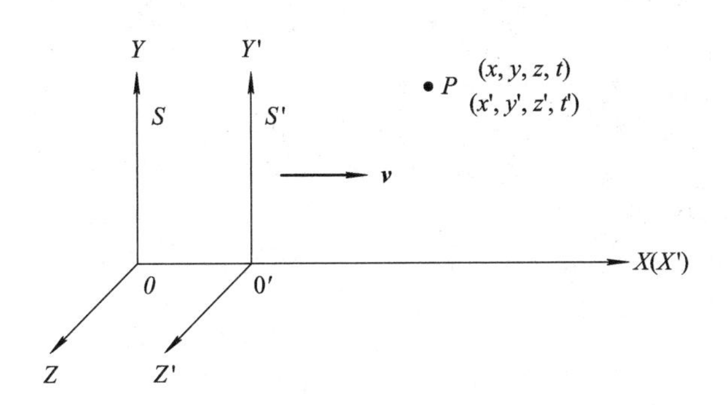

图 14.2.1　洛伦兹变换示意图

首先用相对性原理求出变换关系式：

S 原点的坐标为

$$\begin{cases} x = 0(S\text{ 上测}) \\ x' = -vt'(S'\text{ 上测}) \end{cases} \quad \text{即} \quad \begin{cases} x = 0 \\ x' + vt' = 0 \end{cases}$$

由于 x 与 $x'+vt'$ 同时为零，因此可写成：$x=k(x'+vt')^m$. 而两组时空坐标是对同一事件而言的，所以它们应有一一对应关系，这就要求它们之间为线性变换：

当 $m=1$ 时，

$$x = k(x' + vt') \tag{14.2.1}$$

同理可得

$$x' = k'(x - vt) \tag{14.2.2}$$

根据相对性原理，对等价的惯性系而言，式(14.2.1)、式(14.2.2)两式除 $v \to v'$ 外，它们应有相同的形式，即要求 $k'=k$，从而可以得到

$$\begin{cases} x = k(x' + vt') \\ x' = k(x - vt) \end{cases} \tag{14.2.3}$$

解式(14.2.3)有

$$t' = kt + \frac{1-k^2}{kv}x \tag{14.2.4}$$

$$\begin{cases} x' = k(x - vt) \\ y' = y \\ z' = z \\ t' = t \end{cases} \tag{14.2.5}$$

然后用光速不变原理求 k 的值.

$t=t'=0$ 时，一光信号从原点沿 Ox 轴前进，信号到达的坐标为

$$\begin{cases} x = ct(S\text{ 上测}) \\ x' = ct'(S'\text{ 上测}) \end{cases} \quad (c\text{ 不变}) \tag{14.2.6}$$

将式(14.2.6)代入式(14.2.3)中，有

$$\begin{cases} ct = k(ct' + vt') = k(c + v)t' \\ ct' = k(ct - vt) = k(c - v)t \end{cases}$$

上述两式两边相乘有

$$c^2tt' = k^2(c^2 - v^2)tt'$$

$$k = \sqrt{\frac{c^2}{c^2 - v^2}} = \frac{1}{\sqrt{1 - \frac{v^2}{c^2}}} = \frac{1}{\sqrt{1 - \beta^2}} \quad \left(\beta = \frac{v}{c}\right)$$

将 k 代入式(14.2.5)中，有

$$\begin{cases} x' = \gamma(x - vt) \\ y' = y \\ z' = z \\ t' = \gamma(t - \beta x/c) \end{cases} \quad 或 \quad \begin{cases} x = \gamma(x' + vt') \\ y = y' \\ z = z' \\ t = \gamma(t' + \beta x'/c) \end{cases} \tag{14.2.7}$$

式中，$\gamma = 1/\sqrt{1-\frac{v^2}{c^2}}$，$\beta = \frac{v}{c}$. 式(14.2.7)中的变换关系称为洛伦兹变换.

注意：

(1) 时间与空间是相联系的，这与经典情况截然不同.

(2) 因为时空坐标都是实数，所以 $\sqrt{1-\beta^2} = \sqrt{1-\frac{v^2}{c^2}}$ 为实数，要求 $v \leqslant c$. v 代表选为参考系的任意两个物理系统的相对速度. 可知，物体的速度上限为 c，$v > c$ 时洛伦兹变换无意义.

(3) $\frac{v}{c} \ll 1$ 时，

$$\begin{cases} x' = x - vt \\ y' = y \\ z' = z \\ t' = t \end{cases} \quad 或 \quad \begin{cases} x = x' + vt \\ y = y' \\ z = z' \\ t = t' \end{cases}$$

即洛伦兹变换变为伽利略变换，$v \ll c$ 称为经典极限条件.

14.2.3 相对论速度变换

在 S 系上测某一质点在某一瞬时的速度为

$$\begin{cases} v_x = \frac{\mathrm{d}x}{\mathrm{d}t} \\ v_y = \frac{\mathrm{d}y}{\mathrm{d}t} \\ v_z = \frac{\mathrm{d}z}{\mathrm{d}t} \end{cases} \tag{14.2.8}$$

由伽利略变换，对于 S' 系有

$$\begin{cases} x' = \gamma(x - vt) \\ y' = y \\ z' = z \\ t' = \gamma\left(t - \frac{v}{c^2}x\right) \end{cases} \tag{14.2.9}$$

对式(14.2.9)两边进行微分有

$$\begin{cases} dx' = \gamma(dx - v dt) \\ dy' = dy \\ dz' = dz \\ dt' = \gamma\left(dt - \dfrac{v}{c^2}dx\right) \end{cases} \tag{14.2.10}$$

可以得到

$$\begin{cases} v_x' = \dfrac{dx'}{dt'} = \dfrac{\gamma(dx - v dt)}{\gamma\left(dt - \dfrac{v}{c^2}dx\right)} = \dfrac{\dfrac{dx}{dt} - v}{1 - \dfrac{v}{c^2}\dfrac{dx}{dt}} = \dfrac{v_x - v}{1 - \dfrac{v}{c^2}v_x} \\ v_y' = \dfrac{dy'}{dt'} = \dfrac{dy}{\gamma\left(dt - \dfrac{v}{c^2}dx\right)} = \dfrac{\dfrac{dy}{dt}}{\gamma\left(1 - \dfrac{v}{c^2}\dfrac{dx}{dt}\right)} = \dfrac{v_y}{\gamma\left(1 - \dfrac{v}{c^2}v_x\right)} \\ v_z' = \dfrac{dz'}{dt'} = \dfrac{dz}{\gamma\left(dt - \dfrac{v}{c^2}dx\right)} = \dfrac{\dfrac{dz}{dt}}{\gamma\left(1 - \dfrac{v}{c^2}\dfrac{dx}{dt}\right)} = \dfrac{v_z}{\gamma\left(1 - \dfrac{v}{c^2}v_x\right)} \end{cases}$$

即

$$\begin{cases} v_x' = \dfrac{v_x - v}{1 - \dfrac{v}{c^2}v_x} \\ v_y' = \dfrac{v_y}{\gamma\left(1 - \dfrac{v}{c^2}v_x\right)} \\ v_z' = \dfrac{v_z}{\gamma\left(1 - \dfrac{v}{c^2}v_x\right)} \end{cases} \quad 及 \quad \begin{cases} v_x = \dfrac{v_x' + v}{1 + \dfrac{v}{c^2}v_x'} \\ v_y = \dfrac{v_y'}{\gamma\left(1 + \dfrac{v}{c^2}v_x'\right)} \\ v_z = \dfrac{v_z'}{\gamma\left(1 + \dfrac{v}{c^2}v_x'\right)} \end{cases} \tag{14.2.11}$$

注意：当$\dfrac{v}{c} \ll 1$时，$\gamma \to 1$，可以得到

$$\begin{cases} v_x' = v_x - v \\ v_y' = v_y \\ v_z' = v_z \end{cases} \quad 及 \quad \begin{cases} v_x = v_x' + v \\ v_y = v_y' \\ v_z = v_z' \end{cases} \tag{14.2.12}$$

相对论的速度合成公式就自动地化为经典速度合成公式，即从洛伦兹变换变为伽利略变换. 并且可以证明，利用相对论的速度合成，不可能得到超过真空中光速 c 的相对速度.

例 14.2.1　一飞船以 $0.8c$ 的速度相对地球飞行，如果飞船沿自身飞行速度方向发射一枚火箭，火箭相对飞船速度是 $0.9c$，问：在地球参考系测得火箭的速度是多大？

解　能不能说火箭相对地球的速度是 $v_x = 0.8c + 0.9c = 1.7c$ 呢？$0.9c$ 是火箭相对飞船的速度，即用飞船参考系的钟、尺确定的火箭速度，而要求的是火箭相对地球的速度，必须用地球参考系的钟、尺度量，所以上面的算法是错的. 正确的做法是，根据相对论速度相加公式可得

例 14.2.1

$$v_x = \frac{v_x' + v}{1 + \beta v_x'/c} = \frac{0.9c + 0.8c}{1 + 0.8 \times 0.9} = 0.99c$$

这个速度并不超过光速.

14.3 狭义相对论的时空观

在本节中，我们将从洛伦兹变换出发，讨论同时性、长度、时间等基本概念. 从所得结果，可以更清楚地认识到，狭义相对论对经典的时空观进行了一次十分深刻的变革.

14.3.1 "同时"的相对性

由狭义相对论的两条原理出发，可以得出的第一个结论是"同时"的，也是相对的，即在一个惯性系中判定为同时的两个事件，在另一个惯性系中判定为不同时.

如图 14.3.1 所示，中间安装有一闪光灯的透明车厢相对地面作匀速直线运动. 某一时刻闪光灯发出一闪光，照亮车厢的前壁和后壁. 在车厢内（S'系）的观测者看来，向前、向后传播的两束光速度都是 c，通过的距离都是车厢长度的一半，闪光照亮前壁、后壁这两个事件是同时的.

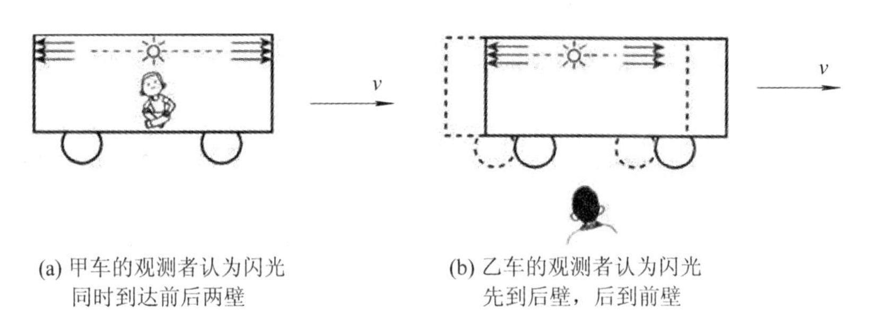

(a) 甲车的观测者认为闪光同时到达前后两壁　　(b) 乙车的观测者认为闪光先到后壁，后到前壁

图 14.3.1 "同时"的相对性示意图

在地面（S 系）的观测者看来，由于光速与观测参考系无关，向前、向后传播的两束光的速度仍然是 c，但由于车厢在运动，当闪光向车厢前壁和后壁传播时，车厢前壁在远离光信号，而后壁在接近光信号，因此后壁将首先接收到闪光，而前壁将后接收到光信号.

所以闪光到达前壁、后壁这个事件，在车厢参考系的观测者判定是同时的，而地面参考系的观测者则判定为不同时的. 这表明同时不是绝对的，依赖于观测参考系的选择.

下面通过洛伦兹变换关系来进一步说明同时的相对性，设有一静止惯性参照系 S，另一惯性系 S'沿 x 轴正向相对 S 以 $\boldsymbol{v}$ 匀速运动，$t=t'=0$ 时，相应坐标轴重合. 在 S'系中发生两个事件，时空坐标为(x_1', t_1')、(x_2', t_2')，这两个事件在 S 系中的时空坐标为(x_1, t_1)、(x_2, t_2)，当 $t_1'=t_2'=t_0'$ 时，则在 S'系中是同时发生的. 根据洛伦兹变换关系，在 S 系看来这两个事件发生的时间间隔为

$$\Delta t = t_2 - t_1 = \gamma\left(t_2' + \frac{v}{c^2}x_2'\right) - \gamma\left(t_1' + \frac{v}{c^2}x_1'\right) = \gamma\left[(t_2' - t_1') + \frac{v}{c^2}(x_2' - x_1')\right]$$

若 $t_2'=t_1'$，$x_1'\neq x_2'$，则 $\Delta t\neq 0$，即 S 上测得这两个事件一定不是同时发生的.

若 $t_2'=t_1'$，$x_1'=x_2'$，则 $\Delta t=0$，即 S 上测得这两个事件一定是同时发生的.

若 $t_2'\neq t_1'$，$x_1'\neq x_2'$，则 Δt 是否为零不一定，即 S 上测得这两个事件是否同时发生不一定.

从以上讨论中看到了"同时"是相对的. 这与经典力学截然不同.

14.3.2　长度收缩

如图 14.3.2 所示，设有一静止惯性参照系 S，另一惯性系 S'沿 x 轴正向相对 S 以 $\boldsymbol{v}$ 匀速运动，$t=t'=0$ 时，相应坐标轴重合，有一杆静止在 S'系中的 x'轴上，在 S'上测得杆长 $l_0=x_2'-x_1'$；在 S 上测得杆长 $l=x_2-x_1$(x_2、x_1 在同一 t 时刻测得).

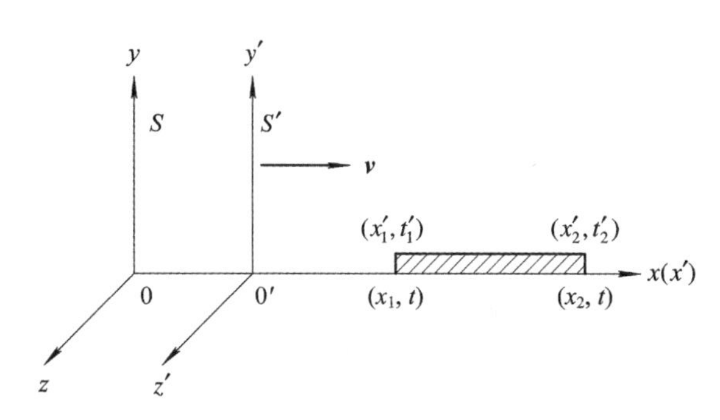

图 14.3.2　长度收缩示意图

由洛伦兹变换有

$$\begin{cases} x_2' = \gamma(x_2 - vt) \\ x_1' = \gamma(x_1 - vt) \end{cases}$$

两式相减可得

$$x_2' - x_1' = \gamma(x_2 - x_1)$$

即

$$l_0 = \gamma l$$

将 $\gamma=1/\sqrt{1-\frac{v^2}{c^2}}$ 带入上式得

$$l = \frac{l_0}{\gamma} = l_0\sqrt{1-\frac{v^2}{c}} \tag{14.3.1}$$

一般把相对观测者静止时物体的长度称为静止长度或固有长度，这里 l_0 为固有长度. 从式(14.3.1)中可以看到，相对于观测者运动的物体，在运动方向的长度比相对观测者静止时物体的长度短.

注意：(1) 长度缩短是纯粹的相对论效应，并非物体发生了形变或者发生了结构性质的变化.

(2) 在狭义相对论中，所有惯性系都是等价的，所以，在 S 系中 x 轴上静止的杆，在 S'上测得的长度也缩短了.

(3) 相对论长度收缩只发生在物体运动方向上(因为 $y'=y$，$z'=z$).

(4) $v\ll c$ 时，$l=l_0$，即为经典情况.

例 14.3.1　静止长度为 l_0 的车厢以速度 v 相对地面参考系沿 x 轴运动. 车厢后壁以速度 u_0 向前壁推出一小球，求地面观测者测得小球从后壁到达前壁的运动时间.

例 14.3.1

解　利用相对论速度逆变换公式，地面参考系测得小球运动速度为

$$v_x = \frac{u_0 + v}{1 + \frac{v u_0}{c^2}}$$

在地面参考系中观测，车厢长度是缩短的，即

$$l = l_0 \sqrt{1 - \frac{v^2}{c^2}}$$

注意到在小球从后壁到达前壁这段时间 Δt 内，车厢相对地面又前进了 $v\Delta t$ 的距离，所以

$$\Delta t = \frac{l}{v_x - v} = \frac{l_0 (1 + u_0 v / c^2)}{u_0 \sqrt{1 - v^2/c^2}}$$

其中，$v_x - v$ 即地面观测到的小球相对车厢的速度.

例 14.3.2 在惯性系 S 中观测到相距 $\Delta x = 5\times10^6$ m 的两点间相隔 $\Delta t = 10^{-2}$ s 发生了两个事件，而在相对于 S 系沿 x 轴方向匀速运动的惯性系 S' 中观测到这两个事件却是同时发生的. 试计算在 S' 系中发生这两个事件的地点间的距离 $\Delta x'$ 是多少？

解 由于在 S' 系中两个事件是同时发生的，所以可以使用长度收缩公式.

在 S 系中：

$$\Delta x = 5\times10^6, \ \Delta t = 10^{-2}$$

在 S' 系中：

$$\Delta t' = \gamma\left(\Delta t - \frac{u\Delta x}{c^2}\right) = 0$$

例 14.3.2

解得 $u = 0.6c$. 所以可得

$$\Delta x' = \Delta x \sqrt{1 - \frac{u^2}{c^2}} = 4\times10^6 \text{ m}$$

14.3.3 时间膨胀

在与前面相同的 S 系和 S' 系中，讨论时间膨胀问题. 设在 S' 系中同一地点不同时刻发生两事件：自 S' 系中某一坐标 x_0' 处沿 y 方向竖直上抛物体，之后又落回抛设处，那么抛出的时刻和落回抛出点的时刻分别对应两个事件，时空坐标为 (x_0', t_1')、(x_0', t_2')，时间间隔为 $\Delta t' = t_2' - t_1'$. 在 S 系上测得两个事件的时空坐标为 (x_1, t_1)、(x_2, t_2)，根据洛伦兹变换关系，在 S 系上测得此两个事件发生的时间间隔为

$$\Delta t = t_2 - t_1 = \gamma\left(t_2' + \frac{v}{c^2}x_0'\right) - \gamma\left(t_1' + \frac{v}{c^2}x_0'\right) = \gamma(t_2' - t_1') = \gamma\Delta t' = \frac{\Delta t'}{\sqrt{1 - \frac{v^2}{c^2}}}$$

即

$$\Delta t = \frac{\Delta t'}{\sqrt{1 - v^2/c^2}} \tag{14.3.2}$$

我们把从相对于事件发生地点为静止的惯性系 S' 中测得的时间 $\Delta t'$ 称为固有时间，从相对于事件发生地点作相对运动的惯性系 S 中测得的时间 Δt 称为运动时间. 由式(14.3.2)可知，运动时间 Δt 大于固有时间 $\Delta t'$，这表明相对于事件发生地点运动的时钟变慢了，或者时间膨胀了. 我们只是利用时钟的物理过程来度量时间基准，一般来说，运动

物体中发生的物理过程是延缓的.

注意:

(1) 时间膨胀纯粹是一种相对论效应，时间本身的固有规律(如钟的结构)并没有改变.

(2) 在 S 系上测得 S'系上的时钟变慢了，同样在 S'系上测得 S 系上的时钟也变慢了. 这是相对论的结果.

(3) $v \ll c$ 时，$\Delta t=\Delta t'$为经典结果.

例 14.3.3　如例 14.3.3 图所示，在大气层上 9000 m 处，宇宙射线中有 μ^- 介子，速度约为 $0.998c$，μ^- 介子在静止的参考系中，平均寿命为 2×10^{-6} s，它会衰变为电子和中微子。

$$\mu^- \rightarrow e^- + \tilde{\nu}$$

问：μ^- 介子能不能从 9000 m 处到达地面？

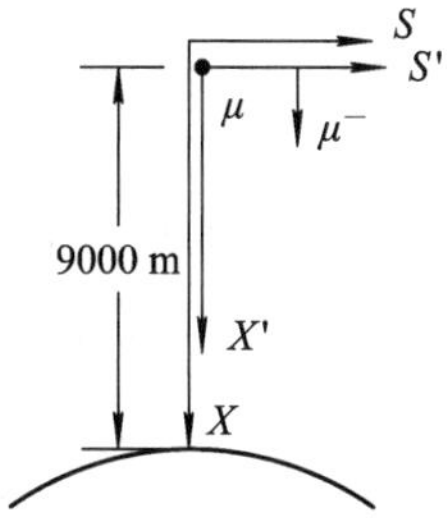

解　如果我们记 (原时)$\Delta t'=2\times10^{-6}$ s，则 μ^- 介子走过的距离只有

$$u\Delta t'=2.99\times10^8\times2\times10^{-6}=600\ \text{m}$$

例 14.3.3 图

但事实是，μ^- 介子到达了地面实验室!

现在考虑将运动参考系 S'建立在 μ^- 上，在地面参考系 S 上看，μ^- 的寿命是两地时，记作 Δt，即

$$\Delta t=\frac{\Delta t'}{\sqrt{1-u^2/c^2}}=\frac{2\times10^{-6}}{\sqrt{1-(0.998)^2}}=3.16\times10^{-5}\ \text{s}$$

它比原时 2×10^{-6} s 约长 16 倍!

按此寿命计算，它在这段时间里，在地面系走的距离为

$$u\Delta t=2.99\times10^8\times3.16\times10^{-5}=9461\ \text{m}$$

所以 μ^- 介子能够到达地面，与实验结果一致.

例 14.3.4　一固有长度为 $l_0=90$ m 的飞船，沿船长方向相对地球以 $v=0.80c$ 的速度在一观测站的上空飞过，该站测得的飞船长度及船身通过观测站的时间间隔各是多少? 船中宇航员测得的前述时间间隔又是多少?

解　观测站测得船身长为

$$l=l_0\sqrt{1-\left(\frac{u}{c}\right)^2}=54\ \text{m}$$

例 14.3.4

观测站测得飞船通过的时间为

$$\Delta t=\frac{l}{v}=2.25\times10^{-7}\ \text{s}$$

由于观测站测得飞船通过的时间为同地时，所以宇航员测得的时间为两地时，因此

$$\Delta t'=\gamma\Delta t=\frac{1}{\sqrt{1-(v/c)^2}}\Delta t=\frac{5}{3}\times2.25\times10^{-7}=3.75\times10^{-7}\ \text{s}$$

1971 年，美国科学家用两组 Cs(铯)原子钟做实验. 实验测得，绕地球一周的钟变慢 203 ± 10 ns；理论计算运动钟变慢 184 ± 23 ns，实验值和理论值在误差范围内是一致的.

对于爱因斯坦的时间膨胀效应，德国科学家的研究已经证实了：和静止的时钟相比，

移动的时钟在时间运行上更加缓慢，这也就是时间膨胀的最终结果. 对于这一理论的平常化说明就是，如果一个人坐在高速火箭上旅行，速度达到前所未有的极限，就会出现火箭上的人会比地球上的人衰老得更加缓慢.

时间膨胀现象也具有实际意义，其中一个著名的例子就是全球定位系统(GPS). GPS的误差来源里有一项是相对论效应的影响，通过修正相对论效应可以得到更准确的定位结果. 爱因斯坦的时间和空间一体化理论表明，卫星钟和接收机所处的状态(运动速度和重力位)不同，会造成卫星钟和接收机钟之间的相对误差. 由于 GPS 定位是依靠卫星上面的原子钟提供的精确时间来实现的，而导航定位的精度取决于原子钟的准确度，所以要提供精确的卫星定位服务就需要考虑相对论效应.

狭义相对论认为高速移动物体的时间流逝得比静止的要慢. 每个 GPS 卫星时速为 1.4 万千米，根据狭义相对论，它的星载原子钟每天要比地球上的钟慢 7 μs. 另一方面，广义相对论认为引力对时间施加的影响更大，GPS 卫星位于距离地面大约 2 万千米的太空中，由于 GPS 卫星的原子钟比在地球表面的原子钟重力位高，星载时钟每天要快 45 μs. 两者综合的结果是，星载时钟每天大约比地面钟快 38 μs.

这个时差看似微不足道，但如果我们考虑到 GPS 系统要求纳秒级的时间精度，这个误差就非常大了. 38 μs 等于 38 000 ns，如果不加以校正的话，GPS 系统每天将累积大约 10 km 的定位误差，这会大大影响人们的正常使用. 因此，为了得到准确的 GPS 数据，将星载时钟每天拨回 38 μs 的修正项必须计算在内.

为此，在 GPS 卫星发射前，要先把其时钟的走动频率调慢. 此外，GPS 卫星的运行轨道并非完美的圆形，有的时候离地心近，有的时候离地心远，考虑到重力位的波动，GPS 导航仪在定位时还必须根据相对论进行计算，纠正这一误差. 早在 1955 年就有物理学家提出可以通过在卫星上放置原子钟来验证广义相对论，GPS 实现了这一设想，并让普通人也能亲身体验到相对论的威力.

14.3.4 相对论的因果律极限速度原理

我们已经学习了同时的相对性，现在进一步阐明不同地点发生的两个事件，其先后次序也是相对的. 在与前面相同的 S 系和 S' 系中，讨论相对论的因果律. 设发生两个物理事件 P_1、P_2，在 S 系中时空坐标分别为 (x_1, t_1)、(x_2, t_2)，在 S' 系中时空坐标分别为 (x_1', t_1')、(x_2', t_2')，由洛伦兹变换可得

$$\begin{cases} t_1' = \gamma\left(t_1 - \dfrac{\beta x_1}{c}\right) \\ t_2' = \gamma\left(t_2 - \dfrac{\beta x_2}{c}\right) \\ t_2' - t_1' = \gamma\left[t_2 - t_1 - \dfrac{\beta(x_2 - x_1)}{c}\right] \end{cases} \tag{14.3.3}$$

由此看出，在 S 系中若 $t_2 > t_1$，即事件 P_1 先发生，事件 P_2 后发生，当两个参考系相对运动速度 v 满足 $t_2 - t_1 - \beta(x_2 - x_1)/c < 0$ 时，在 S' 系中 $t_2' - t_1' < 0$，事件 P_2 发生在事件 P_1 之前，所以在 S' 系中，事件 P_1、P_2 的先后次序被颠倒了.

但是事物发展是有一定因果关系的，通过物质运动相联系，总是作为原因的事件先发

生，导致作为结果的事件后发生．例如子弹射出后经过一段飞行时间后才击中靶子，击中靶子这一事件不可能发生在发射子弹之前；同样，电视机接收到信号这一事件不可能发生在电视台发射信号这一事件之前．事物发展的这种因果性是绝对的，这在任何观测参考系都应成立．上述 P_1、P_2 两事件先后次序的相对性是否和因果律矛盾呢？

为了保证因果律在相对论中成立，爱因斯坦提出：真空中的光速是一切物体或信号速度之极限，这一结论称为**极限速度原理**．在极限速度原理条件下，可以证明在相对论中因果律仍成立．

设在 S 系中，$t_1<t_2$，t_1 代表发射子弹的时刻，t_2 是击中靶子的时刻．为了保证在 S' 系中仍有 $t_1'<t_2'$ 成立，由式(14.3.3) 应有

$$t_2-t_1-\frac{v}{c^2}(x_2-x_1)>0$$

即

$$\frac{x_2-x_1}{t_2-t_1}<\frac{c^2}{v} \tag{14.3.4}$$

式(14.3.4)左端代表子弹飞行的速度，一般情况下代表联系有因果关系的两个事件的信号的速度，记为 u，式(14.3.4)可写作

$$uv<c^2 \tag{14.3.5}$$

在极限速度原理下，u、v 都不大于 c，不等式(14.3.5)恒满足，所以上述两个事件先后次序是绝对的．因此相对论保证有因果关系的两个事件先后次序是绝对的．

然而总可以找到两个事件，它们的空间距离与发生时间间隔之比

$$\frac{x_2-x_1}{t_2-t_1}\gg c$$

从而使式(14.3.5)不成立，这样的两个事件的先后次序在 S' 系中是被颠倒的．不过这不会和因果律矛盾，因为按极限速度原理，这样的两个事件不可能由任何实际信号建立联系，所以是不可能有因果关系的事件．比如昨天半人马座星球上发生的大爆炸，绝不可能成为今天早晨地球某处地震的原因．因为我们知道半人马座到地球距离有 4 光年之遥，半人马座的大爆炸不可能通过任何实际信号在这么短的时间内波及地球．

所以，**相对论保证有因果关系(或可能有因果关系)的两个事件先后次序是绝对的，但对不可能有因果关系的事件(独立事件)，其先后次序是相对的，所以相对论不违背因果律**．

我们看到，相对论不违背因果律是以极限速度原理为前提的；反过来，因果律的普遍性也解释了极限速度原理的正确性．

14.4　相对论质点动力学

经典力学中的牛顿方程不符合相对论原理要求，突出地表现在两个方面：一是根据牛顿方程，物体加速度正比于外力，在恒力作用下速度随时间可无限增大，不会以光速为极限；二是牛顿方程不是洛伦兹变换下的协变式．我们必须寻找与狭义相对论一致的新的动力学规律．相对论动力学的基本任务就在于找出高速运动物体的运动规律，这些规律应该能够满足狭义相对论的相对性原理，并且在 $u\ll c$ 时，又能变回到经典力学形式．这就需要

我们对一些物理概念，如质量、动量、能量等在高速时的含义重新认识.

14.4.1 质量对速度的依赖关系

在牛顿力学中质量为 m 的质点以速度 $\boldsymbol{v}$ 运动，其动量为

$$\boldsymbol{p} = m\boldsymbol{v} \tag{14.4.1}$$

依照牛顿运动定律，作用在质点上的作用力，无论其有多大，只要作用的时间足够长，质点的运动速度都有可能超过光速. 这显然是不符合实验事实的.

爱因斯坦认为，质点运动的动量应该在洛伦兹变换下协变，即洛伦兹变换下动量的表达形式不变，这与狭义相对论的基本原理一致. 因此爱因斯坦将质点的动量表达式修正为

$$\boldsymbol{p} = \frac{m_0 \boldsymbol{v}}{\sqrt{1 - v^2/c^2}} = m\boldsymbol{v} \tag{14.4.2}$$

式中，m 为运动质点的质量，与质点的运动相关.

$$m = \frac{m_0}{\sqrt{1 - v^2/c^2}} \tag{14.4.3}$$

式中，m_0 为相对观察者静止时测得的质量，称为静止质量；m 为物体以速率 v 运动时的质量.

注意：

(1) 物体质量随它的速率增加而增加，随着运动速度的增加，质点的惯性也增加. 用有限大小的作用力永远不能将质点在有限长的时间内的速度加速到超过光速.

(2) 当物体运动速率 $v \to c$ 时，$m \to \infty (m_0 \neq 0)$，这就是说，实物体不能以光速运动，它与洛伦兹变换是一致的.

(3) 当 $v \ll c$ 时，$m = m_0$，与经典情况一致.

高速运动粒子的质量与速度有关，已经被高能物理的实验证实，成为设计高能加速器的理论基础. 1901 年，实验物理学家考夫曼(W. Kaufmann，1871—1947)从镭辐射测 β 射线在电场和磁场中的偏转，发现电子质量随速度变化. 1908 年，德国物理学家布雪勒(A. H. Bucherer，1863—1927)用改进了的方法测量电子的质量，证实了爱因斯坦理论. 近年来在高能电子实验中，可以把电子加速到只比光速小三百亿分之一，这时电子质量可以达到静止质量的四万倍.

14.4.2 相对论力学的基本方程

由相对论力学质量和速度的关系，可得到相对论力学的动量表达式为

$$\boldsymbol{p} = \frac{m_0 \boldsymbol{v}}{\sqrt{1 - v^2/c^2}} = m\boldsymbol{v}$$

由牛顿力学，作用在质点上的作用力等于质点动量的变化率，即

$$\boldsymbol{F} = \frac{\mathrm{d}\boldsymbol{p}}{\mathrm{d}t} = \frac{\mathrm{d}}{\mathrm{d}t}(m\boldsymbol{v}) = \frac{\mathrm{d}m}{\mathrm{d}t}\boldsymbol{v} + m\frac{\mathrm{d}\boldsymbol{v}}{\mathrm{d}t} \tag{14.4.4}$$

式(14.4.4)是相对论力学的基本方程.

当 $\boldsymbol{F} = 0$ 时，$\boldsymbol{p} =$ 常矢量.

对于质点系，系统的总动量为

$$\sum_i \boldsymbol{p}_i = \sum_i m_i \boldsymbol{v}_i = \sum_i \frac{m_0}{\sqrt{1-v_i^2/c^2}}\boldsymbol{v}_i \tag{14.4.5}$$

如果质点系所受到的合外力为零，则系统的总动量守恒.

注意：

(1) 相对论下力学基本方程在洛伦兹变换下是不变的.

(2) $v \ll c$ 时，$\boldsymbol{p}=m_0\boldsymbol{v}$，$\boldsymbol{F}=m_0(\mathrm{d}\boldsymbol{v}/\mathrm{d}t)$，这是经典力学情况.

(3) 相对论中的 m、$\boldsymbol{p}$、$\boldsymbol{F}=(\mathrm{d}\boldsymbol{p}/\mathrm{d}t)$普遍成立，而牛顿定律只是在低速情况下成立.

14.4.3 质量与能量之间的关系

由相对论力学的基本方程(14.4.4)出发，可以得到狭义相对论力学中的另一个重要关系式，即质量与能量关系式.

如同牛顿力学，设质点受力 $\boldsymbol{F}$，在 $\boldsymbol{F}$ 作用下位移为 $\mathrm{d}\boldsymbol{r}$，依动能定理有

$$\begin{aligned}
\mathrm{d}E_k &= \boldsymbol{F}\cdot\mathrm{d}\boldsymbol{s} = \frac{\mathrm{d}(m\boldsymbol{v})}{\mathrm{d}t}\cdot\mathrm{d}\boldsymbol{r} = \mathrm{d}(m\boldsymbol{v})\cdot\boldsymbol{v}\\
&= m\mathrm{d}\boldsymbol{v}\cdot\boldsymbol{v} + \mathrm{d}m\boldsymbol{v}\cdot\boldsymbol{v} = m\mathrm{d}\boldsymbol{v}\cdot\boldsymbol{v} + v^2\mathrm{d}m = mv\mathrm{d}v + v^2\mathrm{d}m\\
&= \frac{m_0}{\sqrt{1-v^2/c^2}}\cdot\mathrm{d}m\left(1-\frac{v^2}{c^2}\right)^{\frac{3}{2}}\cdot\frac{c^2}{m_0} + v^2\mathrm{d}m\\
&= c^2\left(1-\frac{v^2}{c^2}\right)\mathrm{d}m + v^2\mathrm{d}m = c^2\mathrm{d}m
\end{aligned}$$

质点沿任一路径静止开始运动到某点处时，有

$$\int_0^{E_k}\mathrm{d}E_k = \int_0^r \boldsymbol{F}\cdot\mathrm{d}\boldsymbol{r} = \int_{m_0}^m c^2\mathrm{d}m \tag{14.4.6}$$

可得

$$E_k = c^2(m-m_0)$$

可见，物体动能等于 c^2m 与 c^2m_0 之差，且 c^2m 与 c^2m_0 有能量的含义. 爱因斯坦从这里引入古典力学中从未有过的独特见解，把 c^2m_0 称为物体的静止能量 E_0，把 c^2m 称为物体总能量 E，即

$$\begin{cases} E_0 = m_0c^2 \\ E = mc^2 \end{cases} \tag{14.4.7}$$

$$E_k = E - E_0 = mc^2 - m_0c^2 \tag{14.4.8}$$

式(14.4.8)是相对论动能的表达式.

$$E = mc^2 \tag{14.4.9}$$

式(14.4.9)称为质能关系式.

注意：

(1) 质量和能量都是物质的重要性质，质能关系式给出了它们之间的联系，说明任何能量的改变同时有相应的质量的改变($\Delta E=c^2\Delta m$)，而任何质量改变的同时，有相应的能量的改变，两种改变总是同时发生的. 我们决不能把质能关系式错误地理解为“质量转化为能量”或“能量转化为质量”.

(2) 当 $v \ll c$ 时，将 E_k用泰勒级数展开，略去高次项可得

$$E_k=(m-m_0)c^2=\left(\frac{1}{\sqrt{1-v^2/c^2}}-1\right)m_0c^2$$
$$=\left[\left(1+\frac{1}{2}\left(\frac{v}{c}\right)^2+\frac{3}{8}\left(\frac{v}{c}\right)^4+\cdots\right)-1\right]m_0c^2$$
$$=\left[\left(1+\frac{1}{2}\frac{v^2}{c^2}\right)-1\right]m_0c^2=\frac{1}{2}m_0v^2$$

这正是经典力学的动能表达式. 所以，当物体的运动速度远远小于光速时，相对论力学的动能表达式会自然过渡到和经典情况一致.

14.4.4 动量与能量之间的关系

由前述可知，在相对论中，静质量为 m_0、运动速度为 v 的质点的总能量和动量，可表示为

$$\begin{cases}E=mc^2=\dfrac{m_0c^2}{\sqrt{1-v^2/c^2}}\\[2ex] p=mv=\dfrac{m_0v}{\sqrt{1-v^2/c^2}}\end{cases}\tag{14.4.10}$$

由上两式可得

$$\begin{cases}\left(\dfrac{E}{m_0c^2}\right)^2=\dfrac{1}{1-v^2/c^2}\\[2ex] \left(\dfrac{p}{m_0c}\right)^2=\left(\dfrac{v}{c}\right)^2\dfrac{1}{1-v^2/c^2}\end{cases}\tag{14.4.11}$$

两式相减有

$$\left(\frac{E}{m_0c^2}\right)^2-\left(\frac{p}{m_0c}\right)^2=\frac{1}{1-v^2/c^2}-\left(\frac{v}{c}\right)^2\frac{1}{1-v^2/c^2}=\frac{1-v^2/c^2}{1-v^2/c^2}=1$$

可得

$$E^2-p^2c^2=m_0^2c^4$$
$$E^2=p^2c^2+m_0^2c^4\tag{14.4.12}$$

式(14.4.12)为相对论能量与动量关系式.

如果质点的能量 E 远远大于其静能量 E_0，即 $E\gg E_0$，那么式(14.4.12)中等号右边第二项可以略去，式(14.4.12)可以近似写成

$$E\approx pc\tag{14.4.13}$$

此式可以表示像光子这类静质量为零的粒子的能量和动量之间的关系，此时，上式中取等号. 我们知道，频率为 ν 的光束，其光子的能量为 $E=h\nu$，h 为普朗克常数，可以得到光子的动量为

$$p=\frac{E}{c}=\frac{h\nu}{c}=\frac{h}{\lambda}\tag{14.4.14}$$

所以，光子的动量与光的波长成反比. 由此，人们对光的本性的认识又深入一步.

狭义相对论的动量-能量关系可以用 β 粒子实验来检验. 由 β 源射出的高速 β 粒子经准直后垂直射入一均匀磁场，粒子在洛伦兹力的作用下做圆周运动，于是有

$$\frac{mv^2}{R}=evB\tag{14.4.15}$$

由式(14.4.15)可得

$$p = eBR \tag{14.4.16}$$

式中，e 是电子电量，v 是粒子速度，B 是磁感应强度.

移动探测器改变磁场半径 R，即可测得不同动量的 β 粒子，以 NaI 闪烁探测器直接测出这些不同动量的 β 粒子对应的动能. 由此可以得到 β 粒子的动能-动量关系图. 然后将得到的 β 粒子的动能-动量关系与相对论性的动能-动量关系以及经典的动能-动量关系相比较，即可验证狭义相对论在粒子高速运动下其动能-动量关系的正确性.

14.4.5　核裂变、核聚变和核能应用

相对论的质能关系不仅是一个理论结果，而且已经是开发应用核能的理论基础. 在原子核的裂变和聚变过程中，都会有大量的能量释放出来，所释放的能量可以用相对论的质能关系进行计算.

实验表明，在一定条件下构成原子核的质子和中子通过相互作用可以发生裂变或聚合反应. 一个静止质量为 M_0 的原子核可能分裂为静止质量分别为 m_{0i} 的多个碎片，设在母核静止系中这些碎片飞离速度分别为 v_i，每个碎片获得的动能 $E_{ki}=m_i(v_i)c^2-m_{0i}c^2$，碎片获得的总动能为

$$E_k = \sum_i m_i(v_i)c^2 - \sum_i m_{0i}c^2 \tag{14.4.17}$$

而在同一个参考系(质心系)中反应前后总质量守恒，即

$$M_0 = \sum_i m_i(v_i) \tag{14.4.18}$$

所以

$$E_k = \left(M_0 - \sum_i m_{0i}\right)c^2 \tag{14.4.19}$$

式中，括号中的部分表示反应前母核静止质量与反应后碎片静止质量和之差，称为质量亏损.

核裂变是一个重原子的原子核分裂为两个或更多较轻原子核，同时在分裂中形成两到三个自由中子并释放巨大能量的过程. 1939 年，德国科学家哈恩和斯特拉斯曼首次实现了原子裂变。他们用中子轰击铀-235，铀-235 原子分裂成两个较小原子和中子，并释放出能量，典型的核裂变反应有

$$^{235}_{92}\text{U} + ^{1}_{0}\text{n} \rightarrow ^{144}_{56}\text{Ba} + ^{89}_{36}\text{Kr} + 3^{1}_{0}\text{n} \tag{14.4.20}$$

由于铀核裂变后会放出几个中子，人们就想到了在成块物质中利用核裂变本身产生的中子来引起新的核裂变，使裂变反应持续进行，形成链式反应，如图 14.4.1 所示. 这就是核弹的能量释放过程. 对于核弹，链式反应是失控的爆炸，容易给人类带来灾难. 1942 年 12 月，E. 费米领导的研究组建成了世界上第一座人工裂变反应堆，首次实现了可控核裂变链式反应。截至 2012 年，世界上有 437 座运行中的可控核裂变发电站，核电站发电量占世界发电总量的比重正在不断上升.

核聚变是指由质量小的原子，在一定条件下(如超高温和高压)，发生原子核互相聚合作用，生成新的质量更重的原子核，并伴随着巨大的能量释放的一种核反应形式。

核聚变反应一般只能在轻元素的原子核之间发生，如氢的同位素：氕、氘和氚，它们原子核间的静电斥力最小，在相对较低的温度(近千万摄氏度)即可激发明显的聚变反应生成

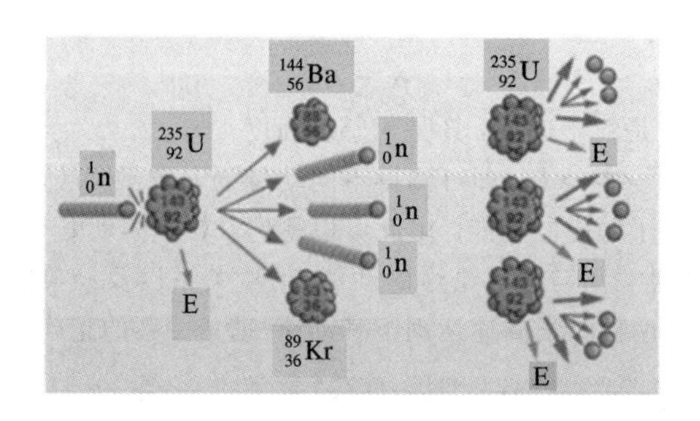

图 14.4.1 铀-235 裂变过程中链式反应示意图

氦，而且反应释放出的能量大，一千克聚变反应放出的能量约为核裂变的七倍。可能的核聚变反应有以下四种：

$$4{}^{1}_{1}\mathrm{H} \rightarrow {}^{4}_{2}\mathrm{He} + 2{}^{0}_{-1}\mathrm{e} \tag{14.4.21}$$

$${}^{2}_{1}\mathrm{H} + {}^{2}_{1}\mathrm{H} \rightarrow {}^{3}_{2}\mathrm{He} + {}^{1}_{0}\mathrm{n} \tag{14.4.22}$$

$${}^{2}_{1}\mathrm{H} + {}^{2}_{1}\mathrm{H} \rightarrow {}^{3}_{1}\mathrm{He} + {}^{1}_{1}\mathrm{H} \tag{14.4.23}$$

$${}^{2}_{1}\mathrm{H} + {}^{3}_{1}\mathrm{H} \rightarrow {}^{4}_{2}\mathrm{He} + {}^{1}_{0}\mathrm{n} \tag{14.4.24}$$

核聚变反应的条件极为苛刻，需要极高的温度和压力。高温可为氢原子提供足够的能量，以克服质子之间的电荷排斥，核聚变需要的温度约为几千万到上亿 K 的绝对温度。在这样的高温下，氢的状态为等离子体，而不是气体。等离子体是物质的一种高能状态，其中所有电子都从原子中剥离出来，并可以自由移动。高压可将氢原子挤在一起，氢原子之间的距离必须在 1×10^{-15} 米以内，才能进行聚合.

以人类目前的技术，只能实现发生氘-氚聚变(式(14.4.24))所需的温度和压力，即氢弹爆炸，但氢弹爆炸是不可控制的爆炸性核聚变，瞬间能量释放只能给人类带来灾难。如何能让核聚变反应按照人们的需要长期持续释放，实现核聚变的和平利用，这是近几十年来研究的难题和期望攻克的目标.

实现可控核聚变的方法之一是“托卡马克”型磁场约束法。托卡马克的中央是一个环形的真空室，外面缠绕着线圈，在通电的时候托卡马克的内部会产生巨大的螺旋型磁场，将其中的等离子体加热到很高的温度，以达到核聚变的目的。另一种实现核聚变的方法是惯性约束法。惯性约束核聚变是把几毫克的氘和氚的混合气体或固体，装入直径约几毫米的小球内。从外面均匀射入激光束或粒子束，小球内气体受挤压而压力升高，并伴随着温度的急剧升高。当温度达到所需要的点火温度时，小球内气体便发生爆炸，并产生大量热能.

尽管实现可控热核聚变仍有漫长艰难的路程，但其美好的前景正吸引着各国科学家在奋力攀登。美、法等国在 20 世纪 80 年代中期发起了国际热核实验反应堆(ITER)计划，旨在建立世界上第一个受控热核聚变实验反应堆，为人类输送巨大的清洁能量。中国于 2003 年加入 ITER 计划，2017 年 7 月 3 日，中国全超导托卡马克东方超环(EAST)宣布：实现了稳定的 101.2 秒稳态长脉冲高约束等离子体运行，此举创造了新的世界纪录.

例 14.4.1 假设一个氘核与一个氚核在同一直线上相碰，发生聚变反应生成氦同位素和中子，已知各粒子的静止质量为

$$m_0({}^{2}_{1}\mathrm{H}) = 3.3437\times10^{-27}\ \mathrm{kg},\quad m_0({}^{3}_{1}\mathrm{H}) = 5.0049\times10^{-27}\ \mathrm{kg}$$

$$m_0(_2^4\mathrm{He}) = 6.6425 \times 10^{-27}\ \mathrm{kg},\ m_0(_0^1\mathrm{n}) = 1.6750 \times 10^{-27}\,\mathrm{kg}$$

求该聚变反应中释放的能量.

解　由题意可得出其核反应的方程式为

$$_1^2\mathrm{H} + _1^3\mathrm{H} \rightarrow _2^4\mathrm{He} + _0^1\mathrm{n}$$

其反应过程中的质量亏损为

$$\Delta m_0 = m_0(_1^2\mathrm{H}) + m_0(_1^3\mathrm{H}) - m_0(_2^4\mathrm{He}) - m_0(_0^1\mathrm{n}) = 0.0311 \times 10^{-27}\ \mathrm{kg}$$

释放的能量为

$$\Delta E = \Delta m_0 c^2 = 2.799 \times 10^{-12}\ \mathrm{J}$$

1 kg 这样的核燃料完全反应所释放的能量为

$$\frac{\Delta E}{m_0(_1^2\mathrm{H}) + m_0(_1^3\mathrm{H})} = 3.35 \times 10^{14}\ \mathrm{J}$$

利用爱因斯坦的质能方程计算核能，关键是求出质量亏损，而求质量亏损主要是利用其核反应方程式，再利用质量与能量相当的关系求出核能.

核裂变虽然能产生巨大的能量，但远远比不上核聚变，裂变堆的核燃料蕴藏极为有限，不仅产生强大的辐射，伤害人体，而且遗害千年的废料也很难处理，核聚变的辐射则少得多，核聚变的燃料可以说是取之不尽，用之不竭. 核聚变反应燃料是氢的同位素氘、氚及惰性气体氦-3，氘和氚在地球上的蕴藏极其丰富，据测，每 1 升海水中含 30 毫克氘，而 30 毫克氘聚变产生的能量相当于 300 升汽油，这就是说，1 升海水可产生相当于 300 升汽油的能量. 一座 100 万千瓦的核聚变电站，每年耗氘量只需 304 千克.

氘的发热量相当于同等煤的 2000 万倍，天然存在于海水中的氘有 45 亿吨，把海水通过核聚变转化为能源，按目前世界能源消耗水平，可供人类用上亿年. 目前，美、英、俄、德、法、日等国都在竞相开发核聚变发电厂，科学家们估计，2050 年前后，受控核聚变发电将广泛造福人类.

本章小结

知识单元	基本概念、原理及定律	公式
经典力学时空观	绝对空间	$l=l'$
	绝对时间	$t=t'$
伽利略相对性原理	伽利略坐标变换	正变换 $\begin{cases} x'=x-vt \\ y'=y \\ z'=z \\ t'=t \end{cases}$　逆变换 $\begin{cases} x=x'+vt' \\ y=y' \\ z=z' \\ t=t' \end{cases}$
	伽利略速度变换	正变换 $\begin{cases} v_x'=v_x-v \\ v_y'=v_y \\ v_z'=v_z \end{cases}$　逆变换 $\begin{cases} v_x=v_x'+v \\ v_y=v_y' \\ v_z=v_z' \end{cases}$

续表

知识单元	基本概念、原理及定律	公　　式
当 $\frac{u}{c}\ll 1$ 时，相对论的一切结论将退化为经典结论		
相对论时空观	长度收缩	$l=\frac{l_0}{\gamma}$
	时间膨胀	$\tau=\gamma\tau_0$
	同时性的相对性	时间可颠倒 $\Delta t=0$ 时，$\Delta t'$ 可以不为 0； $\Delta t>0$ 时，可以有 $\Delta t'<0$
	因果事件的时序不会颠倒	
相对论基本原理	相对性原理	
	光速不变原理	真空中的光速为 c
	洛伦兹坐标变换	正变换 $\begin{cases} x'=\gamma(x-vt) \\ y'=y \\ z'=z \\ t'=\gamma\left(t-\frac{v}{c^2}x\right) \end{cases}$　逆变换 $\begin{cases} x=\gamma(x'+vt') \\ y=y' \\ z=z' \\ t=\gamma\left(t'+\frac{v}{c^2}x'\right) \end{cases}$ $\gamma=\frac{1}{\sqrt{1-\frac{v^2}{c^2}}}$
	洛伦兹速度变换	$v'_x=\frac{v_x-v}{1-\frac{v}{c^2}v_x}$ $v'_y=\frac{v_y}{r\left(1-\frac{v}{c^2}v_x\right)}$ $v'_z=\frac{v_z}{r\left(1-\frac{v}{c^2}v_x\right)}$
相对论力学结论	相对论质量	$m=\gamma m_0$
	相对论动能	$E_k=mc^2-m_0c^2$
	相对论质能关系	$E^2=p^2c^2-m_0^2c^4$
	光子能量	$E=pc$

习 题 十 四

1. 在狭义相对论中，下列说法中正确的是(　　).

(1) 一切运动物体相对于观察者的速度都不能大于真空中的光速；

(2) 质量、长度、时间的测量结果都是随物体与观察者的相对运动状态而改变的；

(3) 在一惯性系中发生于同一时刻、不同地点的两个事件在其他一切惯性系中也是同时发生的；

(4) 惯性系中的观察者观察一个与他作匀速相对运动的时钟时，会看到这时钟比与他相对静止的相同的时钟走得慢些.

A. (1)、(3)、(4)　　B. (1)、(2)、(4)　　C. (1)、(2)、(3)　　D. (2)、(3)、(4)

2. 有下列几种说法：

(1) 所有惯性系对物理基本规律都是等价的；

(2) 在真空中，光的速度与光的频率、光源的运动状态无关；

(3) 在任何惯性系中，光在真空中沿任何方向的传播速率都相同.

关于上述说法的正确描述是(　　).

A. 只有(1)、(2)是正确的　　B. 只有(1)、(3)是正确的

C. 只有(2)、(3)是正确的　　D. 三种说法都是正确的

3. 关于同时性的以下结论中，正确的是(　　).

A. 在一惯性系同时发生的两个事件，在另一惯性系一定不同时发生

B. 在一惯性系不同地点同时发生的两个事件，在另一惯性系一定同时发生

C. 在一惯性系同一地点同时发生的两个事件，在另一惯性系一定同时发生

D. 在一惯性系不同地点不同时发生的两个事件，在另一惯性系一定不同时发生

4. 两个惯性系 S 和 S'，沿 x (x')轴方向作匀速相对运动. 设在 S' 系中某点先后发生两个事件，用静止于该系的时钟测出两个事件的时间间隔为 τ_0，而用固定在 S 系的时钟测出这两个事件的时间间隔为 τ. 又在 S' 系 x' 轴上放置一静止于该系、长度为 l_0 的细杆，从 S 系测得此杆的长度为 l，则(　　).

A. $\tau<\tau_0$；$l<l_0$　　B. $\tau<\tau_0$；$l>l_0$　　C. $\tau>\tau_0$；$l>l_0$　　D. $\tau>\tau_0$；$l<l_0$

5. 某核电站年发电量为 100 亿度，它等于 36×10^{15} J 的能量，如果这是由核材料的全部静止能转化产生的，则需要消耗的核材料的质量为(　　).

A. 0.4 kg　　B. 0.8 kg　　C. $(1/12)\times10^{7}$ kg　　D. 12×10^{7} kg

6. 设固有长度 $l_0=2.50$ m 的汽车，以 $v=30.0$ m/s 的速度沿直线行驶，问站在路旁的观察者按相对论计算该汽车长度缩短了____________m.

7. 在参考系 S 中，一粒子沿直线运动，从坐标原点运动到了 $x=1.5\times10^{8}$ m 处，经历时间为 $\Delta t=1.00$ s，该过程对应的固有时间是____________s.

8. 从加速器中以速度 $v=0.8c$ 飞出的离子在它的运动方向上又发射出光子，则这一光子相对于加速器的速度是____________.

9. 两个宇宙飞船相对于恒星参考系以 $0.8c$ 的速度沿相反方向飞行，则两飞船的相对

速度是____________________.

10. 一个电子从静止开始加速到 $0.1c$，需对它做的功是____________________，若速度从 $0.9c$ 增加到 $0.99c$，需要做的功是____________________.

11. 长度 $l_0=1$ m 的米尺静止于 S' 系中，与 x' 轴的夹角 $\theta'=30°$，S' 系相对 S 系沿 x 轴运动，在 S 系中观测者测得米尺与 x 轴夹角为 $\theta=45°$. 试求：

(1) S' 系和 S 系的相对运动速度.

(2) S 系中测得的米尺长度.

12. 1000 m 的高空大气层中产生了一个 π 介子，以速度 $v=0.8c$ 飞向地球，假定该 π 介子在其自身的静止参照系中的寿命等于其平均寿命 2.4×10^{-6} s，试分别从下面两个角度，即地面上的观察者和相对 π 介子静止系中的观察者来判断该 π 介子能否到达地球表面.

13. 太阳的辐射能来源于内部一系列核反应，其中之一是氢核（$_1^1$H）和氘核（$_1^2$H）聚变为氦核（$_2^3$He），同时放出 γ 光子，反应方程为

$$_1^1\mathrm{H}+_1^2\mathrm{H}\rightarrow_2^3\mathrm{He}+\gamma$$

已知氢、氘和 $_2^3$He 的原子质量依次为 1.007 825 u、2.014 102 u 和 3.016 029 u. 原子质量单位 $1\ \mathrm{u}=1.66\times10^{-27}$ kg. 试估算 γ 光子的能量.

14. 两只飞船相向运动，它们相对地面的速率是 v. 在飞船 A 中有一边长为 a 的正方形，飞船 A 沿正方形的一条边飞行，问飞船 B 中的观察者测得该图形的周长是多少？

15. (1) 质量为 m_0 的静止原子核（或原子）受到能量为 E 的光子撞击，原子核（或原子）将光子的能量全部吸收，则此合并系统的速度（反冲速度）以及静止质量各为多少？

(2) 静止质量为 m_0' 的静止原子发出能量为 E 的光子，则发射光子后原子的静止质量为多大？

阅读材料之物理新进展

广义相对论和黑洞

彭罗斯关于时空奇性和宇宙监督假设的工作都是基于广义相对论的框架，因此我们首先简要介绍广义相对论和黑洞的相关知识.

引力现象无处不在，引力也是自然界中最普适的一种基本相互作用. 牛顿在1687年的巨著《自然哲学的数学原理》中提出了万有引力定律，统一了地球上的引力现象和天体的运动规律. 事实上万有引力定律也是人类最早发现的自然规律. 在牛顿的万有引力定律中，引力是物质之间的一种相互吸引力. 由于它在描述引力现象时非常成功，在广义相对论诞生前的200多年间，牛顿万有引力定律被广泛接受. 1905年爱因斯坦提出了狭义相对论. 狭义相对论认为所有的惯性系都是等价的；任何信号的传播都需要时间，最高速度是光速. 因此，牛顿万有引力定律本身固有的超距作用与狭义相对论无法兼容. 包括庞加莱和闵可夫斯基在内的一些物理学家当时都在找寻一个能够将牛顿引力理论和狭义相对论相结合的新理论. 但是，爱因斯坦基于等效原理和马赫原理，认为相对论性的引力理论必然要超越狭义相对论. 经过近10年的艰苦探索，1915年11月，爱因斯坦在普鲁士科学院报告了引力场方程，正式宣告了广义相对论的建立. 广义相对论将时空的几何和时空中的物质分布用一个张量方程(爱因斯坦引力场方程)联系了起来. 在广义相对论中，物质之间的引力相互作用来自于时空本身的弯曲效应，时空的弯曲方式又是由物质的分布决定的. 著名物理学家约翰·惠勒对引力场方程有一句形象的描述：物质告诉时空如何弯曲，时空告诉物质在其中如何运动. 作为关于时间、空间和引力的理论，爱因斯坦广义相对论是自牛顿引力以来人类认识引力现象的一次质的飞跃. 一百余年以来，爱因斯坦的广义相对论仍然是最为成功的引力理论，通过了大量的实验观测检验. 基于广义相对论和宇宙学原理建立的宇宙学标准模型也取得了巨大成功，其基本预言已经被大量的宇宙学和天文观测所证实. 广义相对论甚至也在人们日常生活中发挥了重要作用，比如全球定位系统(GPS)为了精确定位，就需要考虑广义相对论带来的修正. 黑洞和引力波作为广义相对论的两个重要预言，近几年也终于得到了实验的直接证实，为广义相对论奠定了坚实的实验基础.

所谓黑洞，通俗地说就是一类引力强到连光也无法逃逸的特殊致密天体. 广义相对论中对黑洞的定义是“时空中光也无法逃逸的区域”. 所以黑洞是“黑”的. 这个区域的边界称为黑洞的事件视界，也是人们通常理解的黑洞的边界. 从上面的定义可以看出黑洞的一个典型特征：一旦有物体穿过视界进入黑洞便再也无法逃逸出来，即“只进不出”. 黑洞的另一个重要特征是黑洞内部通常会存在一个奇点，这也是本文将要介绍的彭罗斯获得诺贝尔奖工作的主角，下面将会重点解读.

作为爱因斯坦引力场方程的一类特殊解，黑洞是纯粹理论研究的产物. 宇宙中是否真的存在黑洞，早年一直为人们所怀疑，爱因斯坦本人也不相信黑洞的存在. 但是现代天文观测表明宇宙中存在着大量的黑洞. 这里大家可能就会疑惑，按照上面的理解，黑洞引力效应使得宇宙中跑得最快的光也逃不出去，应该是宇宙中最黑暗的天体，天文学家又是如何知道黑洞的存在呢？很有意思的是，让人们“看到”黑洞的也是引力！这是因为黑洞的超强引力效应会导致很独特的“气质”，“暴露”了黑洞的存在. 对黑洞的探测可以分为间接和直接两种方法. 间接探测主要是通过监测黑洞周边的吸积盘或者伴星来确定黑洞的存在. 当黑洞以强大胃口吞噬周围物质时，会形成吸积盘，发出各种电磁信号，成为寻找黑洞踪迹的探针. 事实上，银河系中绝大部分的恒星级黑洞是通过黑洞吸积伴星气体所发出的X射线来识别的. 如2019年轰动全球的一件大事情就是发布了黑洞的照片，也是利用黑洞周围的电磁波来探测到黑洞的. 对于那些平静的黑洞，没有吸积伴星气体，黑洞超强引力会干扰临近星体的运动，通过明亮伴星的运动轨迹就可以推知黑洞的存在，并测量黑洞质量. 比如，这次诺贝尔物理学奖的另一半授予莱因哈德·根泽尔和安德里亚·格兹，他们就是通过这种方法来探测银河系中心的“大家伙”.

直接测量可以通过黑洞碰撞产生的引力波进行. 引力波是时空的涟漪，即时空本身的涨落通过波的形式从辐射源向外传播. 1916年爱因斯坦基于广义相对论预言了引力波的存在. 理解引力波最简单的出发点是考虑线性化的引力场方程. 在弱场近似下，考虑闵氏时空背景上度规的一个小扰动，这个度规的扰动满足线性化的爱因斯坦场方程，可以发现扰动方程正好就是以光速传播的无质量粒子的波动方程. 这个以光速传播的度规扰动(时空涟漪)就是引力波. 由于规范自由度，引力波的独立自由度只有两个(通常称为“+极化”和“×极化”，两个极化方向的夹角为45°)，而且波的振动方向与传播方向垂直，因此引力波是一种横波. 2015年9月14日，位于美国的LIGO引力波探测器首次直接探测到了双黑洞并合的引力波信号(GW150914). 此次观测结果与广义相对论的预言相符，不仅直接证明了引力波的存在，也证实了黑洞的存在，同时也打开了一扇研究宇宙的新窗口.

虽然黑洞看起来很复杂很神秘，但是事实上刻画黑洞却非常简单. 对于一般含有电磁场的引力系统，刻画黑洞只需要三个参数：黑洞有多重、带多少电荷、转动有多快. 也就是说，只要给定质量、电荷和角动量三个参数，就可以唯一地确定一个黑洞. 这就是广义相对论中黑洞的唯一性定理(也叫无毛定理). 作为对比，可以想象描述一只小猫需要多少参数．不论前身多么复杂，一旦黑洞形成后，人们对黑洞所能获取的信息只有质量、电荷和角动量，其他的信息全部丧失了．从这个意义上来说，黑洞又是宇宙中最简单的一类天体．

黑洞可以按照“体重”分为如下几类：恒星级黑洞、中等质量黑洞、超大质量黑洞以及小黑洞(也称为微型黑洞)．恒星级黑洞的质量大约为几倍(3 倍以上)到几百倍太阳质量，一般是大型恒星死亡后直接坍缩形成．中等质量黑洞大约为 1 千至 10 万个太阳质量，这种黑洞不能通过恒星演化直接形成．目前的研究认为，中等质量黑洞是通过大量吸收周围物质和互相合并而形成，简单来说就是“吃出来的”．超大质量黑洞可以达到太阳质量的数十万到数百亿倍．观测证据表明，几乎所有的大型星系都有一个位于中心的超大质量黑洞．超大质量黑洞的质量是如何变得如此巨大一直困扰着天文和物理学家．此外，理论上也存在质量很小的黑洞，它们的质量接近或者远小于太阳质量．这种小质量黑洞来自于宇宙早期的密度涨落坍塌．在宇宙演化的早期，物质非常稠密，在小尺度上分布可以非常不均匀，所以密度极高的小区域中的物质可以直接塌缩成黑洞，形成所谓的“原初黑洞”．原初黑洞是当前的热门研究领域之一．它不仅在理论研究中具有重要价值，而且还是暗物质的一种可能候选者．原初黑洞也被用来解释宇宙中的伽马射线暴．对于太阳系可能存在的第九大行星，也有研究推测可能就是原初黑洞．

节选自《物理》2021 年第 50 卷第 1 期，时空奇点和黑洞：2020 年诺贝尔物理学奖解读，作者：蔡荣根，曹利明，李理，杨润秋．

第15章 量子物理基础

量子概念是1900年由普朗克首先提出的.19世纪末的三大发现，即X射线(1895年)、放射性(1896年)和电子(1897年)，成为近代物理学发展的序幕.到20世纪初，人们从大量精确的实验中发现了许多新现象，这些新现象用经典物理学理论无法解释，其中主要有热辐射、光电效应、康普顿效应以及原子的线状光谱现象.1900年，普朗克针对经典物理学在解释黑体辐射时遇到的困难，提出辐射源能量量子化的概念；1905年，爱因斯坦针对光电效应的实验结果与经典理论的矛盾，提出光量子概念；1913年，玻尔把量子化概念用到原子轨道上，成功解释了氢原子的线状光谱；1925年，泡利提出的不相容原理及同年乌仑贝克和古兹米特提出的电子自旋假设，很好地解释了元素周期性等一系列实验结果.至此所形成的理论是经典物理与近代物理的混合物，没有完全脱离经典物理的束缚，故称旧量子论.

量子力学起源于1923年德布罗意提出的物质具有波粒二象性的概念，1925年海森堡提出了矩阵力学，1926年薛定谔提出了波函数及波动力学，玻恩提出波函数的统计解释，后来薛定谔和狄拉克证明了矩阵力学和波动力学的等价性，合并为量子力学.1926—1930年，狄拉克对量子力学作了全面总结，发展为相对论量子力学.这样，到20世纪30年代初，量子力学就由一大批年轻的物理学家建立、发展起来了.

在量子力学建立的过程中，许多杰出的物理学家作出了卓越的贡献.直接为建立量子力学而获得诺贝尔奖的就有7位物理学家，他们是德布罗意(1929)、海森堡(1932)、狄拉克和薛定谔(1933)、费米(1934)、泡利(1945)和玻恩(1954).加上对光的波粒二象性和原子能级研究而获得诺贝尔奖的普朗克(1918)、爱因斯坦(1921)、玻尔(1922)、夫兰克和赫兹(1925)、康普顿(1927)，致力于光与物质二象性的研究最终导致量子力学的建立而获得诺贝尔物理奖的物理学家一共有13位之多.

波粒二象性是量子力学中最重要的概念.要特别强调的是，这里的“波”和“粒子”与经典概念上的波和粒子截然不同.如何理解量子力学的哲学意义，如何解释量子力学的计算结果，等等，在量子力学发展中出现过许多派别，其中重要的是以玻尔为首的哥本哈根学派与爱因斯坦两大派别，对量子力学的“不确定关系”等问题展开了近30年的争论，他们的争论推动了量子力学理论的建立和逐步完善.现行量子力学体系一般以哥本哈根学派理论诠释为主流.

应当指出，量子力学应用到宏观领域时就转化为经典力学，正像在低速领域相对论转化为经典理论一样.

本章的主要内容有：黑体辐射、能量子假说、光的波粒二象性、实物粒子的波粒二象性、波函数、氢原子的量子力学处理和多电子原子中电子的分布.

15.1　量子概念的诞生

15.1.1　黑体辐射

麦克斯韦电磁理论建立后，要证实电磁波与光的同一性，人们的研究领域开始转向更宽范围的电磁波谱，以期寻求新的辐射. 物质的由其温度所决定的电磁辐射称为**热辐射**，而检测电磁波的重要手段正是利用热效应，热辐射计也因此得到了迅速发展. 需要注意的是，热辐射不一定需要高温，任何温度的物体都发出一定的热辐射. 另外，从光谱强度的分布如何推断天体(或星体)的表面温度，可以对温度和光谱能量分布的规律进行研究. 由于黑体辐射与物体本身的性质无关，热辐射吸引了一大批理论物理学家的注意. 以上这些研究热辐射的动因推动了对光的量子性的认识.

实验表明，任何物体在任何温度下都在不断地向周围空间发射电磁辐射，其辐射波谱是连续分布的. 在室温下，物体单位时间内辐射的能量很少，辐射波谱大多分布在波长较长的区域. 随着温度升高，单位时间内辐射的能量迅速增加，辐射能量中短波部分所占比例逐渐增大. 例如，把一根铁棒插入炉火中，它会被烧得通红. 起初在温度不太高时，我们看不到它发光，却可以在身体表面(尤其是鼻子)附近感觉到它辐射出来的热量. 随着温度的升高，我们不仅会感觉到它辐射热量的迅速增长，还会看到铁棒开始发光，它的颜色也由暗红逐渐转为橙红. 如果炉温足够高，例如用焦炭火，我们还可以看到铁棒发出黄中泛白的颜色. 这种现象其实是物质共有的特性，随着物质温度的升高，不仅单位时间内辐射的能量迅速增加，而且辐射电磁波中可见光成分逐渐显著，物体由暗红色逐渐变为赤红、黄、白、蓝白色等.

物体在辐射电磁波的同时，也吸收投射到它表面的电磁波. 当辐射和吸收达到平衡时，物体的温度不再变化而处于热平衡状态，这时的热辐射称为**平衡热辐射**.

基尔霍夫定律指出，在相同温度下，黑体的吸收本领最大，同时发射本领最大，反之亦然. 图 15.1.1 所示是一个白底黑花的瓷盘在室温时和在高温时的照片. 在室温时，瓷盘本身辐射的主要是长波的不可见光，我们看到的是照射到瓷盘上光的反射光. 白底部分吸收本领小，入射光多被反射；黑花部分吸收本领大，入射光多被吸收，反射少. 所以看起来

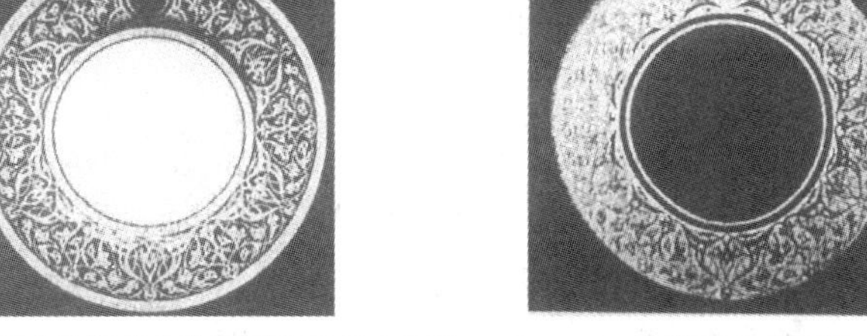

(a) 白底黑花的瓷盘在室温下的反射光照片　(b) 1100 K的瓷盘自身辐射光照片

图 15.1.1　瓷盘在室温时和在高温时的照片

白底部分比黑花部分明亮．在高温时，瓷盘辐射的可见光部分居多，看到的主要是瓷盘本身辐射的光．黑花部分吸收本领大，辐射本领也大；白底部分的吸收本领小，辐射本领也小．因此看起来，黑花部分反而比白底部分明亮．

投射到物体表面的电磁波，将被物体吸收、反射和透射．能够全部吸收各种波长的辐射能，完全不发生反射和透射，且能发射各种波长的热辐射能的物体称为**绝对黑体**，简称黑体．黑体是对热辐射现象进行理论研究的理想模型，一定满足吸收率为 1，反射率为 0，它与物体的温度和入射到黑体上的电磁波波长无关．在自然界中并不存在绝对黑体，黑色的烟煤，因其吸收系数接近 99%，被认为是最接近绝对黑体的自然物质，太阳也被看作是接近黑体辐射的辐射源．实际中，用不透明材料制成带有小孔的空腔物体作为黑体的模型，如图 15.1.2 所示．一束电磁波从小孔射入空腔，在空腔内壁上经过多次吸收和反射，就很难有机会再从小孔射出，因此，这个空腔上的小孔表面就相当于黑体．

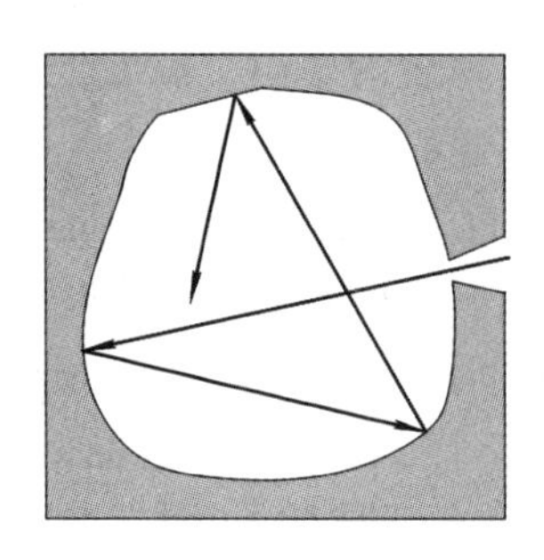

图 15.1.2　带有小孔的空腔作为黑体的模型

在日常生活中，白天遥望远处楼房的窗口，会发现窗口特别幽暗，就类似于黑体．这是因为光线进入窗口后，经过墙壁多次反射吸收，很少再从窗口射出的缘故．在金属冶炼炉上开一个观测炉温的小孔，这里小孔也近似于一个绝对黑体的表面．

15.1.2　黑体辐射的实验规律

在定量介绍黑体辐射的基本定律之前，先说明以下几个关于热辐射的基本物理量．

1）单色辐出度

单位时间内，从热力学温度为 T 的黑体的单位面积上，所辐射的波长在 λ 附近单位波长范围内的电磁波能量，称为**单色辐射出射度**，简称**单色辐出度**．显然，单色辐出度是黑体的热力学温度 T 和波长 λ 的函数，用 $M_\lambda(T)$表示，其国际单位制单位是瓦每立方米，符号为 $\mathrm{W \cdot m^{-3}}$．

对黑体而言，$M_\lambda(T)$仅与波长 λ 和热力学温度 T 有关，与构成黑体的材料、大小、形状以及材料表面状况等无关．

2）辐出度

在单位时间内，从热力学温度为 T 的黑体的单位面积上，所辐射出的各种波长的电磁波能量总和，称为**辐射出射度**，简称**辐出度**．它只是黑体的热力学温度 T 的函数，用 $M(T)$表示．其值可由 $M_\lambda(T)$对所有波长的积分求得，即

$$M(T) = \int_0^\infty M_\lambda(T)\mathrm{d}\lambda \tag{15.1.1}$$

在研究黑体辐射的过程中，由实验结果逐步总结出以下两条基本定律，即斯特藩-玻尔兹曼定律和维恩位移定律.

1. 斯特藩-玻尔兹曼定律

绝对黑体在温度 T 下所发射的总辐射能量密度与绝对温度 T 的四次方成正比，如图 15.1.3 所示，即

$$M(T) = \sigma T^4 \tag{15.1.2}$$

式中，σ 称为斯特藩-玻尔兹曼常数，其值为 $5.67\times10^{-8}\ \mathrm{W\cdot m^{-2}\cdot K^{-4}}$. 这一规律后来称为斯特藩-玻尔兹曼定律. 根据式(15.1.2)测量出某温度下所有波长的总辐射能量密度，便可求出该辐射体的温度 T. 辐射高温计就是利用这一原理来测量绝对黑体温度的.

由斯特藩-玻尔兹曼定律可以看出，辐射能随绝对温度的升高迅速增大. 例如，绝对温度增大一倍，辐射能就增大为原来的 16 倍. 因此，要达到非常高的温度，就需要大量的能量，以克服热辐射的损失.

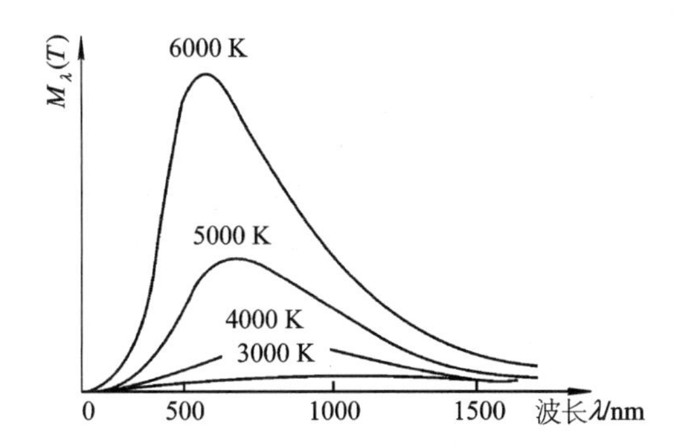

图 15.1.3　黑体辐射的单色辐出度随温度和波长的分布

2. 维恩位移定律

从图 15.1.3 可见，黑体辐射中，对每一条特定温度的热辐射曲线随波长的改变，$M_\lambda(T)$都有一个最大值，即最大发射本领，用辐射谱强度最大处的波长 λ_m 来描述，得到维恩位移定律，即

$$\lambda_m T = b \tag{15.1.3}$$

式中，常数 $b=2898\ \mu\mathrm{m\cdot K}$.

天文学家根据维恩位移定律测定恒星的温度. 例如，利用测得的太阳光谱，找出其峰值波长在绿色区域，$\lambda_m=0.47\ \mu\mathrm{m}$，由维恩位移定律就可得太阳表面的温度为

$$T_s = \frac{2898}{0.47} = 6166\ \mathrm{K}$$

利用斯特藩-玻尔兹曼定律，可算出太阳表面的辐射出能流密度为

$$M(T) = \sigma T^4 = 5.67\times10^{-8}\times(6166)^4 = 8.20\times10^7\ \mathrm{W\cdot m^{-2}}$$

由于太阳不是黑体，所以其表面温度 T_s 和辐射出射度 $M(T)$都不是实际值. 通常把 T_s 称为太阳的色温度，而太阳表面的实际辐出能流密度也小于上面的计算值 $M(T)$. 又如，按照斯特藩-玻尔兹曼定律，黑体的温度 T 也可以从测定的辐射出射度 $M(T)$来计算. 这就是光测高温的理论依据. 常用的辐射高温计就是根据这一原理制成的. 由它测出的温度也不是物体(非黑体)的实际温度，被称为辐射温度，它总是低于实际温度. 如前所述，在

金属冶炼中，通过炉上开的小孔，利用上述方法可以测量炉温. 炉上的小孔很接近于黑体，所以测出的温度可以认为是实际炉温.

15.1.3 能量子假说

为了解释黑体辐射的实验现象，物理学家尝试从经典热力学和波动理论得到描述黑体辐射单色辐出度随波长变化的规律. 1893 年维恩用热力学理论得到了维恩曲线，该曲线在短波部分与实验曲线符合比较好，但长波部分有偏离. 1900 年瑞利和金斯两人按照经典电磁理论和统计理论得出了瑞利-金斯曲线，该曲线在长波部分与实验曲线符合得很好，但在短波部分出现错误，被称为紫外灾难，如图 15.1.4 所示.

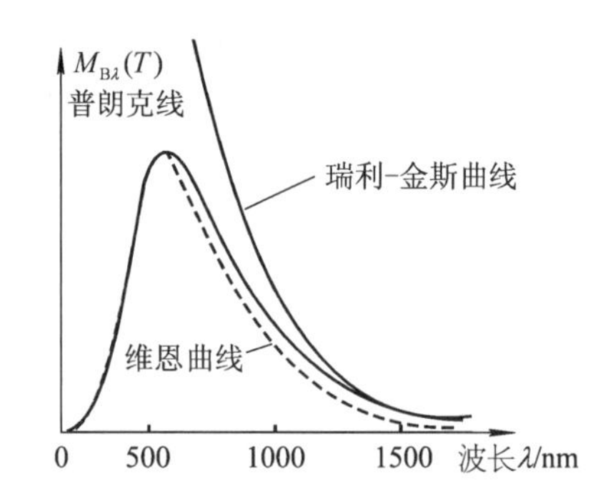

图 15.1.4 黑体辐射的单色辐出度分布曲线

1. 能量子假说

为了从理论上得到辐射能量密度公式，普朗克引入一个与经典物理学完全不相容的新概念，这就是能量子假设.

普朗克假设：组成黑体腔壁的分子或原子可视为带电的线性谐振子，这些谐振子和空腔中的辐射场相互作用过程中吸收和发射的能量是量子化的，能量只能取一些分立值 ε，2ε，3ε，…，$n\varepsilon$. 一个频率为 ν 的谐振子，吸收和发射能量的最小值 $\varepsilon=h\nu$ 称为能量子（或量子）. 其中 n 为正整数，称为量子数，h 是普朗克常量. 这一能量分立的概念，称为**能量量子化**.

按照这个假设，一个频率为 ν 的谐振子的最小能量是 $h\nu$，它在与周围的辐射场交换能量时，只能吸收或放出整数个能量子. 在这个假设的基础上，普朗克推导得到关于辐射场的公式为

$$M_{B\lambda}(T)\,\mathrm{d}\lambda=\frac{2\pi hc^2}{\lambda^5}\cdot\frac{\mathrm{d}\lambda}{\mathrm{e}^{hc/k\lambda T}-1} \tag{15.1.4}$$

式中，c 是光速；k 是玻耳兹曼常量；普朗克常数 h 的值为

$$h=6.626\times10^{-34}\ \mathrm{J\cdot s}$$

普朗克公式与实验结果符合得很好，如图 15.1.4 所示.

经典物理认为构成物体的带电粒子（电子、原子核等）在各自平衡位置附近振动成为带电的谐振子，这些谐振子既可发射、也可吸收辐射能，谐振子的能量是连续的.

普朗克的能量子假设突破了经典物理学的观念，第一次提出了微观粒子具有分立的能量值，打开了人们认识微观世界的大门，在物理学发展史上起了划时代的作用. 能量是一

份一份的，而不是连续的，就像物质是由原子、分子组成的一样.这就是量子论的开端，在此基础上，经过许多人的努力，逐步认识了辐射的粒子性、描述微观粒子(分子、原子、电子等)的一些物理量具有量子化特性，最终形成了反映微观粒子运动规律的量子物理学.

普朗克在他的量子假设基础上，从理论上导出了普朗克公式(15.1.4).实际上，普朗克的贡献远远超出物理学范畴，它启发人们在新事物面前，敢于冲破传统思想观念的束缚，勇于建立新观点、新概念、新理论.由于对量子理论的卓越贡献，普朗克获得了 1918 年诺贝尔物理学奖.

2. 普朗克理论与经典理论的不同

经典理论的基本观点认为：

(1) 电磁波辐射来源于带电粒子的振动，电磁波频率与带电粒子振动频率相同；

(2) 振子(带电粒子)辐射电磁波含各种波长，是连续的，辐射能量也是连续的；

(3) 温度升高，振子振动加强，辐射能量加大.

普朗克能量子假设：对于频率为 ν 的振子，振子辐射的能量不是连续的，而是分立的，它的取值是某一最小能量 $h\nu$ 的整数倍，即

$$\varepsilon_n = nh\nu\ (n\ \text{是正整数})$$

15.2 光的波粒二象性

在 19 世纪，通过光的干涉、衍射等实验，人们已认识到光是一种波动——电磁波，并建立了光的电磁理论——麦克斯韦理论.进入 20 世纪，人们又认识到光是粒子流——光子流.综合起来，目前关于光的本性的认识是：光既具有波动性，又具有粒子性.在有些情况下，光突出地显示出其波动性，而在另一些情况下，则突出地显示出其粒子性.光的这种两重性被称作光的波粒二象性.光既不是经典意义上“单纯的”波，也不是经典意义上“单纯的”粒子.

光的波动性用光波的波长 λ 和频率 ν 描述，而光的粒子性则用光子的质量、能量和动量描述.

一个光子的能量为

$$E = h\nu \tag{15.2.1}$$

再根据相对论的质能关系 $E=mc^2$，可得一个光子的相对论质量为

$$m=\frac{h\nu}{c^2}=\frac{h}{c\lambda}$$

根据相对论的能量-动量关系

$$E^2 = p^2c^2 + m_0^2c^4$$

对于光子，$m_0=0$，所以光子的动量为

$$p=\frac{E}{c}=\frac{h\nu}{c}$$

或

$$p = \frac{h}{\lambda} \tag{15.2.2}$$

式(15.2.1)和式(15.2.2)是描述光的性质的基本关系式，式中左侧的量 E、p 描述光的粒子性，右侧的量 λ、ν 描述光的波动性．需要注意的是，光的这两种性质在数量上是通过普朗克常数 h 联系在一起的．

15.2.1 光电效应

1. 光电效应的实验规律

当普朗克在努力寻找能量子的经典根源时，爱因斯坦在能量子概念的基础上前进了一大步，提出了光的量子性．

1887 年，赫兹在验证电磁波的实验中意外发现了一个新现象．他发现，金属被光照射时，有电子从金属表面逸出，这种现象称为**光电效应**，所逸出的电子称为**光电子**，由光电子所形成的电流称为光电流．

图 15.2.1 所示为光电效应的实验装置简图，图中上方为一抽成真空的玻璃管．当光通过石英窗口照射由金属或其氧化物做成的阴极 K 时，就有光电子从阴极表面逸出．光电子在电场作用下向阳极 A 运动，就形成光电流．实验发现了如下四条规律：

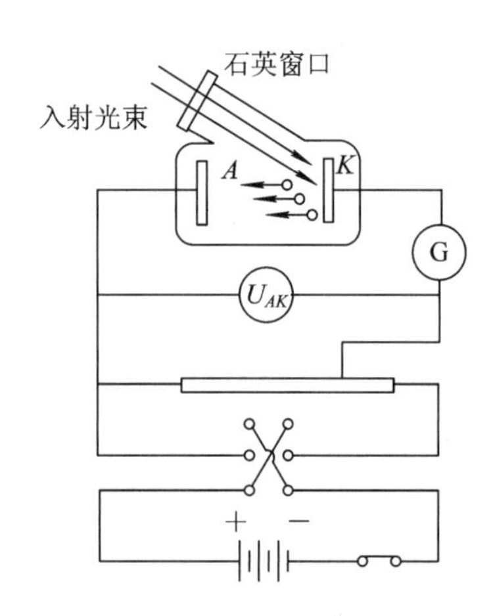

图 15.2.1 光电效应的实验装置简图

(1) 光电子的最大初动能和入射光的频率呈线性关系；

(2) 只有当入射光的频率大于某一值 ν_0 时，才能从金属表面释放电子．如果光的频率低于这个值，则不论光的强度多大，照射时间多长，都没有光电子产生；

(3) 光电子能量只与光的频率有关，而与光的强度无关，光的频率越高，光电子的能量就越大；

(4) 光电子的逸出几乎是在光照射到金属表面上同时发生的，延迟时间在 10^{-9} s 以下，即使用极弱的入射光也是这样的．

下面基于经典物理的理论来逐一阐述上述实验结果．

1) 遏止电压

在一定的光照射下，对光电器件的阴极所加电压与阳极所产生的电流之间的关系称为光电管的伏安特性，如图 15.2.2 所示．当阳极电势大于阴极电势时，在入射光照射下，有光电流产生，而当所加电压反向，即阳极电势低于阴极电势时，仍有光电流产生．只是当此反向电压值大于某一值 U_c(不同金属有不同的 U_c 值)时，光电流才等于零．这一电压值称为**遏止电压**．遏止电压的存在，说明从阴极逸出的光电子有一个最大动能，当反向电场力做功大于逸出光电子的最大动能时，光电子无论如何都不能到达阳极．根据能量分析可得光电子逸出时的最大初动能和遏止电压 U_c 的关系应为

$$\frac{1}{2}mv_m^2 = eU_c \tag{15.2.3}$$

式中，m 和 e 分别是电子的质量和电量；v_m 是光电子逸出金属表面时的最大速度．

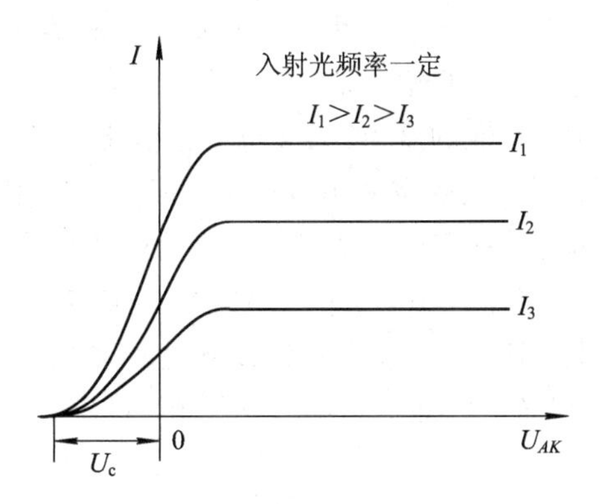

图 15.2.2　光电效应伏安特性

2）饱和电流

由伏安特性曲线可知，在一定光强照射下，随着 U 的增大，光电流 I 趋近一个饱和值，图 15.2.2 的实验结果表明，饱和电流与光强成正比.

3）截止频率(红限)

利用式(15.2.3)可以测量光电子的最大初动能. 实验结果显示，光电子的最大初动能和入射光的频率呈线性关系，而且只有当入射光的频率大于某一值 ν_0 时，金属表面才能释放电子. 几种金属的光电子的最大初动能和入射光频率的线性关系如图 15.2.3 所示，直线和横轴的交点就是发生光电效应所需的入射光的最小频率，这一频率 ν_0 称为光电效应的**截止频率**，也称红限. 根据 $\lambda_0=c/\nu_0$ 所确定的对应的波长称之为红限波长. 不同金属的红限不同，表 15.2.1 中列出了几种金属的红限.

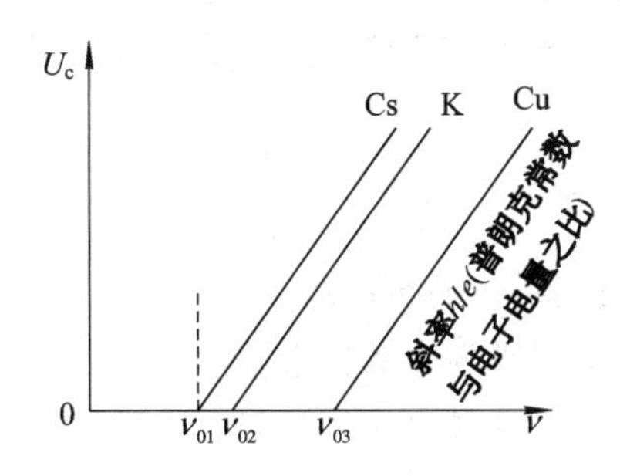

图 15.2.3　光电效应特性

4）发生时间

光电效应的实验结果还表明，光电子从金属表面逸出，几乎与入射光照射到金属表面同时发生，延迟时间在 10^{-9} s 以下. 即使用极弱的光入射，结果也是这样. 这一点用经典波动理论不能解释. 因为在入射光极弱时，按经典波动理论，金属中的电子必须经过长时间才能从光波中收集和积累足够的能量而逸出金属表面，而这一时间，按经典理论计算竟然要达到几分钟或更长.

综上所述，按经典物理学中的电磁理论解释光电效应，光的能量只决定于光的强度，而与光的频率无关. 用光的波动理论在光电效应的实验结果解释上遇到了困难.

2. 爱因斯坦光子假说和光电效应方程

普朗克在解释热辐射问题时，只假定了辐射电磁波是带电谐振子，谐振子辐射的能量是量子化的，而辐射本身，作为分布于空间的电磁波，它的能量还被认为是连续分布的．爱因斯坦发展了关于能量量子化的概念．他于1905年发表了三篇著名的科学论文，在“关于光的产生和转换的一个有启发性的观点”的文章中他假定：“从一个点光源发出的光线的能量并不是连续地分布在逐渐扩大的空间范围内的，而是由有限个数的能量子组成的．这些能量子个个都只占据空间的一些点，运动时不分裂，只能以完整的单元产生或被吸收．”在这里首次提出的光的能量子单元，在1926年被刘易斯定名为“光子”．

关于光子的能量，爱因斯坦假定：光是一种以光速运动的粒子流，这种粒子称为光量子或光子．不同颜色的光，其光子的能量不同．一个光子的能量 ε 与其辐射频率 ν 的关系为

$$\varepsilon = h\nu \tag{15.2.4}$$

式中，普朗克常数 $h = 6.626\times10^{-34}$ J·s．一束频率为 ν 的单色平行光的光强，等于单位时间垂直通过单位横截面积的光子数目与每一光子能量 $h\nu$ 的乘积．

为了解释光电效应，爱因斯坦在1905年发表的论文中写道：“最简单的方法是设想一个光子将它的全部能量给予一个电子．”电子获得此能量后动能就增加了，从而有可能逸出金属表面．以 W 表示电子从金属表面逸出时克服金属内正电荷的吸引力需要做的功(即逸出功)，则由能量守恒定律可以得到一个光电子逸出金属表面后的最大初动能：

$$\frac{1}{2}mv_{\mathrm{m}}^{2} = h\nu - W \tag{15.2.5}$$

式(15.2.5)称为光电效应方程．

基于光子概念的光电效应方程式(15.2.5)，完全可以解释光电效应的实验现象：

(1) 光强度越大，光子数就越多，释放的光电子也越多，因而饱和光电流也相应增加．

(2) 光电子的初动能和照射光的频率呈线性关系．

(3) 当最大初动能为零时，金属表面将不再有光电子逸出，这时入射光的频率就是红限 ν_0：

$$\nu_0 = \frac{W}{h} \tag{15.2.6}$$

由式(15.2.6)可以通过红限求出金属的逸出功．

表15.2.1给出了部分金属和半导体的红限和逸出功．

表15.2.1　几种金属和半导体的红限和逸出功

参数	材料									
	铯(Cs)	铷(Rb)	钾(K)	钠(Na)	锂(Li)	钙(Ca)	锌(Zn)	铀(U)	铝(Al)	硅(Si)
红限/(10^{14} Hz)	4.69	5.15	5.43	5.53	6.0	6.55	8.06	8.76	9.03	9.90
逸出功/eV	1.94	2.13	2.25	2.29	2.42	2.71	3.34	3.63	3.74	4.10
参数	材料									
	铜(Cu)	汞(Hg)	钨(W)	锗(Ge)	银(Ag)	硒(Se)	银(Ag)	金(Au)	铂(Pt)	
红限/(10^{14} Hz)	10.80	10.97	10.97	11.01	11.49	11.40	11.55	11.32	15.28	
逸出功/eV	4.47	4.50	4.54	4.56	4.63	4.72	4.78	4.80	6.33	

(4) 只要入射光的频率大于红限，光电子就能逸出，不需要时间累积. 因为一个电子一次吸收一个具有足够能量的光子而逸出金属表面是不需要多长时间的.

根据图 15.2.3，实验图线的斜率就等于 h/e(e 为电子的电量)，因此由实验曲线的斜率可以求出普朗克常数 h. 1916 年，密立根对光电效应进行了精确的测量，获得了光的频率和逸出电子能量之间的关系，验证了爱因斯坦的光电效应公式，并精确求出普朗克常数.

就这样，光子概念被证明是正确的. 从此，光量子理论开始得到人们的承认，密立根也因此获得了 1923 年的物理学诺贝尔奖.

为了纪念爱因斯坦关于量子理论、狭义相对论和布朗运动等方面论文发表 100 周年，2005 年被联合国教科文组织和联合国大会确定为“国际物理年”，这些论文为相对论、量子力学等物理学领域奠定了基础，使物理学在 20 世纪得到全新的发展.

3. 光电效应的应用

由于上述光电效应现象发生在物体的表面层，使光电子逸出到物体外，所以称为外光电效应. 当光照射在物体上，使物体的电阻率 ρ 发生变化，或产生光生电动势的现象称为内光电效应，它多发生于半导体内. 根据工作原理的不同，内光电效应分为光电导效应和光伏效应两类.

在光的作用下，电子吸收光子能量从键合状态过渡到自由状态，从而引起材料电导率的变化，这种现象被称为光电导效应. 基于这种效应的光电器件有光敏电阻.

在光的作用下，能够使物体产生一定方向电动势的现象称为光伏效应. 基于该效应的光电器件有光电池和光敏二极管、光敏三极管等.

利用光电效应原理可以制成各种真空光电管. 最简单的真空光电管的构造外形如图 15.2.4 所示. 这是一个抽成真空的玻璃泡，内表面上涂有感光层的是阴极 K，可用不同截止频率的物质(例如银、钾、锌等)制成，阳极 A 一般制作成圆环形. 这种光电管的灵敏度很高，一般用于记录和测量光通量、光信号等. 利用如图 15.2.5 所示的光电倍增管可以将光电流增大 $10^5 \sim 10^8$ 倍.

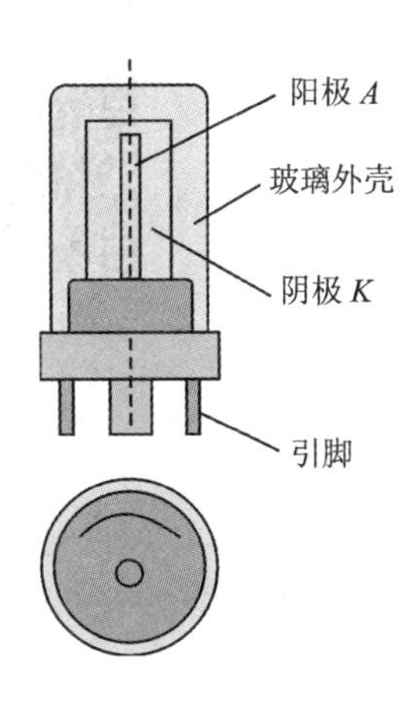

图 15.2.4　光电管

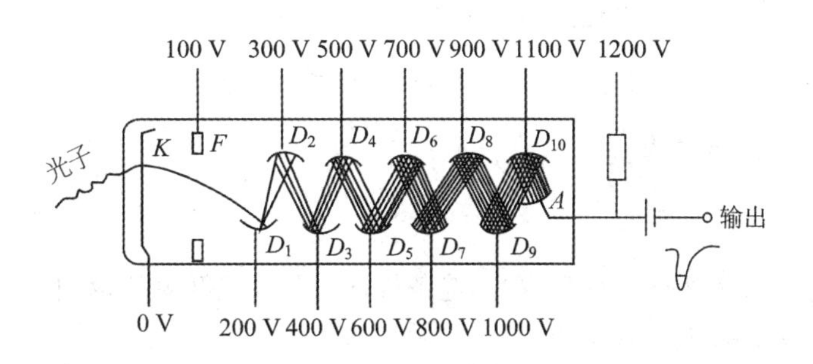

图 15.2.5　光电倍增管

例 15.2.1　用波长为 400 nm 的紫外光照射金属表面，产生的光电子速度为 5×10^5 m·

s^{-1}. 试求：

(1) 产生光电子的初动能；

(2) 光电效应的红限频率.

解 根据经典动能公式

(1) 光子的初动能为

$$E_k=\frac{1}{2}m_e v_0^2=\frac{1}{2}\times 9.1\times 10^{-31}\times(5\times 10^5)^2=1.14\times 10^{-19}\text{ J}$$

(2) 由光电效应方程 $h\nu=W+E_k$ 得

$$W=h\nu-E_k=\frac{hc}{\lambda}-E_k=\frac{6.63\times 10^{-34}\times 3\times 10^8}{400\times 10^{-9}}-1.14\times 10^{-19}=3.83\times 10^{-19}\text{ J}$$

故红限频率为

$$\nu_0=\frac{W}{h}=\frac{3.83\times 10^{-19}}{6.63\times 10^{-34}}=5.78\times 10^{14}\text{ Hz}$$

例 15.2.2 波长为 λ 的单色光照射某金属 M 表面发生光电效应，发射的光电子(电荷绝对值为 e，质量为 m)经狭缝 S 后垂直进入磁感应强度为 B 的均匀磁场(如例 15.2.2 图所示)，今已测出电子在该磁场中作圆周运动的最大半径为 R. 求：

(1) 金属材料的逸出功 W；

(2) 遏止电势差 U_a.

解 (1) 电子在磁场中作圆周运动，其向心力就是洛伦兹力，则电子的运动速率满足的方程

$$m\frac{v^2}{R}=evB$$

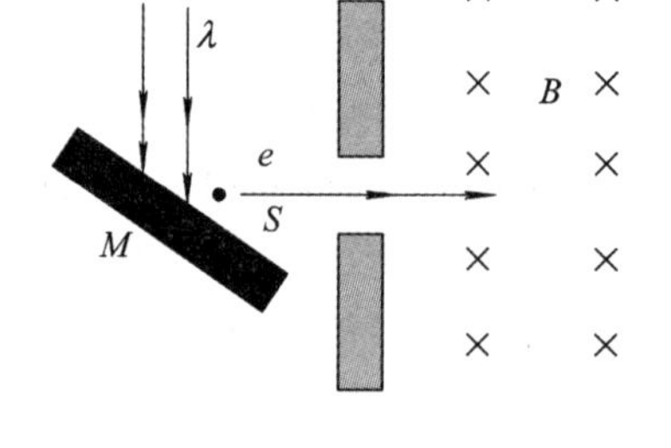

例 15.2.2 图

电子的动能为

$$\frac{1}{2}mv^2=\frac{e^2B^2R^2}{2m}$$

由光电效应方程

$$h\nu=\frac{1}{2}mv^2+W$$

得到逸出功为

$$W=h\nu-\frac{1}{2}mv^2=h\frac{c}{\lambda}-\frac{e^2B^2R^2}{2m}$$

例 15.2.2

(2) 由遏止电势差 U_a 与动能的关系

$$eU_a=\frac{1}{2}mv^2=\frac{e^2B^2R^2}{2m}$$

可直接得到

$$U_a=\frac{eB^2R^2}{2m}$$

例 15.2.3 在一定条件下，人眼视网膜能够对 5 个蓝绿光光子($\lambda_1=500$ nm)产生光的感觉.

(1) 此时视网膜上接收的光能量为多少？

(2) 如果每秒钟都能吸收 5 个这样的光子，则到达眼睛的功率多大？

(3) 若换成 $\lambda_2 = 400$ nm 的紫光，则功率为多大？

解　(1) $E = nh\nu = n\dfrac{hc}{\lambda} = 5\times\dfrac{6.63\times10^{-34}\times3.0\times10^{8}}{500\times10^{-9}} = 1.99\times10^{-18}$ J

(2) $P = \dfrac{E}{t} = 1.99\times10^{-18}$ W

(3) $P = \dfrac{E}{t} = n\dfrac{hc}{\lambda t} = 5\times\dfrac{6.63\times10^{-34}\times3.0\times10^{8}}{400\times10^{-9}} = 2.5\times10^{-18}$ W

说明在相同的条件下，紫光对人眼的作用较强. 但人眼对不同频率光的敏感程度不同，人眼敏感的是 550 nm 左右的黄绿光；感光胶片对紫光感光较强. 对彩色摄影来说，一般在摄影镜头的前面均需添加一枚 UV 镜(紫外滤光片)或天光镜，以吸收掉紫外线或蓝绿光线，不使照片偏蓝，从而提高色彩的饱和度.

15.2.2　康普顿效应

当光照射到非均匀物体(雾、悬浮微粒)上，就会向各个方向散开，这种现象称为**光的散射**. 当 X 光照射到散射物质时也会产生散射现象. 康普顿和吴有训在利用石墨做实验时发现，在 X 射线的散射光线中，其波长除了有与原入射线波长相同的成分外，还有波长较长的成分. 这种有波长改变的散射称为**康普顿散射**(或称**康普顿效应**)，如图 15.2.6 所示，其中散射光线与入射光线之间的夹角 φ 称为散射角.

1923 年，31 岁的康普顿应用爱因斯坦的光量子理论，建立了光子和石墨中电子的弹性碰撞模型，成功地解释了散射波长的频移问题，并和威尔逊(云雾室)一起分获 1927 年诺贝尔物理学奖.

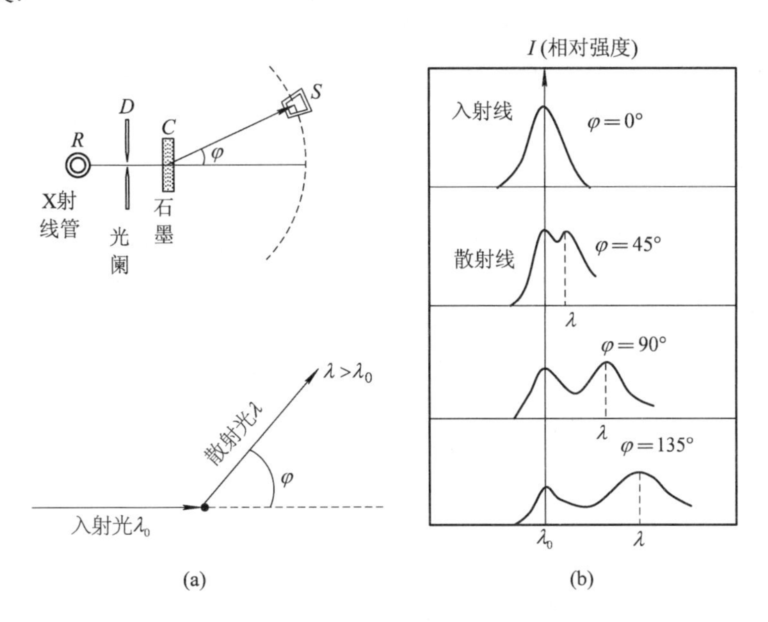

图 15.2.6　康普顿散射示意图

1. 康普顿效应的实验现象

如图 15.2.6(b)所示，在康普顿效应中发现如下四条实验规律：

(1) 康普顿散射线中不仅有与原入射波长 λ_0 相同的射线，也有波长 λ 大于 λ_0 的射线.

（2）在原子量小的散射物质中，康普顿散射强度较强，如散射物质为钠(Na)；在原子量大的物质中，康普顿散射强度较弱，如铁(Fe).

（3）散射线与入射线波长的差值 $\Delta\lambda=\lambda-\lambda_0$，随散射角 φ 而异，当 φ 增加时，$\Delta\lambda$ 也增大.

（4）对同一散射角，所有散射物质的波长改变量 $\Delta\lambda=\lambda-\lambda_0$ 相同.

2. 康普顿效应的解释

根据经典电磁波理论，当电磁波通过物质时，物质中带电粒子将作受迫振动，其频率等于入射光的频率，所以它所发射的散射光的频率也应等于入射光的频率. 因此用经典理论无法解释波长的改变和散射角的关系.

根据光子理论就可以圆满地解释康普顿效应.

若光子和散射物质原子外层电子(相当于自由电子)相碰撞，光子有一部分能量传给电子，散射光子的能量减少，频率变低，因此波长变长，这就是康普顿效应的结果.

若光子和被原子核束缚很紧的内层电子相碰撞时，就相当于和整个原子相碰撞，由于光子质量远小于原子质量，碰撞过程中光子传递给原子的能量很少，碰撞前后光子能量几乎不变，故在散射光中仍然保留入射光波长的成分，波长不变. 这样就能解释上述第二条实验现象.

因为碰撞中交换的能量和碰撞的角度有关，所以波长改变和散射角有关. 下面利用弹性碰撞的规律来定量解释上述第三条、第四条实验结果.

假设 X 射线的散射是单个光子和单个电子发生弹性碰撞的结果.

在固体如各种金属中，有许多和原子核联系较弱的电子可以看作自由电子. 由于这些电子的热运动平均动能(约百分之几电子伏特)和入射的 X 射线光子的能量($10^4\sim10^5$ eV)比起来可以略去不计，因而这些电子在碰撞前可以看作是静止的. 如果频率为 ν_0 的入射光子与静止电子进行弹性碰撞：

碰撞前：电子具有静止能量 m_0c^2，动量为零；入射光子具有能量 $h\nu_0$，动量为$\dfrac{h\nu_0}{c}\boldsymbol{e}_0$.

碰撞后：电子具有总能量 mc^2，动量为 $m\boldsymbol{v}$；散射光子具有能量 $h\nu$，动量为$\dfrac{h\nu}{c}\boldsymbol{e}$，散射角为 φ. 这里用 $\boldsymbol{e}_0$ 和 $\boldsymbol{e}$ 分别表示碰撞前和碰撞后光子运动方向上的单位矢量，如图 15.2.7 所示.

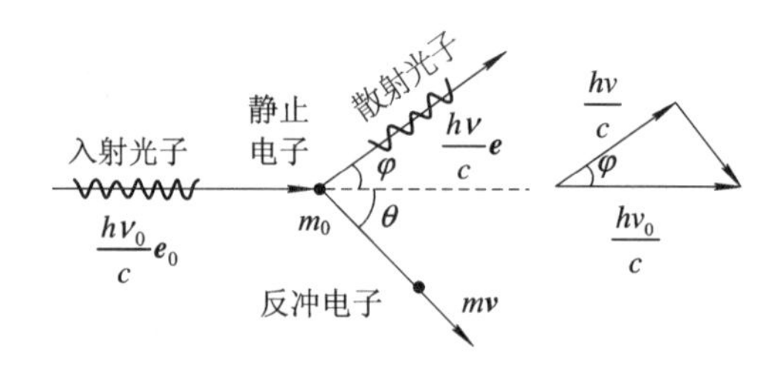

图 15.2.7　光子与自由电子的碰撞

按照完全弹性碰撞时能量和动量均守恒，应该有

$$h\nu_0+m_0c^2=h\nu+mc^2 \tag{15.2.7}$$

$$\frac{h\nu_0}{c}\boldsymbol{e}_0=\frac{h\nu}{c}\boldsymbol{e}+m\boldsymbol{v} \tag{15.2.8}$$

由于反冲电子的速度可能很大，因此式中考虑了相对论效应中质量的关系

$$m = \frac{m_0}{\sqrt{1 - v^2/c^2}}$$

由上述两个式子可求得散射光波长 λ 和入射光波长 λ_0 的增量为

$$\Delta\lambda = \lambda - \lambda_0 = \frac{h}{m_0 c}(1 - \cos\varphi) \tag{15.2.9}$$

此式称为康普顿散射公式，式中 $\frac{h}{m_0 c}$ 具有波长的量纲，称为电子的康普顿波长，以 λ_c 表示. 将普朗克常数 h、光速 c、电子静止质量 m_0 的值代入可算出

$$\lambda_c = 2.43 \times 10^{-3}\ \text{nm} \tag{15.2.10}$$

它与短波 X 射线的波长相当.

从上述分析可知，入射光子和电子碰撞时，将其一部分能量传给了电子，因而光子的能量减少，频率降低，波长变长. 波长偏移 $\Delta\lambda$ 和散射角 φ 的关系式(15.2.9)也与实验结果定量地符合. 式(15.2.9)还表明，波长的偏移 $\Delta\lambda$ 与散射物质以及入射 X 射线的波长 λ_0 无关，只与散射角 φ 有关，这样就定量地解释了康普顿散射实验的第三条、第四条结论.

康普顿散射的理论和实验的完全相符，曾在量子论的发展中起过重要的作用. 它不仅有力地证明了光具有波粒二象性，而且还证明了光子和微观粒子的相互作用过程也严格遵守动量守恒定律和能量守恒定律，也就是说，微观物理规律也照样遵循动量守恒和能量守恒定律.

应该指出，康普顿散射只有在入射光的波长与电子的康普顿波长可以相比拟时才显著. 例如，入射光波长 $\lambda_0 = 400$ nm 时，在 $\varphi = \pi$ 的方向上，散射光波长偏移 $\Delta\lambda = 4.8 \times 10^{-3}$ nm，$\Delta\lambda/\lambda_0 = 10^{-5}$，这种情况下很难观察到康普顿散射. 而当入射光波长为 $\lambda_0 = 0.05$ nm，$\varphi = \pi$ 时，虽然波长的偏移仍为 $\Delta\lambda = 4.8 \times 10^{-3}$ nm，但 $\Delta\lambda/\lambda_0 \approx 10\%$，这时就能比较明显地观察到康普顿散射了. 这也就是选用 X 射线观察康普顿散射的原因.

在光电效应中，入射光是可见光或紫外线，所以康普顿效应不显著.

3. 康普顿效应的意义

(1) 证明了光子假设的正确性.

(2) 证明了光子动量、能量表达式的正确性.

(3) 证明了在光子与电子的相互作用过程中，动量和能量依然守恒.

康普顿因发现康普顿效应而获得了 1927 年诺贝尔物理学奖.

4. 康普顿效应与光电效应的异同

康普顿效应与光电效应都涉及光子与电子的相互作用.

在光电效应中，入射光为可见光或紫外线，其光子能量为 eV 数量级，与原子中电子的束缚能相差不远，光子能量全部交给电子使之逸出，并具有初动能. 光电效应证实了此过程服从能量守恒定律.

在康普顿效应中，入射光为 X 射线或 γ 射线，光子的能量为 10^4 eV 数量级甚至更高，远大于散射物质中电子的束缚能，原子中的外层电子可视为自由电子，光子能量只被自由电子吸收了一部分并发生散射.

例 15.2.4 波长 $\lambda_0 = 0.01$ nm 的 X 射线与静止的自由电子碰撞. 在与入射光成 90°角

的方向上观察时，康普顿散射 X 射线的波长多大？反冲电子的动能和动量各如何？

解 将 $\varphi=90°$代入式(15.2.9)，可得

$$\Delta\lambda=\lambda-\lambda_0=\lambda_c(1-\cos\varphi)=\lambda_c(1-\cos 90°)=\lambda_c$$

由此得康普顿散射波长为

$$\lambda=\lambda_0+\lambda_c=0.01+0.0024=0.0124\ \text{nm}$$

根据能量守恒，反冲电子所获得的动能 E_k 就等于入射光子损失的能量，即

$$\begin{aligned}E_k&=h\nu_0-h\nu=hc\left(\frac{1}{\lambda_0}-\frac{1}{\lambda}\right)=\frac{hc\Delta\lambda}{\lambda_0\lambda}\\&=\frac{6.63\times10^{-34}\times3\times10^{8}\times0.0024\times10^{-9}}{0.01\times10^{-9}\times0.0124\times10^{-9}}=3.8\times10^{-15}\ \text{J}\\&=2.4\times10^{4}\ \text{eV}\end{aligned}$$

计算电子的动量，如例 15.2.4 图所示，其中 p_e 为电子碰撞后的动量. 根据动量守恒，有

$$p_e\cos\theta=\frac{h}{\lambda_0},\quad p_e\sin\theta=\frac{h}{\lambda}$$

两式平方相加并开方，得

$$\begin{aligned}p_e&=\frac{(\lambda_0^2+\lambda^2)^{1/2}}{\lambda_0\lambda}h\\&=\frac{[(0.01\times10^{-9})^2+(0.0124\times10^{-9})^2]^{1/2}}{0.01\times10^{-9}\times0.0124\times10^{-9}}\times6.63\times10^{-34}\\&=8.5\times10^{-23}\ \text{kg}\cdot\text{m/s}\end{aligned}$$

$$\cos\theta=\frac{h}{p_e\lambda_0}=\frac{6.63\times10^{-34}}{8.5\times10^{-23}\times0.01\times10^{-9}}=0.78$$

由此得

$$\theta=38°44'$$

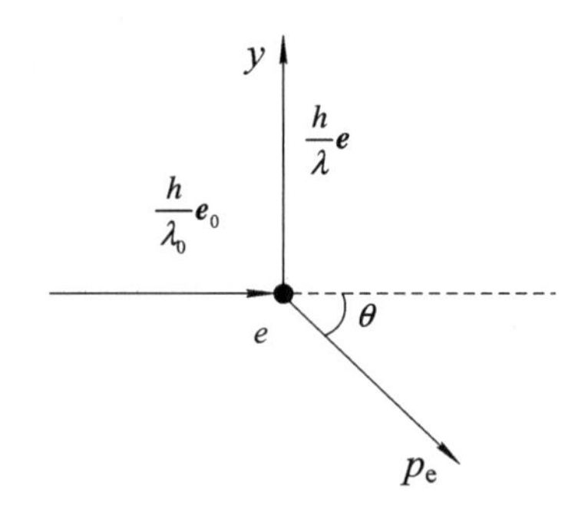

例 15.2.4 图

例 15.2.5 光子能量为 0.5 MeV 的 X 射线，入射到某种物质而发生康普顿散射. 若反冲电子的动能为 0.1 MeV，则散射光波长的改变量与入射光波长之比值是多少？

解 电子的静止能量为

$$m_0c^2=9.1\times10^{31}\times9\times10^{16}\ \text{J}=8.19\times10^{-14}\ \text{J}=0.5\ \text{MeV}$$

反冲电子的总能量为 0.6 MeV. 散射时能量守恒，有

$$h\nu'+0.6=0.5+0.5$$

例 15.2.5

则散射光的能量为 $h\nu'=0.4$ MeV，所以散射光波长的改变量与入射光波长之比值为

$$\frac{\Delta\lambda}{\lambda_0}=\frac{\lambda-\lambda_0}{\lambda_0}=\frac{\nu_0}{\nu'}-1=0.25$$

15.3 实物粒子的波粒二象性

15.3.1 德布罗意物质波假设

1900年普朗克假定光(电磁)辐射是以分立的量子形式存在的，1905年爱因斯坦在解释光电效应时假定光不仅在与物质的相互作用时具有量子性，而且在空间传播时也具有量子性. 光的干涉和衍射表明光具有明显的波动性，偏振现象表明光具有横波性，而普朗克理论和爱因斯坦理论的成功解释又表明光具有粒子性，因此光具有在宏观世界里互不相容的两重特性——波粒二象性.

1924年，德布罗意在光的波粒二象性的启发下想到：自然界在许多方面都有明显的对称，如果光具有波粒二象性，那么实物粒子，如电子，也应该具有波粒二象性. 他把光子的能量-频率和动量-波长的关系式(15.2.2)和(15.2.6)借来，认为与一个实物粒子的能量 E 和动量 p 相联系的波的频率 ν 和波长 λ 的定量关系与光子的一样，即有

$$\begin{cases}\nu=\dfrac{E}{h}\\[2ex]\lambda=\dfrac{h}{p}\end{cases}\tag{15.3.1}$$

应用于实物粒子的这些波粒二象性公式称为德布罗意公式或德布罗意假设. 和实物粒子相联系的波称为物质波或德布罗意波，式(15.3.1)给出了相应的德布罗意波长.

德布罗意关系式是采用类比方法提出的，当时并没有任何直接证据. 但是，爱因斯坦慧眼有识，当他闻知德布罗意的假设后就评论说："我相信这一假设的意义远远超出了单纯的类比." 事实上，德布罗意的假设不久就得到了电子衍射的实验证实，而且导致了量子力学的建立.

15.3.2 德布罗意物质波的实验验证

1925年，戴维逊和革末进行了电子束在晶体表面上的散射，观察到和X射线衍射图案类似的结果. 在了解到德布罗意的物质波概念后，通过分析，他们认为这就是电子的衍射现象，并于1927年进行了较精确的实验，证实了电子的波动性. 他们的实验装置简图如图15.3.1(a)所示，一束电子射到镍晶体的某一晶面上，同时用探测器测量沿不同方向散射的电子束强度. 实验发现，当入射电子的能量为54 eV时，在 $\varphi=50°$ 的方向上散射电子束的强度最大，如图15.3.1(b)所示.

如果将电子束按类似于X射线在晶体表面衍射来分析，由图15.3.1(c)可知，由布拉格衍射方程，散射电子束出现强度极大的方向应满足下列条件：

$$2d\sin\theta=k\lambda\qquad(k=1,2,3,\cdots)\tag{15.3.2}$$

式中，d 为原子层之间的距离；θ 为掠射角. 已知镍的一组晶面间距为 $d=9.1\times10^{-11}$ m，按式(15.3.2)给出"电子波"的波长应为

$$\lambda=\frac{2d\sin\theta}{k}=\frac{2d\sin(90°-\varphi/2)}{k}=\frac{2\times9.1\times10^{-11}\times\sin65°}{1}=0.165\ \text{nm}$$

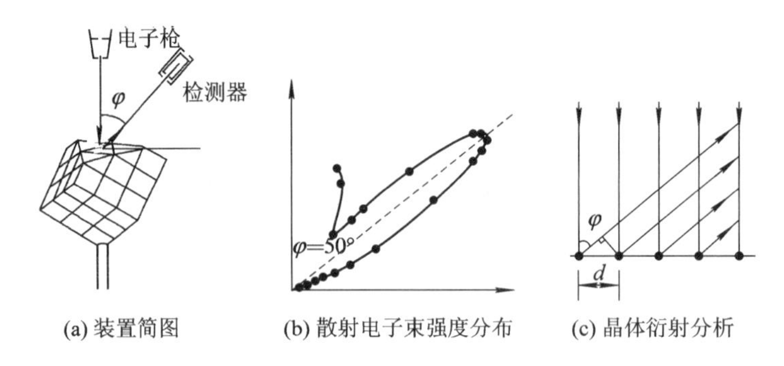

图 15.3.1　电子的波动性实验

而按德布罗意物质波假设公式(15.3.2)，该“电子波”的波长应为

$$\lambda=\frac{h}{mv}=\frac{h}{\sqrt{2mE_k}}=\frac{6.63\times10^{-34}}{\sqrt{2\times9.1\times10^{-31}\times54\times1.6\times10^{-19}}}=0.167\ \text{nm}$$

可见，按物质波假设得到的这一结果和实验结果符合得很好，这就证明了电子具有波动性.

同年，汤姆逊进行了电子束穿过多晶薄膜的衍射实验，如图 15.3.2(a)所示，成功得到了电子衍射图样，如图 15.3.2(b)所示. 电子衍射图样与 X 射线通过多晶薄膜产生的衍射图样极为相似.

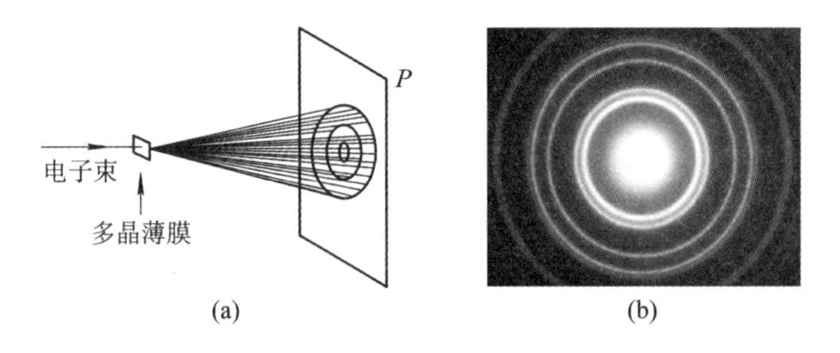

图 15.3.2　电子衍射实验

除了电子外，之后还陆续用实验证实了中子、质子以及原子甚至分子等都具有波动性，如图 15.3.3 和图 15.3.4 所示，德布罗意公式对这些粒子同样正确.

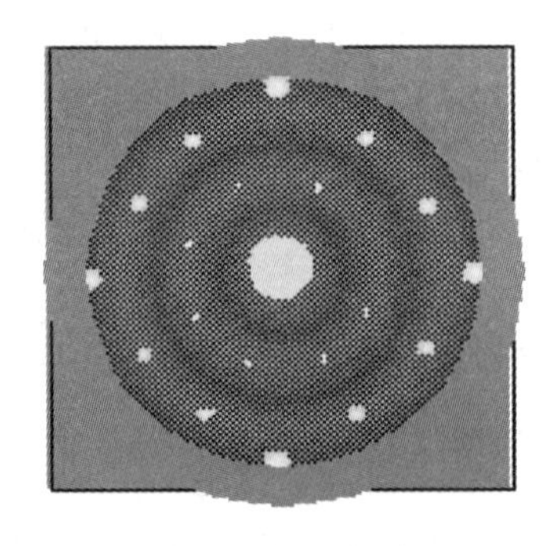

图 15.3.3　UO_2 晶体的电子衍射

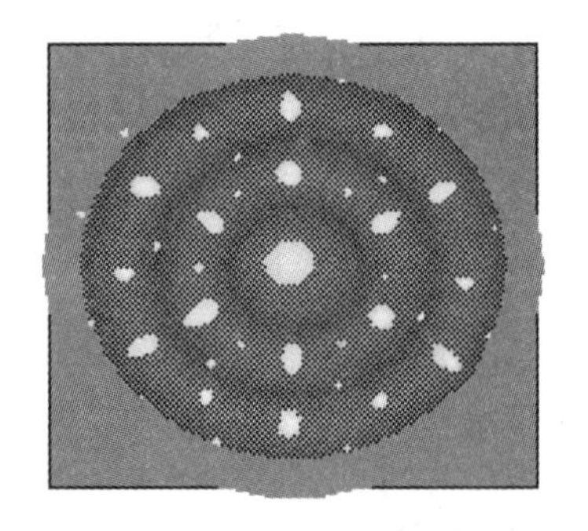

图 15.3.4　NaCl 晶体的中子衍射

在经典物理中，电子、质子、中子等微粒只具有粒子的特性，而电子衍射等实验中又

观测到它们具有波动的特性，这样微观粒子表现出波粒二象性.

物质的波粒二象性是客观的普遍规律，所有物体都具有粒子性和波动性. 从式(15.3.1)可见，普朗克常数是联系客观物体波动性和粒子性的桥梁，在微观领域中，普朗克常数是一个非常重要的常数. 若不考虑普朗克常数，物理规律就回到了宏观领域. 宏观物体的德布罗意波长小到难以测量的程度，因而宏观物体仅表现出粒子性的一面，而不表现出波动性的一面.

例 15.3.1　计算电子经过 $U_1=100$ V 和 $U_2=10\ 000$ V 的电压加速后的德布罗意波长 λ_1 和 λ_2 分别是多少？

解　经过电压 U 加速后，不考虑相对论效应，电子的动能为

$$\frac{1}{2}mv^2=eU$$

由此可得

$$v=\sqrt{\frac{2eU}{m}}$$

根据德布罗意公式电子的德布罗意波长为

$$\lambda=\frac{h}{p}=\frac{h}{mv}=\frac{h}{\sqrt{2emU}}$$

代入已知数据，计算可得

$$\lambda_1=0.123\ \text{nm},\ \lambda_2=0.0123\ \text{nm}$$

例 15.3.2　在电子枪中，若电子的动能为 200 eV，则该电子的德布罗意波长是多少？当该电子在运动中遇到直径为 1 mm 的孔或障碍物时，它将表现出粒子性，还是波动性？

例 15.3.2

解　电子的动量为

$$p=mv=m\sqrt{\frac{2E_k}{m}}=\sqrt{2mE_k}$$

根据德布罗意公式，得电子波长为

$$\lambda=\frac{h}{p}=\frac{h}{\sqrt{2mE_k}}=\frac{6.626\times10^{-34}}{\sqrt{2\times9.11\times10^{-31}\times200\times1.6\times10^{-19}}}=8.683\times10^{-11}\ \text{m}$$

对于直径为 $d=1\ \text{mm}=1\times10^{-3}$ m 的孔或障碍物，由于障碍物的尺寸 d 远大于电子的德布罗意波长 λ，所以电子将主要表现出粒子性的一面.

例 15.3.3　α 粒子在磁感应强度为 $B=0.025$ T 的均匀磁场中沿半径 $R=0.83$ cm 的圆形轨道运动.

(1) 计算其德布罗意波长；

(2) 若质量 $m=0.1$ g 的小球以与 α 粒子相同的速率运动，则其波长为多少？

(α 粒子的质量 $m_\alpha=6.64\times10^{-27}$ kg，普朗克常数 $h=6.626\times10^{-34}$ J·s，基本电荷 $e=1.6\times10^{-19}$ C)

解　(1) 根据德布罗意波长公式 $\lambda=\dfrac{h}{mv}$ 和粒子的动量，可用它在磁场中作圆周运动来确定：

$$qvB = \frac{m_\alpha v^2}{R}$$

其中 $q=2e$，则

$$m_\alpha v = 2eBR$$

可得

$$\lambda_\alpha = \frac{h}{2eRB} = 0.01\ \text{nm}$$

（2）由(1)中 $m_\alpha v=2eBR$，对于质量为 m 的小球，其德布罗意波长为

$$\lambda_{球} = \frac{h}{m_{球} v} = \frac{h}{m_\alpha v} \cdot \frac{m_\alpha}{m_{球}} = \lambda_\alpha \cdot \frac{m_\alpha}{m_{球}} = 6.63\times10^{-24}\ \text{nm}$$

15.4 不确定关系

在经典力学中，粒子(质点)的运动状态是用位置坐标和动量来描述的，而且这两个量都可以同时准确地予以测量，这就是我们讲述过的牛顿力学的确定性. 因此，可以说同时准确地测量粒子(质点)在任意时刻的坐标和动量是经典力学赖以保持有效的关键. 然而，对于具有波粒二象性的微观粒子来说，是否也能用确定的坐标和确定的动量来描述呢？下面我们以电子通过单缝的衍射为例来进行讨论.

如图 15.4.1 所示，设有一束电子沿 Oy 轴以动量 p 通过宽度为 Δx 的单缝后发生衍射，在观测屏上的照相底板上形成衍射条纹. 现在考虑一个电子通过狭缝时的位置和动量问题. 对一个电子来说，我们不能确定地说它是从狭缝的哪一点通过的，而只能说它是从宽为 Δx 的缝中通过的，因此它在 x 方向上位置的不确定范围就是狭缝的宽度 $\Delta x=b$. 那么，它沿 x 方向的动量 p_x 的不确定范围又是多大呢？

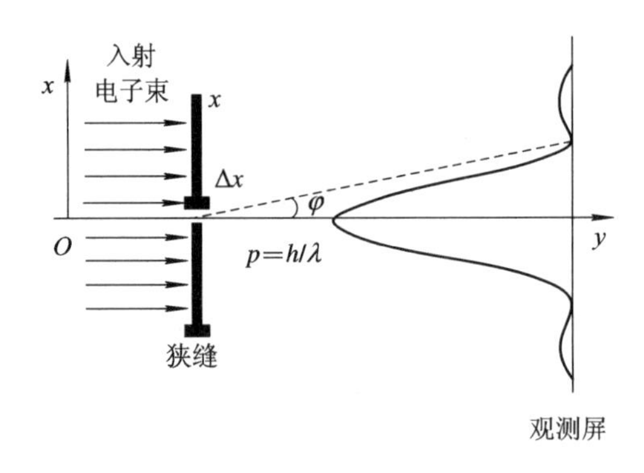

图 15.4.1 电子单缝衍射示意图

如果只考虑一级衍射图样($k=1$)，则电子被限制在一级最小的衍射角范围内，根据光的单缝衍射规律

$$\sin\varphi = \frac{\lambda}{b}$$

其中 b 是单缝宽度，φ 是一级衍射角，则电子动量沿着 Ox 轴方向分量的不确定范围为

$$\Delta p_x = p\sin\varphi = p\,\frac{\lambda}{b}$$

根据德布罗意公式

$$\lambda=\frac{h}{p}$$

得到

$$\Delta p_x \cdot \Delta x = h \tag{15.4.1}$$

式中，Δx 是 Ox 轴上电子坐标的不确定范围，Δp_x 是沿 Ox 轴方向电子动量分量的不确定范围.

一般来说，如果把次级衍射图样也考虑在内，则式(15.4.1)应写为

$$\Delta p_x \cdot \Delta x \geqslant h$$

这个关系式称为**不确定关系式**. 它不仅适用于电子，也适用于其他微观粒子. 不确定关系表明，对于**微观粒子不能同时用确定的位置和确定的动量来描述**.

根据更严格的量子力学观点，粒子坐标和坐标方向上动量分量的不确定关系应为

$$\Delta p_x \cdot \Delta x \geqslant \frac{\hbar}{2},\ \hbar=\frac{h}{2\pi}$$

同理有

$$\Delta p_y \cdot \Delta y \geqslant \frac{\hbar}{2},\ \Delta p_z \cdot \Delta z \geqslant \frac{\hbar}{2} \tag{15.4.2}$$

另外，不确定关系不仅存在于粒子的位置和动量之间，而且粒子的能量 E 和时间 t 之间也具有类似的不确定性，即

$$\Delta E \cdot \Delta t \geqslant \frac{\hbar}{2} \tag{15.4.3}$$

不确定关系是海森堡于 1927 年提出的，这个关系明确指出，对微观粒子来说，企图同时确定其位置和动量是办不到的，也是没有意义的. 并且对这种企图给出了定量的界限，即坐标不确定和动量不确定的乘积，不能小于普朗克常数(也称作用量子)h. 微观粒子的这个特性，是由于它既具有粒子性，也具有波动性的缘故，是微观粒子波粒二象性的必然表现.

然而，应强调的是，作用量子 h 是一个极小的量，其数量级仅为 10^{-34}. 所以，不确定关系在微观领域表现明显，而在宏观领域表现不明显.

例 15.4.1　设子弹的质量为 0.01 kg，枪口的直径为 0.5 cm，试用不确定性关系计算子弹射出枪口时的横向速度.

解　枪口的直径看作是子弹射出时位置在垂直方向的不确定度 Δy，那么它与该方向的动量不确定度 Δp_y 满足关系式 $\Delta p_y \cdot \Delta y \geqslant \hbar/2$. 由于 $\Delta p_y = m\Delta v_y$，所以垂直方向速度的不确定度应该满足：

$$\Delta v_y \geqslant \frac{\hbar}{2} \cdot \frac{1}{m\Delta y} = \frac{6.626\times 10^{-34}}{2\times 2\pi \times 0.01 \times 0.5 \times 10^{-2}} = 1.05\times 10^{-30}\ \mathrm{m \cdot s^{-1}}$$

可见，由于波动性引起的子弹飞行方向的偏离，相对于瞄准等引起的宏观误差来说，完全可以忽略不计.

15.5　波函数　薛定谔方程

在德布罗意的物质波概念提出后，立即引起了轰动. 当物质波的概念传到苏黎世时，

物理学家德拜建议他的学生薛定谔作一场报告，介绍物质波这个新概念. 报告后，德拜告诉薛定谔："既然有了波，就应该有一个波动方程." 于是薛定谔开始着手建立波动方程. 在德布罗意关于物质波的假设中没有这种方程，他只是把光的二象性类推到实物粒子. 很快，薛定谔就得到了一个方程，这就是以后著名的薛定谔方程——量子力学的基本方程，所有量子力学问题的解都是由解薛定谔方程而得到的.

引入薛定谔方程的想法是：先假定自由粒子的波动是平面波，则微分方程的最基本的形式可以由平面波引入，再考虑有势能存在的情况下作相应的修正得出薛定谔方程. 它的正确性是由其结果能够解释已知的实验事实，并且能够推断出尚未发现的实验现象来验证的. 薛定谔方程的解即为波函数. 波函数是描述具有波粒二象性的微观粒子状态的函数. 关于波函数的物理意义，怎样从哲学意义上理解波函数或者说薛定谔方程的解，构成了哥本哈根学派的另一个核心内容.

薛定谔方程在量子力学中的地位和作用相当于牛顿方程在经典力学中的地位和作用. 用薛定谔方程可以求出给定势场中的波函数，从而了解粒子的运动情况. 作为一个基本方程，薛定谔方程不可能由其他更基本的方程推导出来，它是量子力学的一个基本假设，只能通过某种方式建立起来，然后主要看其所得的结论应用于微观粒子时是否与实验结果相符. 薛定谔方程当初尽管是"猜"加"凑"出来的，但是通过时间证明它是正确的.

为了便于理解，我们借助力学中平面波的波动方程"推导"出量子力学中的薛定谔方程.

15.5.1 实物粒子的波函数

我们知道，一维运动的、初相位为 0 的平面机械谐波的波动方程为

$$\Psi(x, t) = A\cos 2\pi\left(\nu t - \frac{x}{\lambda}\right) \tag{15.5.1}$$

如果沿着 $\boldsymbol{n}$ 方向传播，则三维情况 $\Psi(\boldsymbol{r}, t)=\Psi(x, y, z, t)$，

$$\Psi(\boldsymbol{r}, t) = A\cos[\omega t - \boldsymbol{k}\cdot\boldsymbol{r}] \tag{15.5.2}$$

写成复数形式：

$$\Psi(\boldsymbol{r}, t) = A\mathrm{e}^{-i(\omega t - \boldsymbol{k}\cdot\boldsymbol{r})} \tag{15.5.3}$$

式中，$\boldsymbol{k}$ 为波矢，$\boldsymbol{k}=\frac{2\pi}{\lambda}\boldsymbol{n}$；$A$ 为振幅，波强度正比于 A^2. 式(15.5.3)的实部就是式(15.5.2).

现在将机械波变为微观粒子的物质波，将德布罗意物质波的波粒二象性特征：

$$\omega = \frac{E}{\hbar},\ \boldsymbol{k} = \frac{\boldsymbol{p}}{\hbar},\ \left(|\boldsymbol{k}| = \frac{2\pi}{\lambda}\right)$$

代入式(15.5.3)，对三维情况的德布罗意波函数，将振幅 A 变为 Ψ_0，$\Psi(\boldsymbol{r}, t)=\Psi(x, y, z, t)$，则

$$\Psi(\boldsymbol{r}, t) = \Psi_0\mathrm{e}^{-\frac{i}{\hbar}(Et-\boldsymbol{p}\cdot\boldsymbol{r})} \tag{15.5.4}$$

$$= \Psi_0\mathrm{e}^{-\frac{i}{\hbar}[Et-(p_x x+p_y y+p_z z)]} \tag{15.5.5}$$

$\Psi(\boldsymbol{r}, t)$为复指数函数. 则波函数的复共轭与本身的乘积，即模的平方为

$$|\Psi|^2 = \Psi^*\Psi = \Psi_0\mathrm{e}^{-\frac{i}{\hbar}(Et-\boldsymbol{p}\cdot\boldsymbol{r})}\cdot\Psi_0\mathrm{e}^{\frac{i}{\hbar}(Et-\boldsymbol{p}\cdot\boldsymbol{r})} = |\Psi_0|^2 \tag{15.5.6}$$

15.5.2　薛定谔方程

1. 一维单能自由粒子的薛定谔方程

单能自由粒子：粒子是自由的，不受外界作用，因此本身没有势能，能量仅具有动能．我们由机械平面波的波函数类比出来．设质量为 m 的自由粒子作匀速直线运动(一维)，则其波函数为

$$\Psi(x, t) = \Psi_0 e^{-\frac{i}{\hbar}(Et-px)} \tag{15.5.7}$$

对式(15.5.7)中的 x 求二阶导数：

$$\frac{\partial^2 \Psi}{\partial x^2} = -\frac{p^2}{\hbar^2}\Psi \tag{15.5.8}$$

对式(15.5.7)中的 t 求一阶导数：

$$\frac{\partial \Psi}{\partial t} = -\frac{i}{\hbar}E\Psi \tag{15.5.9}$$

式(15.5.8)$\times \frac{\hbar^2}{2m}$：

$$\frac{\partial^2 \Psi}{\partial x^2} \cdot \frac{\hbar^2}{2m} = -\frac{p^2}{2m}\Psi \tag{15.5.10}$$

式(15.5.9)$\times i\hbar$：

$$i\hbar \frac{\partial \Psi}{\partial t} = E\Psi \tag{15.5.11}$$

非相对论情况下，有

$$E = \frac{p^2}{2m} \tag{15.5.12}$$

由式(15.5.10)、式(15.5.11)、式(15.5.12)得

$$-\frac{\hbar}{2m}\frac{\partial^2 \Psi}{\partial x^2} = i\hbar \frac{\partial \Psi}{\partial t} \tag{15.5.13}$$

这就是一维自由粒子的薛定谔方程.

2. 一般薛定谔方程

设粒子在势场中运动，其能量为动能与势能之和，即

$$E = E_k + U = \frac{p^2}{2m} + U \tag{15.5.14}$$

式中，$U(x, t)$是体系的势能；m 是粒子质量. 式(15.5.14)两边同乘 $\Psi(x, y, z, t)$，将 $\Psi(x, y, z, t)$简写为 Ψ，则

$$E\Psi = \frac{p^2}{2m}\Psi + U\Psi$$

得

$$-\frac{\hbar^2}{2m}\frac{\partial^2 \Psi}{\partial x^2} + U\Psi = i\hbar \frac{\partial \Psi}{\partial t} \tag{15.5.15}$$

这就是一维势场中运动粒子的**一般薛定谔方程**.

对三维运动的情况，则得一般薛定谔方程为

$$-\frac{\hbar^2}{2m}\nabla^2\Psi+U(x,\ y,\ z,\ t)\Psi=i\hbar\frac{\partial\Psi}{\partial t}\tag{15.5.16}$$

其中：$\frac{\partial^2}{\partial x^2}+\frac{\partial^2}{\partial y^2}+\frac{\partial^2}{\partial z^2}=\nabla^2$ 是拉普拉斯算符；势能 $U(x,\ y,\ z,\ t)$是空间和时间的函数.

引入哈密顿能量算符

$$\hat{H}=-\frac{\hbar^2}{2m}\nabla^2+U(x,\ y,\ z,\ t)\tag{15.5.17}$$

则式(15.5.16)变为

$$\hat{H}\Psi=i\hbar\frac{\partial\Psi}{\partial t}\tag{15.5.18}$$

这就是微观低速粒子体系满足的一般薛定谔方程.

对不同条件的微观粒子体系，其势能不同，因而哈密顿算符 $\hat{H}$ 不一样. 只要写出 $\hat{H}$，就可得到式(15.5.18)所示的薛定谔方程，在一定的边界条件和初始条件下，原则上就可解式(15.5.18)的偏微分方程，解出波函数 $\Psi(x,\ y,\ z,\ t)$.

从数学角度讲，式(15.5.18)的薛定谔方程是线性齐次偏微分方程，如果 Ψ_1 是方程的解，Ψ_2 是方程的另一个解，则 $c_1\Psi_1+c_2\Psi_2$(c_1、c_2 是任意复常数)也是它的解，这与叠加原理相吻合.

如果体系由 N 个粒子组成，用 $\boldsymbol{r}_1$，$\boldsymbol{r}_2$，…，$\boldsymbol{r}_N$ 表示这 N 个粒子的坐标，体系波函数是 $\boldsymbol{r}_1$，$\boldsymbol{r}_2$，…，$\boldsymbol{r}_N$ 的函数，则哈密顿算符为

$$\hat{H}=\sum_{i=1}^{N}\left[-\frac{\hbar^2}{2m_i}\nabla_i^2+U_i(\boldsymbol{r}_i,\ t)\right]\tag{15.5.19}$$

多粒子体系的薛定谔方程形式仍为

$$\hat{H}\Psi=i\hbar\frac{\partial\Psi}{\partial t}\tag{15.5.20}$$

3. 定态薛定谔方程

原则上，波函数是时空 $(x,\ y,\ z,\ t)$ 四个变量的函数，亦即在式(15.5.17)中 $U(x,\ y,\ z,\ t)$ 与时间有关. 如果势能与时间 t 无关，即粒子处于稳定的不随时间变化的势能场中运动，利用分离变量法，我们把波函数写成含空间变量的函数 $\psi(x,\ y,\ z)$和含时间变量的函数 $f(t)$的乘积，即

$$\Psi(x,\ y,\ z,\ t)=\psi(x,\ y,\ z)\cdot f(t)\tag{15.5.21}$$

代入式(15.5.18)，等式两边同除以 $\psi(x,\ y,\ z)\cdot f(t)$得

$$\frac{1}{\psi}\left[-\frac{\hbar^2}{2m}\nabla^2\psi+U\psi\right]=i\hbar\frac{1}{f}\frac{\mathrm{d}f}{\mathrm{d}t}\tag{15.5.22}$$

由于时间和空间是两个独立的自变量，式(15.5.22)两边分别是时间和空间的函数，等式要成立只能都等于独立于时空坐标的一个常量，令这个常量为 E，则式(15.5.22)变成了两个方程：

$$i\hbar\frac{1}{f}\frac{\mathrm{d}f}{\mathrm{d}t}=E\tag{15.5.23}$$

$$-\frac{\hbar^2}{2m}\nabla^2\psi+U\psi=E\psi\tag{15.5.24}$$

由式(15.5.23)，得

$$f = C\mathrm{e}^{-\frac{i}{\hbar}Et} \tag{15.5.25}$$

式中，C 是任意常数，由量纲分析可知上面所令的那个常量 E 恰好就是粒子的能量. 也就是说，只要知道了系统的能量，波函数的含时部分就已知了.

式(15.5.24)是与空间变量有关的波函数：

$$-\frac{\hbar^2}{2m}\nabla^2\psi(x, y, z) + U(x, y, z)\psi(x, y, z) = E\psi(x, y, z) \tag{15.5.26}$$

即

$$\begin{cases} \hat{H}\psi(x, y, z) = E\psi(x, y, z) \\ \hat{H} = -\dfrac{\hbar^2}{2m}\nabla^2 + U(x, y, z) \end{cases} \tag{15.5.27}$$

将其变形为

$$\nabla^2\psi(x, y, z) + \frac{2m}{\hbar^2}(E - U)\psi(x, y, z) = 0 \tag{15.5.28}$$

解出式(15.5.28)中的 $\psi(x, y, z)$，则得含时间空间的波函数为

$$\Psi(x, y, z, t) = \psi(x, y, z)\mathrm{e}^{-\frac{i}{\hbar}Et} \tag{15.5.29}$$

粒子的波函数模方为

$$\begin{aligned} |\Psi(x, y, z, t)|^2 &= \Psi(x, y, z, t)\Psi^*(x, y, z, t) \\ &= \psi(x, y, z)\psi^*(x, y, z) \\ &= |\psi(x, y, z)|^2 \end{aligned} \tag{15.5.30}$$

与时间无关，即波函数的模方将不随时间变化，这样的量子态称为**定态**，其波函数 $\psi(x, y, z)$也叫作**定态波函数**. 当波函数 $\psi(x, y, z)$只是空间坐标的函数时所满足的方程式(15.5.27)称为**定态薛定谔方程**. 定态问题最终归结为求 $\psi(x, y, z)$. 氢原子中电子的运动就是定态问题，电子在原子核附近出现的几率密度不随时间而变化，电子也具有确定的能量. 当考虑电子跃迁等问题时就必须用一般的含时波函数来讨论问题.

4. 波函数及其统计解释

由薛定谔方程解出的波函数 $\Psi(\boldsymbol{r}, t)$一般是位置和时间的函数. 对应经典物理的意义，它相当于描述该位置、该时刻波的振幅的大小. 而薛定谔方程是线性微分方程，作为方程的解的波函数 $\Psi(\boldsymbol{r}, t)$或 $\psi(\boldsymbol{r})$满足叠加原理，这正是波的振幅叠加原理所要求的.

从数学上来说，对于任何能量 E 值，方程(15.5.28)都有解，但并非对所有 E 值的解都能满足物理上的要求. 在经典物理中描述一个实物粒子的运动状态的量必须满足单值、有限、连续和归一化，这些要求也是作为所有物理量应该满足的基本要求.

对于一个粒子，在某时刻一定应该出现在空间某处，即粒子出现在何处应是唯一的——单值性，而且是有限的. 粒子在空间的几率分布应该是连续的——连续性，波函数的连续性是指波函数本身及其一阶导数在空间连续，也就是说波函数没有拐点. 所以 $\Psi(\boldsymbol{r}, t)$必须是时空坐标(x, y, z, t)的**单值、有限、连续**的函数，波函数的单值、有限、连续称为标准化条件.

薛定谔方程的解，作为物理量的波函数 $\Psi(\boldsymbol{r}, t)$或 $\psi(\boldsymbol{r})$的物理意义是什么呢？或者说由波粒二象性引入的德布罗意物质波有什么样的物理意义？而由德布罗意波引出了波函

数，这个波与经典意义上的波是否是同一个波呢，或者说这两种波在概念上是相同的吗？

既然假设德布罗意波描述了微观粒子的运动状态，那它是如何来描写的呢？这就是量子力学的哥本哈根学派的核心内容：波函数的统计解释——波函数的模方描述的是在某位置上、在某时刻发现粒子的概率．从这一点来讲，我们有时也把德布罗意波称为概率波．

那么波函数是如何来描述粒子出现的概率的呢？我们还是与经典波比较一下．例如电磁波，其电场强度的振幅 E 在我们看来是无法直接测量的，而振幅的平方 E^2 即光的强度 I 却是可以测量的．

对应地，我们把德布罗意波函数的模方 $|\Psi(\boldsymbol{r},t)|^2$ 看作是粒子出现的概率，是可以直观测量的，这是量子力学的又一个基本假设：微观粒子体系的状态，完全由坐标和时间决定的波函数 $\Psi(x,t)$ 来描述．

如果把在 t 时刻、在 (x,y,z) 点附近单位体积内找到粒子的概率定义称为概率密度，那么概率密度就是 $\Psi(\boldsymbol{r},t)^*\Psi(\boldsymbol{r},t)=|\Psi(\boldsymbol{r},t)|^2$．

按玻恩的统计解释：波函数在一维空间中某一点的强度（振幅绝对值的平方）和在该点找到粒子的概率成正比．如果是一维空间，则 t 时刻体系出现在 $x\sim x+\mathrm{d}x$ 范围内的概率正比于 $|\Psi(x)|^2\mathrm{d}x$；如果是三维情况，则 t 时刻体系出现在 $x\sim x+\mathrm{d}x$，$y\sim y+\mathrm{d}y$，$z\sim z+\mathrm{d}z$ 范围内的概率 $\propto|\Psi(\boldsymbol{r},t)|^2\mathrm{d}V$，其中 $\mathrm{d}V=\mathrm{d}x\mathrm{d}y\mathrm{d}z$．按这种解释，物质波就是概率波．

既然波函数的模方表示发现粒子的概率，那么在整个空间发现粒子的概率应该等于1，即

$$\iiint_{-\infty}^{+\infty}|\Psi(\boldsymbol{r},t)|^2\,\mathrm{d}x\,\mathrm{d}y\,\mathrm{d}z=1 \tag{15.5.31}$$

式(15.5.31)称为波函数的归一化条件．

根据波函数的**标准化条件**和归一化条件，由薛定谔方程“自然地”“顺理成章地”就能得出微观粒子的重要特征——量子化条件．这些量子化条件在普朗克和玻尔那里都是“强加”给微观系统的．

电子的粒子性与波动性都是毫无疑问的了．那么怎样将二者统一在一起呢？目前公认的是玻恩的统计解释．对于一束电子来讲，它们在波的强度大的地方电子多，强度小的地方电子少．对其中一个电子来讲，它在波的强度大的地方出现的概率大，而在强度小的地方出现的概率小，而在强度为零的地方不可能出现．电子的波动性不是电子的集体效应．曾经有人做过入射电子束极弱时的实验，只要时间足够长，积累到足够多的电子，所形成的衍射图样就与大量电子一起入射的情况相同．

例 15.5.1 德布罗意物质波与经典波的波函数有什么本质区别？

解 经典波：经典波是振动状态的传播，波强（振幅的平方）代表通过某点的能流密度，能流密度分布取决于空间各点的波强的绝对值，因此，将波函数在空间各点的振幅同时增大 C 倍，则各处的能流密度增大 C^2 倍，变为另一种能流密度分布状态．波动方程无归一化问题．

德布罗意物质波：德布罗意物质波是概率波，波函数不表示实在物理量在空间的波动，其振幅无实在的物理意义，只有 $|\Psi(\boldsymbol{r},t)|^2$ 才反映粒子在某处、某时刻出现的概率．亦即德布罗意波不代表任何物理量的传播，波强（振幅的平方）代表粒子在某处出现的概率密度，概率密度分布取决于空间各点波强的比例，并非取决于波强的绝对值．因此，将波

函数在空间各点的振幅同时增大 C 倍，不影响粒子的概率密度分布，即 $\Psi(\boldsymbol{r}, t)$ 和 $C\Psi(\boldsymbol{r}, t)$ 所描述德布罗意波的状态相同. 波函数存在单值、有限、连续、归一化等特征.

15.6　一维无限深势阱和势垒

物理学中有许多定态问题，例如氢原子、一维无限深势阱等，利用定态薛定谔方程所解出的结果，在许多相关领域都有重要的应用. 下面就对相关的定态薛定谔方程进行求解，以讨论它们的物理意义.

15.6.1　一维无限深势阱

在力场的作用下，质量为 m 的粒子被限制在一定的范围内运动. 最简单的情况是粒子在外力场中的运动是一维的，例如在图 15.6.1 所示的一维无限深势阱的运动. 在阱内，由于势能是常量，所以粒子不受力而作自由运动，在边界 $x=0$ 和 $x=a$ 处，势能突然增至无限大. 因此，粒子的位置就被限制在阱内. 粒子的这种运动状态被称为束缚态.

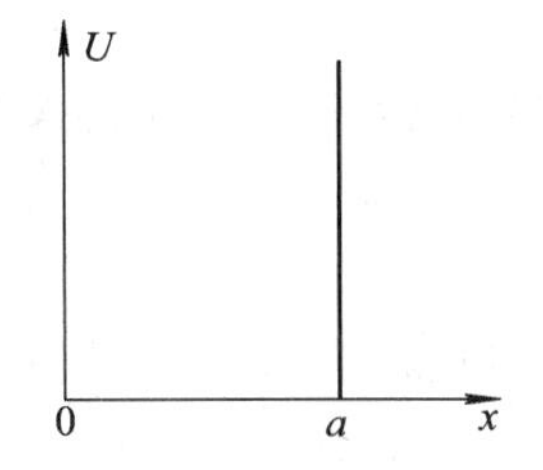

图 15.6.1　一维无限深势阱

图 15.6.1 所示的一维无限深势阱的势能函数可表示为

$$U(x)=\begin{cases}0 & (0<x<a)\\ \infty & (x\leqslant 0,\ x\geqslant a)\end{cases} \tag{15.6.1}$$

从而可见 $U(x)$ 仅是空间坐标的函数，与时间无关，可用定态薛定谔方程求解波函数.

在 $x\leqslant 0$ 和 $x\geqslant a$ 区域，因势函数为无限大，所以只有波函数为 0 才能满足定态薛定谔方程，由定态波函数 $\psi(x)=0$，得出含时波函数 $\Psi(x, t)=0$.

在 $0<x<a$ 内有定态薛定谔方程：

$$-\frac{\hbar^2}{2m}\frac{\mathrm{d}^2\psi(x)}{\mathrm{d}x^2}=E\psi(x) \tag{15.6.2}$$

令 $k=\sqrt{\dfrac{2mE}{\hbar^2}}$，则

$$\frac{\mathrm{d}^2\psi}{\mathrm{d}x^2}+k^2\psi=0$$

当 $k>0$ 时，其通解为

$$\psi(x)=A\sin kx+B\cos kx \tag{15.6.3}$$

式中，A、B 为待定常数，可由波函数的标准化条件求得.

由 $x=0$ 和 $x=a$ 时波函数具有连续性，有

$$\psi(0)=\psi(a)=0$$

式(15.6.3)中由 $\psi(0)=0$ 得 $B=0$，则定态波函数式(15.6.3)变为

$$\psi(x)=A\sin kx \tag{15.6.4}$$

再由 $\psi(a)=0$，即 $A\sin ka=0$，解此方程得 $ka=n\pi$，亦即

$$k=\frac{n\pi}{a}\qquad (n=1, 2, \cdots) \tag{15.6.5}$$

将 $k=\sqrt{\frac{2mE}{\hbar^2}}$ 代入式(15.6.5)，得到一维无限深势阱中粒子的量子化能量为

$$E_n=\frac{\pi^2\hbar^2}{2ma^2}n^2 \qquad (n=1, 2, \cdots) \tag{15.6.6}$$

从式(15.6.6)可见，能量只能取一些分离值，即能量是量子化的. 从上述求解方程式(15.6.2)的过程可见，我们只是代入了对波函数这个物理量的一般要求——波函数的标准化条件(连续性 $\psi(0)=\psi(a)=0$)，就由式(15.6.2)的一个方程得到了能量量子化的结果，如图 15.6.2(a)所示，这比玻尔的量子化条件要自然得多.

将一维无限深势阱的波函数 $\psi_n(x)=A\sin\frac{n\pi}{a}x$ 归一化，即

$$\int_{-\infty}^{0}0\,dx+\int_{0}^{a}\psi_n{}^2\,dx+\int_{a}^{\infty}0dx=1$$

从而得出式(15.6.4)中波函数的常数 A 为

$$A=\sqrt{\frac{2}{a}} \tag{15.6.7}$$

至此可以将一维无限深势阱的波函数写为

$$\psi_n(x)=\begin{cases}\sqrt{\frac{2}{a}}\sin\frac{n\pi x}{a} & (0<x<a)\\ 0 & (x\leqslant 0,\ x\geqslant a)\end{cases} \tag{15.6.8}$$

通过求解一维无限深势阱的定态薛定谔方程，所得到的能量是量子化的，波函数也是量子化的. 下面对它们进行更深入的讨论.

(1) 在 $E_n=\frac{\pi^2\hbar^2}{2ma^2}n^2$ 中，如果 $n=0$，则 $E_n=0$，从而可得 $\psi_n(x)=0$，这对粒子出现的概率而言无意义，因此量子数 $n\neq 0$，只能从 1 开始取值.

(2) 当 $n=1$ 时，$E_1=\frac{\pi^2\hbar^2}{2ma^2}$ 称为基态能量，又称零点能，其他能级上的能量与基态能量之间有简单的关系：

$$E_n=n^2E_1 \tag{15.6.9}$$

(3) 与 E_n 对应的定态波函数为

$$\psi_n(x)=\sqrt{\frac{2}{a}}\sin\left(\frac{n\pi}{a}\right)x$$

概率密度为

$$|\psi_n(x)|^2=\frac{2}{a}\sin^2\left(\frac{n\pi x}{a}\right)$$

(4) 与 E_n 对应的波函数为

$$\Psi_n(x, t)=\sqrt{\frac{2}{a}}\sin\left(\frac{n\pi x}{a}\right)e^{-iE_nt/\hbar}$$

概率密度为

$$|\Psi_n(x, t)|^2=\frac{2}{a}\sin^2\left(\frac{n\pi x}{a}\right)$$

波函数及几率密度分布如图 15.6.2(b)、(c)所示.

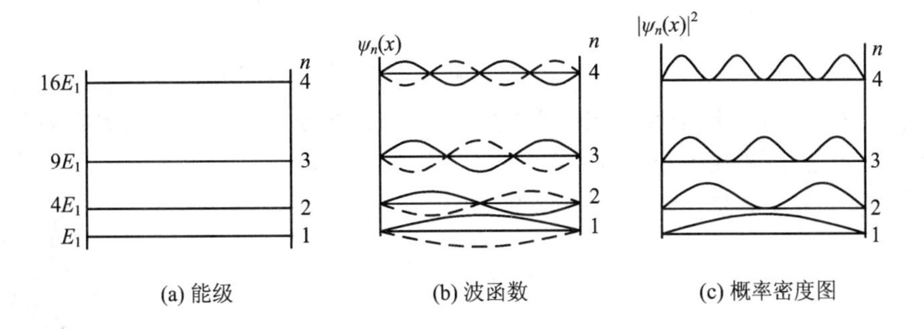

图 15.6.2　一维无限深势阱的能级、波函数和概率密度图

在量子数为 n 的量子态上粒子出现的概率密度为 $\psi_n^2(x)$，概率密度最大点的数目也是 n. 例如 $n=3$，分别在 $\frac{1}{6}a$，$\frac{3}{6}a$，$\frac{5}{6}a$ 三处概率密度最大.

(5) 相邻两能级之间的间隔为

$$\Delta E = E_{n+1} - E_n = \frac{\pi^2 \hbar^2}{2ma^2}(2n+1) \tag{15.6.10}$$

在宏观粒子运动中，即当势阱的宽度 a 很大或粒子的质量很大时，能级差趋于 0，说明能量变为连续. 由此可见，只有粒子运动范围接近或小于原子的限度时才具有明显的量子效应.

能级差的相对量

$$\frac{\Delta E}{E_n} = \frac{2n+1}{n^2} \tag{15.6.11}$$

在量子数 n 很大时，$\frac{\Delta E}{E_n} \to 0$，说明两个能级的相对差值很小，其实这就过渡到能量的连续性状态了.

例 15.6.1　一粒子在一维空间运动，其状态可用如下的波函数表示：

$$\Psi(x,\ t) = \begin{cases} 0, & (x \leqslant 0,\ x \geqslant a) \\ A\mathrm{e}^{-\mathrm{i}Et/\hbar} \sin \dfrac{\pi}{a}x & (0 \leqslant x \leqslant a) \end{cases}$$

式中，E 和 α 分别为确定常数，A 为任意常数，试计算粒子运动的波函数和概率密度.

解　由波函数的归一化条件：

$$\int_{-\infty}^{\infty} |\Psi|^2 \mathrm{d}x = \int_0^a |A|^2 \sin^2 \frac{\pi}{a}x \,\mathrm{d}x = \frac{a}{2}|A|^2 = 1$$

得

$$A = \sqrt{\frac{2}{a}}$$

故粒子的波函数为

$$\Psi(x,\ t) = \begin{cases} 0 & (x \leqslant 0,\ x \geqslant a) \\ \sqrt{\dfrac{2}{a}}\,\mathrm{e}^{-\frac{\mathrm{i}}{\hbar}Et} \sin \dfrac{\pi}{a}x & (0 \leqslant x \leqslant a) \end{cases}$$

概率密度为

$$|\Psi(x,t)|^2=\begin{cases}0 & (x\leqslant 0,\ x\geqslant a)\\ \dfrac{2}{a}\sin^2\dfrac{\pi}{a}x & (0\leqslant x\leqslant a)\end{cases}$$

例 15.6.2 现有一粒子处在宽度为 20 nm 的一维无限深势阱中，则发现粒子在 $n=3$ 状态时概率最大的位置在哪里？

解 一维无限深势阱的定态波函数为

$$\psi_n(x)=\sqrt{\frac{2}{a}}\ \sin\left(\frac{n\pi}{a}\right)x$$

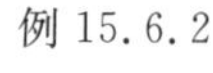

例 15.6.2

其中，a 为势阱宽度，则

$$|\psi_n(x)|^2=\frac{2}{a}\sin^2\left(\frac{n\pi}{a}\right)x$$

量子态 $n=3$，则概率最大值出现在

$$\frac{3\pi x}{a}=\frac{\pi}{2}+k\pi\qquad(k=0,1,2,\cdots)$$

即出现在 $x=\frac{a}{3}\left(\frac{1}{2}+k\right)$处.

当 $k=0$ 时，$x_0=\frac{a}{6}=3.33$ nm；

当 $k=1$ 时，$x_1=\frac{a}{2}=10$ nm；

当 $k=2$ 时，$x_2=\frac{5a}{6}=16.67$ nm；

当 $k=3$ 时，$x_0=\frac{7a}{3}>20$ nm(舍去).

所以在 3.33 nm、10 nm、16.67 nm 处发现粒子出现的概率最大.

15.6.2 一维势垒

一维势垒的模型是假设粒子处于如下势场中运动：

$$U(x)=\begin{cases}0 & (x<0,\ x>a)\\ U_0 & (0\leqslant x\leqslant a)\end{cases}\tag{15.6.12}$$

根据式(15.6.12)的势场，可以写出一维势垒中的定态薛定谔方程：

$$\frac{d^2\psi}{dx^2}+\frac{2m}{\hbar^2}(E-U_0)\psi=0\qquad(0\leqslant x\leqslant a)\tag{15.6.13}$$

在势垒外定态薛定谔方程为

$$\frac{d^2\psi}{dx^2}+\frac{2m}{\hbar^2}E\psi=0\qquad(x<0,\ x>a)\tag{15.6.14}$$

下面我们分别来求解一维势垒的定态薛定谔方程.

令 $k_1=\sqrt{\frac{2mE}{\hbar^2}}$，$k_2=\sqrt{\frac{2m(E-U_0)}{\hbar^2}}$，则式(15.6.13)和式(15.6.14)可写成

$$\frac{d^2\psi}{dx^2}+k_1^2\psi=0\qquad(x<0,\ x>a)\tag{15.6.15}$$

$$\frac{d^2\psi}{dx^2}+k_2^2\psi=0 \qquad (0\leqslant x\leqslant a) \tag{15.6.16}$$

先考虑 $0<E<U_0$ 的情况.

当 $0<E$ 时，$k_1^2>0$，方程式(15.6.15)的解具有如下形式：

$$\psi_{1,3}=Ae^{ik_1x}+A'e^{-ik_1x} \tag{15.6.17}$$

即在势垒之外，波函数具有余弦或正弦振荡的形式.

当 $0<E<U_0$ 时，$k_2^2<0$，则方程式(15.6.16)中 k_2 为虚数，令 $k_2=ik_3$，k_3 是实数，则方程(15.6.16)化为

$$\frac{d^2\psi}{dx^2}-k_3^2\psi=0 \qquad (0\leqslant x\leqslant a) \tag{15.6.18}$$

该方程的解具有指数形式：

$$\psi_2=Be^{-k_3x}+B'e^{k_3x} \tag{15.6.19}$$

根据波函数的标准化条件，可以求出式(15.6.17)和式(15.6.19)中的常数 A、A'、B 和 B'，进一步确定粒子在势垒中及其在势垒两边的概率密度. 如果将实物粒子看成是一列波，由图 15.6.3 中的区域Ⅰ入射，根据所求结果可以发现，在区域Ⅰ波函数是振荡的，在势垒区域Ⅱ波函数是指数衰减的，在透射的区域Ⅲ波函数又是振荡的. 就是说，在区域Ⅰ运动的粒子，在一定条件下，将有可能穿透有限的势垒而出现在区域Ⅲ内，这个现象称为势垒贯穿或隧道效应，它是扫描隧道显微镜的基本原理，如图 15.6.4 所示.

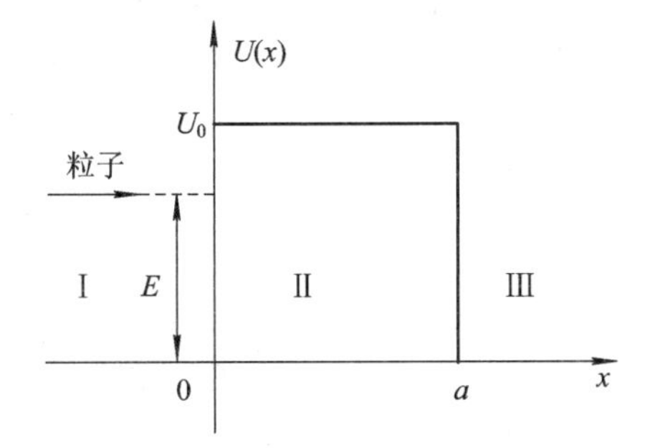

图 15.6.3　一维势垒

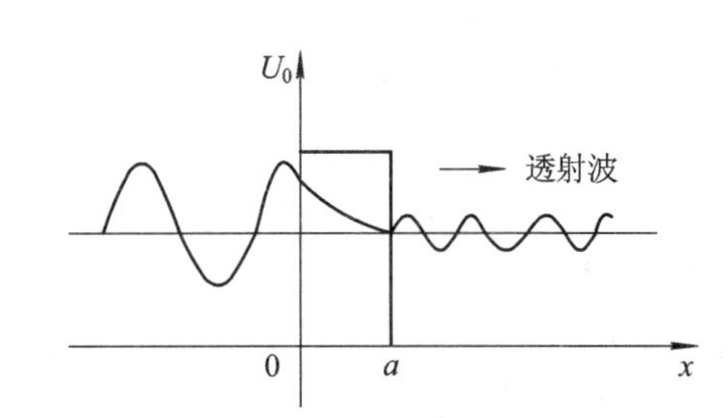

图 15.6.4　势垒穿透示意图

在量子力学中可以计算出势垒穿透概率：

$$p=e^{-\frac{2}{\hbar}\sqrt{2m(U_0-E)}\cdot a} \tag{15.6.20}$$

可以看出，势垒的厚度 a 越大，通过的概率越小；势垒的高度 U_0 超过粒子的能量 (U_0-E) 越大，粒子透过势垒的概率越小.

当 $p=e^{-1}$ 时的势垒宽度被称为穿透深度，在近场光学中常常用到穿透深度的概念.

当考虑 $E>U_0$ 的情况时，式(15.6.15)、式(15.6.16)中的 k_1、k_2 都是大于零的数，式(15.6.15)、式(15.6.16)的解均具有振荡形式，即在势垒外和势垒内的波函数都是振荡的.

在经典物理学中，一个势垒(或势阱)的高度(或深度)低于粒子的能量，这样的势垒(或势阱)对粒子的运动是没有影响的. 而在量子力学中，微观粒子在势垒(阱)内和势垒(阱)外波函数振荡的幅度和频率是不同的. 即粒子运动到势垒(或势阱)的位置会感受到势

垒(或势阱)的存在，并在运动方式和态上作出相应的反应.

15.6.3 扫描隧道显微镜

势垒穿透现象目前的一个重要应用是扫描隧道显微镜，简称 STM（Scanning Tunneling Microscope).

在样品的表面有一表面势垒阻止内部的电子向外运动. 由于电子的隧道效应，金属中的电子并不完全局限于表面边界之内，表面内的电子能够穿过表面势垒，到达表面外形成一层电子云. 这层电子云的密度随着与表面距离的增大而按指数规律迅速减小. 这层电子云的纵向和横向分布由样品表面的微观结构决定. STM 就是通过显示这层电子云的分布而考察样品表面微观结构的.

只要将极细(原子尺寸)的探针以及被研究物质的表面作为两个电极，当针尖与样品的距离非常接近时，它们的表面电子云就可能重叠. 若在样品与针尖之间加一微小电压，电子就会穿过电极间的势垒形成隧道电流. 隧道电流对针尖与样品间的距离十分敏感. 若隧道电流不变，则探针在垂直于样品方向上的高度变化就能反映样品表面的起伏. 利用 STM 可以分辨样品表面上原子的台阶、平台和原子阵列，这样就能直接绘出样品表面的三维图像.

STM 的工作原理如图 15.6.5 所示. 隧道效应是微观粒子所具有的特性，即在电子能量低于它要穿过的势垒高度时，由于电子具有波动性而具有一定穿过势垒的概率. STM 中将极细的探针和被研究物质的表面作为两个电极，当样品与针尖距离非常近时(通常小于 1 nm)，在外电场作用下，电子会穿过两个电极之间的势垒流向另一电极. 隧道电流是针尖的电子波函数与样品的电子波函数重叠的结果，与针尖和样品之间距离 d 和有效局域功函数 U 有关，其隧道电流 I 为

$$I \propto V_0 \exp(-2kd)$$

式中，V_0 是加在针尖和样品之间的偏置电压；$k=2\pi\sqrt{2mU}/h$，其中 m 为电子质量，h 为普朗克常数，有效局域功函数 U 近似等于势垒高度. 在典型条件下，$k=10\ \text{nm}^{-1}$，则当 d 变化 0.1 nm 时，I 将有一个数量级的变化. 假如用反馈电路控制 I 不变，则当探针沿样品表面扫描时，d 需要保持不变，从而探针将沿样品表面的起伏上下移动. 采集探针上下移

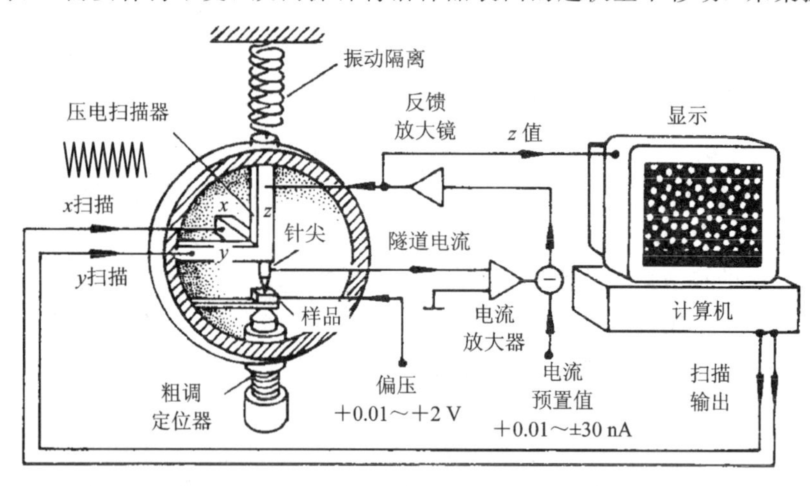

图 15.6.5 扫描隧道显微镜原理图

动的数据，并同时采集探针沿水平面扫描的坐标数据，即获得了样品表面每一点三维坐标的数据.

STM 提供给科学家一个微小的实验室，可用它来研究纳米世界里的一些新奇现象、一些新的效应，这是其他技术做不到的. STM 的横向分辨率已达 0.1 nm，纵向分辨率达 0.01 nm. STM 的出现，使人类第一次能够实时地观察单个原子在物质表面上的排列状态以及表面电子行为的有关性质.

1981 年，IBM 公司苏黎世研究所的物理学家 G. Binning 和 H. Rohrer 发明了扫描隧道显微镜，观察到了 Si(111)表面清晰的原子结构，从而使人类第一次进入原子世界，直接观察到了物质表面上的单个原子. 为了表彰 G. Binning 和 H. Rohrer 的突出贡献，1986 年授予他们诺贝尔物理学奖.

STM 不但可以当作"眼"来观察材料表面的细微结构，而且可以当作"手"来摆弄单个原子. 可以用它的探针尖吸住一个孤立原子，然后把该原子放到另一个位置. 这就迈出了人类用单个原子这样的"砖块"来建造"大厦"(即各种理想材料)的第一步. 图 15.6.6 是 IBM 公司的科学家精心制作的"量子围栏"的计算机照片. 他们在 4 K 的温度下用 STM 的针尖一个一个地把 48 个铁原子栽到了一块精制的铜表面上，围成一个圆圈，圈内就形成了一个势阱，把在该处铜表面运动的电子圈了起来. 图中圈内的圆形波纹就是这些电子的波动图景，它的大小及图形和量子力学的预言符合得非常好.

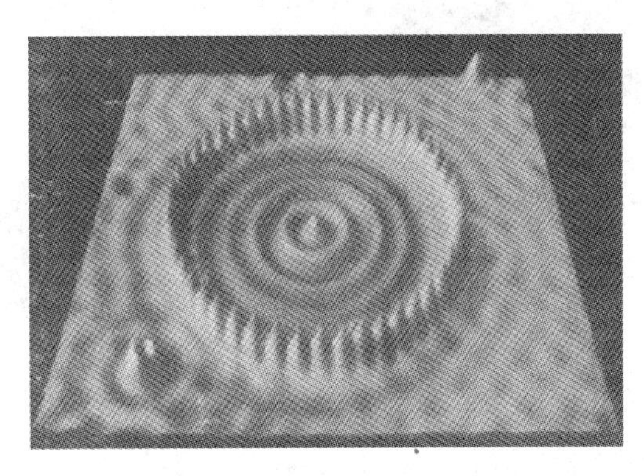

图 15.6.6　48 个 Fe 原子形成"量子围栏"，围栏中的电子形成驻波

1990 年在美国加州 IBM 公司的实验室中，Eiger 等科学家采用 STM 成功地在长和宽不超过一个病毒(～100 nm)的范围内按自己的意志写出了当时世界上最小的公司名称"IBM"3 个字母(见图 15.6.7)，首次实现了费曼所预言的人类对原子的直接的任意操纵.

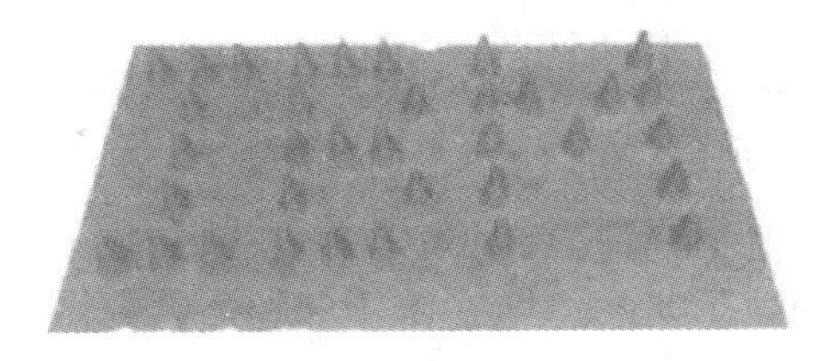

图 15.6.7　利用 STM 将 35 个硒原子在清洁镍(110)表面上排成"IBM"3 个字母

15.7 氢原子的量子力学简介

氢原子由一个原子核(仅一个质子)加一个电子组成，是最简单的原子. 历史上对氢原子的处理由玻尔氢原子模型的简单抽象到量子力学中的复杂求解，由知之不多变为逐步完善的精确解.

15.7.1 氢原子的光谱规律

光谱是研究电磁辐射的波长成分和强度分布的记录，物理学上更注重波长成分的研究. 实验发现，光谱分连续光谱、带状光谱和分立的线状光谱，随着产生光谱的物理条件的不同，可以产生其中的两种或三种不同的光谱. 一般情况下，在物质的稀薄蒸气中能产生线状光谱，而线状光谱线的位置与产生该谱线的元素有着对应关系，并且谱线的分布具有确定的规律. 氢原子是最简单的原子，其光谱也是最简单的. 对氢原子光谱的研究是进一步研究原子、分子光谱的基础，而原子、分子光谱在研究原子、分子结构及物质分析等方面都有重要的意义. 氢原子光谱的实验装置如图 15.7.1(a)所示.

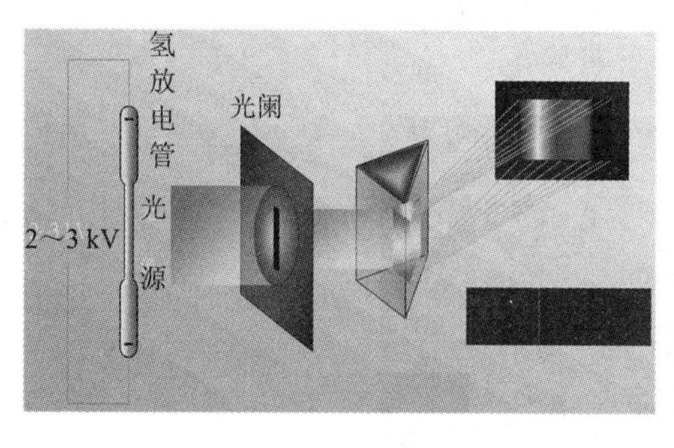

(a) 实验装置

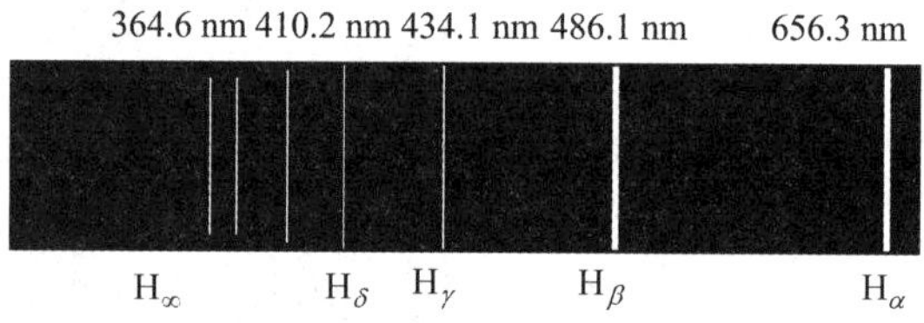

(b) 氢原子的巴耳末线系照片

图 15.7.1 氢原子光谱原理图

氢原子光谱的实验规律可归纳如下：

(1) 氢原子光谱是彼此分立的线状光谱，每一条谱线具有确定的波长(或频率).

(2) 每一条光谱线的波数 $\tilde{\nu}=1/\lambda$ 都可以表示为两项之差，即

$$\tilde{\nu}=\frac{1}{\lambda}=T(k)-T(n)=R_{\mathrm{H}}\left(\frac{1}{k^2}-\frac{1}{n^2}\right) \tag{15.7.1}$$

式中，k 和 n 均为正整数，且 $n>k$；R_{H} 称为里德伯常量，下标 H 代表的是氢元素，近代测量值为 $R_{\mathrm{H}}=1.096\ 775\ 8\times10^7\ \mathrm{m}^{-1}$；$T(n)=R_{\mathrm{H}}/n^2(n=2, 3, 4, \cdots)$，称为氢的光谱项.

(3) 当整数 k 取一定值时，n 取大于 k 的各整数所对应的各条谱线构成一谱线系；每一谱线系都有一个线系限，对应于 $n\to\infty$ 的情况. $k=1(n=2, 3, 4, \cdots)$的谱线系称为莱曼线系(1914 年莱曼在紫外区发现)，$k=2(n=3, 4, 5, \cdots)$的谱线系称为巴耳末线系(1885 年巴耳末由已知氢谱线中分析得到)，$k=3(n=4, 5, 6, \cdots)$的谱线系称为帕邢线系(1908 年帕邢在红外区发现)，等等. 图 15.7.1(b)是巴耳末线系的照片.

在 1911 年卢瑟福关于原子的核式模型结构得到证明以前，人们对于原子结构所知甚少，当时的实验基础只是电子是分离的、不连续的，或者说是量子化的，原子也是如此. 因此氢原子光谱的上述线状光谱规律在相当长时间内未能从理论上给予说明.

在原子的核型结构模型建立以后，按照原子的有核模型，原子是由极小的带正电荷的原子核和绕核运动的电子组成的. 根据经典物理的电磁理论，绕核运动的电子因为有加速度，将不断地向外辐射与其圆运动频率相同的电磁波，因此原子体系的能量将不断地减少. 而按卢瑟福模型计算，如果电子在半径为 r 的圆周上绕核运动，则氢原子的能量为 $E=-e^2/8\pi\varepsilon_0 r$，即随能量减少，电子轨道半径将不断减小；与此同时，电子圆运动频率(因而辐射频率)将连续增大. 因此原子光谱应是连续的带状光谱，并且最终电子将落到原子核上，因此不可能存在稳定的原子. 这些结论显然与实验事实不符，表明依据经典理论无法解释原子的线状光谱等规律.

15.7.2　氢原子的薛定谔方程

氢原子中电子与原子核相互作用的库仑势能为

$$U(r)=-\frac{e^2}{4\pi\varepsilon_0 r} \tag{15.7.2}$$

$U(r)$仅与空间坐标有关，与时间无关，故其解为三维定态问题. 假设氢原子中原子核是静止的，原子核为坐标原点，为求解方便，将直角坐标系变换成图 15.7.2 所示的球坐标系. 其中 r 是电子矢径的长度，取值范围为 $0\sim\infty$；θ 是矢径与 z 轴的夹角，取值范围为 $0\sim\pi$；φ 是矢径在 xOy 平面内的投影与 x 轴的夹角，取值范围为 $0\sim2\pi$. 直角坐标系与球坐标系之间的关系为

$$\begin{cases} x=r\sin\theta\cos\varphi \\ y=r\sin\theta\sin\varphi \\ z=r\cos\theta \\ r^2=x^2+y^2+z^2 \end{cases} \tag{15.7.3}$$

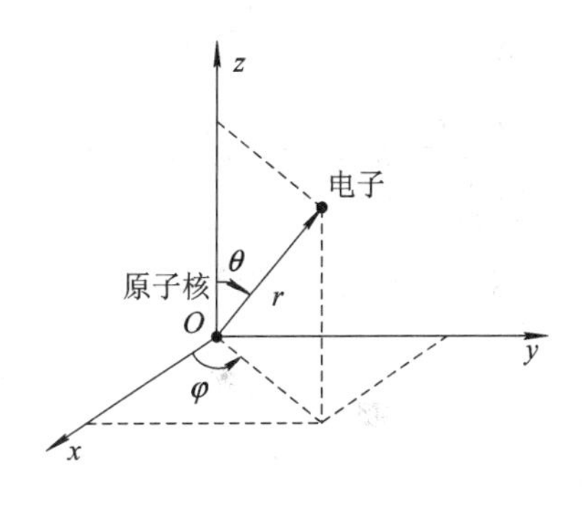

图 15.7.2　球坐标系

将 $U(r)$代入定态薛定谔方程(15.5.28)，并在球坐标中表示拉普拉斯算符，则氢原子的定态薛定谔方程化为

$$\frac{1}{r^2}\frac{\partial}{\partial r}\left(r^2\frac{\partial\psi}{\partial r}\right)-\frac{1}{r^2\sin\theta}\frac{\partial}{\partial\theta}\left(\sin\theta\frac{\partial\psi}{\partial\theta}\right)+\frac{1}{r^2\sin^2\theta}\frac{\partial^2\psi}{\partial\varphi^2}+\frac{2m}{\hbar^2}\left(E+\frac{e^2}{4\pi\varepsilon_0 r}\right)\psi=0 \tag{15.7.4}$$

薛定谔方程的解为系列解. 薛定谔方程是一个二阶偏微分方程，它的数学解很多，但并不是每个解在物理上都是合理的. 为了得到核外电子运动状态的合理解，必须引进只能取某些整数值的三个参数 n、l、m；n、l、m 称为量子数. 每个波函数都要受到 n、l、m 的限定，且每个解都有一定的能量 E 与之相对应.

为此，将方程(15.7.4)的解表示为 3 个独立变量函数的乘积：

$$\psi(r,\theta,\varphi)=R(r)\cdot\Theta(\theta)\cdot\Phi(\varphi)$$

也就是将方程(15.7.4)用分离变量法化为三个方程分别求解.

在推算径向波函数 R 的过程中，可以知道微分方程中的能量 E 必须等于某些值，R 才会有限，也就是说，只有这些状态能在物理上实现.

当 $E<0$ 时，E 只能取下式的数值：

$$E_n = -\frac{2\pi^2 me^4}{(4\pi\varepsilon_0)^2 n^2 h^2} \tag{15.7.5}$$

这里得出的能量的量子化是解薛定谔方程时根据标准化条件自然地得出的.

当 $E>0$ 时，E 取任何值都能使 R 有限，所以正值的能量是连续分布的.

同理，在推导角动量平方波函数 $Y=\Theta\cdot\Phi$ 和角动量 z 分量投影波函数 Φ 时，可以得到角动量 L 和角动量投影 L_z 的值为

$$L=\sqrt{l(l+1)}\,\hbar \qquad (l=0,1,2,\cdots,n-1) \tag{15.7.6}$$

$$L_z=m\hbar \qquad (m=0,\pm1,\pm2,\cdots,\pm l) \tag{15.7.7}$$

角动量及其投影满足上述关系时方程才有解，说明原子体系的角动量及其投影只能取一些分离值，角动量在空间的取向是量子化的，角动量的大小及其空间投影的大小取值也是量子化的.

通常我们称量子数 n 为主量子数，它与原子体系的能量有关；称量子数 l 为角量子数，它与轨道角动量有关；称量子数 m 为磁量子数，它与角动量在外场方向的空间投影有关.

氢原子的能级如图 15.7.3 所示.

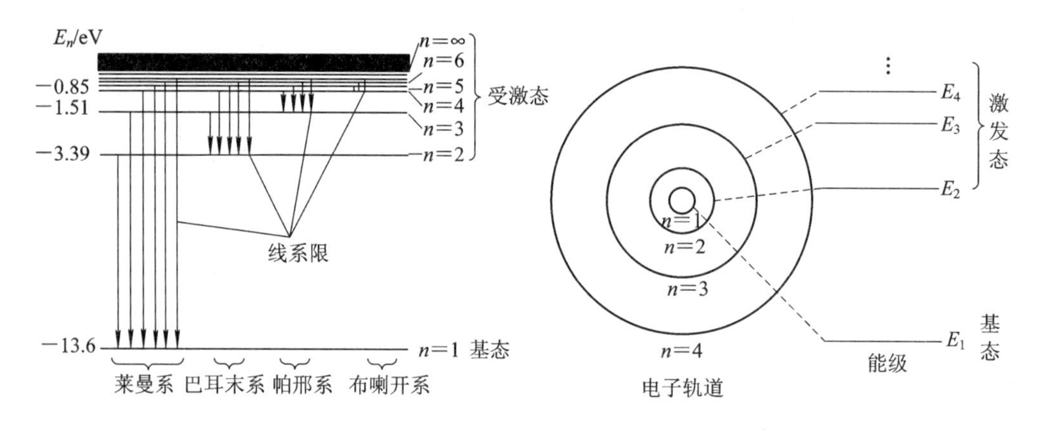

图 15.7.3　氢原子的能级

15.7.3　氢原子中电子的概率分布

氢原子的波函数为 $\psi=R(r)\cdot\Theta(\theta)\cdot\Phi(\varphi)$，通常也记作 $\psi_{nlm}(r,\theta,\varphi)=R_{nl}(r)\cdot Y_{lm}(\theta,\varphi)$. 不同的量子数$(n,l,m)$将得到原子的不同状态，对氢原子来说，主量子数 n 确定时，将包含 n^2 个原子态，这些原子态具有相同的能量.

波函数的平方表示在空间发现电子的概率密度，归一化应该有

$$\int\psi^*\psi\,\mathrm{d}V=\int_0^\infty R^2(r)r^2\,\mathrm{d}r\cdot\int_0^\pi\Theta^2(\theta)\sin\theta\,\mathrm{d}\theta\cdot\int_0^{2\pi}\Phi^*(\varphi)\Phi(\varphi)\mathrm{d}\varphi=1 \tag{15.7.8}$$

而且应该是三个积分内都等于 1，因为在全部的 r 范围内，或全部的 θ 范围内，或全部的 φ 范围内，发现电子的概率都是 1，即必然发现电子.

电子的概率密度随 r 和 θ 变化比较复杂，图 15.7.4 和图 15.7.5 画出了几种量子数组

合的概率密度随 r 和 θ 变化的幅度. 在电子态的表示中，将角量子数 $l=0$，1，2，3，4，5，…的态通常分别用 s，p，d，f，g，h，…表示. 发现电子的概率密度不同，说明电子在某处出现的机会大小不同.

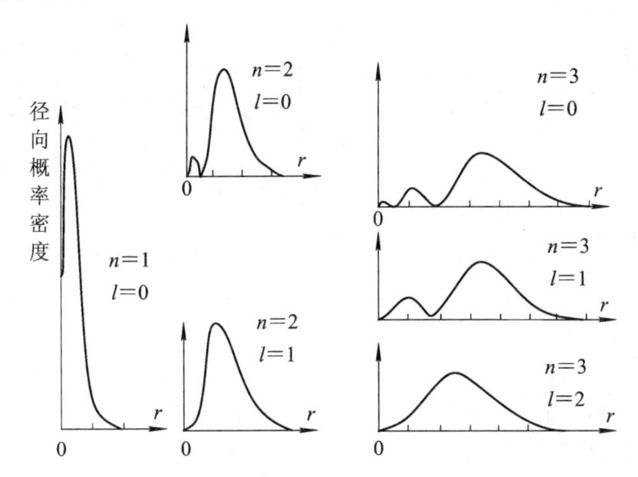

图 15.7.4　氢原子的概率密度与半径的关系图

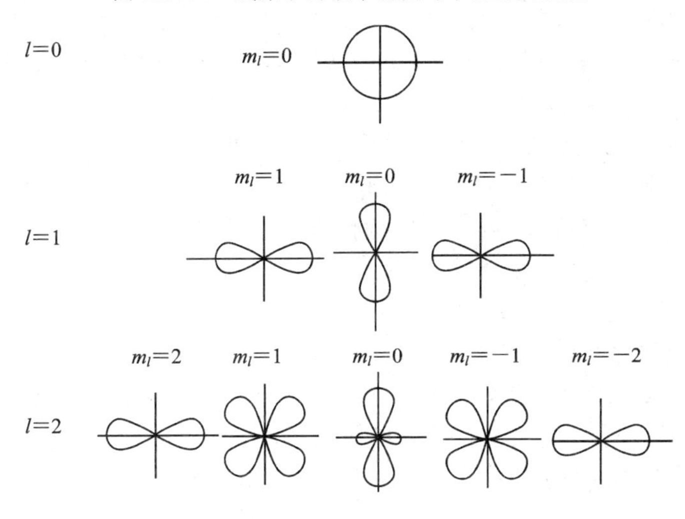

图 15.7.5　氢原子的 s，p，d 态电子的角分布概率密度图

15.8　多电子原子中电子的分布

15.8.1　电子自旋

施特恩和盖拉赫于 1921 年首先从实验发现类氢元素中的电子具有自旋. 图 15.8.1 是实验装置简图，其中 F 为原子源，D 为狭缝，N 和 S 为产生不均匀磁场的磁铁的两个磁极，P 为接收屏. 实验发现，锂原子射线在磁场作用下，分裂为上、下对称的两条. 这个实验结果说明，在外磁场中，锂原子中电子的自旋有两个取向，一个平行于磁场，另一个与磁场相反，所以，实验观察到锂原子射线在磁场中分裂为对称的两条，此外还发现，银、铜这些

原子也有相同结果.

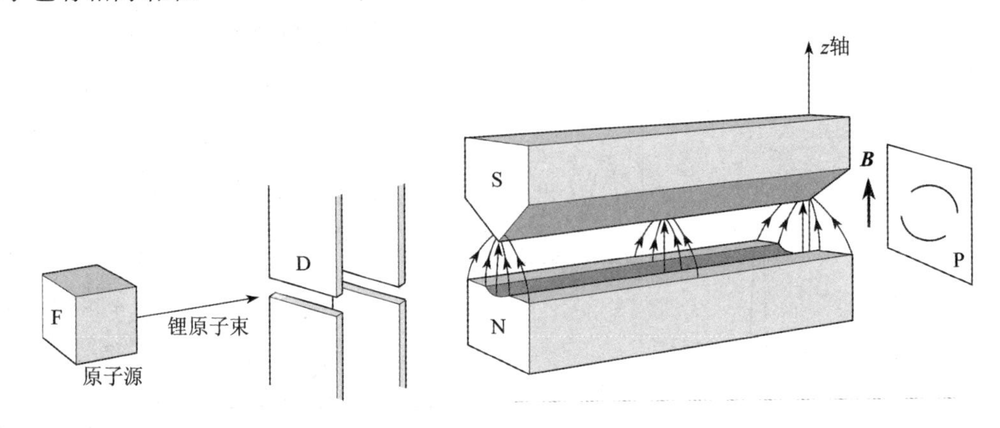

图 15.8.1 电子在外磁场作用下产生自旋

电子自旋概念是两位荷兰学生——乌仑贝克和古兹米特根据一系列的实验事实，于 1925 年提出的一个大胆假设. 自旋是在经典物理基础上提出的，最初乌仑贝克和古兹米特认为自旋是由于电子具有一定的线度，而电子像一个陀螺，在绕自身轴旋转，从而引起了自旋角动量，并且认为自旋引起的角动量具有固定的值($\hbar/2$)，自旋角动量在空间的投影也是只有两个固定的值，如图 15.8.2 所示. 这种关于自旋的假设虽然非常好地解释了许多实验现象，例如碱金属谱线的精细结构、施特恩-盖拉赫实验的偶数分裂现象、反常塞曼效应等，但由于电子自旋的假设又有许多与经典物理学不能相容的地方，在当时引起不少人的反对. 所以在自旋假设提出之初，许多物理学家不愿接受这个概念，但又不得不承认自旋的提出解决了许多过去难以解决的难题. 于是当时的物理学家，包括许多著名的物理学家，都处在两难的境地.

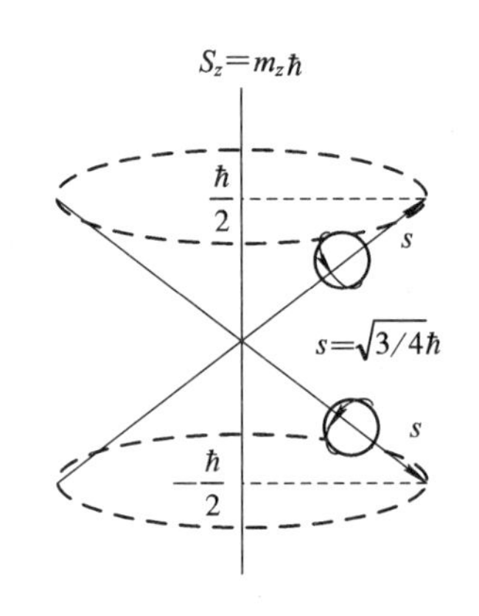

图 15.8.2 电子自旋角动量在外磁场中的取向

事实上，自旋概念被完全地接受，是在质子自旋概念的提出并被验证以后，物理学家才认识到：自旋是微观物理中最重要的一个概念，它是微观粒子本身固有的、与生俱来的一个禀性.

我们现在认识电子自旋(在以后提及自旋均指自旋角动量)，就是把自旋看作是电子的一种固有禀性，它的大小是

$$|S| = \sqrt{s(s+1)}\hbar,\ s = \frac{1}{2} \tag{15.8.1}$$

自旋量子数 $s=\frac{1}{2}$，自旋空间投影量子数用 m_s 表示，$m_s=\pm\frac{1}{2}$，自旋的空间分量为

$$S_z = m_s\hbar = \pm\frac{1}{2}\hbar \tag{15.8.2}$$

15.8.2 四个量子数

到目前为止，我们可以用 4 个量子数来完全描述一个原子中电子的运动状态.

主量子数 $n = 1, 2, 3, \cdots$，大体上决定电子-原子核体系的能量.

角量子数 $l=0, 1, 2, \cdots, n-1$，共 n 个，决定电子绕核运动的角动量.

磁量子数 $m_l = 0, \pm 1, \pm 2, \cdots, \pm l$，共 $2l+1$ 个，决定电子绕核运动角动量的空间取向和投影.

自旋投影量子数 $m_s = \pm\dfrac{1}{2}$，决定电子自旋的空间取向和投影.

因为对任何一个电子，它的自旋量子数 s 都是 $\dfrac{1}{2}$，它不能用来区分不同态的电子，所以我们不把自旋量子数 s 列入描述电子运动状态的量子数中.

对同一个 n，l 可以取的值为 $0, 1, 2, 3, \cdots, n-1$，共有 n 个，分别对应为 $s, p, d, f, \cdots$ 等电子态，例如：

$n=1$，$l=0$：s；

$n=2$，$l=0, 1$：s, p；

$n=3$，$l=0, 1, 2$：s, p, d；

$n=4$，$l=0, 1, 2, 3$：s, p, d, f.

例 15.8.1　试计算氢原子中，$l = 4$ 电子的角动量及其在外磁场方向上的投影值.

解　当角量子数 $l=4$ 时，电子绕核运动的角动量为

$$L = \sqrt{l(l+1)}\,\hbar = 2\sqrt{5}\,\hbar$$

这时，电子在外磁场中绕核运动角动量的空间取向量子化可表示为

$$m_l = 0, \pm 1, \pm 2, \pm 3, \pm 4$$

相应地，电子角动量在外磁场方向的投影值 $L_z = m_l\hbar$，可取

$$0, \pm\hbar, \pm 2\hbar, \pm 3\hbar, \pm 4\hbar$$

例 15.8.1

15.8.3　原子的壳层结构

多电子体系中，电子不仅受到原子核的作用，而且受到其他电子的作用. 所以多电子体系中，能量不只由主量子数 n 决定.

1916 年，柯塞尔提出多电子原子中核外电子按壳层分布的形象化模型. 他认为主量子数 n 相同的电子，组成一个壳层，n 越大的壳层，离原子核的平均距离越远. $n=1, 2, 3, 4, 5, 6, \cdots$ 的各壳层分别用大写字母 $K, L, M, N, O, P, \cdots$ 表示. 在一个壳层内，又按角量子数 l 分为若干个支壳层. 主量子数为 n 的壳层包含 n 个支壳层，$l=0, 1, 2, 3, 4, 5, \cdots, n-1$ 的各支壳层分别用小写字母 $s, p, d, f, g, h, \cdots$ 表示. 一般而言，主量子数 n 越大的壳层，其能级越高；同一壳层中，角量子数 l 越大的支壳层，其能级越高. 由量子数 n，l 确定的支壳层通常这样表示：把 n 的数值写在前面，并排写出代表 l 的字母，如 $1s$，$2s$，$2p$，$3s$，$3p$，$3d$，$4s$，$\cdots$

15.8.4　能量最低原理

原子处于正常状态时，每个电子都趋向占据可能的最低能级. 因此，能级越低也就是离核越近的壳层首先被电子填满，其余电子依次向未被占据的最低能级填充，直至所有核外电子分别填入可能占据的最低能级为止. 由于能级与角量子数有关，所以在有的情况

下，n 较小的壳层尚未填满时，下一个壳层上就开始有电子填入了. 关于 n 和 l 都不同的状态的能级高低问题，科学工作者总结出这样的规律：对于较低原子序数原子的外层电子，能级高低可以用$(n+l)$值的大小来比较，其值越大，能级越高. 例如，$3d$ 态能级比 $4s$ 态能级高，因此钾的第 19 个电子不是填入 $3d$ 态，而是填入 $4s$ 态.

若干粒子在一起时，能量最低的状态是最稳定的平衡态. 这条原理是物理学中的一条普遍原理，在宏观世界和微观世界都起作用. 我们已经看到了氢原子也服从这条原理. 氢核(质子)和电子远离时能量为 0，而二者构成氢原子的基态时，能量为 -13.6 eV，这就是氢原子最稳定的状态，也是能量最低的状态. 电子能不能再离核近一些使能量进一步减小呢？显然是不能的，因为量子力学不允许. 量子力学所能允许的氢原子的所有状态中，基态已是能量最低的状态，基态的电子云是电子平均离核最近的一种分布.

能量最低原理：基态原子是处于最低能量状态的原子. 能量最低原理认为，基态原子核外电子的排布力求使整个原子的能量处于最低状态. 随着核电荷数递增，大多数元素的电中性基态原子的电子按图 15.8.3 的顺序填入核外电子运动轨道，叫作构造原理.

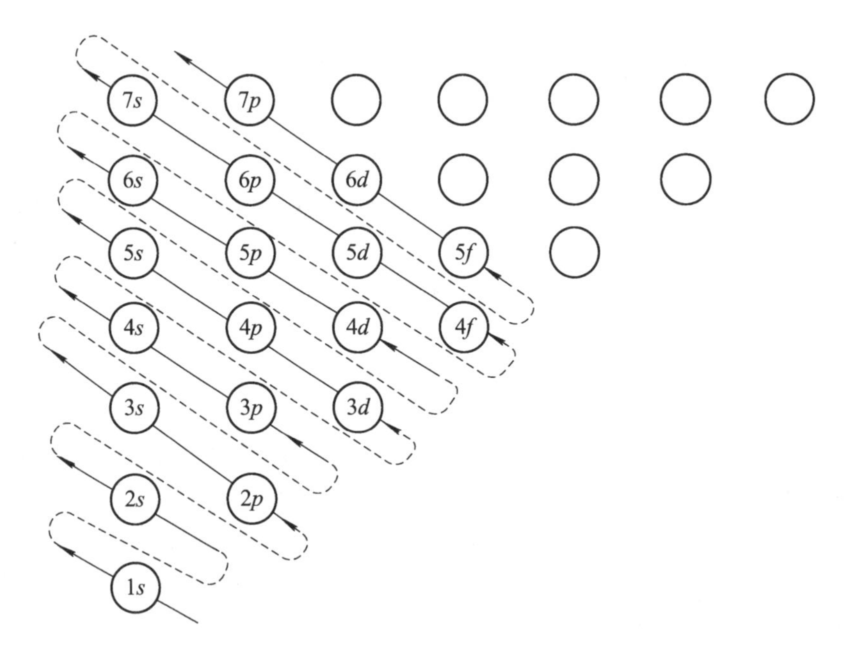

图 15.8.3　原子按构造原理排列

随着核电荷数递增，电子每一次从填入 ns 能级开始到填满 np 能级，称为建立一个周期，于是有

周期：ns 开始→np 结束	同周期元素的数目
第一周期：$1s$	2
第二周期：$2s$，$2p$	8
第三周期：$3s$，$3p$	8
第四周期：$4s$，$3d$，$4p$	18
第五周期：$5s$，$4d$，$5p$	18

第六周期：$6s$，$4f$，$5d$，$6p$　　32

第七周期：$7s$，$5f$，$6d$，$7p$　　32

15.8.5　泡利不相容原理

1925 年，泡利根据对光谱实验结果的分析总结出如下规律：在一个原子中不能有两个或两个以上的电子处于完全相同的量子态．也就是说，一个原子中任何两个电子都不可能具有完全相同的量子数(n，l，m_l，m_s)，称为泡利不相容原理．以基态氦原子为例，它的两个核外电子都处于 1s 态，其(n，l，m_l)都是(1，0，0)，则 m_s必定不能相同，即一个为$+1/2$，另一个为$-1/2$．根据泡利不相容原理能算出各壳层上最多可容纳的电子数：

$$Z_n = \sum_{l=0}^{n-1} 2(2l+1) = 2n^2 \tag{15.8.3}$$

在 $n=1$，2，3，4，…的 K，L，M，N，…各壳层上，最多可容纳 2，8，18，32，…个电子．而在 $l=0$，1，2，3，…各支壳层上，最多可容纳 2，6，10，14，…个电子．为此，泡利获得 1945 年诺贝尔物理学奖．

例 15.8.2　试计算能够占据一个 d 支壳层的最多电子数，并写出这些电子运动状态的 m_l 和 m_s 可能的值．

解　对于电子核外排布的 d 支壳层，相应的角量子数为 $l=2$，故 d 支壳层相应的量子态数为

$$2(2l+1)=2(2\times2+1)=10\ 个$$

这些电子运动状态的磁量子数 $m_l=0$，±1，±2，自旋投影量子数 $m_s=\pm\dfrac{1}{2}$.

本章小结

知识单元	基本概念、原理及定律	公　式
黑体辐射	斯特藩-玻尔兹曼定律	$M(T)=\sigma T^4$
	维恩位移定律	$\lambda_m T=b$
	辐出度	$M(T)=\int_0^\infty M_\lambda(T)\mathrm{d}\lambda$
	能量子能量	$\varepsilon=h\nu$
	普朗克黑体辐射公式	$M_{B\lambda}(T)\mathrm{d}\lambda=\dfrac{2\pi hc^2}{\lambda^5}\cdot\dfrac{\mathrm{d}\lambda}{e^{hc/k\lambda T}-1}$

续表一

知识单元	基本概念、原理及定律	公式
波粒二象性	光电效应	$\frac{1}{2}mv_m^2=h\nu-W$
	光子能量和动量	$E=h\nu \qquad p=\frac{h}{\lambda}$
	康普顿效应	$\Delta\lambda=\lambda-\lambda_0=\frac{h}{m_0c}(1-\cos\varphi)$
	德布罗意物质波	$\begin{cases}\nu=\frac{E}{h}\\ \lambda=\frac{h}{p}\end{cases}$
不确定关系	不确定关系式	$\Delta p_x\cdot\Delta x\geqslant\frac{\hbar}{2} \quad \hbar=\frac{h}{2\pi}$ $\Delta E\cdot\Delta t\geqslant\frac{\hbar}{2}$
薛定谔方程	薛定谔方程	$-\frac{\hbar^2}{2m}\nabla^2\Psi+U(x,y,z,t)\Psi=i\hbar\frac{\partial\Psi}{\partial t}$
	定态薛定谔方程	$-\frac{\hbar^2}{2m}\nabla^2\psi(x,y,z)+U(x,y,z)\psi(x,y,z)=E\psi(x,y,z)$
	归一化条件	$\iiint_{-\infty}^{+\infty}\lvert\Psi(\boldsymbol{r},t)\rvert^2\mathrm{d}x\mathrm{d}y\mathrm{d}z=1$
一维无限深势阱	势能	$U(x)=\begin{cases}0 & (0<x<a)\\ \infty & (x\leqslant 0,x\geqslant a)\end{cases}$
	定态波函数	$\psi_n(x)=\begin{cases}\sqrt{\frac{2}{a}}\sin\frac{n\pi x}{a} & (0<x<a)\\ 0 & (x\leqslant 0,x\geqslant a)\end{cases}$
	本征能量	$E_n=\frac{\pi^2\hbar^2}{2ma^2}n^2$
一维势垒	势能	$U(x)=\begin{cases}0 & (x<0,x>a)\\ U_0 & (0\leqslant x\leqslant a)\end{cases}$
	穿透概率	$p=\mathrm{e}^{-\frac{2}{\hbar}\sqrt{2m(U_0-E)}\cdot a}$
	隧道效应	

续表二

知识单元	基本概念、原理及定律	公　　式
氢原子的量子力学	势能	$U(r)=-\dfrac{e^2}{4\pi\varepsilon_0 r}$
	定态波函数	$\psi(r,\theta,\varphi)=R(r)\cdot\Theta(\theta)\cdot\Phi(\varphi)$
	本征能量	$E_n=-\dfrac{2\pi^2 me^4}{(4\pi\varepsilon_0)^2 n^2 h^2}$ $(n=1, 2, 3, \cdots)$
	轨道角动量	$L=\sqrt{l(l+1)}\hbar$ $(l=0, 1, 2, \cdots, n-1)$ $L_z=m\hbar$ $(m=0, \pm1, \pm2, \cdots, \pm l)$
多电子原子中电子的分布	自旋	$S=\sqrt{s(s+1)}\hbar$, $s=\dfrac{1}{2}$ $S_z=\pm\dfrac{1}{2}\hbar$
	四个量子数	主量子数 $n=1, 2, 3, \cdots$ 角量子数 $l=0, 1, 2, \cdots, n-1$ 共 n 个 磁量子数 $m=0, \pm1, \pm2, \cdots, \pm l$ 共 $2l+1$ 个 自旋投影量子数 $m_s=\pm\dfrac{1}{2}$
	泡利不相容原理	$Z_n=\sum_{l=0}^{n-1}2(2l+1)=2n^2$

习 题 十 五

1. 绝对黑体与我们所说的黑色物体有什么区别？

2. 用光的波动理论解释光电效应存在哪些困难？

3. 怎样理解微观粒子具有波粒二象性？

4. 可见光，特别是红光，为什么不易观察到康普顿效应？

5. 波函数的物理意义是什么？它必须满足哪些条件？

6. 用频率为 ν_1 的单色光照射某种金属时，测得饱和电流为 I_1，以频率为 ν_2 的单色光照射该金属时，测得饱和电流为 I_2，若 $I_1>I_2$，则(　　).

A. $\nu_1>\nu_2$　　B. $\nu_1<\nu_2$

C. $\nu_1=\nu_2$　　D. ν_1 与 ν_2 的关系还不能确定

7. 在均匀磁场 B 内放置一极薄的金属片，其红限波长为 λ_0. 今用单色光照射，发现有电子放出，有些放出的电子(质量为 m，电荷的绝对值为 e)在垂直于磁场的平面内作半径为 R 的圆周运动，那么此照射光光子的能量是(　　).

A. $\dfrac{hc}{\lambda_0}$　　B. $\dfrac{hc}{\lambda_0}+\dfrac{(eRB)^2}{2m}$　　C. $\dfrac{hc}{\lambda_0}+\dfrac{eRB}{m}$　　D. $\dfrac{hc}{\lambda_0}+2eRB$

8. 如习题8图所示，用频率为 ν 的单色光照射某种金属时，逸出光电子的最大动能为 E_k；若改用频率为 2ν 的单色光照射此种金属时，则逸出光电子的最大动能为(　　).

A. $2E_k$　　B. $2h\nu-E_k$　　C. $h\nu-E_k$　　D. $h\nu+E_k$

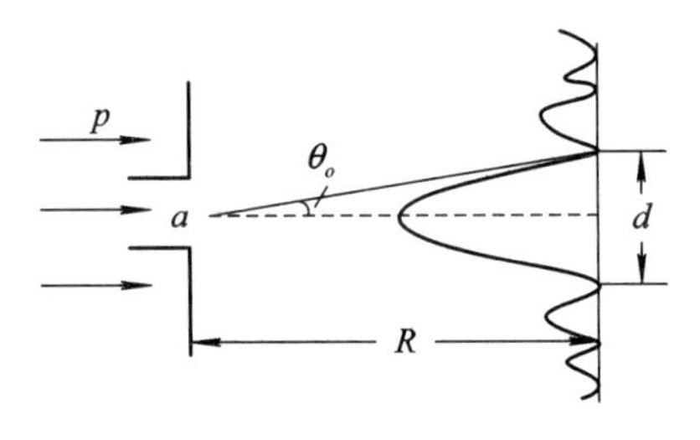

习题8图

9. 保持光电管上电势差不变，若入射的单色光光强增大，则从阴极逸出的光电子的最大初动能 E_0 和飞到阳极的电子的最大动能 E_k 的变化分别是(　　).

A. E_0 增大，E_k 增大　　B. E_0 不变，E_k 变小

C. E_0 增大，E_k 不变　　D. E_0 不变，E_k 不变

10. 在康普顿效应实验中，若散射光波长是入射光波长的1.2倍，则散射光光子能量 $h\nu$ 与反冲电子动能 E_k 之比 $h\nu/E_k$ 为(　　).

A. 2　　B. 3　　C. 4　　D. 5

11. 具有下列哪一能量的光子，能被处在 $n=2$ 的能级的氢原子吸收(　　).

A. 1.51 eV　　B. 1.89 eV　　C. 2.16 eV　　D. 2.40 eV

12. 由氢原子理论知，当大量氢原子处于 $n=3$ 的激发态时，原子跃迁将发出(　　).

A. 一种波长的光　　B. 两种波长的光

C. 三种波长的光　　D. 连续光谱

13. 一束动量为 p 的电子，通过缝宽为 a 的狭缝. 在距离狭缝为 R 处放置一荧光屏，屏上衍射图样中央最大的宽度 d 等于(　　).

A. $2a^2/R$　　B. $2ha/p$

C. $2ha/(Rp)$　　D. $2Rh/(ap)$

14. 设氢原子的动能等于氢原子处于温度为 T 的热平衡状态时的平均动能，氢原子的质量为 m，那么此氢原子的德布罗意波长为(　　).

A. $\lambda=\dfrac{h}{\sqrt{3mkT}}$　　B. $\lambda=\dfrac{h}{\sqrt{5mkT}}$

C. $\lambda=\dfrac{\sqrt{3mkT}}{h}$　　D. $\lambda=\dfrac{\sqrt{5mkT}}{h}$

15. 在原子的 K 壳层中，电子可能具有的四个量子数 (n, l, m_l, m_s) 是(　　).

① $\left(1, 1, 0, \dfrac{1}{2}\right)$　　② $\left(1, 0, 0, \dfrac{1}{2}\right)$

③ $\left(2, 1, 0, -\dfrac{1}{2}\right)$　　④ $\left(1, 0, 0, -\dfrac{1}{2}\right)$

以上四种取值中，哪些是正确的？(　　)

A. 只有①③是正确的　　B. 只有②④是正确的

C. 只有②③④是正确的　　D. 全部是正确的

16. 当波长为 300 nm 的光照射在某金属表面时，光电子的能量范围为 $0\sim4.0\times10^{-19}$ J. 在做上述光电效应实验时遏止电压为 $|U_a|=$______V；此金属的红限 $\nu_0=$______Hz.

17. 康普顿散射中，当散射光子与入射光子方向成夹角 $\varphi=$______时，散射光子的频率小得最多；当 $\varphi=$______时，散射光子的频率与入射光子相同.

18. 若一无线电接收机接收到频率为 10^8 Hz 的电磁波的功率为 1 微瓦，则每秒接收到的光子数为______.

19. 频率为 100 MHz 的一个光子的能量是______，动量的大小是______.

20. 根据量子力学原理，当氢原子中电子的角动量 $L=\sqrt{6}\hbar$ 时，L 在外磁场方向上的投影 L_z 可取的值分别为______.

21. 量子力学得出：若氢原子处于主量子数 $n=4$ 的状态，则其轨道角动量(动量矩)可能取的值(用 $\hbar$ 表示)分别为______；对应于 $l=3$ 的状态，氢原子的角动量在外磁场方向的投影可能取的值分别为______.

22. 为了表征原子的电子结构，常把电子所分布的壳层符号及壳层上电子的数目组合起来称为电子组态. 那么，对于原子序数 $Z=20$ 的钙(Ca)原子，当它处于基态时其电子组态应表示为______.

23. 有一种原子，在基态时 $n=1$ 和 $n=2$ 的主壳层都填满电子，3 s 次壳层也填满电子，而 $3p$ 壳层只填充一半. 这种原子的原子序数是______.

24. 多电子原子中，电子的排列遵循______原理和______原理.

25. 波长为 0.400 μm 的平面光波朝 x 轴正向传播. 若波长的相对不确定量 $\Delta\lambda/\lambda=10^{-6}$，则光子动量数值的不确定量 $\Delta p_x=$______，而光子坐标的最小不确定量 $\Delta x=$______.

26. 根据玻尔理论，试计算氢原子在 $n=5$ 轨道上的动量矩与其在第一激发态轨道上的动量矩之比.

27. 铝表面电子的逸出功为 6.72×10^{-19} J，今有波长为 $\lambda=2.0\times10^{-7}$ m 的光投射到铝表面，试求：

(1) 产生光电子的最大初动能；

(2) 遏止电势差；

(3) 铝的红限波长.

28. 康普顿散射中入射 X 射线的波长是 $\lambda=0.7\times10^{-10}$ m，散射的 X 射线与入射的 X 射线垂直. 求：

(1) 反冲电子的动能 E_k；

(2) 散射 X 射线的波长；

（3）反冲电子的运动方向与入射 X 射线间的夹角 θ.

29. 设氢原子中电子从 $n=2$ 的状态被电离出去，需要多少能量.

30. 室温下的中子称为热中子 $T=300$ K，试计算热中子的平均德布罗意波长.

31. 设有某线性谐振子处于第一激发态，其波函数为

$$\psi_1=\sqrt{\frac{2a^3}{\pi^{1/2}}}\,x\mathrm{e}^{-\frac{a^2x^2}{2}}$$

式中，$a=\sqrt[4]{\dfrac{mk}{\hbar^2}}$，$k$ 为常数，则该谐振子在何处出现的概率最大？

阅读材料之物理科技(三)

量子计算，信息社会的未来

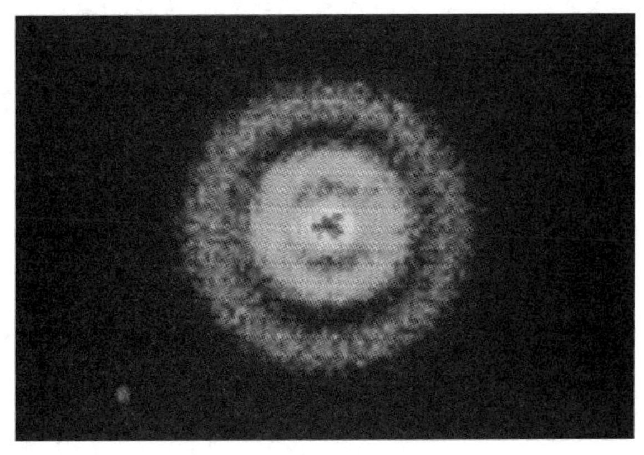

近年来，量子科技，特别是量子计算的研究呈加速发展态势，包括中国在内的四十多个国家均制定了量子规划，量子科技前沿的竞争在不断升温.

20世纪初，以普朗克、爱因斯坦、玻尔为代表的一大批科学先驱共同努力，建立了量子力学这个人类迄今为止最基本、最深奥的科学理论体系，这是一项划时代的科学革命，它奠定了现代信息技术发展的科学基础，也必将成为未来量子信息技术革命的科学源泉. 从20世纪50年代开始，以半导体、激光、磁存储为代表的量子材料和量子效应的广泛应用，推动了信息社会的发展，成就了造福人类的第一次量子技术革命，但这次技术革命还只是被动地认识和利用量子现象来实现科学和技术的创新，对量子材料和量子效应的操控依然是经典的，没有用到量子相干性这个量子最本质的特性. 要展示量子的特性，释放量子的潜力，就必须通过主动操控量子态，在保持其相干性的前提下，实现对量子态的精确控制. 一旦做到了这一点，我们将实现量子技术的第二次革命，人类也将正式步入量子信息时代.

所谓量子计算，就是按照既定的算法和程序，对量子态进行操控和测量的过程，量子态的演化过程，对应的就是一个量子计算过程，量子计算是量子信息技术的核心，没有量子计算，量子技术其他领域的发展，就不足以动摇现有信息技术的根基. 现在我们用的经典计算机的算力，粗略讲与半导体芯片的集成度(也就是单位面积上芯片可容纳的晶体管或比特数)成正比；一般讲，增加一倍的算力，大约需要增加一倍的集成度. 在过去的几十年，经典计算机的集成度，或算力，大约每18个月增加一倍，这就是著名的摩尔定律. 与经典计算机不同，量子计算机的算力随量子比特数目不是线性增加，而是指数增加的，也就是说，每增加一个量子比特，其算力就可增加一倍，这就是量子计算对信息处理的指数加速作用，是经典计算机可望而不可及的，这种指数加速作用一旦在技术上得以实现，必将带来信息处理的革命性变革．但是，目前阶段，实验室能够制备的量子比特的退相干时间还不够长，操控的精度也有限，远未达到要实现量子计算指数加速的要求．

量子计算的想法，始于解决物理和化学中出现的量子多体问题，20 世纪 80 年代初由本尼奥夫、曼宁和费曼三位科学家提出，量子计算不仅能解决量子科学研究中的问题，也能解决所有与信息处理相关的工程、技术及应用问题．从人工智能、破译密码、生物制药、化学合成、物流与交通控制、天气预报、数据搜索、材料基因到金融稳定与安全，但凡需要数据处理与计算的地方，都是量子计算可发挥作用的领域．可以预期，随着量子计算的发展，量子信息技术的触角将会深入到信息处理的每一个角落．

量子是微观粒子，包括电子、原子、分子等的基本运动形式，量子现象存在于比我们人眼能看到的宏观世界至少小 6 个量级的微观世界．主动操控量子态之所以难，是因为我们操控微观量子态的手段是宏观的．用宏观手段操控微观量子系统，还要保证量子相干性，这就像是让一头大象在细钢丝上跳舞，既不能掉下去，还不能让钢丝断掉，这是量子计算研究面临的最大困难．

量子计算技术发展有“四高”，即高门槛、高投入、高风险和高回报，它是对一个国家人才、科技、经济和综合实力的总体检验．当前，量子计算技术研究还处于起步阶段，发展路线和方式，甚至发展目标，都存在不确定性，研发投入存在的风险也不可避免．但是，量子计算能给人类带来的回报是巨大的．原理上讲，如果实现了量子计算的指数加速作用，一台 100 个容错量子比特的量子计算机的算力，就可超越目前世界上所有计算机的算力之和．20 世纪 80 年代开始，量子计算经过了基本物理思想和初级原理的验证，现在进入了所谓的中等规模带噪声的量子计算时代．“中等规模”是指现在能比较可靠操控的量子比特数大约在几十到几千的水平；“带噪声”指的是对量子比特的门操作有一定的误差，量子态的读取也存在一定错误，还无法实现精确的量子计算，这是量子计算技术发展必然要经过的一个阶段，也是量子计算各种路线探索和人才积累的关键阶段．在“中等规模带噪声的量子计算”时代，量子计算的应用与产业化已经开始，并已成为国际大企业大公司展示实力、布局未来的新战场．

量子计算的发展趋势主要在三个方面：一是规模化，当前量子计算能比较可靠操控的量子比特数大约在 100 个，今后将逐渐达到几千、几万、几十万、几百万甚至更高水平；二是容错化，量子计算需要很多量子比特，但更需要制备出相干时间可以任意长、错误率小于纠错阈值的所谓容错的逻辑量子比特；三是集成化，目的是实现对大量量子比特及其测控系统集成和小型化，是降低量子计算机的研发成本、实现量子计算机广泛应用的前提．

如果对未来做一个展望的话，乐观地讲，十到二十年之后，高质量制备和操控的量子比特数将达到上万个，在这个基础上，通过对大量量子比特的不断纠错，有望制备出一个能容错的逻辑量子比特；再过十到二十年，有希望实现对多个逻辑量子比特以及普适逻辑门的相干操控，制造出普适的量子计算机．到那时，量子信息技术及其应用将进入一个全面高速发展的阶段，也必将成为人类征服自然的一个新的里程碑．

节选自《物理》2023 年第 52 卷第 1 期，量子计算：信息社会的未来，作者：向涛．

参 考 答 案

习 题 九

1. C　2. D　3. A　4. B　05. B　6. B　7. C　8. D

9. A　10. B

11. S_1+S_2，S_1

12. 等于，大于，大于

13. $-|W_1|$，$-|W_2|$

14. AM，AM、BM

15. 吸热，放热，放热

16. $\frac{3}{2}p_1V_1$，0

17. $\frac{1}{2}(p_1+p_2)(V_2-V_1)$，$\frac{3}{2}(p_2V_2-p_1V_1)+\frac{1}{2}(p_1+p_2)(V_2-V_1)$

18. 33.3%，50%，66.7%

19. 40 J，140 J

20. $\left(\frac{1}{3}\right)^{\gamma-1}T_0$，$\left(\frac{1}{3}\right)^{\gamma}p_0$

21. (1) 200 J，　750 J，　950 J.

　　0，−600 J，　−600 J

　　−100 J，　−150 J，　−250J

(2) 100 J，　100 J

22. (1) $\frac{5}{2}(p_2V_2-p_1V_1)$

(2) $\frac{1}{2}(p_2V_2-p_1V_1)$

(3) $3(p_2V_2-p_1V_1)$

(4) $3R$

23. (1) 405.2 J

(2) 0

(3) 405.2 J

24. (1) 400 K，636 K，800 K，504 K

 (2) 9.97×10^3 J

 (3) 0.748×10^3 J

习　题　十

1. B　2. B　3. C　4. C　5. A　6. B　7. B　8. C

9. C　10. B

11. 等压，等体，等温

12. 1∶1∶1

13. 1，2，10/3

14. 1.52×10^2

15. $\frac{1}{2}ikT$，RT

16. $\frac{3}{2}kT$，$\frac{5}{2}kT$，$\frac{5}{2}MRT/M_{mol}$

17. (1) $\int_{100}^{\infty}f(v)\mathrm{d}v$，(2) $\int_{100}^{\infty}Nf(v)\mathrm{d}v$

18. $\sqrt{M_{mol2}/M_{mol1}}$

19. 2

20. 10^{-10} m，$10^2\sim10^3$ m·s^{-1}，$10^8\sim10^9$ s^{-1}

21. (1) 300 K

 (2) 1.24×10^{-8} J，1.04×10^{-8} J

22. (1) 1.61×10^{12}个

 (2) 10^{-8} J

 (3) 0.667×10^{-8} J

 (4) 1.67×10^{-8} J

23. 7.31×10^6 J，4.16×10^4 J，0.856 m·s^{-1}.

24. (1) 1.35×10^5 Pa

 (2) 362 K

25. 0.062 K，0.51 Pa

习题十一

1. B

2. B

3. B

4. C

5. $x=0.04\cos\left(\pi t+\frac{\pi}{2}\right)$ m

6. (a) $A\cos\left(\frac{2\pi}{T}t-\frac{\pi}{2}\right)$;

(b) $A\cos\left(\frac{2\pi}{T}t+\frac{\pi}{2}\right)$;

(c) $A\cos\left(\frac{2\pi}{T}t-\pi\right)$

7. $\frac{1}{2\pi}\sqrt{\frac{k_1k_2}{(k_1+k_2)m}}$

8. $x=2A\cos\left(\omega t+\frac{\pi}{3}\right)$

9. (1) $8\pi\,\mathrm{s}^{-1}$, 0.25 s, 0.5 m, $\frac{\pi}{3}$, $4\pi\,\mathrm{m\cdot s^{-2}}$, $32\pi^2\,\mathrm{m\cdot s^{-2}}$;

(2) $8\pi+\frac{\pi}{3}$, $16\pi+\frac{\pi}{3}$, $80\pi+\frac{\pi}{3}$;

(3) 略

10. $x=0.1\cos(\sqrt{98}t+\pi)$

11. (1) $\omega=\sqrt{\frac{g}{l}}=\sqrt{9.8}=3.13$ rad/s, $\nu=\frac{1}{2\pi}\sqrt{\frac{g}{l}}=\frac{\sqrt{9.8}}{2\pi}=0.5$ Hz,

$T=2\pi\sqrt{\frac{l}{g}}=\frac{2\pi}{\sqrt{9.8}}=2$ s;

(2) $\theta=8.8\times10^{-2}\cos(3.13t-2.32)$ m

12. (1) $\frac{7}{\pi}$ Hz;

(2) 0.56 m/s

13. $T=\frac{2\pi}{\omega}=\frac{4}{d}\sqrt{\frac{\pi m}{\rho g}}$

14. $\frac{\sqrt{k/\left(M+\frac{m}{3}\right)}}{2\pi}$

15. 0.48J

16. $\frac{\pi}{2}$

17. (1) $v_{\max}=A\omega=2\pi\nu A=6.28\times10^3\ \mathrm{m\cdot s^{-1}}$;

(2) $E=\frac{mv_{\max}^2}{2}=3.31\times10^{-20}$ J

18. 351 Hz

习题十二

1. B

2. B

3. A

4. AC

5. D

6. 503 $m \cdot s^{-1}$

7. $\frac{w\lambda}{2\pi}S\omega$

8. $y=2A\cos\left[2\pi\frac{x}{\lambda}-\frac{\pi}{2}\right]\cos\left[2\pi\nu t+\frac{\pi}{2}\right]$；$y=2A\cos\frac{2\pi x}{\lambda}\cos 2\pi\nu t$

9. $H_y=\sqrt{\frac{\varepsilon_0}{\mu_0}}300\left(\cos 2\pi t+\frac{\pi}{3}\right)$

10. $\lambda=24$ m；$u=\frac{\lambda}{T}=12$ m/s

11. （1）$y=A\cos\left[\omega\left(t-\frac{x-x_1}{u}\right)+\varphi\right]$；

（2）$y=A\cos\left[\omega\left(t+\frac{x-x_1}{u}\right)+\varphi\right]$

12. （1）$y=A\cos\left[2\pi\nu\left(t+\frac{l}{u}+\frac{x}{u}\right)+\varphi\right]$

（2）$y=A\cos\left[2\pi\nu\left(t+\frac{l}{u}+\frac{d-l}{u}\right)+\varphi\right]=A\cos\left[2\pi\nu\left(t+\frac{d}{u}\right)+\varphi\right]$

13. （1）O 点的振动方程：$y_O=0.1\cos\left(\pi t+\frac{\pi}{3}\right)$；

（2）波动方程为：$y=0.1\cos\left(\pi t-5\pi x+\frac{\pi}{3}\right)$；

（3）$y_A=0.1\cos\left(\pi t-\frac{5\pi}{6}\right)$，或 $y_A=0.1\cos\left(\pi t+\frac{7\pi}{6}\right)$；

（4）$x_A=\frac{7}{30}=0.233$ m

14. （1）$y_O=5\times10^{-3}\cos\left(\frac{5\pi}{6}t-\frac{\pi}{3}\right)$；

（2）$y=5\times10^{-3}\cos\left(\frac{5\pi}{6}t+\frac{24\pi}{25}x-\frac{\pi}{3}\right)$；

（3）$\Delta\varphi=2\pi\frac{\Delta x}{\lambda}=k\Delta x=\frac{25}{24}\pi=3.27$ rad

15. （1）$\overline{w}=\frac{I}{u}=\frac{9.0\times10^{-3}}{300}=3\times10^{-5}$ J/m^3，$w_{max}=2\overline{w}=6\times10^{-5}$ J/m^3；

（2）4.62×10^{-7} J

16. （1）1.58×10^5 W/m^2；

（2）3.79×10^3 J

17. （1）$y=y_1+y_2=2A\cos\frac{2\pi}{\lambda}x\cos\frac{2\pi}{T}t$，为驻波；

（2）两列波正好是完全反相的状态，所以合成之后为 0

18. (1) 5151 Hz;

(2) $\dfrac{A_1}{A_2}=\dfrac{2}{1}$

19. (1) $y=0.1\cos 2\pi x\cos\left(50\pi t+\dfrac{\pi}{2}\right)$;

(2) $\begin{cases} y_1=0.05\cos(50\pi t-2\pi x) \\ y_2=0.05\cos(50\pi t+2\pi x-\pi) \end{cases}$

20. (1) $x=\dfrac{k\lambda}{2}(k=0, \pm1, \pm2, \pm3\cdots)$;

(2) $E_k=\dfrac{\lambda}{8}\rho A^2\omega^2\cos^2\omega t$, $E_p=\dfrac{\lambda}{8}\rho A^2\omega^2\cos^2\omega t$, $E=E_k+E_p=\dfrac{\lambda}{8}\rho A^2\omega^2$

习题十三

1. A
2. A
3. D
4. B
5. C
6. B
7. B
8. A
9. B
10. B
11. D
12. $4I_0$
13. $2\pi(n-1)L/\lambda$, $(n-1)L$
14. $\dfrac{4\pi n_2 e}{n_1\lambda_1}+\pi$
15. 2λ
16. 6，一级明纹
17. 660
18. 强弱不变，强弱变化，有消光
19. (1) $x=\pm k\dfrac{D\lambda}{d}(k=0, 1, 2, \cdots)$;

(2) $\Delta x=\dfrac{D\lambda}{d}=1\times10^{-3}$ m;

(3) 6.90×10^{-6} m

20. (1) 0.8 mm;

(2) $\dfrac{\pi}{4}$

21. (1) 平行于柱轴的直线条纹；

(2) 明纹位置为：$r=\sqrt{2R\left(d-\frac{2k-1}{4}\lambda\right)}$，$k=\pm1, \pm2$，

暗纹位置为：$r=\sqrt{2R\left(d-\frac{k}{2}\lambda\right)}$，$k=0, \pm1, \pm2$；

(3) 明纹数为 8 条；

(4) 条纹由里向外侧移动

22. $e=\frac{2k_1-1}{4n_{油}}\lambda_1=6.73\times10^{-7}$ m

23. 3.6 mm；1.2 mm

24. $k_1=3$，$k_2=2$

25. (1) 6×10^{-6} m；

(2) 11.5°；

(3) 9

26. (1) 有 $k=0, \pm1, \pm2, \pm3, \pm4$ 共 9 条干涉主极大条纹；

(2) 有 $k=0, \pm1, \pm2$ 共 5 条干涉主极大条纹

27. $\theta=2.2\times10^{-4}$ rad，9.1 m

28. 不能用肉眼分辨长城是地球上的人工建筑

29. (1) 54.7°；

(2) 35.3°

30. 45°

习题十四

1. B
2. D
3. C
4. D
5. A
6. $\Delta l=l_0-l=l_0\times\frac{1}{2}\frac{u^2}{c^2}=1.25\times10^{-14}$ m

7. $\Delta t'=\sqrt{1-\left(\frac{1.5\times10^8}{3\times10^8}\right)^2}=0.866$ s

8. $v_x=\frac{v_x'+u}{1+\frac{uv_x'}{c^2}}=\frac{c+0.8c}{1+\frac{0.8c\times c}{c^2}}=c$

9. $u=0.976c$

10.

(1) $E_{k1}=m_0c^2\left(\frac{1}{\sqrt{1-\frac{v^2}{c^2}}}-1\right)=0.51\times10^6\left(\frac{1}{\sqrt{1-0.1^2}}-1\right)=2.57$ MeV

(2) $E_{k2}=m_0c^2\left(\dfrac{1}{\sqrt{1-\dfrac{v_2^2}{c^2}}}-\dfrac{1}{\sqrt{1-\dfrac{v_1^2}{c^2}}}\right)$

11. (1) $v=0.816c$

(2) 在 S 系中测得米尺长度为 $l=\dfrac{l_y}{\sin45^\circ}=0.707\ \text{m}$

12. (1) 地面上的观察者认为时间膨胀：

有

$$\Delta t=\frac{\Delta t'}{\sqrt{1-\dfrac{u^2}{c^2}}}$$

$$=\frac{2.4\times10^{6}}{\sqrt{1-\dfrac{(0.8c)^2}{c^2}}}=4\times10^{-6}\text{s}$$

因为 $l=v\Delta t=0.8\times3\times10^8\times4\times10^{-6}=960\ \text{m}<1000\ \text{m}$，所以到达不了地球.

(2) π 介子静止系中的观察者认为长度收缩：

有

$$l=l_0\sqrt{1-\frac{u^2}{c^2}}$$

$$l=1000\sqrt{1-\frac{(0.8c)^2}{c^2}}=600\ \text{m}$$

而 $s=v\Delta t=2.4\times10^{-6}\times0.8\times3\times10^8=576\ \text{m}<600\ \text{m}$，所以到达不了地球.

13. $\Delta E=\Delta mc^2=\dfrac{0.979\times10^{-29}\times(3\times10^8)^2}{1.6\times10^{-19}}=5.5\ \text{MeV}$

14. $C=2a+2a\sqrt{1-\beta^2}=\dfrac{4ac^2}{c^2+v^2}$

15.

(1) $v=\dfrac{Ec}{m_0c^2+E}$

$$m_0=\frac{m_0c^2+E}{c^2}\sqrt{1-\left(\frac{E}{m_0c^2+E}\right)^2}=\frac{1}{c^2}\sqrt{(m_0c^2+E)^2-E^2}=m_0\sqrt{1+\frac{2E}{m_0c^2}}$$

(2) 设静止质量为 m_0'，则

$$m_0'=m_0'\sqrt{1+\frac{2(-E)}{m_0'c^2}}=m_0'\sqrt{1-\frac{2E}{m'c^2}}$$

习 题 十 五

1～5　略

6. D

7. B

8. D

9. D

10. D

11. B

12. C

13. D

14. A

15. B

16. 2.5；4×10^{14}

17. 180°；0°

18. $1.51\times10^{19}\ s^{-1}$

19. 6.63×10^{-26} J；2.21×10^{-34}(SI)

20. $-2\hbar$，$-\hbar$，0，$\hbar$，$2\hbar$

21. $\sqrt{12}\hbar$，$\sqrt{6}\hbar$，$\sqrt{2}\hbar$，0；$-3\hbar$，$-2\hbar$，$-\hbar$，0，$\hbar$，$2\hbar$，$3\hbar$

22. $1s^2 2s^2 2p^6 3s^2 3p^6 4s^2$

23. $z=15$

24. 泡利不相容；能量最低

25. 1.665×10^{-33}(SI)，0.0318 m

26. $L_5/L_2=5/2$

27. (1) 3.23×10^{-19} J；

(2) 2.0 V；

(3) 2.96×10^{-7} m

28. (1) 9.52×10^{-17} J；

(2) $\lambda'=\lambda+\Delta\lambda=0.724\ 26\times10^{-10}$ m；

(3) $\theta=44°1'$

29. -3.4 eV

30. 0.158 nm

31. 概率最大的位置为 $x=\pm1/a$